Python爬虫与反爬虫开发从入门到精通

刘延林◎编著

内容提要

随着网络技术的迅速发展，如何有效地提取并利用信息，以及如何有效地防止信息被爬取，已成为一个巨大的挑战。本书从零开始系统地介绍了Python网络爬虫与反爬虫的开发与实战技能，全书共分为4篇，具体内容安排如下。

第1篇：基础篇（第1～3章）。系统地讲解了Python爬虫与反爬虫开发环境的搭建、爬虫与反爬虫通用基础知识、Python编程基础。

第2篇：爬虫篇（第4～8章）。这部分讲解了网络爬虫的相关知识与技能，主要包括网络爬虫快速入门、XPath匹配网页数据、re正则匹配数据、WebSocket数据抓取、Scrapy爬虫框架应用与开发等。

第3篇：反爬虫篇（第9～16章）。这部分讲解了网络反爬虫的相关知识与技能，主要包括爬虫与反爬虫的区别与认识、反爬—Header信息校验、反爬—IP限制、反爬—动态渲染页面、反爬—文本混淆、反爬—特征识别、反爬—验证码识别、反爬—APP数据抓取等。

第4篇：实战篇（第17章）。本篇主要列举了4个案例，综合讲解Python爬虫与反爬虫项目的实战应用。

本书从零基础开始讲解，系统全面，案例丰富，注重实战，既适合Python程序员和爬虫爱好者阅读学习，也可以作为广大职业院校相关专业的教材或参考用书。

图书在版编目(CIP)数据

Python爬虫与反爬虫开发从入门到精通 / 刘延林编著. — 北京：北京大学出版社，2021.8
ISBN 978-7-301-32269-7

Ⅰ. ①P… Ⅱ. ①刘… Ⅲ. ①软件工具－程序设计 Ⅳ. ①TP311.561

中国版本图书馆CIP数据核字(2021)第118558号

书　　名 Python爬虫与反爬虫开发从入门到精通
PYTHON PACHONG YU FAN PACHONG KAIFA CONG RUMEN DAO JINGTONG

著作责任者 刘延林　编著

责任编辑 王继伟　刘　云

标准书号 ISBN 978-7-301-32269-7

出版发行 北京大学出版社

地　　址 北京市海淀区成府路205号　100871

网　　址 http://www.pup.cn　新浪微博：@北京大学出版社

电子信箱 pup7@pup.cn

电　　话 邮购部 010-62752015　发行部 010-62750672　编辑部 010-62570390

印 刷 者 北京飞达印刷有限责任公司

经 销 者 新华书店

787毫米×1092毫米　16开本　24.25印张　601千字

2021年8月第1版　2021年8月第1次印刷

印　　数 1-4000册

定　　价 99.00元

Python 爬虫与反爬虫

见招拆招，攻防兼备

关于本书

在大数据（简称DT）时代，尤其是人工智能浪潮的兴起，爬虫技术成了当下不可或缺的技术，被广泛应用于金融、房地产、科技、贸易、制造、互联网等相关行业领域中，对企业的生产、经营、管理及决策产生了很大的正向作用。在大数据架构中，数据的收集存储与统计分析占据了极为重要的地位，而数据的收集很大程度上依赖于爬虫的爬取，所以网络爬虫也逐渐变得越来越火爆。最近两年，在各种社交媒体上经常出现一些培训机构宣传推广相关培训课程的广告，证明了Python在爬虫领域的火爆程度。

从就业的角度来说，企业日益增长的数据需求创造了非常多的爬虫岗位，而爬虫工程师目前属于紧缺人才，并且薪资待遇普遍较高。因此，想成为优秀的网络爬虫工程师，深层次地掌握这门技术，对于就业来说是非常有利的。

在众多的网络爬虫工具中，Python 以其使用简单、功能强大等优点成为网络爬虫开发最常用的工具。与其他语言相比，Python 是一门非常适合网络爬虫开发的编程语言，其拥有大量的框架和库，可以轻松实现网络爬虫功能。Python 爬虫可以做的事情很多，如广告过滤、Ajax 数据爬取、动态渲染页面爬取、APP数据抓取、使用代理爬取、模拟登录爬取、数据存取等，Python 爬虫还可以用于数据分析，在数据的抓取方面可以说作用巨大！

这是市面上一本非常专业的全面讲解Python爬虫与反爬虫技术的图书，让你深入理解网络爬虫与反爬虫原理、技术与开发经验，在应用中“见招拆招，攻防兼备”，可以说是爬虫工程师从业必读宝典！

本书特点

本书力求简单、实用，坚持以实例为主，理论为辅的路线。全书共分17章，从环境搭建、 Python 基础、爬虫开发常用网络请求库，到爬虫框架的使用和各种常见反爬虫技术应对及其原理阐述，基本涵盖了爬虫项目开发阶段的整个生命周期。本书内容有以下几个特点。

（1）避免高深的理论，每一章均以实例为主，读者参考源码修改实例，就能得到自己想要的结果。目的是让读者看得懂、学得会、做得出。

（2）常见实训与问答几乎每章都有配备，以让读者尽快巩固所学知识，从而能够举一反三。

（3）内容系统全面，实战应用性强。适合零基础读者和有一定基础的初级爬虫工程师学习，然后逐步掌握相关知识技能，从而达到从入门到精通的学习效果。

（4）安排了丰富的实战案例，以增强读者的实际动手能力，从而达到学以致用的目的。

写给读者的建议

如果您是零基础，建议先从第1章的环境搭建和第3章的Python 基础开始学习。因为学习爬虫需要对Python的基础语法和结构有深刻的理解和熟练应用，这样才能在后面的内容学习中达到事半功倍的效果。读者需要注意的是，本书在初稿之前所使用的 Python 版本为 3.8.x。

写爬虫的难点不是拿下数据，而是在于在实际工作中整合各种需求业务场景，实现爬虫合理的任务调度、性能优化等。所以在阅读本书时，建议读者着重于爬取思路和逻辑方面的思考，不要太过于纠结书中给出的示例代码。针对同一个网站或APP，可以尝试采用不同的策略和解决办法去爬取，观察每一种方法的优缺点并进行总结和积累。

当今的反爬虫技术每天都在更新迭代，将来的爬虫技术也会越来越难。但是万变不离其宗，写爬虫是个研究性的工作，需要每天不断地学习和研究各种案例，希望读者多思考，勤动手。对于书中给出的一些案例代码，读者在阅读本书时可能会发现所涉及的目标网站因更新升级导致案例源码失效的问题，此时不必惊慌，可通过本书所提供的渠道联系作者获取最新的案例源码或者与之相关的学习资料。

购买本书，您还能得到什么

（1）案例源码。提供与书中相关案例的源代码，方便读者学习参考。

（2）常用工具资源。提供书中讲解时所用到的相关工具资源，帮助读者有效学习。

（3）Python常见面试题精选（50道），旨在帮助读者在工作面试时提升过关率。习题见附录，具体答案可参见本书所提供的资源下载。

（4）职场高效人士学习资源大礼包，包括《微信高手技巧随身查》《QQ 高手技巧随身查》《手机办公10招就够》三本电子书，以及《5 分钟教你学会番茄工作法》《10 招精通超级时间整理术》两部视频教程，让您轻松应对职场那些事。

温馨提示： 以上资源已上传至百度网盘，供读者下载。请用微信扫一扫下方二维码关注公众号（右边的输入代码H593M32），根据提示获取资源文件的下载地址及提取密码。

说明： 网络爬虫具有技术中立性，但易引起侵犯个人信息、商业秘密等信息安全问题。用户可以根据自已的需求从互联网上爬取合法数据，加以分析整理，应用到自己需要的方面。

本书由凤凰高新教育策划，刘延林老师编写。在本书的编写过程中，我们竭尽所能地为您呈现最好、最全的实用内容，但仍难免有疏漏和不妥之处，敬请广大读者不吝指正。

读者信箱：2751801073@qq.com　　　　读者交流QQ群：725510346

目录

Contents

第1篇 基础篇

第 4 篇 实战篇

第1篇

基础篇

网络爬虫是一种可以自动从网络上采集数据的程序。在互联网时代，我们几乎每天都可以从网上获取各种各样的信息。不管是个人需求还是工作需要，当我们想要网络上的文章、图片、视频、网页数据等信息时，通常采用人工方法一个个去手动复制、粘贴或下载等。但在数据量大的时候，继续采用这样的方法很耗时耗力。此时，我们希望有一个自动化程序能自动帮助我们匹配到网络上的数据，然后下载下来为我们所用。因此，网络爬虫技术就应运而生了。

对于大数据、人工智能、搜索引擎等非常火热的概念，其所涉及的应用都离不开数据的支撑，而这些数据很大一部分又会依赖于爬虫去爬取，其中搜索引擎就是一个很好的例子。像大家平常使用的百度搜索、谷歌搜索，里面就用到了大量的爬虫技术，并利用这些技术爬取了整个互联网上大部分的信息供我们查询。本篇将以Python开发语言为主，从环境搭建到Python相关的基础知识讲解作为切入点，由浅入深地带领读者进入主题内容学习。

第1章

爬虫与反爬虫开发环境搭建

本章导读

有句老话说得好，“工欲善其事，必先利其器”。同样，我们在学习爬虫与反爬虫技术的时候，也会借助一些工具，因此，笔者将本书所涉及的一些常用开发工具和库的安装与配置在本章进行统一讲解。当然这里并不会面面俱到地讲完所有爬虫和反爬虫需要用到的工具，因为本书所讲的技术只是爬虫界众多技术中的冰山一角，所以读者在学习本书的时候，也可以参考一些其他的线上教程进行对比学习。工具和库并不是唯一的，很多工具都能实现与书中所讲技术相同的功能和需求。

知识要点

通过对本章内容的学习，主要目的是希望读者能够快速了解并且学会爬虫编写过程中常用到的一些基础工具或库。本章相关知识点如下：

- Python 3的安装和配置
- IDE工具PyCharm的安装和基本使用
- JDK的安装
- Tesseract的安装与测试
- mitmproxy的安装与配置

温馨提示

这里给读者一个小建议，如果你是一个新手，无编程基础，那么对于本章的内容，只需要先学习 1.1 节的 Python 环境搭建和 1.2 节的 PyCharm 安装即可，然后跳过 1.3 ～ 1.5 节的内容，以免在开始学习正式内容之前就被打击了学习的热情。至于其他小节的内容，可以在后面章节中用到的时候再回过头来看。

1.1 Python 3环境搭建

本书后面章节中所涉及的一些爬虫示例代码和反爬虫技术的实现，均是以 Python 3 为主要编程语言进行代码的实现。所以，如果是零基础读者，在开始学习本书之前，需要先学习怎么在自己的电脑上安装好 Python 3 环境。由于笔者的电脑是 Windows 系统，无法对 MAC 或 Linux 系统等进行演示，所以本书涉及的环境搭建和安装工具均是在该系统下进行。如果读者电脑是其他系统的，可通过其他在线教程进行安装。对于 Python 的历史和由来等，下面进行简单介绍。

Python 是一种跨平台的计算机程序设计语言，也是一种面向对象的动态类型语言。Python 最初被设计用于编写自动化脚本，随着版本的不断更新和语言新功能的添加，越来越多地被用于独立、大型项目的开发。Python 业界别名“蟒蛇”，它是由一个叫吉多·范罗苏姆的荷兰人在 1989 年的一个圣诞节期间发明的。其语法简洁清晰，且拥有众多丰富和强大的库，常被称为胶水语言，因为它能够很轻松地把其他语言制作的各种模块联合在一起。

Python 目前分为两个大的版本，分别是 Python 2.x 版本和 Python 3.x 版本，这两个版本差异比较大。笔者在编写本书的时候，在官网所看到的最新版本为 3.8 版本，同时本书内容所涉及的示例代码均是以 Python 3.8 版本进行编写的，所以本章将会讲解如何安装 Python 3.8，下面将会对此内容进行详细的介绍。

1.1.1 下载Python 3安装包

Python 是一个跨平台的语言，支持在各种不同的系统中运行，使用浏览器打开 Python 官网，根据自己的电脑系统进行版本选择，笔者这里以 Windows 64 位为例进行下载，具体的步骤如下。

步骤 1：在打开官网之后，将鼠标指针移动到【Downloads】选项，可以看到 Python 的最新稳定版本为 3.8.2，如图 1-1 所示，这是笔者编写此书当前看到的版本。读者在看到此书的时候，可能已经出了比这个更新的版本了，不过这个影响不大，以下讲解的安装方式依然适用。

步骤 2：由于笔者使用的是 Windows 系统，因此这里需要下载 Windows 版本的 Python，在步骤 1 的基础上，选择【Windows】选项，之后将进入到版本选择界面，如图 1-2 所示。

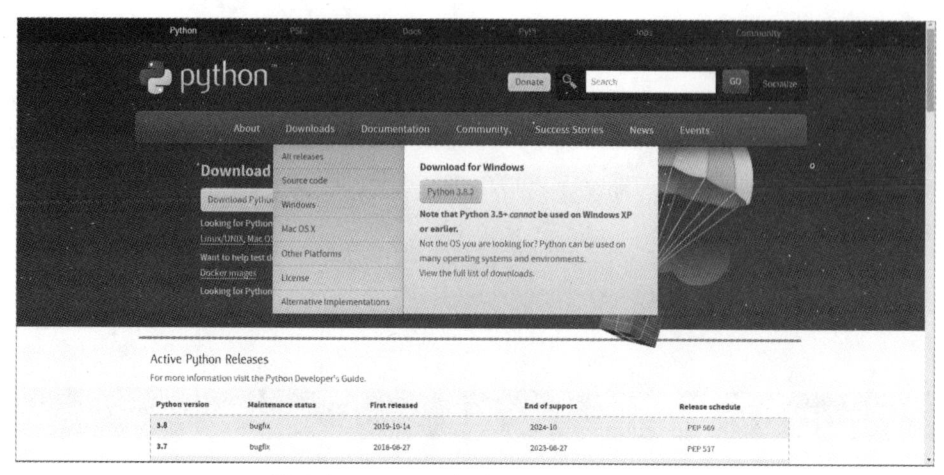

图 1-1　Python 官网 Downloads 界面

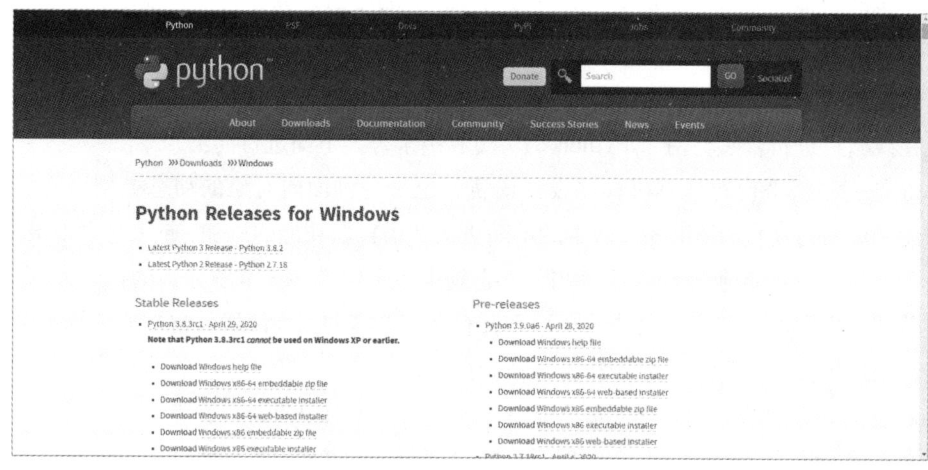

图 1-2　Python 版本选择界面

步骤 3：进入版本选择界面之后，找到【Latest Python 3 Release - Python 3.8.2】选项，单击进入新页面，根据实际情况，找到需要下载的版本进行下载。笔者这里使用的 Windows 系统是 64 位的，所以选择了【Windows x86-64 executable installer】这个选项进行下载，如图 1-3 所示。

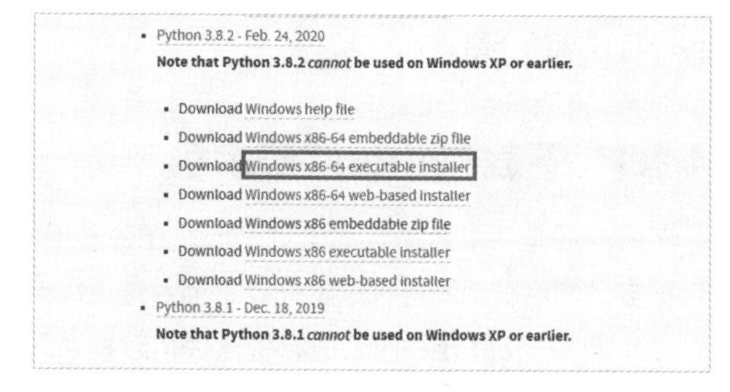

图 1-3　选择下载版本

1.1.2　安装Python

下载完安装包之后，将安装包放在自己指定的一个目录，安装包的名字为 Python-3.8.2-amd64.exe，双击它将会弹出 Python 安装引导界面，如图 1-4 所示。接下来，就可以开始进行安装了，相关的操作步骤如下。

步骤 1：在图 1-4 中选中【Add Python 3.8 to PATH】复选框（作用是将 Python 添加到系统环境变量中，如果不选中的话，后面会需要自己手动去配置环境变量）。然后单击【Customize installation】选项进行自定义安装，会弹出一个可选特性界面，在该界面中进行选项设置，如图 1-5 所示。

图 1-4　安装引导界面

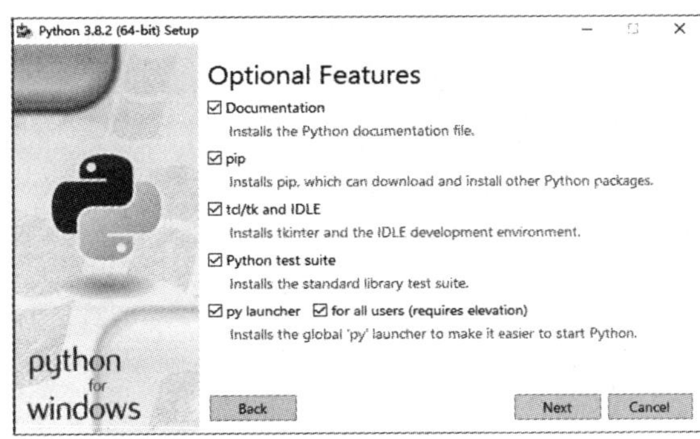

图 1-5　可选特性界面

步骤 2：在弹出的可选特性界面中，选中所有的复选框，这里它会默认全部选中，如果没有选中则需要手动进行选中，各选项的含义如下。

（1）Documentation：安装 Python 的帮助文档。

（2）pip：安装 Python 的第三方包管理工具。

（3）td/tk and IDLE：安装 Python 自带的集成开发环境。

（4）Python test suite：安装 Python 的标准测试套件。

（5）py launcher 和 for all users(requires elevation)：允许所有用户更新版本。

在确保所有选项选中之后，单击【Next】按钮进入到下一步骤。

步骤 3：在对步骤 2 进行操作之后，进入 Advanced Options（高级选项）配置界面，保持默认的设置，然后单击【Browse】按钮选择安装途径，如图 1-6 所示。

步骤 4：单击【Install】按钮进行安装，安装过程会持续一段时间。安装完成后，可以在 cmd 命令行中输入 python 测试是否安装成功。如果安装成功，将会出现类似如图 1-7 所示的信息内容，从中可以看到关于所安装的 Python 版本信息。

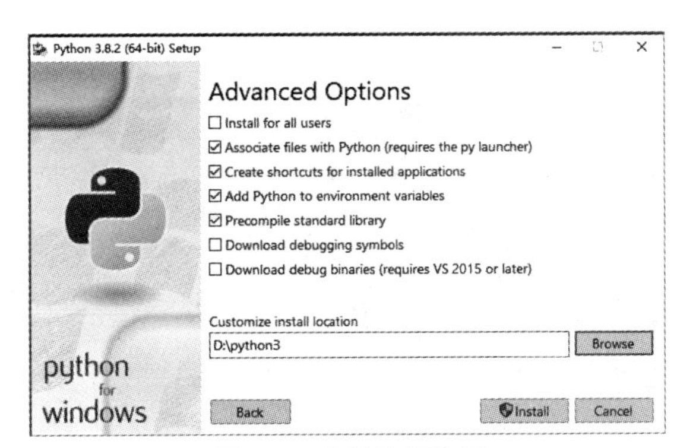

图 1-6　安装路径选择

温馨提示

单击电脑左下角的菜单栏图标，此时会出现一个搜索框，在搜索框里面输入 cmd 并且按【Enter】键，随后弹出的黑色命令窗口就是 cmd 命令行控制台了。

```
C:\Windows\system32\cmd.exe - python
Microsoft Windows [版本 10.0.10586]
(c) 2015 Microsoft Corporation。保留所有权利。

C:\Users\Administrator>python
Python 3.8.2 (tags/v3.8.2:7b3ab59, Feb 25 2020, 23:03:10) [MSC v.1916 64 bit (AMD64)] on win32
Type "help", "copyright", "credits" or "license" for more information.
>>>

搜狗拼音输入法 全 :
```

图 1-7　测试 Python 安装是否成功

1.1.3　pip包管理工具

pip 是一个 Python 包管理工具，该工具提供了对 Python 包的查找、下载、安装、卸载的功能。可以在 cmd 命令行中测试是否已经安装或配置了 pip，命令如下：

```
pip list
```

如果出现如图 1-8 所示的内容，则表示已经正常安装，原因是前面安装 Python 时在步骤 2 中选中了需要安装 pip，所以这里显示已安装。

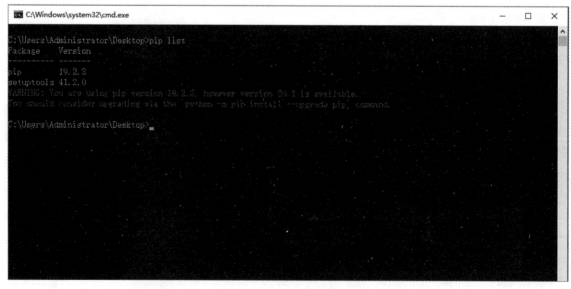

图 1-8　pip 的安装信息

1.2　PyCharm的安装与基本使用

安装好 Python 环境后，需要一个编辑代码的 IDE 工具。理论上使用任何一款文本编辑器都可以，比如记事本、Notepad++ 等。这里推荐使用用于 Python 开发的专属工具 PyCharm，它是一种 Python IDE，带有一整套可以帮助用户在使用 Python 语言开发时提高其效率的工具，比如调试、语法高亮、Project 管理、代码跳转、智能提示、自动完成、单元测试、版本控制等。此外，该 IDE 提供了一些高级功能。PyCharm 官方正版是收费的，也可以到社区版下载，社区版本的 PyCharm 虽然免费使用，但是功能没有收费版的完整，读者可以根据自己的情况进行下载。

1.2.1　安装PyCharm

下载好 PyCharm 的安装包之后，直接双击安装包即可运行进入安装界面，如图 1-9 所示。

步骤 1：在图 1-9 中单击【Next】按钮进入下一步，将弹出如图 1-10 所示的界面。

步骤 2：单击图 1-10 所示的【Browse】按钮选择安装目录（也可不选，它会默认选择一个目录），然后继续单击【Next】按钮进入下一步，如图 1-11 所示。

图 1-9　安装界面 1

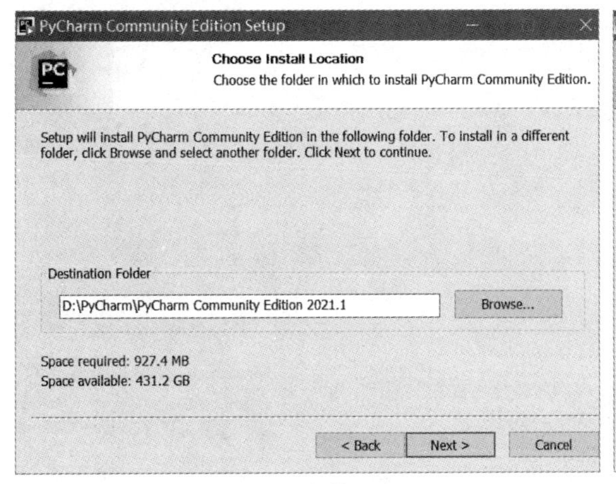

图 1-10　安装界面 2

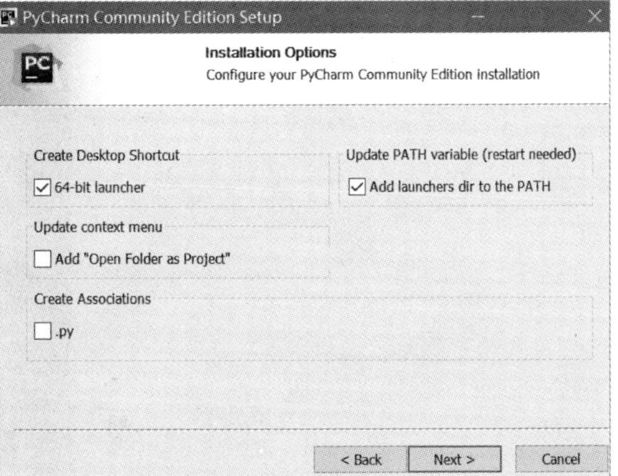

图 1-11　安装界面 3

步骤 3：在图 1-11 中选中【64-bit launcher】和【Add launchers dir to the PATH】复选框，并且

单击【Next】按钮进入下一步，如图 1-12 所示。

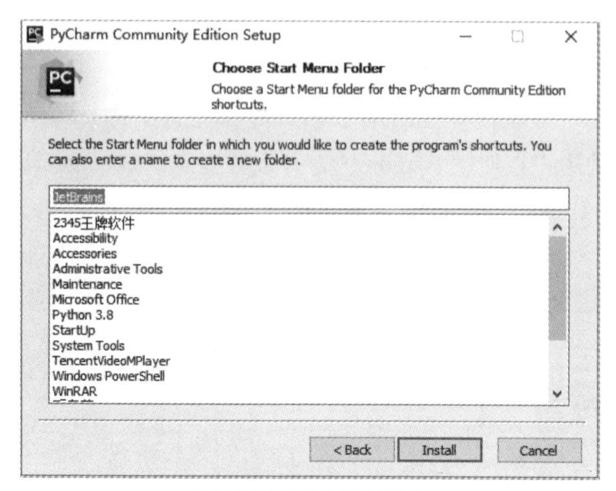

图 1-12　安装界面 4

步骤 4：单击【Install】按钮进行安装，安装完毕之后，在电脑桌面将会出现一个相应的图标。

1.2.2　创建Python项目

通过前面小节内容的学习，已经完成了 PyCharm 的安装，接下来我们开始讲解 PyCharm 的基本操作，创建第一个 py 文件并编写测试代码运行。相关的步骤如下。

步骤 1：首先打开 PyCharm，它的初始界面如图 1-13 所示，单击【Create New Project】按钮创建一个新项目，如图 1-14 所示。在 Location 后面选择路径，并取一个项目名称，项目名称随便取，有意义就行。例如，这里项目名称取的是 test_project，单击【Create】按钮完成创建。

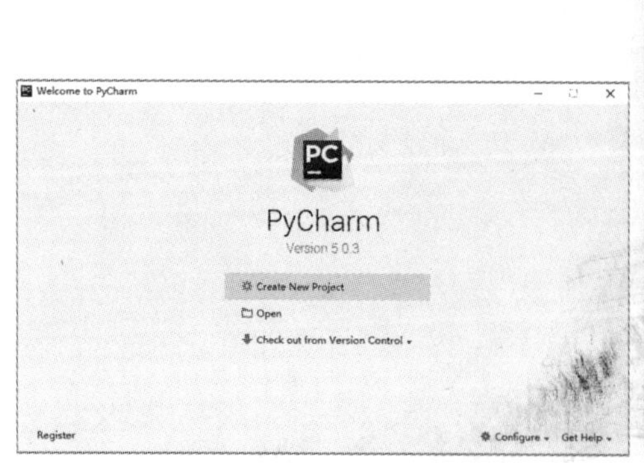

图 1-13　PyCharm 初始界面

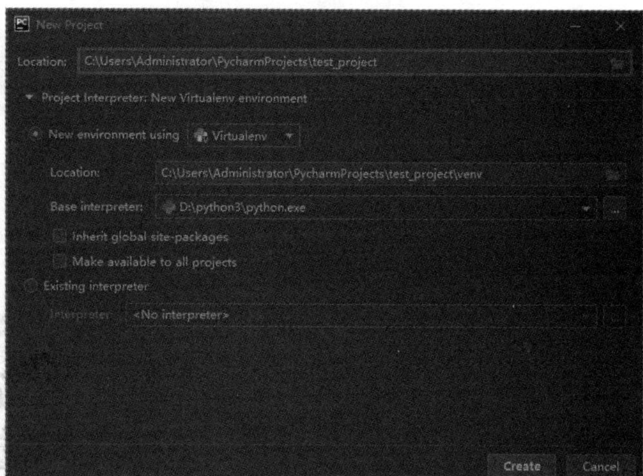

图 1-14　创建新项目

步骤 2：创建完项目后，就正式进入到了 PyCharm 的项目工作区，这时候仅仅是创建了一个空的项目，如图 1-15 和图 1-16 所示，还没有相关的 py 代码文件。我们的目的是要创建一个 py 文件并编写代码测试运行。所以这时候需要使用鼠标选择刚才创建的项目名称 test_project，然后右击，在弹出的快捷菜单中选择【New】→【Python File】命令，进行 py 文件的创建。这里以笔者创建的一个 xue_demo.py 文件为例，如图 1-17 ～图 1-19 所示。

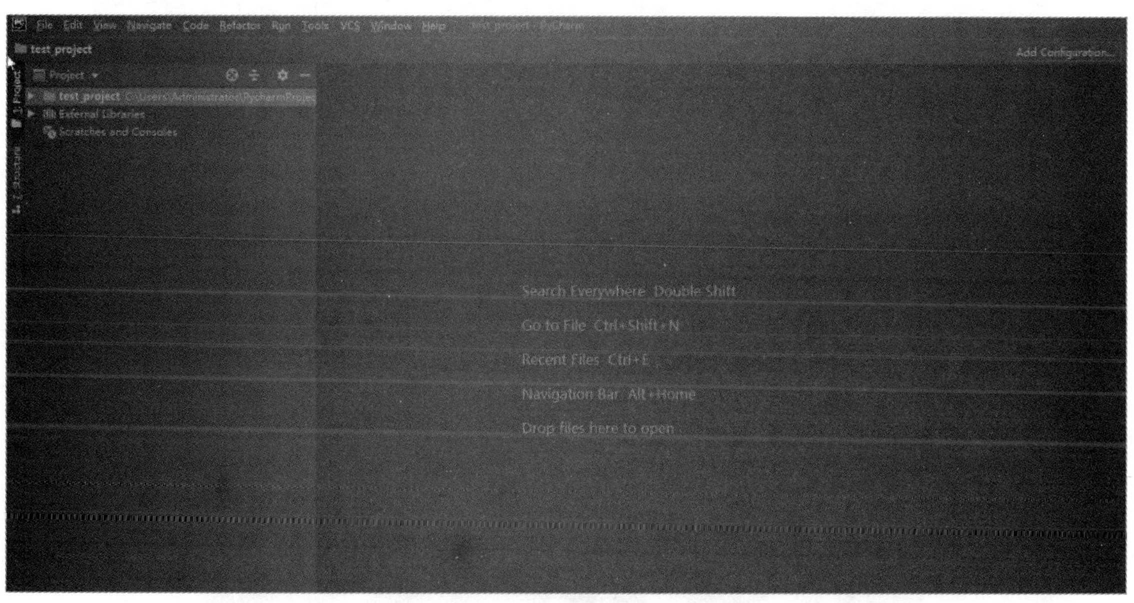

图 1-15 进入到 PyCharm（1）

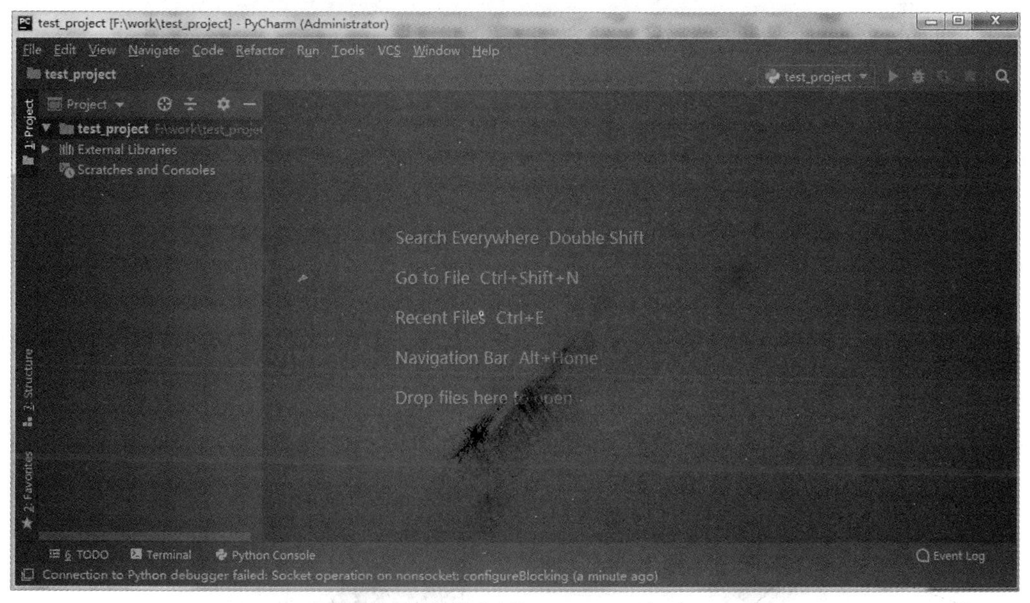

图 1-16 进入到 PyCharm（2）

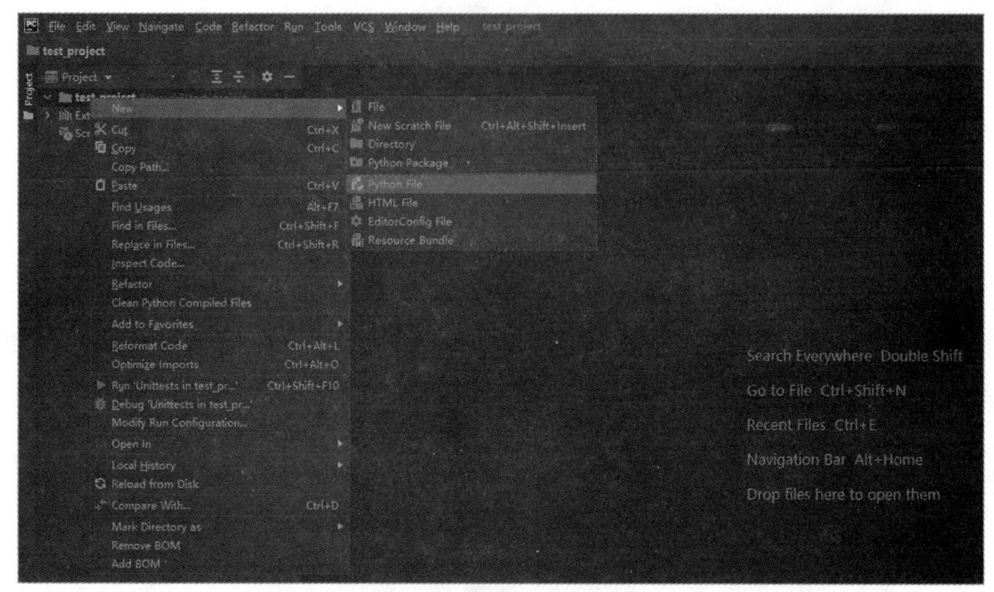

图 1-17 创建 py 文件（1）

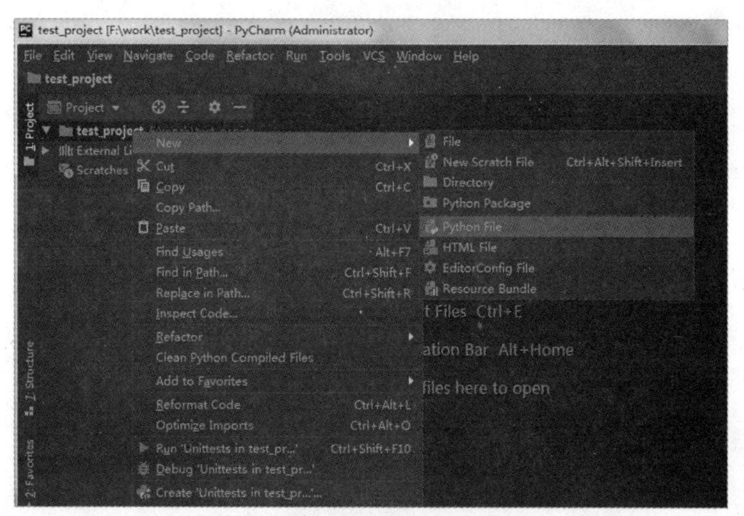

图 1-18 创建 py 文件（2）

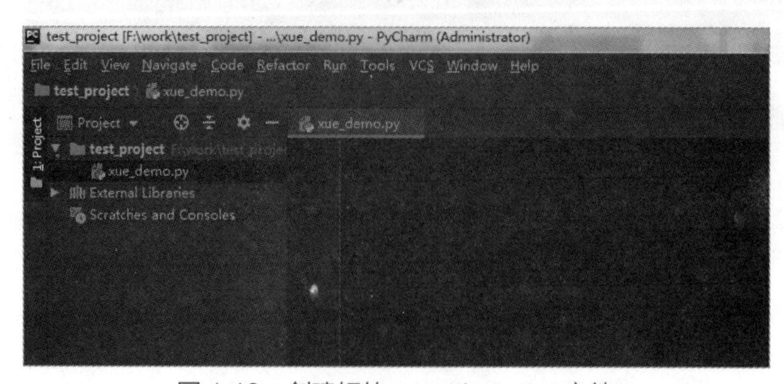

图 1-19 创建好的 xue_demo.py 文件

步骤 3：通过步骤 2 已经创建好了一个 xue_demo.py 文件，接下来打开它，就可以在里面编写代码了，我们试着在其中编写一句 print(" 你好 ") 代码并运行。编写好代码后，选择 xue_demo.py 文件并右击，在弹出的快捷菜单中选择【Run 'xue_demo'】命令运行文件，如图 1-20 所示。

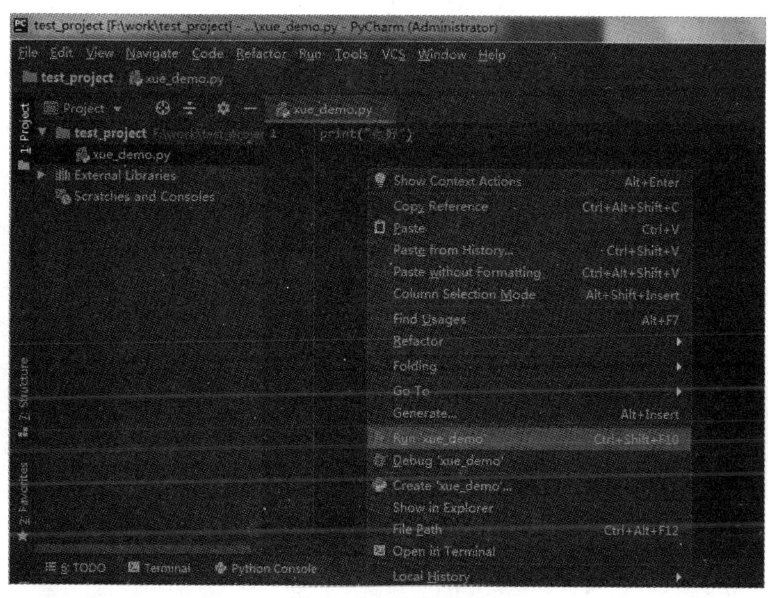

图 1-20　运行代码

运行之后在底部控制台就可以看到输出了“你好”字样，还有一种方式也可以运行代码，即单击如图 1-21 所示的右上角的播放图标。

图 1-21　单击图标运行代码

1.2.3 debug调试代码

debug 模式在程序开发过程中非常重要，因为不能保证自己每次编写的代码都是正确的，所以当遇到程序错误且自己无法直接定位到错误的地方时，debug 模式就派上用场了，通过给代码片段打断点进行 debug 调试，能够快速定位找到错误的地方并分析错误的原因，相关的步骤如下。

步骤 1：在 PyCharm 中进入 debug 模式非常简单，直接在要调试的代码位置前面双击，会出现一个圆点，如图 1-22 所示。

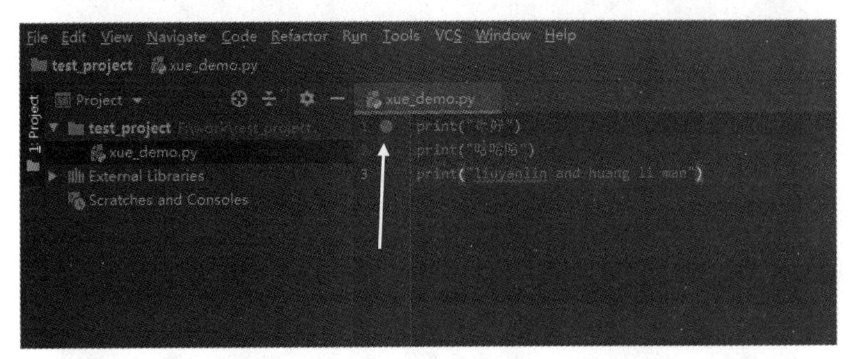

图 1-22　圆点

步骤 2：打上圆点之后，需要以 debug 模式运行程序，右击要运行的文件，在弹出的快捷菜单中选择【Debug'xue_demo'】命令，如图 1-23 所示。

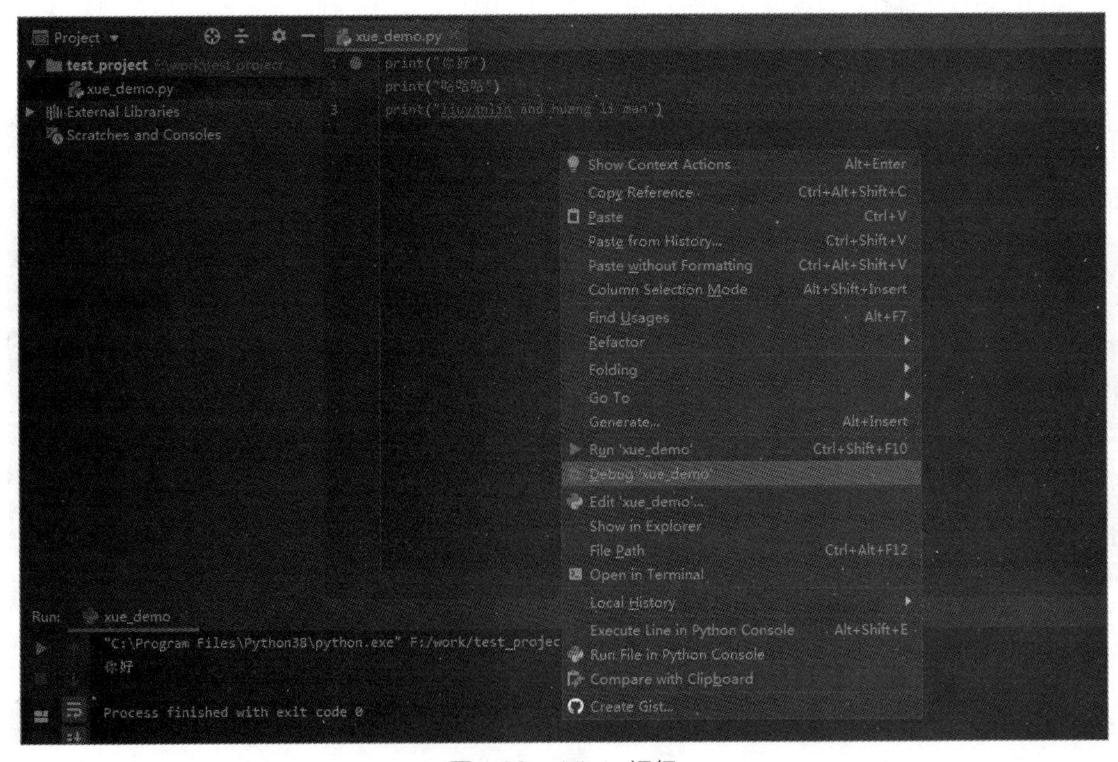

图 1-23　debug 运行

步骤 3：在步骤 2 操作完毕之后，PyCharm 底部会出现如图 1-24 所示的内容。这时候找到如图 1-25 所示标注的箭头图标，一直单击该图标，可以查看程序每一步的执行结果。

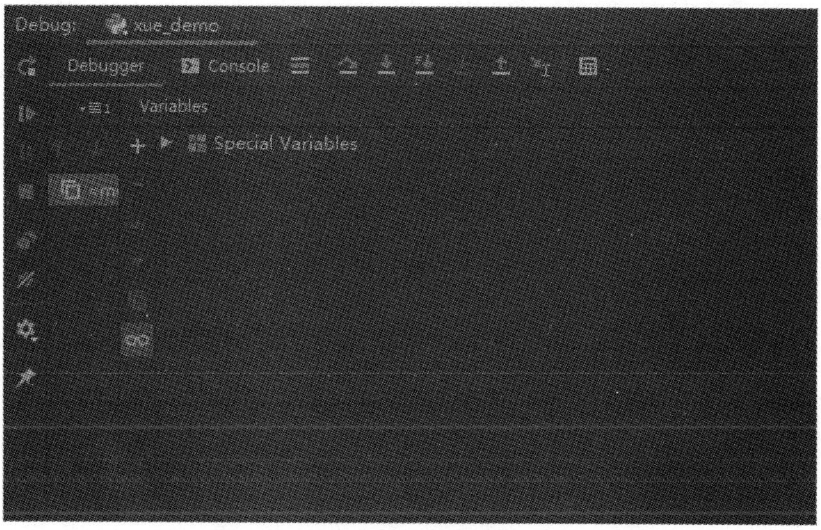

图 1-24　控制台

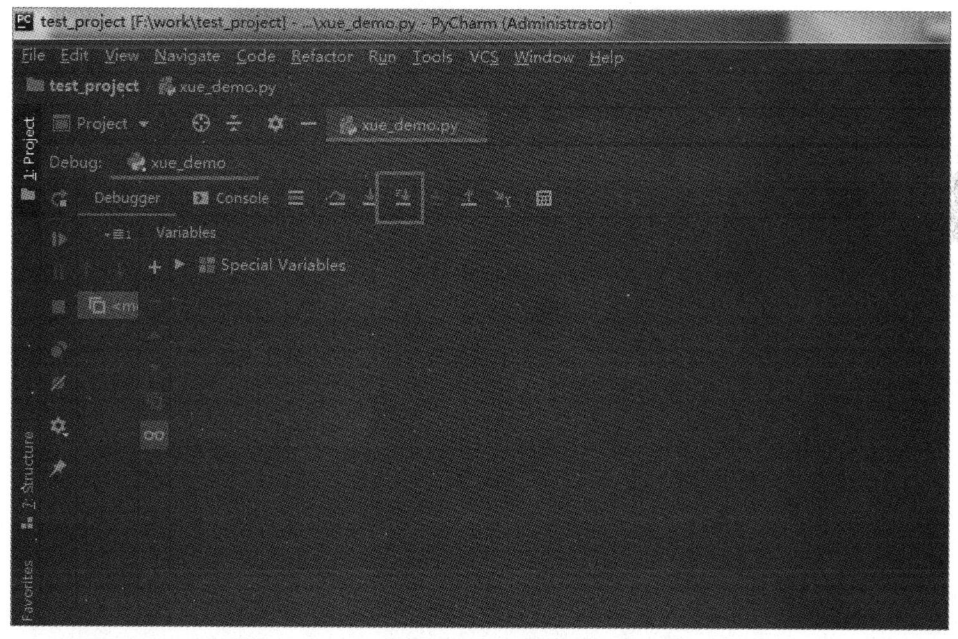

图 1-25　标注

同样，要进入 debug 调试，除了通过图 1-23 所示的右击鼠标进入，也可以通过单击如图 1-26 所示右上角的图标快捷地进入调试模式。

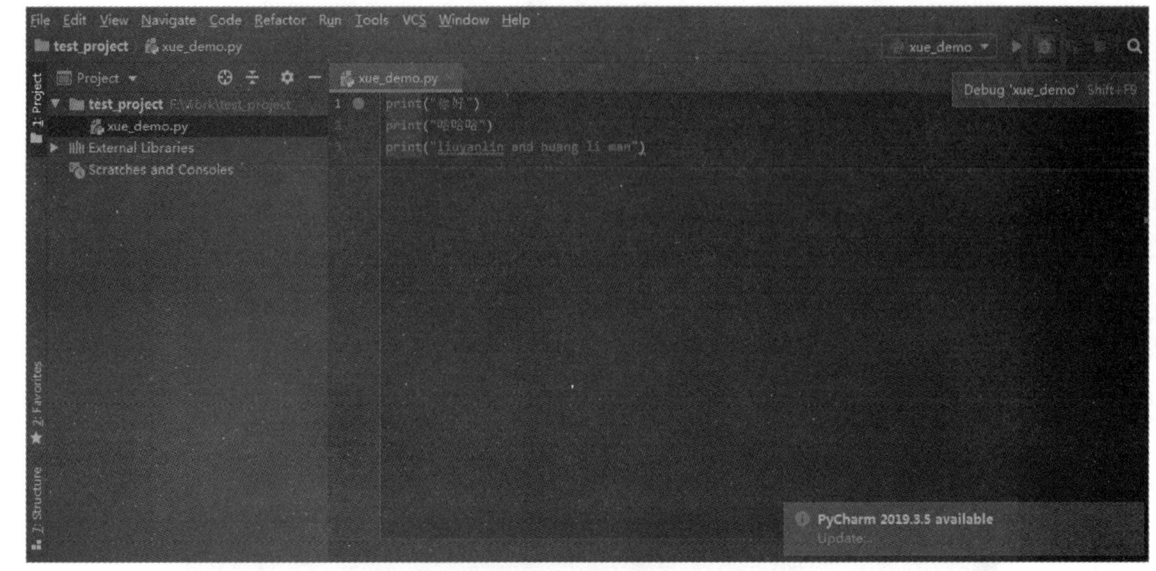

图 1-26　通过单击图标方式进入调试模式

1.2.4　创建venv虚拟环境

有时候由于我们的项目比较多，每个项目中所用到的一些库版本可能都有差异，有的项目功能中用到的库版本需要用低版本等。这个时候，为了方便管理，就需要对每个项目做环境隔离。在 PyCharm 中可以创建虚拟环境进行隔离。创建步骤如下。

步骤 1：在 PyCharm 中创建新项目的时候，在菜单栏中选择【File】→【New Project】命令，如图 1-27 所示。

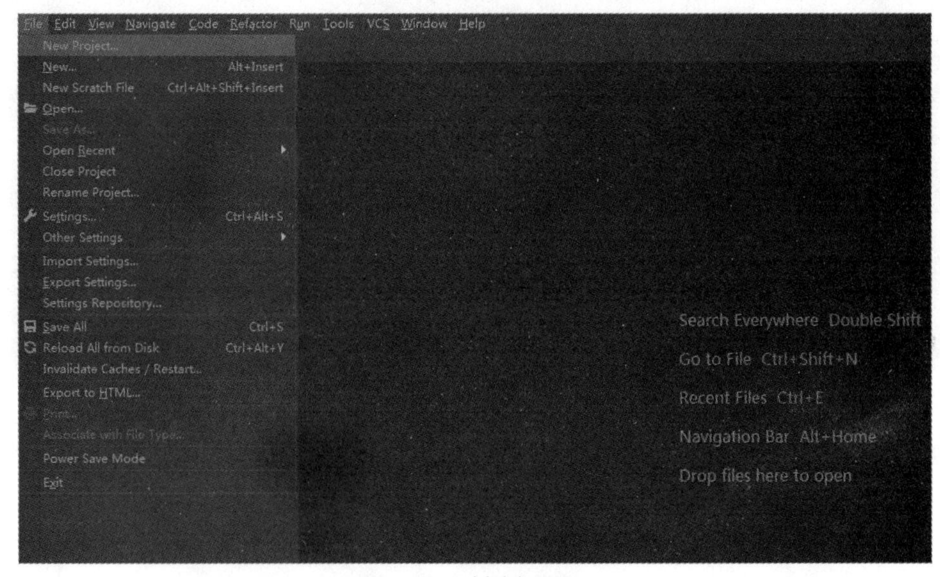

图 1-27　创建新项目

步骤 2：在弹出的新窗口中找到 Location 位置选项，在其中选择要存储代码的位置，并且取一个项目名称，如图 1-28 所示。

图 1-28　Location

步骤 3：单击【Project Interpreter：New Virtualenv environment】，展开后如图 1-29 所示，选中【New environment using】单选按钮，然后单击【Create】按钮进行创建。

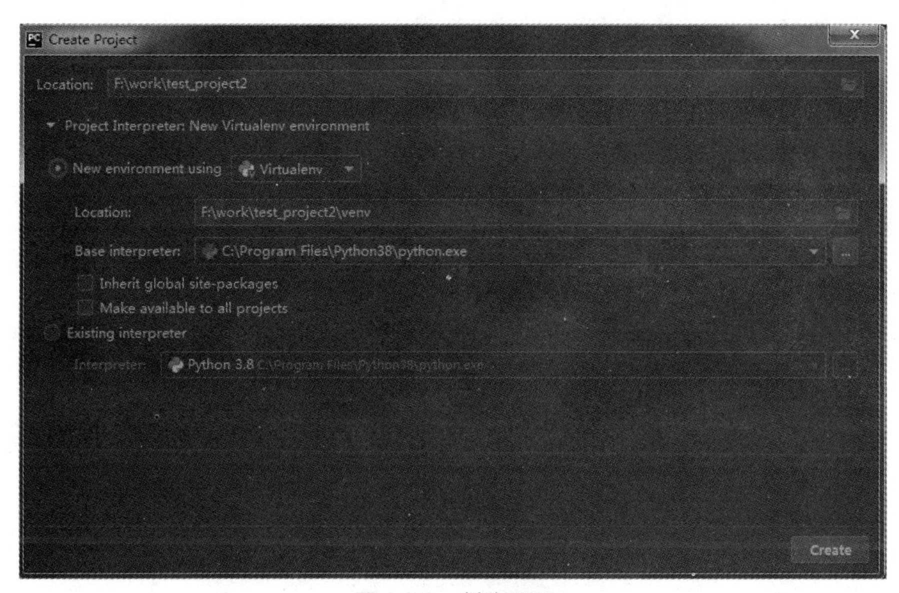

图 1-29　创建项目

步骤 4：创建完成后，如果需要使用 pip 命令往当前虚拟环境中安装第三方模块，可以直接单击底部的【Terminal】按钮进入命令行，如图 1-30 所示。然后使用 pip 命令安装相应的包即可，如图 1-31 所示。

图 1-30　单击【Terminal】按钮

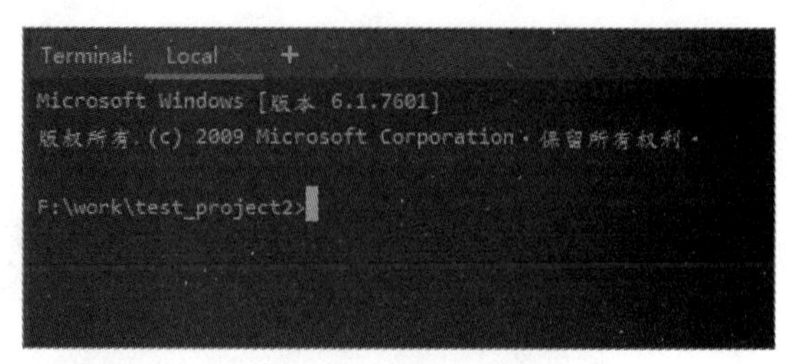

图 1-31　命令行

1.3 Tesseract-OCR

Tesseract-OCR 是一个开源项目，可以直接将图片中的文字进行识别，转换成文本信息。在爬虫应用中，经常会使用它识别一些简单的图形验证码和识别某些网站上涉及文本混淆的字段信息。下面将会讲解它的下载、安装和配置步骤。

1.3.1 下载

目前最新的 Tesseract 项目已经全部迁移到了 GitHub 上，我们可以从中获取所有主要的信息。如果要安装的话，我们可以通过官方或者 GitHub 官方网站获取安装包。

这里为了方便演示，就直接通过官方网站进行下载，如图 1-32 所示。笔者下载的版本为 tesseract-ocr-setup-3.02.02.exe。

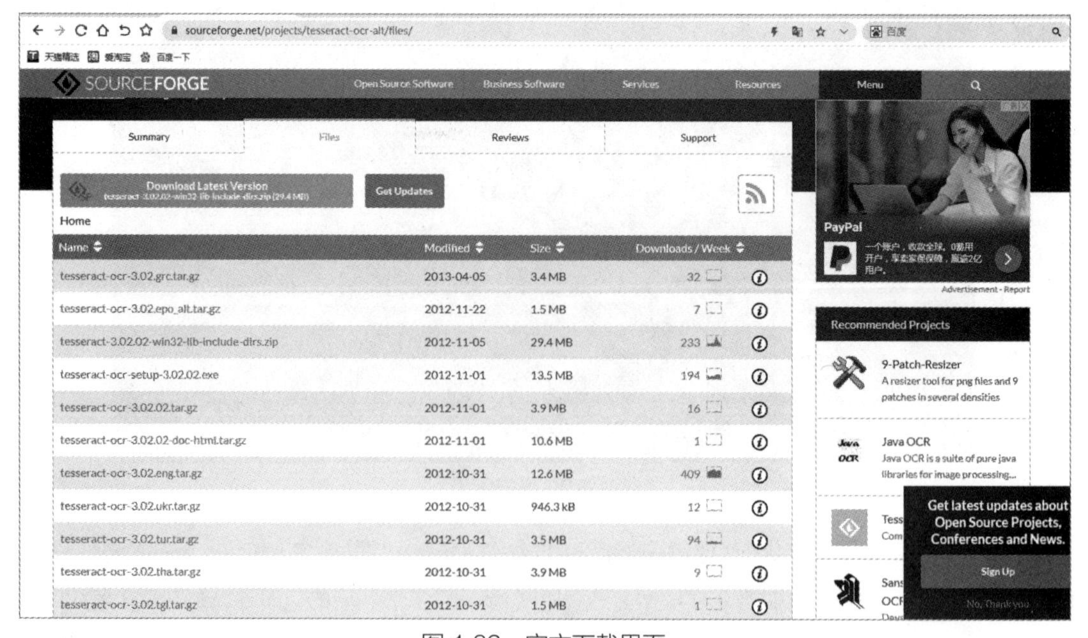

图 1-32　官方下载界面

1.3.2　安装

前面已经下载了安装包，接下来进行安装，相关的安装步骤如下。

步骤 1：双击安装包后将会弹出如图 1-33 所示的界面，单击【Next】按钮进入到下一界面。

步骤 2：选中【I accept the terms of the License Agreement】复选框，然后单击【Next】按钮，如图 1-34 所示。

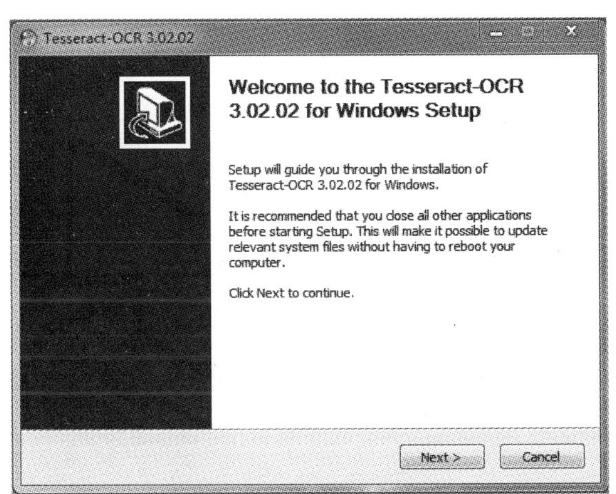

图 1-33　安装启动界面

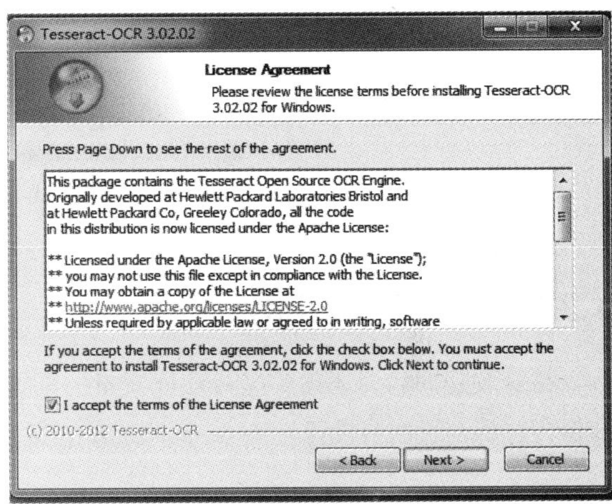

图 1-34　同意安装协议界面

步骤 3：进入到如图 1-35 所示的界面，保持默认选项即可，然后单击【Next】按钮进入到下一界面。

步骤 4：单击【Browse】按钮选择要安装的位置，然后单击【Next】按钮进入到下一界面，如图 1-36 所示。

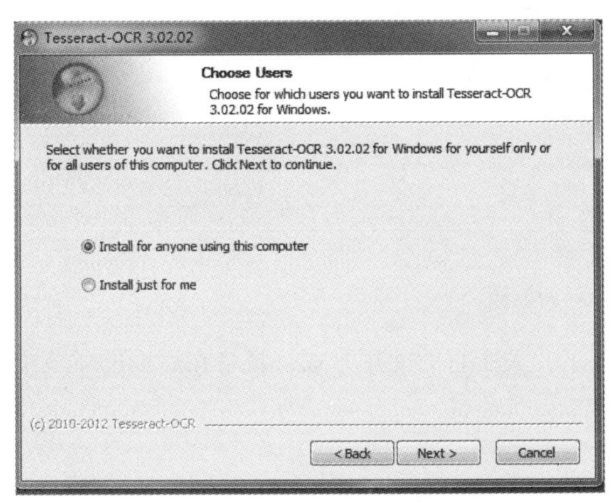

图 1-35　保持默认选项

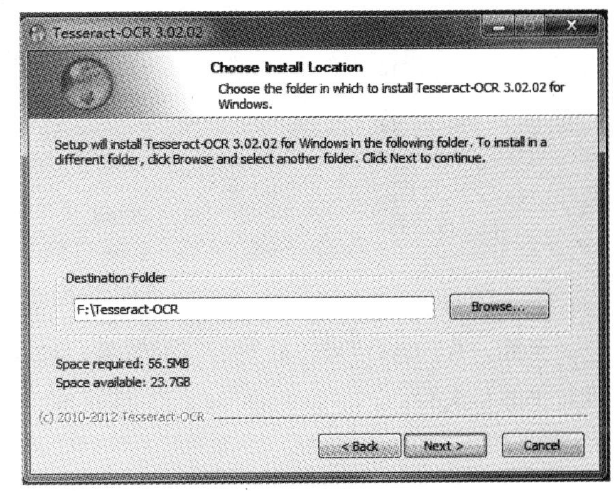

图 1-36　选择安装位置

步骤 5：在接下来的步骤中一直保持默认选项，单击【Next】按钮，最后单击【Install】按钮进行安装，如图 1-37 所示。

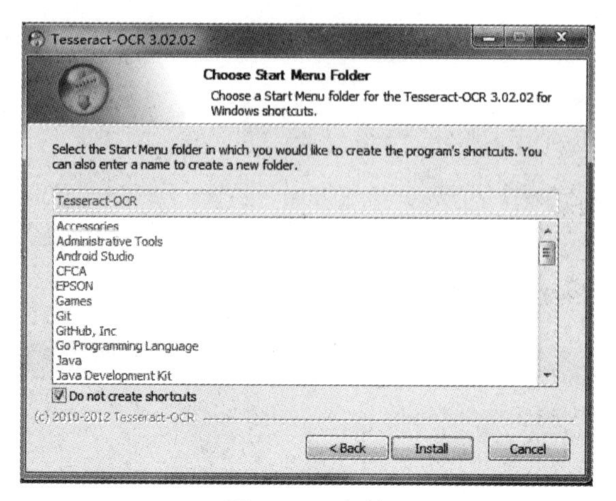

图 1-37　安装

1.3.3　配置环境变量

在安装完成后，还需要进行环境变量的配置。如图 1-38 所示，在电脑属性里面新建一个环境变量，并将变量的值设置为 Tesseract-OCR 的安装路径。

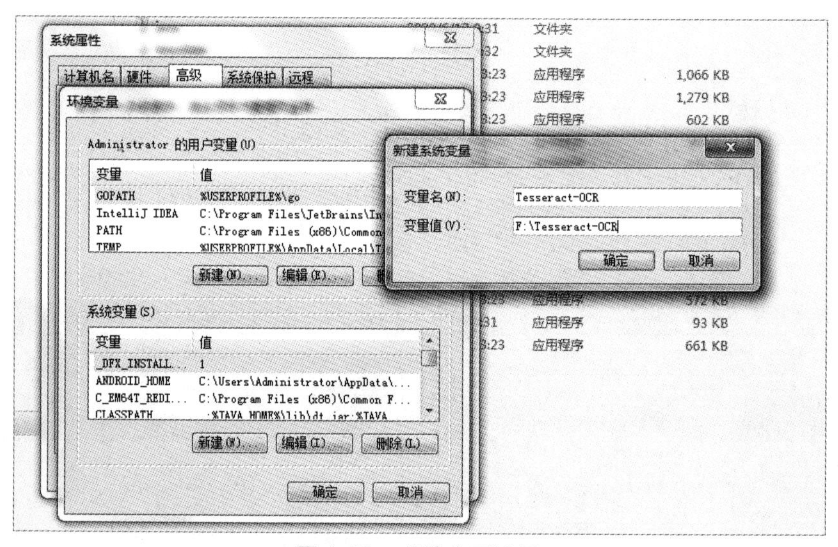

图 1-38　环境变量设置

至此，Tesseract-OCR 的安装与配置就已经完成了，关于它的使用方式，将会在后面的章节中进行讲解与实验。

1.4　mitmproxy

mitmproxy 是一个中间人代理工具，可以用来拦截、修改、保存 HTTP/HTTPS 请求，以命令行

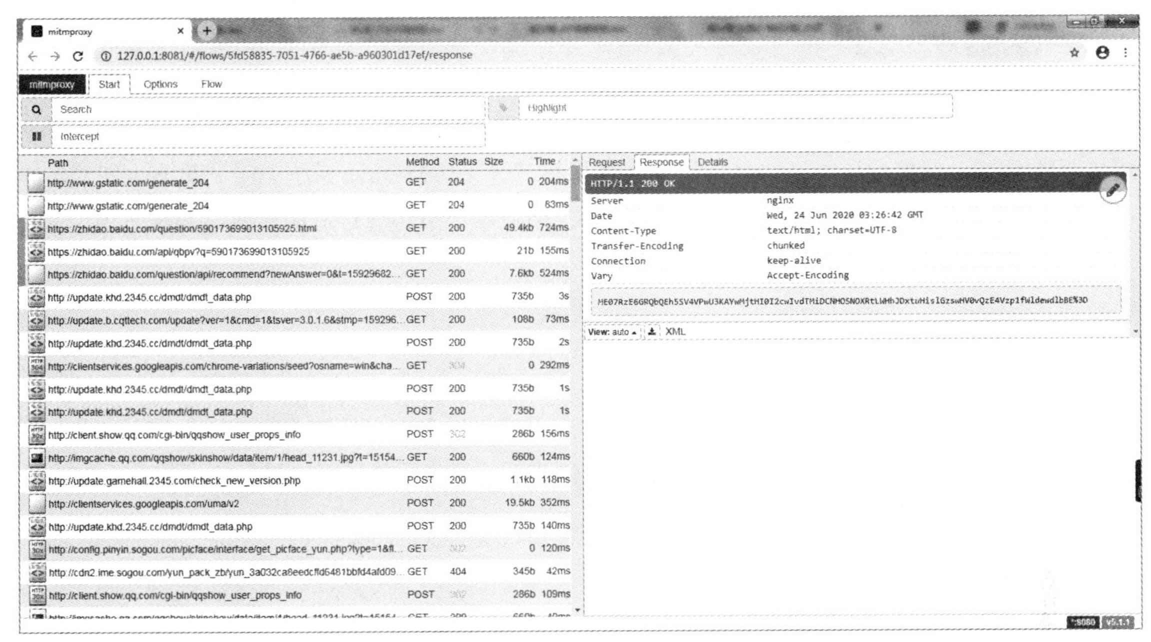

图 1-43　mitmproxy 页面

至此，mitmproxy 的安装已完成。

1.4.3　安装SSL证书

在安装完成 mitmproxy 之后，还需要安装 SSL 证书，才能正常访问 HTTPS 协议的网站，在浏览器中访问 http://mitm.it/ ，将会出现如图 1-44 所示的界面，可根据自己的系统选择证书下载。注意这里访问 http://mitm.it/ 地址时，需要确保前面已经安装好的 mitmproxy 服务已经启动了，否则界面将会出现类似“If you can see this, traffic is not passing through mitmproxy”的提示。

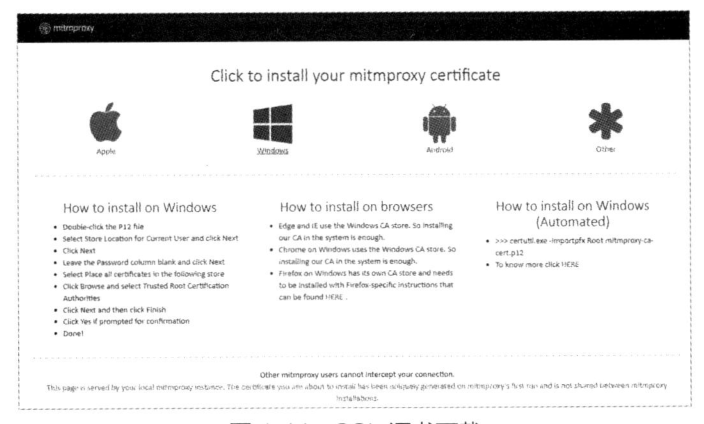

图 1-44　SSL 证书下载

下载 SSL 证书文件之后，直接双击即可进行安装，每一步操作按默认选项进行即可。

1.5 JDK 1.8

JDK 是 Java 语言的软件开发工具包，主要用于移动设备、嵌入式设备上的 Java 应用程序，JDK 是整个 Java 开发的核心，它包含了 Java 的运行环境（JVM+Java 系统类库）和 Java 工具。本书后面章节中一些工具的运行离不开 JDK 的支持，所以本小节将会对 JDK 的安装与配置做个简单的讲解。

1.5.1 下载JDK

JDK 目前的最新版本为 11，但是为了稳定，本书这里以 JDK 8 版本为例，因为后面一些工具所要求的 JDK 运行环境都是 JDK 8。打开 JDK 官网进行下载，下载界面如图 1-45 所示。

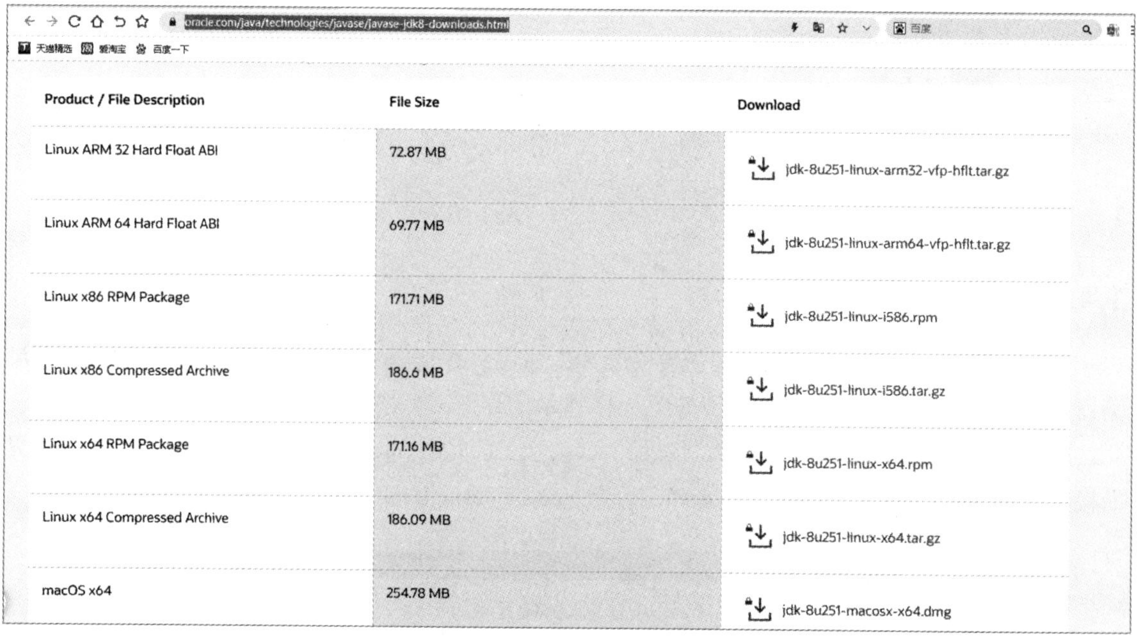

oracle.com/java/technologies/javase/javase-jdk8-downloads.html

Product / File Description	File Size	Download
Linux ARM 32 Hard Float ABI	72.87 MB	jdk-8u251-linux-arm32-vfp-hflt.tar.gz
Linux ARM 64 Hard Float ABI	69.77 MB	jdk-8u251-linux-arm64-vfp-hflt.tar.gz
Linux x86 RPM Package	171.71 MB	jdk-8u251-linux-i586.rpm
Linux x86 Compressed Archive	186.6 MB	jdk-8u251-linux-i586.tar.gz
Linux x64 RPM Package	171.16 MB	jdk-8u251-linux-x64.rpm
Linux x64 Compressed Archive	186.09 MB	jdk-8u251-linux-x64.tar.gz
macOS x64	254.78 MB	jdk-8u251-macosx-x64.dmg

图 1-45　JDK 下载界面

读者可根据自己的系统信息进行选择，例如，笔者这里下载的是 jdk-8u91-windows-x64.exe，将下载好的安装包放在指定目录。

1.5.2 安装

在下载好 JDK 的安装包之后，接下来我们开始进行安装与配置，相关的步骤如下。

步骤 1：双击下载的 exe 文件，进入安装界面，如图 1-46 所示，单击【下一步】按钮。

步骤 2：选择 JDK 的安装目录，默认是放在 C 盘，如图 1-47 所示。

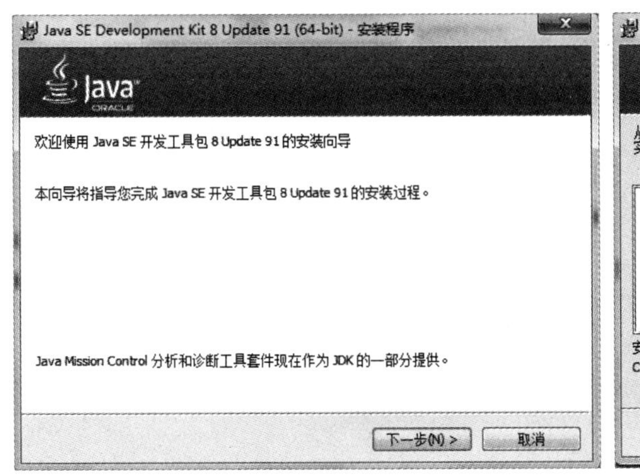

图 1-46　JDK 安装初始界面

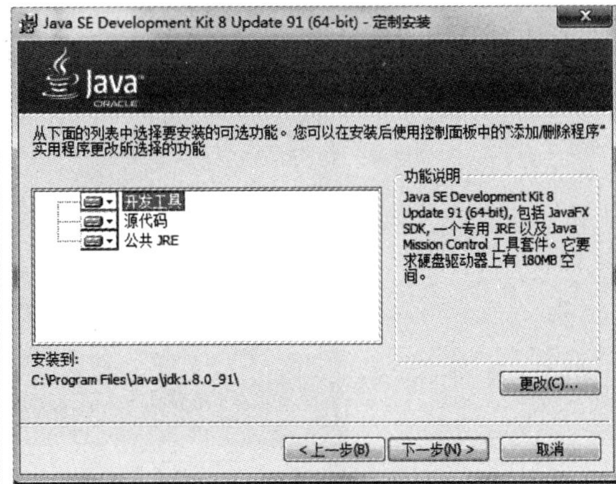

图 1-47　选择安装路径

步骤 3：单击图 1-47 中的【下一步】按钮之后，耐心等待一会儿将会完成安装，然后将会出现如图 1-48 所示的界面，单击【关闭】按钮即完成安装。

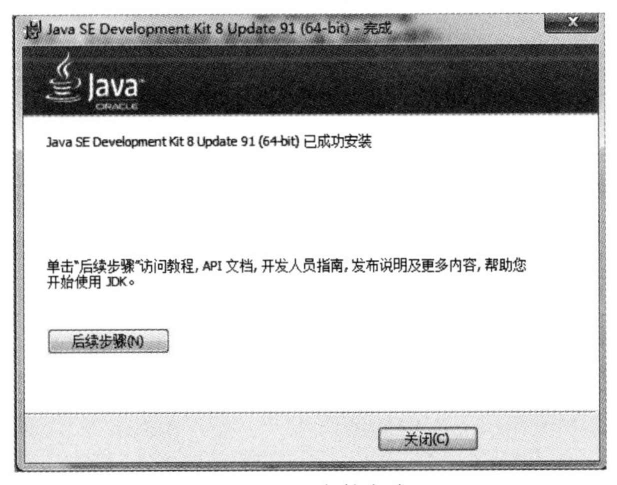

图 1-48　安装完成

1.5.3　测试是否安装成功

打开命令行窗口，在窗口里面输入 java -version 命令，如图 1-49 所示，如果可以看到 JDK 的安装路径和版本，则表示已正确安装。

网上也有其他安装教程，安装完成之后需要配置环境变量等，这里需要注意：对于 JDK 8 以上版本，安装时会自动配置环境变量，不再需要像之前的 JDK 7 等老版本一样要去手动配置。

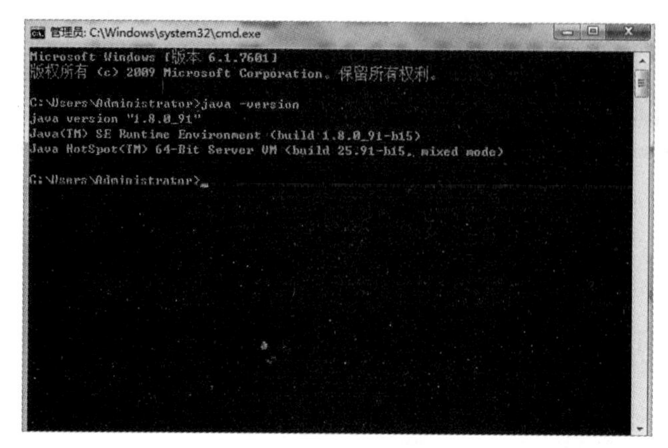

图 1-49　查看安装版本

本章小结

本章选择性地挑选了一些初学者在学习过程中容易安装出错的工具进行统一讲解，对 Python 的环境搭建进行了详细的讲解，并讲解了 Python 的一个专属代码编写工具 PyCharm 的基本使用，最后对后面爬虫章节中会用到的 OCR 识别工具、mitmproxy 中间人、JDK 的安装与配置进行了简单的讲解。

第2章

爬虫与反爬虫通用基础知识

本章导读

在正式进入本书主题内容学习之前，读者需要对部分基础知识进行了解和掌握。例如，网络传输协议、网页的基本结构和原理、Web服务器等。如果读者已经有了一定的基础，可直接跳过本章，进入到下一章内容的学习。笔者在这里根据自己最初接触学习爬虫的一些经验和总结进行讲解，以帮助读者有个基本认识，在有了一定基础和概念之后，再去后面的章节中学习会更加轻松。

本章主要讲解网页的基本组成和类型、常见的网络传输协议、Session和Cookie的概念和原理、Nginx服务器的介绍、代理IP的原理与分类等知识点。

知识要点

通过对本章内容的学习，希望读者能够掌握以下知识技能。读者在学习过程中，建议多动手多思考。

- 网页基础
- 网络传输协议
- Web服务器Nginx
- 代理IP
- HTTP接口的概念
- Session和Cookie的区别

2.1 网页基础

在互联网高速发展时代，我们几乎每天都会接触到各种各样的网页，无论是通过手机、个人电脑，还是公共场合的电脑，都可以在互联网上进行活动。互联网上的基本组件就是网页，简单来说，它就是由若干代码编写的一个文件，其中就包含了许多的文字、图片、音乐、视频等丰富的资源。网页就是电脑或手机浏览器里面呈现的一个个页面。如果把一个网站比作一本书，那么网页就是这本书中的页。例如，我们常常访问的淘宝、百度、京东等，其中的一个个绚丽多彩的页面，就叫作网页。

本节将对网页的一些基础知识做个简单的介绍，了解基本结构即可，不必太过深入，毕竟我们的目的不是写网页，而是为了后面学习爬虫做铺垫。

2.1.1 网页的组成

一个网页的结构就是使用结构化的方法对网页中用到的信息进行整理和分类，使内容更具有条理性、逻辑性和易读性。如果网页没有自己的结构，那么打开的网页就像一团乱麻一样，很难在里面快速地找到自己想要的信息。如同打开一本书，如果没有分段，没有标点，那么很容易让人头晕眼花。所以一个好的结构是网页带来好的用户体验的重要的一环。

对于一个完整的网页来说，可以分成 HTML、CSS 和 JS 三个部分。这三个大的部分组成了我们平时所看到的一个个绚丽多彩的网页。下面将会分别对这三部分进行简单的阐述。

1. HTML

HTML 是用来描述网页的一种语言，其全称为 Hyper Text Markup Language（超文本标记语言）。这里首先要申明一点，HTML 不是一种编程语言，而是一种标记语言。HTML 使用标记标签来描述网页，同时 HTML 文档包含了 HTML 标签及文本内容，所以 HTML 文档也叫作 Web 页面，也就是我们所说的网页。我们都知道网页包括文字、按钮、图片、视频等各种复杂的元素，不同类型的元素通过不同类型的标签来表示，如图片用 <img/> 标签来表示，段落用 <p> 标签来表示，它们之间的布局又通常通过布局标签 <div> 来嵌套组合而成，各种标签通过不同的排列和嵌套才形成了网页的框架。

下面通过 Chrome 浏览器打开百度的网址（www.baidu.com），零基础读者也可以跟笔者一样，使用一个浏览器打开百度首页，右击，在弹出的快捷菜单中选择【选择】→【查看网页源码】命令，这时候即可看到百度首页的 HTML 源代码，如图 2-1 所示。

观察页面上的 HTML 源代码，可以发现里面包含了大量的 <div>、<p>、<a> 之类的标签。整个网页就是由各种标签嵌套混合组合而成的。这些标签定义的节点元素相互嵌套和组合形成了复杂的层次关系，并体现出要表达的内容，这就形成了网页的架构。

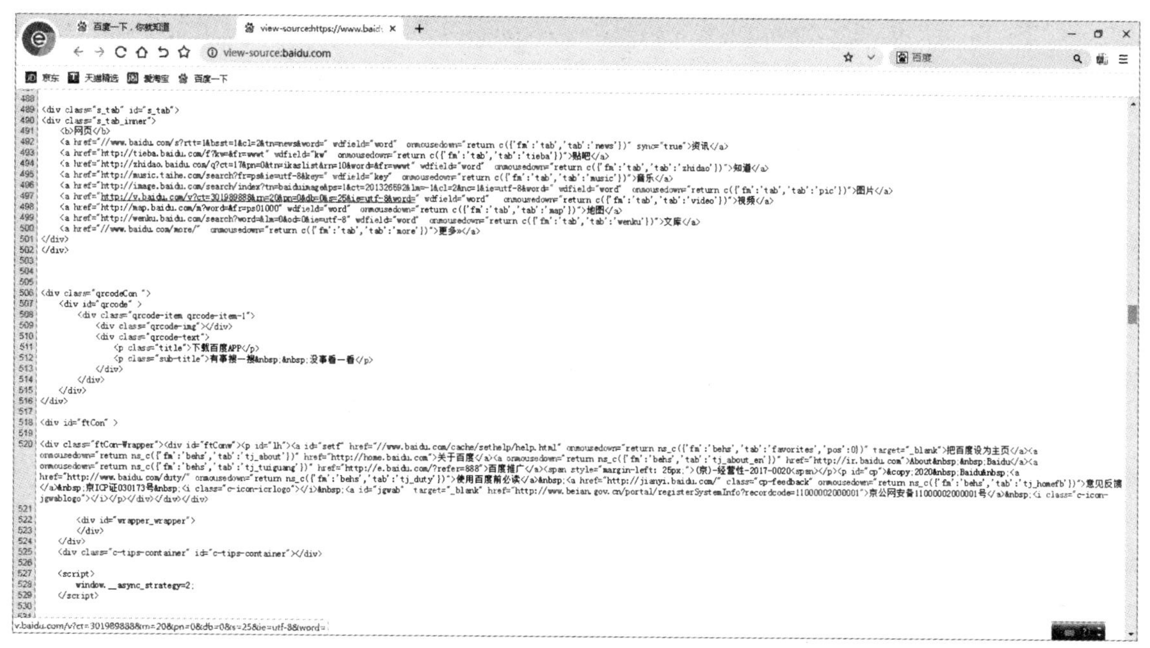

图 2-1　百度首页源代码

2. CSS

CSS 其实就是用来控制网页外观的一门技术，即层叠样式表，英文名为 Cascading Style Sheet，简称 CSS。我们了解到 HTML 是由许多标签进行嵌套组合而成的，可能只是简单的节点元素排列和布局，但是为了让网页看起来更漂亮一些，所以这里借助了 CSS。其实就跟做一个 PPT 文档类似，单纯地用图文排版虽然能有条理地体现出需要表达的内容，却不太美观。特别是在有些重要场合之下，不仅要求 PPT 能够做得有条理、有结构，还需要漂亮，能够吸引客户或观众眼球。所以此时就需要对 PPT 进行美化，比如字体大小、粗细、添加阴影、背景颜色等效果。在 HTML 网页中也是同样的道理。

在网页诞生的初期，也就是 20 世纪末，其实是没有 CSS 这个概念的。那个时候的网页仅仅是用 HTML 标签来制作的，可想而知效果会是怎样的。所以，CSS 的出现就是为了改造 HTML 标签在浏览器展示的外观，使其变得更加好看。如果没有 CSS 的出现，就不可能有现在“色彩缤纷”的页面。

3. JS

在本节开头已经提到了网页主要由三大部分组成。前面已经讲解了 HTML 和 CSS，那么最后一种 JS 又是什么？

JS 的全称是 JavaScript，它是一种脚本语言，通常与 HTML 和 CSS 配合使用，其主要作用是为用户提供交互功能和改变网页行为等。例如，我们在浏览网页的时候，经常需要填写表单提交信息，或是看到轮换显示的轮播图、提示框、下载进度条、炫酷的动画效果等，这些都是 JS 的功劳。它的出现使得用户与信息之间不只是一种浏览与显示的关系，而是实现了一种实时、动态、交互的页面功能。

综上所述，HTML 定义了网页的内容和结果，CSS 描述了网页的布局，JS 定义了网页的行为。读者对其有基本的概念认识就行，在后面的爬虫章节中将会通过实例来进行深一步的讲解。

2.1.2 网页的类型

前面简单地讲解了网页的组成，使新手读者对网页有了一个大概的认识，下面再来介绍一下网页的类型。

网页主要分为两种类型：静态网页和动态网页。下面分别对这两种类型进行说明。

1. 静态网页

静态网页就是指网页上的元素内容，例如，图片、声音、视频、文章等，一旦生成网页代码之后，将不会再变动，不管用户怎么交互刷新，它都是不会变化的。也就是说上面的图片、文章等内容都是写好在网页代码里面的，页面的内容和显示效果就基本上不会发生变化了，除非要修改页面代码，但并不会根据用户的操作而发生质的变化。最直观的一个体现就是，静态页面每单击或打开一个新的内容，它都会重新在浏览器 URL 栏里面打开一个新地址。

2. 动态网页

动态网页与静态网页刚好相反，动态网页上的内容是可以变化的，它会随着用户的交互而发生改变，例如，在打开一些网站浏览的时候，单击下一页、搜索或者类型切换的时候，在不改变原有 URL 的情况下，它的内容就会刷新，这就是动态网页。简单来说，动态网页在不改变原有代码的基础上，就能刷新指定元素的内容。

2.2 网络传输协议

网络传输协议是一种在网络上传输数据的方式与标准。就好比送快递一样，假如有一个包裹，要从北京送到成都，那么将包裹拿给快递公司之后，快递公司可以根据自己的实际情况，通过空运、陆运、水运等途径，最终成功地将包裹送到成都。这里方式有很多种，每种方式各有其优缺点。通过空运是最快的，但是它送的东西数量有限制。反之，通过陆运比较慢，但是它一次性运送的东西数量就会比较庞大。

当然，为了规范和管理快递行业，国家进行了一系列的规章制度对快递公司进行约束。这些制度其实就是对应了网络传输协议里面这个传输标准。传输数据必须按这个标准执行，否则就是非法传输，浏览器或服务器等将不予通过验证和接收。那么既然运送快递的方式有很多种，所以这里的运送方式也对应了网络传输协议里面的数据传输方式，网络协议也一样有很多种，下面将分别讲解几种常见的网络传输协议。

2.2.1　认识HTTP

HTTP 是网络传输协议中最常见的一种协议，即超文本传输协议，它的英文全称是 Hypertext Transfer Protocol，是一种详细规定了浏览器和万维网服务器之间互相通信的规则，即通过因特网传送万维网文档的数据传输协议。通常，由 HTTP 客户端发起一个请求，建立一个到服务器指定端口（默认是 80 端口）的 TCP 连接。HTTP 服务器则在那个端口监听客户端发送过来的请求。一旦收到请求，服务器则向客户端发回一个状态行，比如 HTTP/1.1 200 OK，以及（响应的）消息。消息的消息体可能是请求的文件、错误消息，或者其他一些信息。HTTP 的原理如图 2-2 所示。

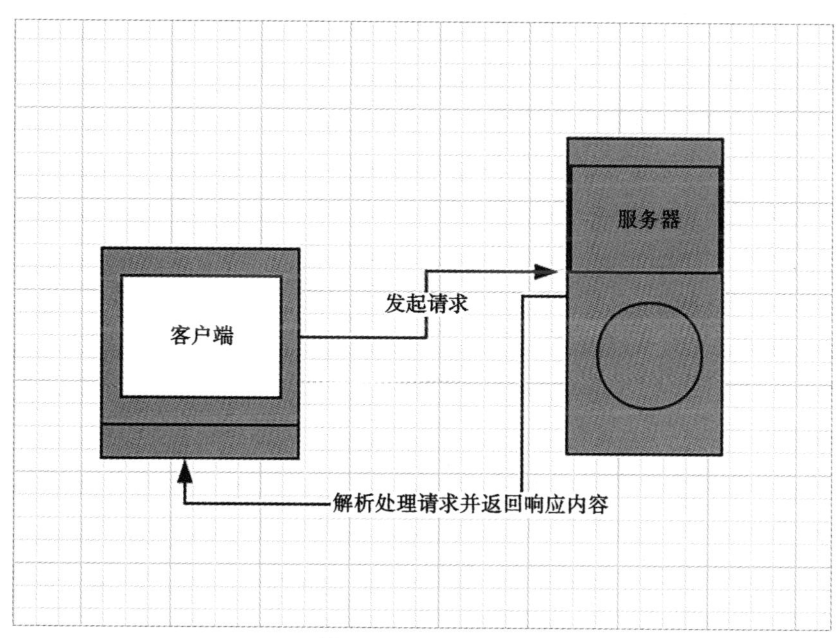

图 2-2　HTTP 原理

2.2.2　HTTPS

HTTPS 其实是 HTTP 的一种增强版，英文全称为 Hyper Text Transfer Protocol over Secure Socket Layer。它出现的目的是使数据传输更加安全。HTTPS 在 HTTP 的基础上加入一层 SSL 加密和证书校验，因此 HTTPS 的安全基础是 SSL，HTTPS 默认使用 443 端口来进行 HTTP 和 TCP 之间的身份验证与加密通信方法。它被广泛用于万维网上安全敏感的通信，如交易支付等方面。简单来说，就是对传输的数据进行了一层加密，通过 SSL 证书来验证访问和接收的合法性。

2.2.3　HTTP与HTTPS请求过程示例

为了能够使读者更加直观地了解 HTTP 和 HTTPS 请求的过程，笔者在这里打开浏览器进行实际操作来观察。首先打开 Chrome 浏览器，按【F12】键进入开发者调试模式，然后以淘宝网为例，进入淘宝首页，这时候观察右边开发者模式中的面板，选择【Network】选项卡，如图 2-3 所示，可以发现出现了很多的条目，其实这就是一个请求接收和响应的过程。

图 2-3 淘宝首页

通过观察可以发现，它下面有很多列，各列的含义如下。

（1）Name 列：它代表的是请求的名称，一般情况下 URL 的最后一部分内容就是名称。

（2）Status 列：这个是响应的状态码，如果显示是 200，则代表正常响应，通过这个状态码，我们可以判断发送了请求后是否得到了正常响应，如常见的响应状态码 404、500 之类。

（3）Type 列：请求的类型，常见类型有 xhr、document 等，如这里有一个名称为 www.taobao.com 的请求，它的类型为 document，表示我们这次请求的是一个 HTML 文档，响应的内容就是一些 HTML 代码。

（4）Initiator 列：请求源。用来标记请求是由哪个进程或对象发起的。

（5）Size 列：表示从服务器下载的文件和请求的资源大小。如果是从缓存中取得的资源，则该列会显示 from cache。

（6）Time 列：表示从发起请求到响应所耗费的总时间。

（7）Waterfall 列：网络请求的可视化瀑布流。

下面我们再来单击 www.taobao.com 这个名称的请求，可以看到关于请求更详细的信息，如图 2-4 所示。

首先看 General 部分，Request URL 为请求的 URL，Request Method 为请求的方法，Status Code 为响应状态码，Remote Address 为远程服务器的地址和端口，Referrer Policy 为 Referrer 判别策略。

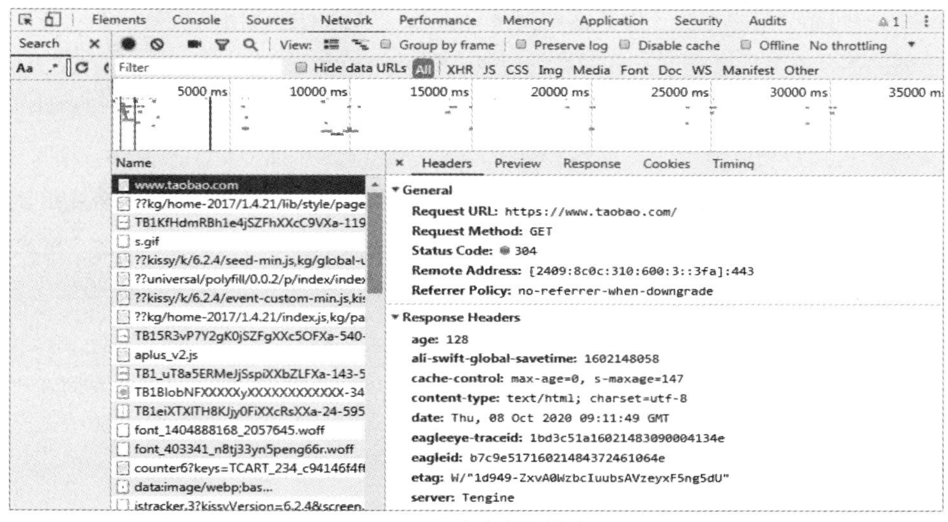

图 2-4　请求详细信息

再往下会有 Response Headers 和 Request Headers，这部分代表响应头和请求头。请求头里面带有许多信息，例如，浏览器标识、Cookies、Host 等信息，这是请求的一部分，服务器会根据请求内部的信息判断请求是否合法，进而做出对应的响应。图 2-4 中可以看到的 Response Headers 就是响应的一部分，例如，其中包含了服务器的类型、文档类型、日期信息等，浏览器接收到响应后，会解析响应内容，进而展现给用户。

概括一下来说，其实请求主要就包含这几个部分：请求方法、请求网址、请求头、请求体。而响应包含响应状态码、响应头、响应体。HTTP 的请求过程大致就是这样，想要了解更多详情的读者可以进行扩展学习。

2.3　Session和Cookies

在浏览网站的过程中，我们经常会遇到需要登录的情况，有些页面需要登录之后才能访问，而且登录之后可以连续很多次访问该网站，但是有的时候过一段时间就需要重新登录。还有一些网站在打开浏览器的时候就自动登录了，而且很长时间都不会失效，这种情况是什么原因呢？因为这里面涉及会话（Session）和 Cookies 的相关知识，下面就来揭开它们的神秘面纱。

2.3.1　Cookie

Cookie 实际上是一小段的文本信息，通过键值对格式（key-value）来表示。其原理是客户端向服务器发起请求，如果服务器需要记录该用户状态，就在响应客户端的时候向客户端浏览器发送一个 Cookie，客户端浏览器会把 Cookie 保存起来。当浏览器再请求该网站时，浏览器把请求的网址连同该 Cookie 一同提交给服务器。服务器检查该 Cookie，以此来辨认用户状态。

所以这就是为什么我们在访问某些网站的时候，输入用户名、密码进行了登录，几天后再次打开电脑访问该网站时就会自动登录。这是因为浏览器保存了我们的 Cookie 到一个文件中。当我们重新访问页面，它会自动读取上次保存的 Cookie 文件中的内容并且传给了服务端。如果手动清除了浏览器历史访问记录，也会清除相关的 Cookie 文件，当再次访问页面的时候，就需要重新登录了。

Cookie 在使用的时候，是携带在客户端浏览器向服务端发起请求的 Header 里面，格式如下：

```
Key=value Cookie
```

里面会包含多个参数，参数之间使用分号间隔，如图 2-5 所示。

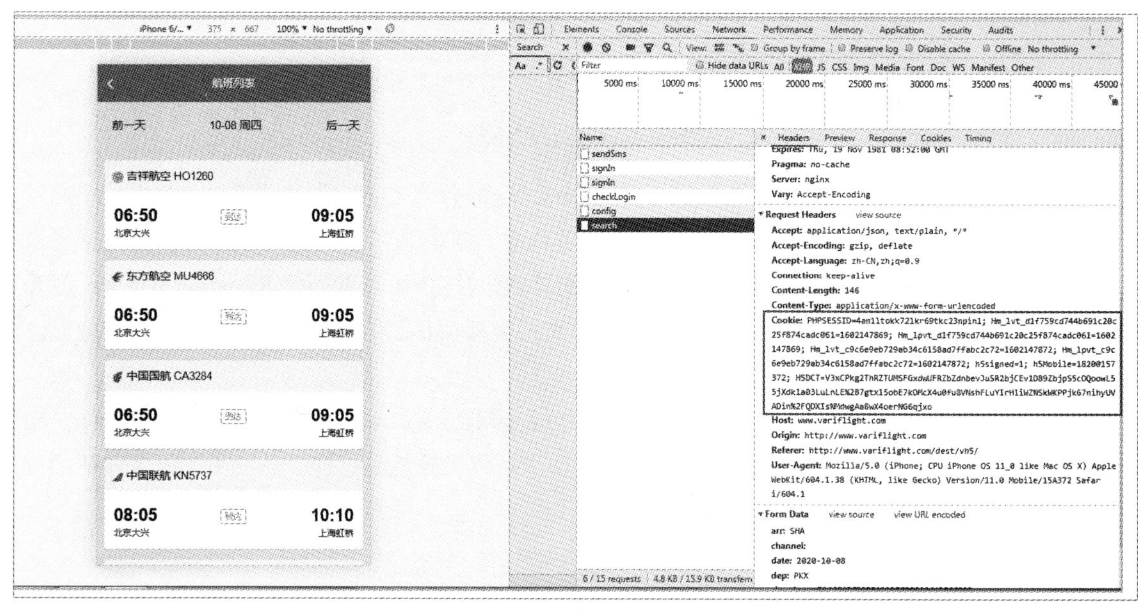

图 2-5　飞常准 Cookie

图 2-5 展示的是"飞常准"手机版的一个页面，请求里面携带了 Cookie 信息，至于如何查看 Cookie，将会在后面的章节中讲到，这里读者只需要理解 Cookie 的基本概念即可。Cookie 中有几个比较重要的属性，如表 2-1 所示。

表 2-1　Cookie 的基本属性

属性	属性介绍
Name=value	键值对，可以设置要保存的 Key/Value，注意这里的 NAME 不能和其他属性项的名字一样
Expires	过期时间，在设置的某个时间点后该 Cookie 就会失效
Domain	生成该 Cookie 的域名，如 domain="www.lyl.com"
Path	指该 Cookie 是在当前的哪个路径下生成的，如 path=/wp-admin/
Secure	如果设置了这个属性，那么只会在 SSH 连接时才会回传该 Cookie

2.3.2　Session

Session 代表服务器与浏览器的一次会话过程，这个过程是连续的，也可以时断时续。Session 是一种服务器端的机制，Session 对象用来存储特定用户会话所需的信息。Session 由服务端生成，保存在服务器的内存、缓存、硬盘或数据库中。

它的主要工作原理是：当用户访问到一个服务器，如果服务器启用 Session，服务器就要为该用户创建一个 Session，在创建这个 Session 的时候，服务器首先检查这个用户发来的请求里是否包含了一个 Session ID，如果包含了一个 Session ID，则说明之前该用户已经登录过并为此用户创建过 Session，那服务器就按照这个 Session ID 在服务器的内存中查找（如果查找不到，就有可能为它新创建一个），如果客户端请求里不包含 Session ID，则为该客户端创建一个 Session 并生成一个与此 Session 相关的 Session ID。这个 Session ID 是唯一的、不重复的、不容易找到规律的字符串，它将在本次响应中被返回到客户端保存，而保存这个 Session ID 的正是 Cookie，这样在交互过程中浏览器可以自动按照规则把这个标识发送给服务器。

2.3.3　Session和Cookie的区别

了解了 Session 和 Cookie 的基本原理，接下来再来浅谈一下它们之间的区别。Session 是存储在服务器端的，Cookie 是存储在客户端的，所以 Session 的安全性要高于 Cookie。再者，我们获取的 Session 里的信息是通过存放在会话 Cookie 里的 Session ID 获取的，因为 Session 是存放在服务器里的，所以 Session 里的东西不断增加会加重服务器的负担。因此，我们可以把一些重要的东西放在 Session 里，不太重要的放在客户端 Cookie 里。Cookie 分为两大类，分别是会话 Cookie 和持久化 Cookie，它们的生命周期和浏览器是一致的，浏览器关了，会话 Cookie 也就消失了，而持久化 Cookie 会存储在客户端硬盘中。当浏览器关闭的时候会话 Cookie 也会消失，所以我们的 Session 也就消失了。Session 在什么情况下会丢失呢？就是在服务器关闭的时候，或者是 Session 过期（默认 30 分钟）了。

2.3.4　常见误区

在谈论会话机制的时候，常常会有这样的误解："只要关闭浏览器，会话就消失了。"可以想象一下银行卡的例子，除非客户主动销卡，否则银行绝对不会轻易销卡，删除客户的资料信息。对于会话机制来说也是一样，除非程序通知服务器删除一个会话，否则服务器会一直保留。

当我们关闭浏览器时，浏览器不会在关闭之前主动通知服务器它将会关闭，所以服务器根本就不知道浏览器即将关闭。之所以会有"只要关闭浏览器，会话就消失了"这种错觉，是因为大部分会话机制都会使用会话 Cookie 来保存会话 ID 信息，而关闭浏览器之后 Cookies 就消失了，再次连接服务器时，也就无法找到原来的会话了。如果服务器设置的 Cookies 保存到硬盘上，或者使用某种手段改写浏览器发出的 HTTP 请求头，把原来的 Cookies 发送给服务器，再次打开浏览器，仍然能够找到原来的会话 ID，依旧还是可以保持登录状态的。

而且正是由于关闭浏览器不会导致会话被删除，这就需要服务器为会话 Cookie 设置一个失效时间，当距离客户端上一次使用会话的时间超过这个失效时间时，服务器就可以认为客户端已经停止了活动，才会把会话删除，以节省存储空间。

2.4 Nginx服务器

Nginx 是一个高性能的 HTTP 和反向代理 Web 服务器，我们日常所见的大多数网站或 APP 后台服务接口都有用到 Nginx。当然除了 Nginx，其他还有很多常见的 Web 服务器，如 Apache、Tomcat、IIS 等。有兴趣的读者可以上网了解一下，这里不一一进行讲解。在这里只是简单地介绍一下关于 Nginx 的一些常见知识点和应用场景，目的是有利于读者对后面将要学习的章节内容有一些了解。

2.4.1 Nginx信号

通过信号可以来控制 Nginx 的工作状态，也可以理解为传达命令。它可以在终端控制 Nginx 的启动、停止、重载等。其语法格式如下：

```
nginx -s 信号名称
```

常用的信号名称有以下几种。

（1）stop：快速关闭 Nginx 服务。

（2）reload：重新加载配置文件启动 Nginx。

（3）start：快速启动 Nginx。

（4）quit：正常流程关闭 Nginx 服务。

如果我们需要停止 Nginx 服务，可以在终端向 Nginx 发送一个信号进行关闭，根据实际情况选择关闭名称。

快速地关闭命令如下：

```
nginx -s stop
```

反之，如果要通过正常流程关闭，则命令如下：

```
nginx -s quit
```

当 Nginx 的配置文件被更改或添加了新的配置内容时，它们不会立即生效，如果想要配置立即生效，就需要将 Nginx 关闭重启或通过重新加载配置文件启动的方式实现。假如我们希望 Nginx 在不影响当前任务执行的情况下重新加载配置，使用 reload 信号即可，命令如下：

```
nginx -s reload
```

Nginx 在收到重新加载配置的信号之后，它会首先检查配置文件的语法是否有效，并且尝试应用其中的配置，如果成功，Nginx 将会启动一个新的进程进行工作，同时会发一个信号去关闭旧的的工作进程。如果失败，它则会回滚任务，并继续使用旧的配置文件执行旧的工作任务。如果读者想了解 Nginx 更多的相关的知识，可以前往 Nginx 官方网站查阅。

2.4.2　反向代理

反向代理出现的作用是隐藏真实服务器的 IP 地址等信息。其原理是客户端在访问网站获取数据的时候，发送的请求会先经过反向代理服务器，由反向代理服务器去选择目标服务器获取数据后，再返回给客户端。此时反向代理服务器和目标服务器对外就是一个服务器，暴露的是代理服务器地址，隐藏了真实的服务器 IP 地址。

例如，这里有两台服务器，假如 A 服务器是代理服务器，其 IP 地址为 192.168.1.1，B 服务器上部署了网站真实的后台服务，其 IP 地址为 192.168.1.2。未使用反向代理之前，按照正常的逻辑，我们要访问网站的服务器，直接请求 192.168.1.2 地址就可以了，响应给我们的请求头信息里面会包含服务器 B 的 IP 地址。反之，如果使用反向代理，则我们请求的地址应该是服务器 A，A 服务器接到我们的请求之后，会去 B 那儿获取数据，并返回给我们，然而此时返回的响应请求头信息中显示的 IP 地址为 A 的地址，同时也拿到了我们需要的数据。但是，我们并不能直接看到请求的这个数据真实的来源是哪里。

可以通俗地理解，就跟我们委托别人帮买东西一样，我们表达了需要什么东西并且把钱给他之后，他就去买了，但是他将东西交给我们的时候，我们并不知道他是从哪个商铺买的。反向代理的原理也是如此，如图 2-6 所示。

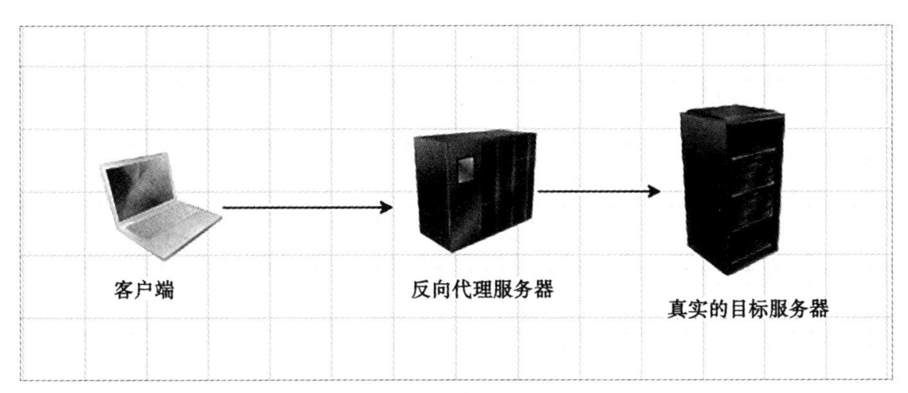

图 2-6　反向代理原理

2.4.3　Nginx中实现反向代理

要使用 Nginx 实现反向代理，只需要在反向代理服务器上的 Nginx 配置文件中添加一项简单的配置即可，如下所示。

```
server {
        listen        80;
        server_name  www.liuyanlin.cn;

        location/{
            proxy_pass http://127.0.0.1:5000;
            index  index.html;
        }
    }
```

通过配置重载 Nginx 之后，在浏览器中访问 www.liuyanlin.cn 这个网站，将会跳转到笔者本机电脑运行的一个网站服务 http://127.0.0.1:5000 上，至此就实现了一个简单的反向代理过程。

2.5 代理IP

在 2.4 节中，我们了解了 Nginx 实现反向代理的原理及基本概念，接着趁热打铁再来了解一下代理 IP。代理 IP 在我们后面章节所要学习的爬虫中起着至关重要的作用。接下来将对代理的基本原理和分类做一个简单的讲解。

2.5.1 原理

代理服务器的工作机制很像我们生活中常常提及的代理商，假设你的机器为 A 机，你想获得的数据由 B 机提供，代理服务器为 C 机，那么具体的连接过程是这样的：首先，你的 A 机需要 B 机的数据，它就要与 C 机建立连接，C 机接收到 A 机的数据请求之后，与 B 机建立连接，根据 A 机发送的请求去 B 机上下载相应的数据到本地，再将此数据发送至 A 机，完成代理任务。其原理如图 2-7 所示。

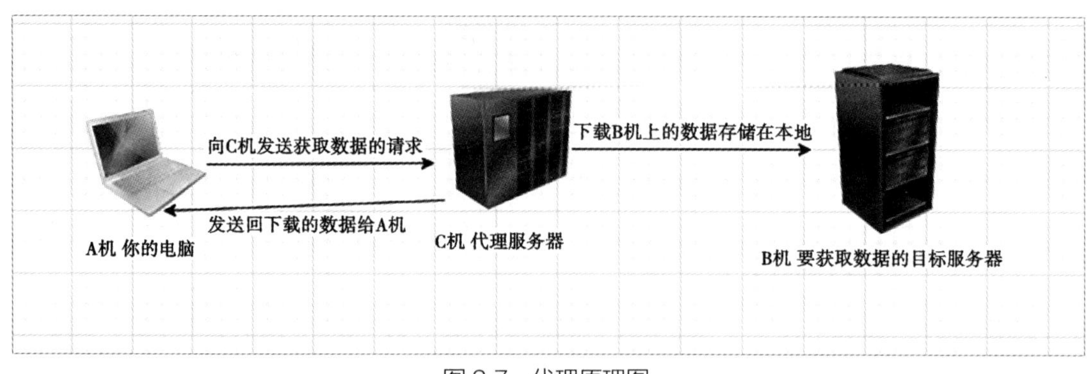

图 2-7　代理原理图

那么代理 IP 就是指的代理服务器的 IP 地址，通过 IP 地址我们可以连接代理服务器或对其传输数据等。

2.5.2　分类

代理 IP 按照安全性来分的话，可以分为三类：透明代理、普通匿名代理和高级匿名代理，这是一个比较笼统的分类。如果按照用途来分的话，可以分成许许多多的类，这里列举出几种比较常见的分类。

（1）HTTP 代理：最常用的代理，代理客户机的 HTTP 访问，主要代理浏览器访问网页，它的端口号一般为 80、8080、9999 等。

（2）HTTPS 代理：HTTPS 代理也叫 SSL 代理，支持最高 128 位加密强度的 HTTP 代理，可以作为访问加密网站的代理。加密网站是指以“https//”开始的网站。SSL 的标准端口号为 443。

（3）HTTP CONNECT 代理：允许用户建立 TCP 连接到任何端口的代理服务器，这种代理不仅可用于 HTTP，还可用于 FTP、IRC、RM 流服务等。

（4）FTP 代理：代理客户机上的 FTP 软件访问 FTP 服务器，其端口号一般为 21、2121。

以上几种代理是我们比较常见的，除了这些还有一些其他的代理类型，平时我们接触的也不是太多，所以这里不做介绍，有兴趣的读者可以自行上网了解。

2.5.3　获取途径

代理 IP 的获取途径非常多，有免费的、付费的、VPS 拨号的等。由于免费的代理 IP 存在不稳定及可用度较低的因素，所以这里主要选择性地以付费代理为例来讲解。相对免费代理来说，付费代理的稳定性更高。付费代理分为两类：一类提供接口获取海量代理，按天或按量收费，如讯代理；一类搭建了代理隧道，直接设置固定域名代理，如阿布云代理。下面以两家具有代表性的代理网站为例，讲解这两类代理的使用方法。

1. 讯代理

讯代理的代理效率较高，其官网页面如图 2-8 所示。

讯代理上可供选购的代理有多种类别，包括如下几种（参考官网介绍）。

（1）优质代理：它适合对代理 IP 需求量非常大，但能接受较短代理有效时长（10 ~ 30 分钟）的小部分不稳定的客户。

图 2-8　讯代理官网

（2）独享代理：它适合对代理 IP 稳定性要求非常高且可以自主控制的客户，支持地区筛选。

（3）混拨代理：它适合对代理 IP 需求量大、代理 IP 使用时效短（3 分钟）、切换快的客户。

（4）长效代理：它适合对代理 IP 需求量大、代理 IP 使用时效长（大于 12 小时）的客户。

图 2-9　代理 API

一般选择第一类别的优质代理即可，这种代理的量比较大，但是其稳定性不高，一些代理不可用。所以这种代理的使用就需要借助于代理池，自己再做一次筛选，以确保代理可用。

读者可以购买一天时长来试试效果。购买之后，讯代理会提供一个 API 来提取代理，如图 2-9 所示。

比如，这里提取 API 为：http://api.xdaili.cn/xdaili-api//greatRecharge/getGreatIp?spiderId=ace5b9824e1f43b9be7fdd3ee7824643&order-no=YZ20181150043hfFyMO&returnType=2&count=10，可能已过期，在此仅做演示使用。

在这里指定了提取数量为 10，提取格式为 JSON，直接访问链接即可提取代理，结果如图 2-10 所示。

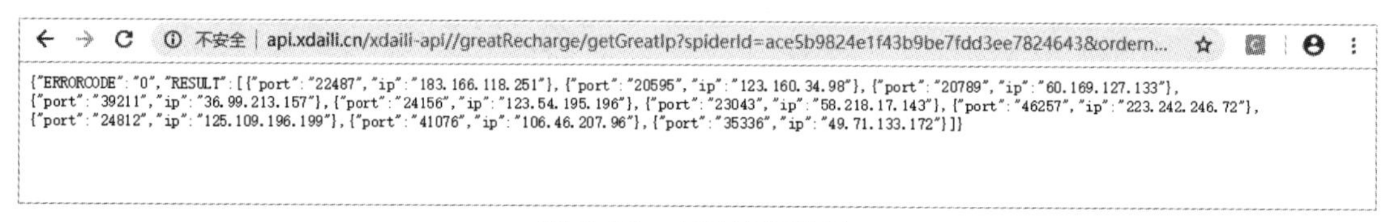

图 2-10　API 访问结果

2. 阿布云代理

图 2-11　阿布云代理官网

阿布云代理提供了代理隧道，代理速度快且非常稳定，其官网页面如图 2-11 所示。

阿布云代理主要分为两种：专业版和动态版，另外还有经典版（参考官网介绍）。

（1）动态版：每个请求一个随机 IP，海量 IP 资源池需求，近 300 个区域全覆盖，IP 切换迅速，使用灵活，适用于爬虫类业务。

（2）专业版：多个请求锁定一个 IP，海量 IP 资源池需求，近 300 个区域全覆盖，IP 可连续使用 1 分钟，适用于请求 IP 连续型业务。

（3）经典版：多个请求锁定一个 IP，海量 IP 资源池需求，近 300 个区域全覆盖，IP 可连续使用 15 分钟，适用于请求 IP 连续型业务。

关于专业版和动态版的更多介绍，可以查看阿布云代理的官网。

对于爬虫来说，我们推荐使用动态版，购买之后可以在后台看到代理隧道的用户名和密码，如图 2-12 所示。

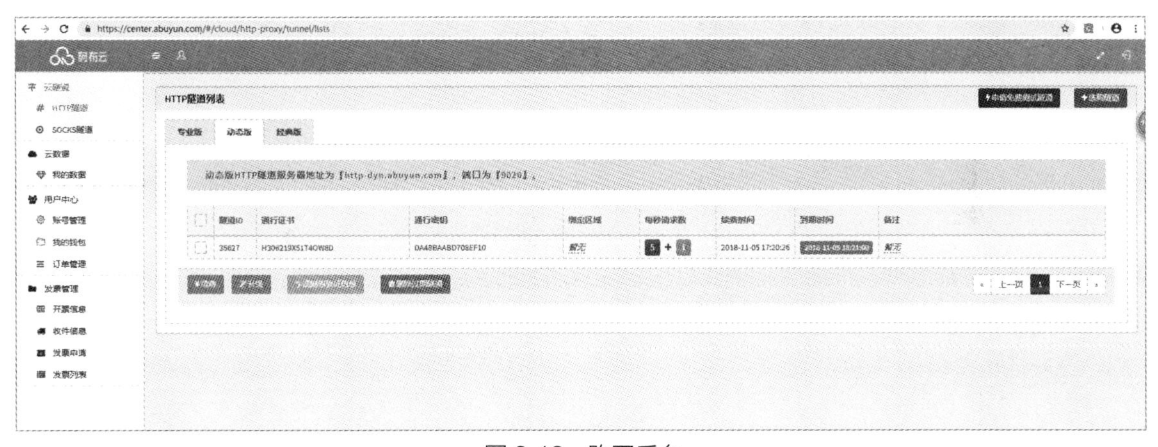

图 2-12　购买后台

整个代理的连接域名为 proxy.abuyun.com，端口为 9020，它们均是固定的，但是每次使用之后 IP 都会更改，该过程其实就是利用了代理隧道实现（参考官网介绍）。

（1）云代理通过代理隧道的形式提供高匿名代理服务，支持 HTTP/HTTPS 协议。

（2）云代理在云端维护一个全局 IP 池供代理隧道使用，池中的 IP 会不间断更新，以保证同一时刻 IP 池中有几十到几百个可用代理 IP。

（3）需要注意的是，代理 IP 池中部分 IP 可能会在当天重复出现多次。

（4）动态版 HTTP 代理隧道会为每个请求从 IP 池中挑选一个随机代理 IP。

（5）无须切换代理 IP，每一个请求分配一个随机代理 IP。

（6）HTTP 代理隧道有并发请求限制，默认每秒只允许 5 个请求。如果需要更多请求数，请额外购买。

当然，除了以上两种途径可以获取代理 IP 之外，还有其他许许多多的获取途径。读者在实际开发过程中可根据价格、稳定性等方面去选择适合自己的 IP。

2.6 HTTP接口概念

接口是一个传递数据的通道，在本书后面的章节中很多地方都会提到这个名词，接口也叫API，其实它就是一个URL地址，这个URL地址会根据不同的需求和功能返回相应的数据。接口可以采用GET或POST方式去请求而达到获取想要的数据或操作等，大多数时候就是用Postman工具来进行接口测试，即测试接口是否能够正常地返回结果。如下面的示例地址：

http://qyfm.liuyanlin.cn/index_api/get_banner_img/

采用GET方式去请求，它会返回一个包含图片信息的JSON格式数据，如图2-13所示，在请求接口的时候还可以对其进行参数传递。

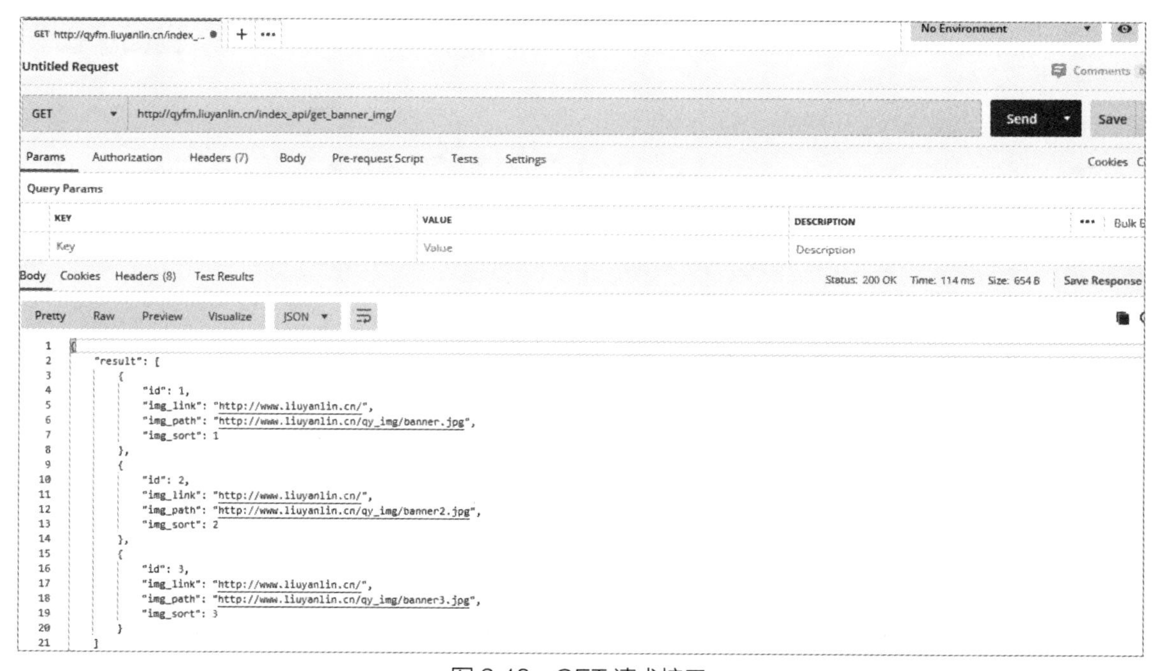

图2-13　GET请求接口

几乎在每一个完整的Web系统或APP中都会存在很多很多的接口，通过这些接口可以完成数据的增加、删除、修改等功能。

2.7 新手问答

1. 如何在浏览器中手动设置代理访问？

答：假如你有一个可用的代理IP，可以通过以下方式进行设置，单击一下电脑左下角的开始栏菜单，如图2-14所示。

首先，单击【配置代理服务器】选项，会出现如图 2-15 所示的界面。

图 2-14　开始栏

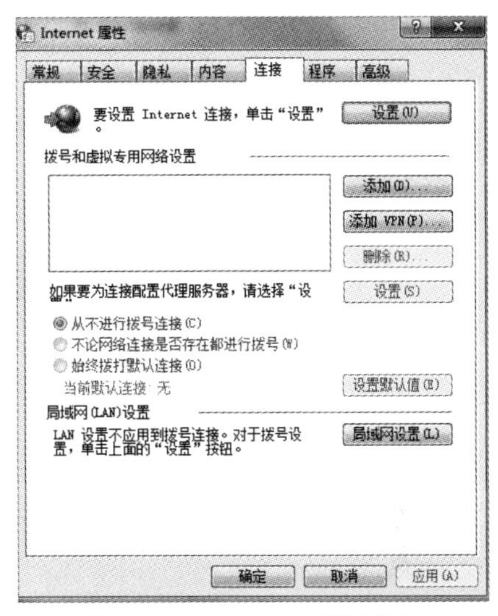

图 2-15　Internet 属性界面

接着，单击【局域网设置】按钮，跳转到如图 2-16 所示的页面，然后选中【为 LAN 使用代理服务器（这些设置不用于拨号或 VPN 连接）】复选框，并在下方的输入框中输入代理 IP 和端口号，保存即可。

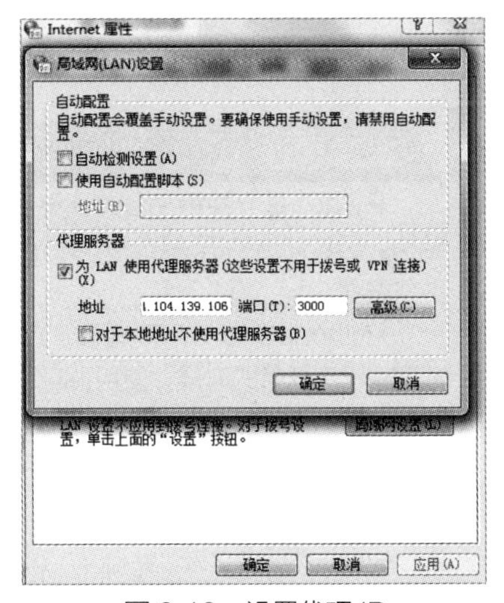

图 2-16　设置代理 IP

2. Cookie存在的位置在哪里？

答：Cookie 存在于客户端临时文件夹中，可在浏览器设置处设置存储路径。

本章小结

本章主要是在读者还未真正进入到爬虫内容学习之前，先对后面主题内容章节中经常会提到的一些基础概念知识进行梳理，以有基础的了解，例如，网页的基础知识、常见网络协议、Web 服务器和代理 IP 等。笔者在后面章节中将不会再对此部分内容进行详细的讲解，所以这里建议读者多看一下本章内容。

第3章

Python编程基础

本章导读

Python是一种跨平台的计算机程序设计语言，简单、易学，拥有高效的高级数据结构。因其简洁的语法和动态类型，以及其解释性，能够用简单而高效的方式进行面向对象编程。

Python以开发效率高著称，它能够以极其简洁的代码完成自己的任务，例如，在完成某一程序任务的时候，使用Java或C#去写可能需要100行代码，但是如果使用Python的话，只需要20行甚至10行代码就能完成任务。但是Python为人诟病的是它的运行效率，因为它是一门解释性的语言，所以运行效率相对于Java或C#之类的预编译语言要低。另外，Python也被称为“胶水语言”，它允许我们把耗时的核心部分使用C/C++等更高效的语言编写。然后由它来“粘合”，这种方式在很大程度上已经解决了运行效率的问题。

知识要点

通过本章内容的学习，读者需要掌握Python 3的基本语法和数据结构，以便于在后面章节学习中能够更加轻松愉快。本章主要知识点如下：

- Python 3基本语法
- 基本数据类型
- 流程控制语句
- 循环语句
- 多线程
- 面向对象
- 文件操作

3.1 Python的基础语法

本节内容开始之前，读者需要确保电脑已经成功安装了 Python 3 和一个可用的文本编辑器，如第 1 章中提到的 PyCharm。本书中所有涉及 Python 的示例代码均是基于 Python 3.8 版本进行编写的，为了在学习过程中减少不必要的麻烦，请尽量使用跟笔者相同版本的 Python。

3.1.1 第一个Python程序

在做好一切准备工作之后，让我们来向世界打一个招呼，编写第一个程序，实现在控制台输出"世界你好"，代码如下：

```
print(" 世界你好 ")
```

可以在 PyCharm 中新建一个后缀为 .py 的文件，在里面输入以上代码并且保存。例如，笔者这里新建了一个名为 3.3.1.py 的文件，如图 3-1 所示。在该文件中输入代码，如图 3-2 所示。

图 3-1 创建文件

图 3-2 代码

> **温馨提示**
>
> 在 Python 中所有的标点符号，例如，逗号、单引号、双引号、括号等，都必须是在英文输入法状态下输入，读者需谨记，避免犯不必要的错误！

3.1.2 运行程序

运行 Python 程序的方式主要有两种，可以在终端命令行里面使用命令运行，也可以在 IDE（如 PyCharm）中运行。下面分别来看一下通过这两种方式运行前面所创建好的程序。这里推荐读者在开发的时候尽量使用工具 PyCharm 来运行代码和创建项目、文件等，这样方便管理和调试。

1. 通过命令行运行

步骤 1：这里将前面创建好的代码文件存放在了 C:\Users\Administrator\Desktop\mxd\3.3.1.py 路径下，运行代码之前，需要先打开命令行终端，Windows 系统下使用快捷键【Win+R】进行打开，在搜索框里面输入 cmd 命令，然后按【Enter】键即可进入终端命令行界面，如图 3-3 和 3-4 所示。

也可以通过单击桌面左下角的开始菜单，进入菜单里面找到【命令提示符】选项，并进入命令行终端。

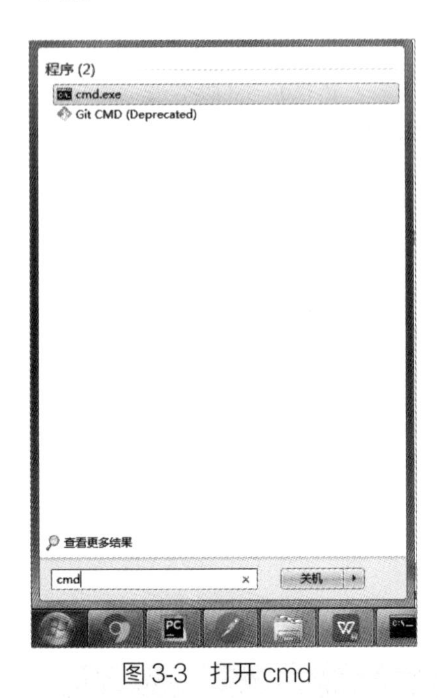

图 3-3　打开 cmd

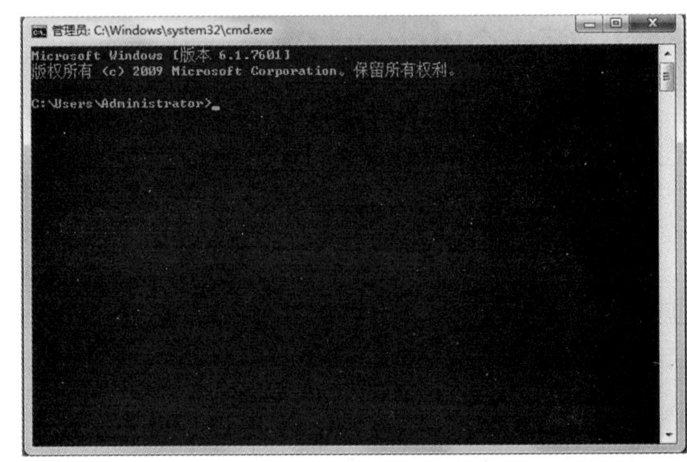

图 3-4　cmd 命令行

步骤 2：打开命令行之后，可以使用“python”命令来运行指定路径的代码文件，命令如下所示，读者可以将文件路径改为自己的试一试。

```
python C:\Users\Administrator\Desktop\mxd\3.3.1.py
```

步骤 3：在通过步骤 2 输入命令之后，按【Enter】键将会执行代码，并且输出结果，如图 3-5 所示。

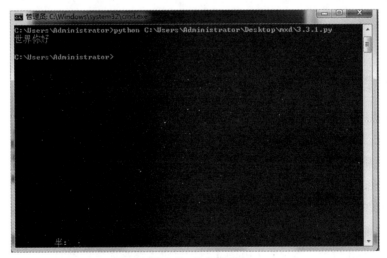

图 3-5　执行代码

此时即可看到命令行窗口中已经显示了“世界你好”的文字，则表示已经运行成功，至此完成了通过命令行运行代码。

2. 通过PyCharm运行

在 PyCharm 中运行代码非常简单，只需要在 PyCharm 里面打开代码文件，然后在文件名上右击，在弹出的快捷菜单中选择【Run' 文件名 '】命令即可开始运行，如图 3-6 所示。运行之后，将会在 PyCharm 底部控制台显示运行结果，如图 3-7 所示。

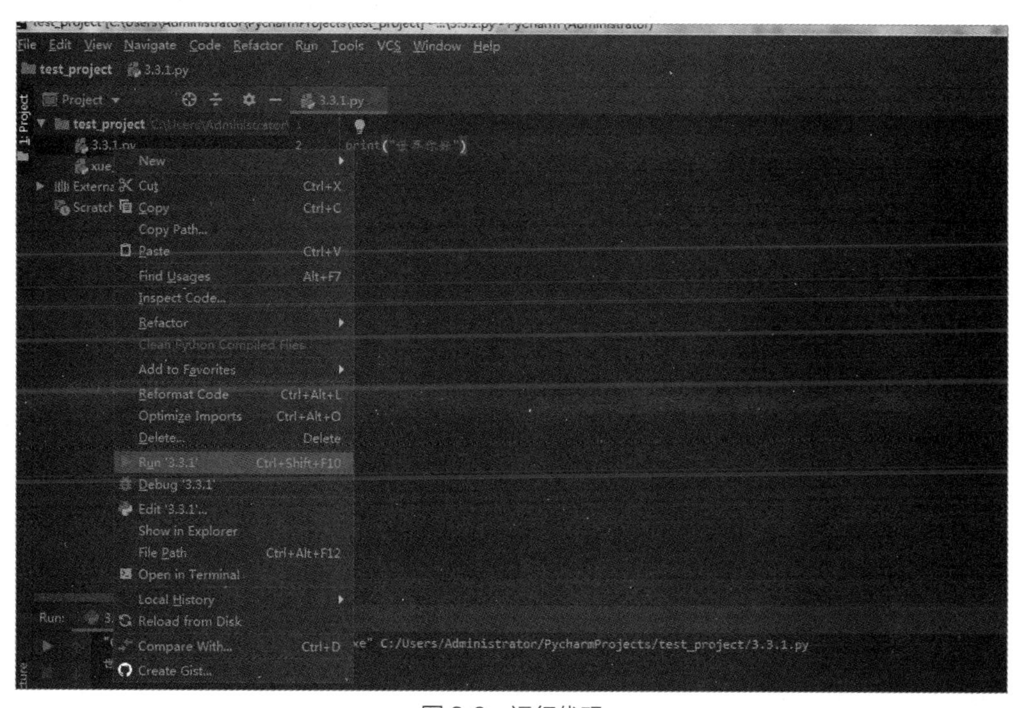

图 3-6　运行代码

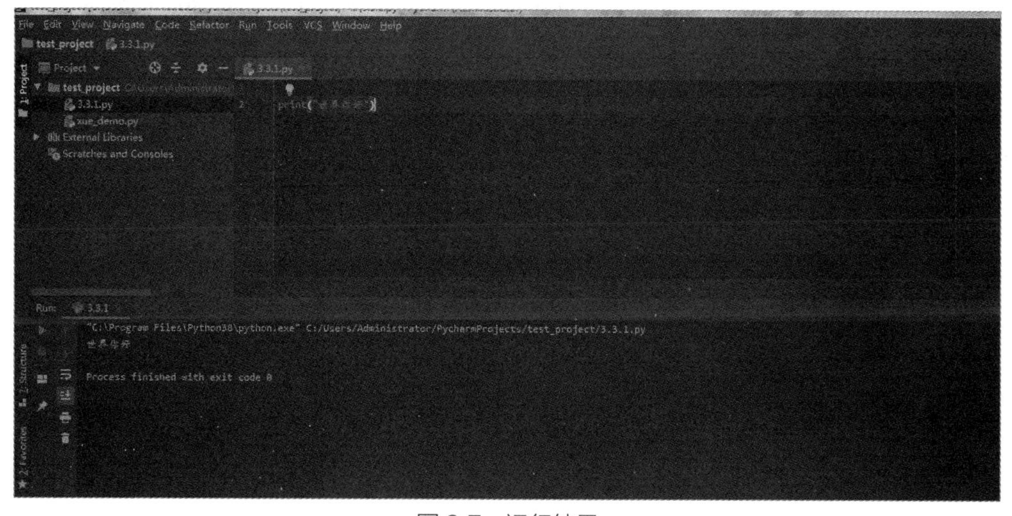

图 3-7　运行结果

为了方便对代码进行统一管理，本书后面所讲解的示例或实例代码，笔者将尽可能地使用 PyCharm 来创建代码文件和运行演示。

3.1.3 注释

注释的目的是让开发人员能够轻松地读懂每一段代码的含义，也就是说，开发人员看了能知道这些代码的作用。计算机在执行程序的时候会自动忽略它，不会去执行。同时也是为后期代码维护提供便利，以达到提高工作效率的目的。在 Python 中，单行注释以“#”号开头，如下所示：

```
# 第一个注释
print('hello, world')
```

单行注释适合在文字描述比较少的情况下使用。如果遇到文字比较多，如有上百个字或几百字的描述文字，就需要对文字进行换行，换行就需要改成多行注释。如果要使用多行注释，可以用一对三个单引号（'''）或用一对三个双引号（"""）包含起来，如下所示：

```
'''
多行注释 1
多行注释 1
'''
print(" 世界你好 ")
"""
多行注释 2
多行注释 2
"""
print(" 世界你好 ")
```

读者在写代码过程中，在适当的地方可以多写注释，养成一个良好的编程习惯。写注释的好处是，有的时候自己写的一段代码，如果长时间没看，估计自己都忘了那段代码实现的含义，如果当初在写的时候就加上了注释，就可以通过注释快速地回忆起这段代码的作用。

3.1.4 行与缩进

Python 最具特色的就是使用缩进来表示代码块，不需要使用大括号（{}）。缩进的空格数是可变的，但是同一个代码块的语句必须包含相同的缩进空格数。实际工作中一般常见的是使用 4 个空格来进行缩进，笔者这里也建议读者尽量使用 4 个空格来缩进，例如下面的代码：

```
if True:
    print (True)
else:
    print (False)
```

执行正确会输出“True”，如果代码块中的语句缩进的空格数不一致，则会导致运行错误，例如以下代码最后一行语句缩进的空格数不一致：

```
if True:
    print ("Answer")
    print ("True")
else:
    print ("Answer")
  print ("False")     # 缩进不一致，会导致运行错误
```

运行此代码之后，控制台将会提示并指出代码文件中错误的地方，例如，这里运行之后，会提示正在运行的 F:/work/california/tttt.py 路径下的代码中第 6 行有错误。错误信息如下：

```
  File "F:/work/california/tttt.py", line 6
    print ("False")     # 缩进不一致，会导致运行错误
                                  ^
IndentationError: unindent does not match any outer indentation level
```

3.1.5　多行语句

在 Python 里面写代码的时候，通常是一行写完一条语句，但是在有些情况下有的语句会比较长，从而导致整个电脑屏幕的宽度都不够。这时候为了提高可读性，就需要将它进行换行，分成两行甚至三行显示，方法是采用反斜杠，例如下面的示例代码：

```
# 未换行之前
data="abcdefghijksonxojenosdgsdgewgweg1111111111111111111111111111111"
# 换行后的效果
data2="abcdefghijksonxojeno" \
      "sdgsdgewgweg11111111" \
      "11111111111111111111111"
print(data)
print(data2)
```

运行代码，发现在换行之前和换行之后输出的结果都是一样的，这说明换行之后，丝毫不会影响程序执行的结果。

另外一种情况，如果是在 []、{}、() 里面换行，则不需要使用反斜杠，例如下面的示例代码所示，只需要在里面直接按【Enter】键换行即可。

```
data_list=[1,2,3,
         4,5,6,
        7,8,9,10]
```

3.1.6 import 与 from...import导入模块

在实际开发过程中，所涉及的代码量都是非常大的，往往会将代码按功能、类别等分布在多个不同的包和文件里面，在需要时进行调用。或是我们在使用一些第三方写好的代码或模块的时候，需要先进行导入才能使用。而在 Python 里面要导入模块的时候，就需要用到 import 或 from...import 指令来导入相应的模块。将整个模块（somemodule）导入，格式为 import somemodule；从某个模块中导入某个函数，格式为 from somemodule import somefunctio；从某个模块中导入多个函数，格式为 from somemodule import firstfunc, secondfunc, thirdfunc；将某个模块中的全部函数导入，格式为 from somemodule import * 。下面通过一个示例来看一下如何导入 sys 模块，然后使用 print() 函数打印出来。

```
import sys
print('===============Python import mode==========================');
print ('命令行参数为:')
for i in sys.argv:
    print (i)
print ('\n python 路径为',sys.path)
```

这个 sys 是 Python 自带的一个模块，我们要使用它，就需要先使用 import 关键词导入进来，然后才能使用。再来看一个示例，笔者这里创建了两个文件，分别是 test1.py 和 test2.py。现在需要实现在 test2.py 文件中使用 test1.py 里面定义的 hello()，假设两个文件都在同一个包下（对于零基础新手读者，这里的包可以将它理解为一个目录，只是下面多了一个 __init__.py 的文件而已）。

test1.py 文件中的代码如下：

```
def hello():
    print("哈喽，你好啊")
```

test2.py 文件中的代码如下：

```
from test1 import hello

hello()
```

这里在 test2.py 文件中，使用 from ... import 方式导入，运行 test2.py 文件之后，将会在控制台输出“哈喽，你好啊”等文字。读者在学习过程中，可根据以上两个示例举一反三，尝试前面所提到的其他几种导入方式。

3.1.7 变量

说得简单一点，变量其实就是计算机在内存中开辟的一个空间，用于存储指向它的一个值，这个值可以是数字、字符串等。如下面的示例中创建了一个变量，名字为 name 并且给它赋予了一个值“张三”，在使用的时候，直接使用 name，它就会指向张三。

```
name=" 张三 "
print(name)
```

再形象一点就是给一个人取了个名字，叫张三，你一叫张三，他就知道是你在叫他了。给人取名有一个规范，那就是要姓 + 名，而且不能带数字或中英文混合。那么同样变量名也有一个命名规范：可以使用字母、数字、下划线、字符串等混合命名，但是不能以数字开头。

3.2 基本数据类型

在 Python 3 中，标准的数据类型主要有 6 个，它们分别是 Number（数字）、String（字符串）、List（列表）、Tuple（元组）、Set（集合）、Dictionary（字典）。下面将分别对这 6 种类型做一个简单的介绍。

3.2.1 Number

通俗地说，Number 其实就是数字，例如，我们生活中常见的 1、2、3 等，Python 3 支持 int、float、bool、complex（复数），在 Python 3 里只有一种整数类型 int，表示为长整型，没有 Python 2 中的 Long。像大多数语言一样，数值类型的赋值和计算都是很直观的。内置的 type() 函数可以用来查询变量所指的对象类型。例如下面的示例：

```
num=20
print(num)
print(type(num))
```

执行代码后，将会输出如下结果。可以看到，这里定义了一个变量 num，并且将数字 20 赋值给它，最后通过 type( ) 函数输出了它的类型，类型为 int。

```
20
<class 'int'>
```

从前面我们知道，Python 支持 3 种不同的数值类型，即整型（int）、浮点型（float）、复数型（complex），例如下面的示例：

```
num=40
num2=6.3
num3=0.3j
```

温馨提示

在 Python 2 中是没有布尔型的，它用数字 0 表示 False，用 1 表示 True。到 Python 3 中，把 True 和 False 定义成关键字了，但它们的值还是 1 和 0，它们可以和数字相加。

3.2.2 String

字符串（String）是 Python 中最常用的数据类型，我们可以使用引号（“'”或“"”）来创建字符串。创建字符串很简单，只要为变量分配一个值即可。例如：

```
st1 = 'Hello World!'
st2 = "你好全世界"
```

如果字符串中有特殊字符，如“\”（反斜杠）或“'”（单引号）等，则需要使用转义符号“\”去转义，例如下面的代码：

```
s='I\'am a boy'
s2='name\\age'
print(s)
print(s2)
```

运行以上代码，控制台将会输出以下内容：

```
I'am a boy
name\age
```

有时候在字符串中需要使用到单引号或双引号，但是又不想使用转义符号去转义，这里有个小技巧，就是将单引号和双引号混合使用，例如下面的代码：

```
s=" '张三' "
s2=' "李四" '
print(s)
print(s2)
```

运行上述代码将会输出结果：

```
'张三'
"李四"
```

3.2.3 List

列表（List）是 Python 中最基本的数据结构。列表中的每个元素都分配一个数字，第一个索引是 0，第二个索引是 1，以此类推。序列可以进行的操作包括索引、切片、加、乘、检查成员。此外，

Python 已经内置确定序列的长度，以及确定最大和最小的元素的方法。

列表是最常用的 Python 数据类型，它可以通过一个方括号及逗号分隔值表达。列表的数据项不需要具有相同的类型。例如创建一个简单的列表，代码如下：

```
list1 = ['Google', 'baidu', 2997, 2000]
list2 = [1, 2, 3, 4, 5 ]
list3 = ["a", "b", "c", "d"]
```

列表创建好之后，如果要访问列表中的值，可以使用下标来访问，需要注意的是下标都是从 0 开始的，例如，访问上面代码中的 list1 这个列表中的 Google 值，可以使用 list1[0] 来获取，然后用 print() 函数将其输出。示例代码如下：

```
list1 = ['Google', 'baidu', 2997, 2000]
list2 = [1, 2, 3, 4, 5 ]
list3 = ["a", "b", "c", "d"]
print(list1[0])
```

运行代码之后，控制台输出的结果如下：

```
Google
```

列表创建好之后，可以对列表中的元素进行增、删、改、查等操作，例如，要删除上面 list1 中的第 1 个元素，可以通过 pop() 方法下标删除和 remove() 指定值删除。如果要增加元素，可以使用 append() 方法，修改指定位置的元素，直接用下标就可以了。相关的示例代码如下：

```
list1 = ['Google', 'baidu', 2997, 2000]
print(" 未操作之前的列表：",list1)
# 指定值删除
list1.remove('Google')
# 根据下标删除
list1.pop(0)
print(" 删除之后的列表：",list1)
# 往列表中添加一个值
list1.append(1)
print(" 添加元素之后的列表：",list1)
# 修改列表中下标为 0 的值为 2
list1[0]=2
print(" 修改之后的列表：",list1)
```

运行代码之后，打印结果如下：

```
未操作之前的列表：['Google', 'baidu', 2997, 2000]
删除之后的列表：[2997, 2000]
添加元素之后的列表：[2997, 2000, 1]
修改之后的列表：[2, 2000, 1]
```

3.2.4 Tuple

Python 的元组（Tuple）与列表类似，不同之处在于元组的元素不能修改。元组使用小括号，列表使用方括号。元组创建很简单，只需要在括号中添加元素，并使用逗号隔开即可。下面看一个示例代码：

```
tup1 = ('Google', 'baidu', 1997, 2000)
tup2 = "a", "b", "c", "d"
print(tup1)
print(tup2)
```

运行以上代码之后，输出的结果如下：

```
('Google', 'baidu', 1997, 2000)
('a', 'b', 'c', 'd')
```

虽然说元组中的元素值是不允许修改的，但我们可以对元组进行连接组合，如通过使用“+”（加号）将两个元组组合起来，就变成了一个元组，代码如下所示：

```
tup1 = ('Google', 'baidu', 1997, 2000)
tup2 = "a", "b", "c", "d"
tup3=tup1+tup2
print(tup3)
```

运行上面代码，输出的结果如下：

```
('Google', 'baidu', 1997, 2000, 'a', 'b', 'c', 'd')
```

3.2.5 Dictionary

Python 里面的字典（Dictionary）是另一种可变容器模型，且可存储任意类型对象。字典的每个键值（key⇒value）对用冒号（:）分割，每个对之间用逗号（,）分割，整个字典包括在花括号（{}）中，格式如下所示：

```
d = {key1 : value1, key2 : value2 }
```

键必须是唯一的，但值则不必。值可以取任何数据类型，但键必须是不可变的，如字符串、数字或元组。接下来看一个简单的实例，代码如下所示：

```
data={"name":"张三","age":23,"gender":"男"}
print(data)
```

运行代码之后，输出结果如下：

```
{'name': '张三', 'age': 23, 'gender': '男'}
```

字典创建好之后，如果要访问字典中的值，可以直接使用字典名加键即可访问，例如下面的实例，访问键为 name 的值，在上面的代码中加上一句代码，然后进行输出：

```
data={"name":"张三","age":23,"gender":"男"}
print(data["name"])
```

运行以上代码，输出结果如下：

```
张三
```

同样，字典也支持增、删、改的操作，要修改和增加字典中的数据，直接使用字典名加键就可以了，如果要删除某一个键的话，可以使用 del 关键词；如果要清空整个字典的话，使用 clear() 方法。示例代码如下：

```
data={"name":"张三","age":23,"gender":"男"}
# 修改 name 键的值
data["name"]="李四"
# 增加一个键值
data["num"]=1
print(data)
# 删除键为 num 的值
del data["num"]
print(data)
# 清空整个字典的值
data.clear()
print(data)
```

运行以上代码，输出结果如下：

```
{'name': '李四', 'age': 23, 'gender': '男', 'num': 1}
{'name': '李四', 'age': 23, 'gender': '男'}
{}
```

3.2.6 Set

在 Python 中 Set 是基本数据类型的一种集合类型，它是一个无序的元素集合，每个元素都是唯一的（没有重复项），并且必须是不可变的（不能更改）。但是，集合本身是可变的。我们可以在其中添加或删除元素。同时集合可用于执行数学集合运算，如并集、交集、对称差等。

如果要创建一个集合的话，需要通过将所有元素放在大括号 {} 中并用逗号分隔或使用内置函数来创建集合 set( )。它可以具有任意数量的元素，并且它们可以具有不同的类型（整数、浮点数、元组、字符串等）。但是集合不能具有可变元素。例如下面的示例：

```
# 整数集
test_set = {5, 6, 7}
print(test_set)
```

```
# 混合数据类型集合
test_set2 = {1.0, "哈喽", (1, 2, 3)}
print(test_set2)
```

我们还可以将一个List类型的列表直接转换成Set类型以达到数据去重的目的，如下面的示例代码：

```
test_set = set([1,2,3,2,3])
print(test_set)
# 输出：{1, 2, 3}
```

由于Set集合是无序的，所以我们无法使用索引或切片来访问或更改集合的元素。但是可以通过add()方法给集合添加单个元素，示例如下：

```
test_set = {1,3}
# 增加一个元素

test_set.add(2)
print(test_set)
# 输出：{1, 2, 3}
```

除此之外，还可以使用remove()方法从集合中删除特定的元素，示例如下：

```
test_set = {1,3}
# 增加一个元素
test_set.remove(1)
print(test_set)
# 输出：{3}
```

除了上面讲解的内容外，Set集合还拥有许多其他的特性和方法，感兴趣的读者可自行上网进行了解，在这里只需要重点掌握将list转换为Set达到去重list的目的即可。

3.2.7 布尔类型

布尔类型主要是以True和False表示，True表示为真，False表示为假。一般情况下，结果为True时即代码满足条件，False为不满足条件。要谨记0、None、空都为假，其余为真（空格也为真），例如以下代码：

```
data1=True
data2=False
a = 0
if a:
    print('ok')
    print(data1)
else:
    print('不ok')
    print(data2)
```

运行代码，输出结果如下：

```
不 ok
False
```

3.3 流程控制

在真实的项目开发过程中，往往会涉及各种复杂的逻辑和代码工作流程，针对于此，Python 也提供了一些方法进行流程控制，以达到实现各种任务的逻辑。下面将分别对这些知识点进行讲解。

3.3.1 条件控制

Python 条件语句是通过一条或多条语句的执行结果（True 或 False）来决定执行的代码块。可以通过图 3-8 来简单了解条件语句的执行过程。

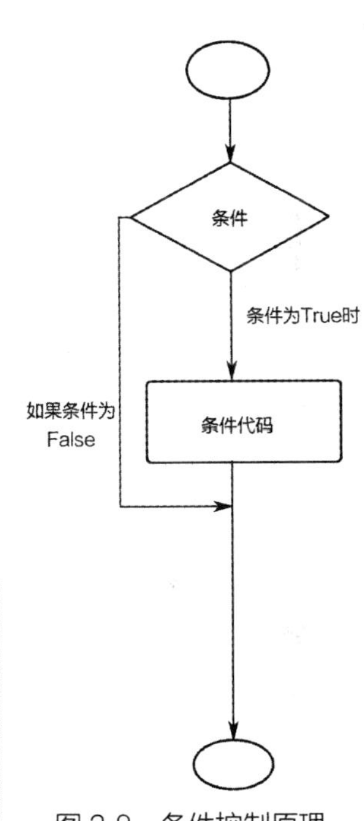

图 3-8　条件控制原理

Python 中 if 语句的一般形式如下所示：

```
if condition_1:
    statement_block_1
elif condition_2:
    statement_block_2
else:
    statement_block_3
```

如果 condition_1 为 True，将执行 statement_block_1 块语句；如果 condition_1 为 False，将判断 condition_2；如果 condition_2 为 True，将执行 statement_block_2 块语句；如果 condition_2 为 False，将执行 statement_block_3 块语句。以下是一个简单的 if 示例：

```
var1 = 100
if var1:
    print("1 - if 表达式条件为 true")
    print(var1)
var2 = 0
if var2:
    print("2 - if 表达式条件为 true")
    print(var2)
print("Good bye!")
```

运行代码，输出结果如下：

```
1 - if 表达式条件为 true
100
Good bye!
```

从结果可以看到，由于变量 var2 为 0，所以对应的 if 内的语句没有执行。if 中常用的操作运算符如表 3-1 所示。在 Python 中要注意缩进，一般情况下是 4 个空格，条件语句根据缩进来判断执行语句的归属。

表 3-1　if 运算符

操作符	描述
<	小于
<=	小于或等于
>	大于
>=	大于或等于
==	等于，比较对象是否相等
!=	不等于

3.3.2　循环

Python 中的循环语句主要有 for 循环和 while 循环。关于循环的概念应该很好理解，可以通过一个小故事来了解：从前有座山，山里有座庙，庙里有个老和尚，老和尚在给小和尚讲故事，讲的什么故事呢？从前有座山，山里有座庙，庙里有个老和尚，老和尚在给小和尚讲故事，讲什么故事呢？从前有座山，山里有座庙，庙里有个老和尚，老和尚在给小和尚讲故事，讲的什么故事呢？从前有座山，山里有座庙，庙里有个老和尚，老和尚在给小和尚讲故事……这就是个典型的循环案例。同样，在程序中也是如此，当满足某一条件的时候，使用了循环语句，代码就会循环地一直执行。下面将会对这两个循环语句分别讲解。

1. while循环

在 Python 循环中，只要指定的条件为 True，while 循环会一直循环代码块，其语法格式如下面示例代码所示：

```
while 判断条件:
    语句
```

同样需要注意冒号和缩进。另外，在 Python 中没有 do...while 循环。以下实例使用了 while 来计算 1 到 100 的总和：

```
n = 100
sum = 0
counter = 1
while counter <= n:
    sum = sum + counter
    counter += 1
print("1 到 %d 之和为: %d" % (n, sum))
```

运行代码，输出结果为：

```
1 到 100 之和为: 5050
```

我们还可以通过设置条件表达式永远不为 False 来实现无限循环，示例代码如下：

```
var = 1
while var == 1:  # 表达式永远为 true
    num = int(input("输入一个数字 :"))
    print("你输入的数字是: ", num)
print("Good bye!")
```

运行上述代码后，控制台会输出：

```
输入一个数字 :1
你输入的数字是 :1
输入一个数字 :2
你输入的数字是 :2
输入一个数字 :
```

2. for 循环

Python 中的 for 循环可以遍历任何序列的项目，如一个列表或一个字符串，for 循环的一般格式如下：

```
for <variable> in <sequence>:
    <statements>
else:
    <statements>
```

使用 for 循环遍历一个列表的数据，再将其依次输出。相关的示例代码如下：

```
data=['baidu','tengxun','ali']
for x in data:
    print(x)
```

运行代码，输出结果如下：

```
baidu
tengxun
ali
```

3.3.3 range()函数

Python 中的 range() 函数可创建一个整数列表，一般用在 for 循环中。其常用语法格式主要有两种。

（1）第 1 种语法格式的示例如下：

```
for x in range(5):
    print(x)
```

运行上述代码之后，将会输出：

```
0
1
2
3
4
```

（2）第 2 种语法格式的示例如下：

```
for x in range(2,5):
    print(x)
```

运行示例输出：

```
2
3
4
```

通过以上这两种语法格式的示例可以看出明显的区别，第一个示例是指定了一个数字 5，生成从 0 开始的 5 个数组成的一个列表。第二个示例指定了一个在［2，5）区间的列表。

3.3.4 break和continue语句

如果有这么一个需求，就是在循环中，如果数据满足某一个条件的时候，需要退出整个循环，应该怎么办？这时候可以使用 break 语句完成退出。例如以下示例代码：

```
sites = ['baidu','tengxun','ali']
for site in sites:
    if site == "baidu":
        print("baidu!")
        break
    print(" 循环数据 " + site)
else:
    print(" 没有循环数据 !")
print(" 完成循环 !")
```

break 在 for 循环和 while 循环中是通用的，例如下面示例中当 num 的值累加到 10 的时候，使用 break 退出 while 循环。

```
# 每循环一次，num 自身加 1，加到 10 就退出循环
num=0
while True:
    num+=1
    if num==10:
        break
print(num)
```

接下来，假设又有这样一个需求，在循环中，当满足某一条件之后，就需要跳过本次的循环，而不是退出整个循环。也就是说，例如有一个列表，列表中包含了语文、数学、英语这几个词语，使用 for 循环进行遍历输出，在里面使用 if 语句判断，如果为数学，就在 if 语句后面输出一个 True，否则就不输出，而是跳过本次循环，执行下一次循环，示例代码如下：

```
data=[" 语文 "," 数学 "," 英语 "]
for x in data:
    if x==" 数学 ":
        print(x)
    else:
        continue
    print("True")
```

运行上述代码，输出结果为：

```
数学
True
```

3.3.5　pass

Python 中的 pass 是空语句，是为了保持程序结构的完整性，它不做任何事情，一般用作占位语句。例如下面的示例代码：

```
data=[" 语文 "," 数学 "," 英语 "]
for x in data:
    if x==" 数学 ":
        pass
    else:
        continue
    print("True")
```

运行之后，输出结果为：

```
True
```

3.4 函数

函数是组织好的、可重复使用的、用来实现单一或相关联功能的代码段。函数能提高应用的模块性和代码的重复利用率。Python 提供了许多内建函数，比如 print()。但你也可以自己创建函数，这叫作用户自定义函数。

3.4.1 定义一个函数

我们可以定义一个满足自己想要功能的函数，以下是简单的规则。

（1）函数代码块以 def 关键词开头，后接函数标识符名称和圆括号 ()。

（2）任何传入参数和自变量必须放在圆括号中间，圆括号之间可以用于定义参数。

（3）函数的第一行语句可以选择性地使用文档字符串来存放函数说明。

（4）函数内容以冒号起始，并且缩进。

（5）return [表达式] 用来结束函数，选择性地返回一个值给调用方。不带表达式的 return 相当于返回 None。

Python 定义函数使用 def 关键字，一般格式如下：

```
def 函数名（参数列表）:
    函数体
```

默认情况下，参数值和参数名称是按函数声明中定义的顺序来匹配的，接下来使用函数来输出“Hello World！”：

```
def hello() :
   print("Hello World!")

hello()
```

3.4.2 调用函数

定义一个函数，也就是给函数指定一个名称，并指定函数里包含的参数和代码块结构。这个函数的基本结构完成以后，你可以通过另一个函数调用执行，也可以直接从 Python 命令提示符执行。例如以下示例代码调用了 printme() 函数：

```
# 定义函数
def printme (str) :
   # 输出任何传入的字符串
   print (str)
   return
# 调用函数
```

```
printme(" 我要调用用户自定义函数！")
printme(" 再次调用同一函数 ")
```

运行上述代码后，控制台会输出：

```
我要调用用户自定义函数！
再次调用同一函数
```

3.5 文件操作

在爬虫程序编写过程中，写入文件的数据来源于多方渠道，格式各式各样，下面将会针对性地选取几种文件格式进行讲解，使用 Python 对它们进行操作，如 csv、xls、txt 文件的读取。

3.5.1 txt文件读写

Python 中的 open() 方法用于打开一个文件，并返回文件对象，在对文件进行处理过程中都需要使用到这个函数。如果该文件无法被打开，会抛出 OSError。open() 函数的常用形式是读取文件名（file）和模式（mode）这两个参数。下面是一个读取 txt 文件的示例，txt 中的文字内容如图 3-9 所示，示例代码如下所示。

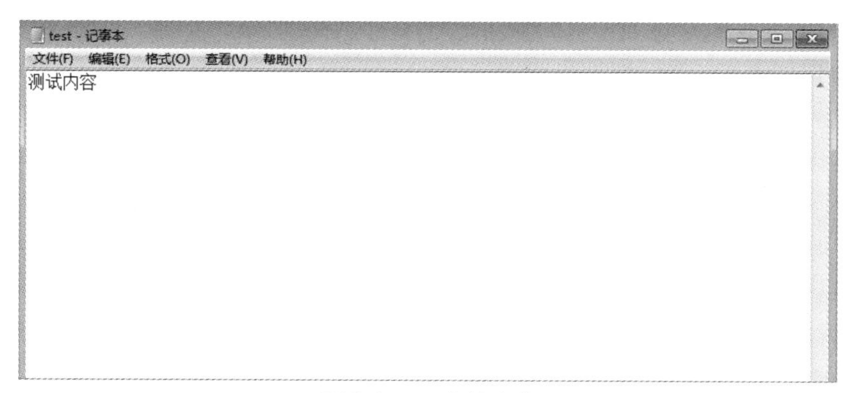

图 3-9 txt 文件内容

```
f=open("test.txt","r")
print(f.read())
```

运行代码之后，输出结果如下：

```
测试内容
```

使用 open() 方法的常用参数为 mode（可选，文件打开模式）和 encoding（一般使用 utf-8），除了这两个参数以外，还有几个参数用得比较少，有兴趣的读者可以去了解一下。下面再来看一个示例，向 txt 文件中写入数据，模式选择 a+。这表示如果文件存在，则往文件中写入，如果不存在，就先自动创建文件再写入。

```
f=open("test2.txt","a+",encoding="utf-8")
f.write("1111111")
f.close()
```

运行代码之后，会在当前目录生成一个名字叫 test2.txt 的文件，打开文件后，里面的内容如图 3-10 所示。可以看出以上代码是调用 write() 方法进行写入，写完之后，要调用 close() 方法关闭。

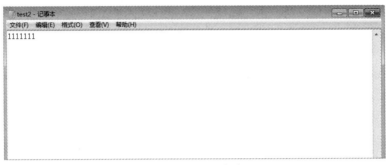

图 3-10　写入内容

还有一种方法写入内容，可以不用每次写完都手动调用一下 close() 方法，例如下面的示例代码，使用 with 语句可以自动关闭。

```
with open("test2.txt","a+",encoding="utf-8")as f:
f.write("1111111")
f.close()
```

3.5.2　csv文件读写

在 Python 中对 csv 文件进行读写，需要用到 csv 这个库，这个库是 Python 里面内置好了的库，不用单独安装。在爬虫实际开发中，为了方便，经常也会将数据写入到 csv 文件里面进行处理。下面将简单地讲解如何将数据写入到 csv 文件中并且读取 csv 文件中的数据。

例如，下面示例代码中有一个列表，列表中包含有数据，现在有个需求，就是需要将这个列表中的数据写入到一个 csv 文件中，达到如图 3-11 所示的效果。

	A	B	C	D	E
1	姓名	年龄	班级		
2	张三	23	一班		
3	李四	22	一班		
4	王麻子	19	一班		
5	红红	25	一班		
6					
7					

图 3-11　效果图

```
data = [
    (" 姓名 "," 年龄 "," 班级 "),
    (" 张三 ","23"," 一班 "),
    (" 李四 ","22"," 一班 "),
    (" 王麻子 ","19"," 一班 "),
    (" 红红 ","25"," 一班 "),
]
```

在写入数据之前，需要先使用 open() 方法创建一个文件，调用 open() 方法需要传递几个重要的参数，跟 3.5.1 小节中的一样。唯一不同的是，这里需要多加一个参数 newline="", 是为了避免写入的时候出现空白行。例如下面的代码所示，这里创建一个名为 test.csv 的文件。

```
f = open("test.csv","w",newline='')
```

接下来需要使用循环一行一行地往创建好的 csv 文件里面写入数据，在写入之前，需要先引入 csv 模块，引入模块之后分别调用 csv 的 writer() 和 writerow() 方法，即可完成写入，完整的示例代码如下：

```
import csv

data = [
    (" 姓名 "," 年龄 "," 班级 "),
    (" 张三 ","23"," 一班 "),
    (" 李四 ","22"," 一班 "),
    (" 王麻子 ","19"," 一班 "),
    (" 红红 ","25"," 一班 "),
]
f = open("test.csv","w",newline='')
writer = csv.writer(f)
for i in data:
    writer.writerow(i)
f.close()
```

运行代码，将会在当前目录下生成一个名为 test.csv 的文件，打开文件可以看到效果如图 3-11 所示，发现数据已经成功地写进去了。

虽然将数据写进去了，但有时候也需要去读取别人给的 csv 文件中的数据，以进行处理或分析，那么这又该如何操作呢？不用慌，csv 的 reader() 方法为我们封装了读取 csv 文件数据的能力。先使用 open() 读取文件的方法将数据流读取出来，然后交给 reader() 进行处理。示例代码如下：

```
import csv
f = csv.reader(open('test.csv','r'))
for item in f:
    print(item)
```

这里，我们拿之前写入的那个 csv 文件来做案例，读取它的数据，并且通过 for 循环来进行遍历并且输出在控制台，运行输出结果如下所示：

```
['姓名', '年龄', '班级']
['张三', '23', '一班']
['李四', '22', '一班']
['王麻子', '19', '一班']
['红红', '25', '一班']
```

关于 csv 文件的读取，就简单地讲解到这里，当然还有很多更详细的参数和方法，有兴趣的读者在需要用的时候，可以去查阅官方文档。csv 的写入和读取方式还可以通过一些第三方库完成，比如 pandas 等。

3.6 面向对象

Python 从设计之初就已经是一门面向对象的语言，正因为如此，在 Python 中创建一个类和对象是很容易的。本节我们将简单介绍 Python 的面向对象编程。

如果以前没有接触过面向对象的编程语言，那么需要先了解一些面向对象语言的基本特征，在头脑里形成一个基本的面向对象的概念，这样有助于更容易地学习 Python 的面向对象编程，接下来我们先简单地了解面向对象的一些基本特征。

3.6.1 类

对于类，就像自然界中的动物有哺乳类、鸟类、爬行类等，也就是说把具有相同习性和特点的东西归为一类并取个名字，这个类的名字是一个大的群体或事物的统称，是一个比较抽象的概念，不是指单个个体。就像人称为人类一样，但是又不具体指向某个人，在 Python 程序设计中也是一样的道理。在设计一个功能的时候，比如用户这个功能，我们可以将用户具有的字段（如姓名、年龄、性别等）信息按指定的语法格式封装成一段代码，这段代码就是一个类。Python 中的类提供了面向对象编程的所有基本功能，以下是定义类的语法格式：

```
class 类名:
    属性 1
    属性 2
    方法 1
    方法 2
    ...
```

下面通过一个示例来讲解如何定义一个学生类，学生类包含的属性有姓名、年龄、性别、班级，具有的行为有上课、吃饭。示例代码如下：

```
class Student:

    name=" 张三 "
    age=23
    gender=" 男 "
    class_name="1 班 "

    def go_to_class(self):
        print(" 上课 ")

    def eat(self):
        print(" 吃饭 ")
```

如果是新手读者，这里需要注意一下，在类里面定义方法的时候，需要在方法括号里面最前面添加一个 self 关键词申明该方法属于本类。

3.6.2 类对象

类对象支持两种操作：属性引用和实例化。属性引用使用和 Python 中所有的属性引用一样的标准语法：obj.name。类对象创建后，类命名空间中所有的命名都是有效属性名。所以类定义如下所示：

```
class TestClass:
    """ 定义一个简单的类 """
    num = 12345

    def f(self):
        return 'hello world'

# 实例化类
x = TestClass()

# 访问类的属性和方法
print("TestClass 类的属性 num 为：", x.num)
print("TestClass 类的方法 f 输出为：", x.f())
```

以上创建了一个简单的类实例，名字为 TestClass 并将该对象赋给局部变量 x，x 为空的对象。执行以上程序，输出结果为：

```
TestClass 类的属性 num 为： 12345
TestClass 类的方法 f 输出为： hello world
```

每个类都有一个名为 __init__() 的特殊方法（构造方法），该方法在类实例化时会自动调用（初始化时），例如以下代码：

```
def __init__(self):
    self.data = []
```

类定义了 __init__() 方法，类的实例化操作会自动调用 __init__() 方法。如下实例化类 TestClass，对应的 __init__() 方法就会被调用：

```
x = TestClass()
```

当然，__init__() 方法可以有参数，参数通过 __init__() 传递到类的实例化操作上。例如以下代码：

```
class Complex:
    def __init__(self, realpart, imagpart):
        self.z = realpart
        self.f = imagpart
x = Complex(10, -50)

# 输出结果：10 -50
print(x.z, x.f)
```

self 代表类的实例，而非类，类的方法与普通的函数只有一个特别的区别——它们必须有一个额外的第一个参数名称，按照惯例它的名称是 self。

3.6.3 类方法

在类的内部，使用 def 关键字来定义一个方法，与一般函数定义不同，类方法必须包含参数 self，且为第一个参数，self 代表的是类的实例。

```
#类定义
class people:
    #定义基本属性
    name = ''
    age = 0
    #定义私有属性，私有属性在类外部无法直接进行访问
    __weight = 0
    #定义构造方法
    def __init__(self,n,a,w):
        self.name = n
        self.age = a
        self.__weight = w
    def speak(self):
        print("%s 说 : 我 %d 岁。" %(self.name,self.age))
```

```
# 实例化类
p = people('zhangsan',10,30)
p.speak()
```

执行以上程序代码，输出结果为：

```
zhangsan 说 : 我 10 岁。
```

3.6.4 继承

对于继承，就跟儿子继承了爸爸的一些特性一样，Python 同样支持类的继承，如果一种语言不支持继承，类就没有什么意义。派生类的定义如下所示：

```
class DerivedClassName(BaseClassName1):
    <statement-1>
    ...
    ...
    ...
    <statement-N>
```

需要注意圆括号中基类的顺序，若是基类中有相同的方法名，而在子类使用时未指定，Python 将从左至右搜索，即方法在子类中未找到时，从左到右查找基类中是否包含该方法。

BaseClassName（示例中的基类名）必须与派生类定义在一个作用域内。除了类，还可以用表达式，基类定义在另一个模块中时非常有用，其语法格式为“class DerivedClassName(modname.BaseClassName):”，示例如下：

```
# 类定义
class people:
    # 定义基本属性
    name = ''
    age = 0
    # 定义私有属性，私有属性在类外部无法直接进行访问
    __weight = 0
    # 定义构造方法
    def __init__(self,n,a,w):
        self.name = n
        self.age = a
        self.__weight = w
    def speak(self):
        print("%s 说 : 我 %d 岁。" %(self.name,self.age))

# 单继承示例
class student(people):
```

```
    grade = ''
    def __init__(self,n,a,w,g):
        # 调用父类的构造函数
        people.__init__(self,n,a,w)
        self.grade = g
    # 覆写父类的方法
    def speak(self):
        print("%s 说 : 我 %d 岁了，我在读 %d 年级 "%(self.name,
            self.age,self.grade))
s = student('ken',10,60,3)
s.speak()
```

执行以上程序代码，输出结果为：

```
ken 说 : 我 10 岁了，我在读 3 年级
```

3.7 多线程

多线程的好处在于可以同时并发执行多个任务。当程序的某个功能部分正在等待资源，而又不愿意因为等待而造成程序暂停，就可以创建另外的线程进行其他的工作。

3.7.1 threading

Python 中使用两个模块 _thread 和 threading 来实现多线程。threading 是高级模块，对 _thread 进行了封装，所以我们在开发多线程的时候，都在使用 threading 这个高级模块。启动一个线程就是把一个函数传入并创建 Thread 实例，然后调用 start() 开始执行：

```
from threading import Thread

def test_func(x, y):
    print(x + y)

t1 = Thread(target=test_func, args=(1, 2))
t1.start()
```

由于进程默认启动一个线程，我们把该线程称为主线程，主线程又可以启动新的线程，Python 的 threading 模块有个 current_thread() 函数，它永远返回当前线程的实例。主线程实例的名字叫 MainThread，子线程的名字在创建时指定，我们用 LoopThread 命名子线程。名字仅仅在输出时用来显示，完全没有其他意义，如果不起名字，Python 就会自动将线程命名为 Thread-1 和 Thread-2 等，

例如以下代码：

```
from threading import Thread
from threading import current_thread

def test_func(x, y):
    print('线程名称:', current_thread().name)
    print(x + y)

t1 = Thread(target=test_func, args=(1, 2))
t1.start()
```

运行后输出结果为：

```
线程名称: Thread-1
3
```

3.7.2 多线程装饰器封装

为了能够使多线程使用起来更加方便，可以将它封装成一个装饰器进行使用。装饰器的知识点本书未进行讲解，有兴趣的读者可以去 Python 官方网站进行查阅，笔者在这里封装了一个简单装饰器，以进行了解，示例代码如下：

```
from threading import Thread
import time

# 多线程异步方法执行封装
def pyasync(func):
    def wrapper(*args, **kwargs):
        thr = Thread(target = func, args = args, kwargs = kwargs)
        thr.start()
    return wrapper
@pyasync
def test1():
    for x in range(10):
        print("线程 1")
        time.sleep(1)
@pyasync
def test2():
    for x in range(10):
        print("线程 2")
test1()
test2()
```

这里创建了一个名称为 pyasync 的装饰器，在需要使用多线程的方法上面使用 “@” 符号，加上装饰器名即可。

3.8 新手实训

在进行了本章基础知识的学习后，对于零基础、无编程经验的读者，这里建议可以先做一下下面的几个小练习题。

1. 使用for循环实训九九表

使用 for 循环在控制台输出如下内容：

```
1x1=1
1x2=2  2x2=4
1x3=3  2x3=6  3x3=9
1x4=4  2x4=8  3x4=12  4x4=16
1x5=5  2x5=10 3x5=15  4x5=20  5x5=25
1x6=6  2x6=12 3x6=18  4x6=24  5x6=30  6x6=36
1x7=7  2x7=14 3x7=21  4x7=28  5x7=35  6x7=42  7x7=49
1x8=8  2x8=16 3x8=24  4x8=32  5x8=40  6x8=48  7x8=56  8x8=64
1x9=9  2x9=18 3x9=27  4x9=36  5x9=45  6x9=54  7x9=63  8x9=72  9x9=81
```

参考示例代码：

```
# 九九乘法表
for i in range(1, 10):
    for j in range(1, i+1):
        print('{}x{}={}\t'.format(j, i, i*j), end='')
    print()
```

2. 判断闰年

通过在控制台输入一个年份字符串，判断是否是闰年，如果是闰年，则输出“是闰年”，否则就输出“不是闰年”，相关的示例代码如下：

```
year = int(input("输入一个年份: "))
if (year % 4) == 0:
   if (year % 100) == 0:
       if (year % 400) == 0:
           print("{0} 是闰年".format(year))    # 整百年能被 400 整除的是闰年
       else:
```

```
            print("{0} 不是闰年 ".format(year))
    else:
        print("{0} 是闰年 ".format(year))       # 非整百年能被 4 整除的为闰年
else:
   print("{0} 不是闰年 ".format(year))
```

3. 二次方程

通过用户输入数字来计算二次方程，相关的示例代码如下：

```
# 导入 cmath(复杂数学运算)模块
import cmath

a = float(input('输入 a: '))
b = float(input('输入 b: '))
c = float(input('输入 c: '))

# 计算
d = (b**2) - (4*a*c)

# 两种求解方式
sol1 = (-b-cmath.sqrt(d))/(2*a)
sol2 = (-b+cmath.sqrt(d))/(2*a)

print('结果为 {0} 和 {1}'.format(sol1,sol2))
```

执行以上程序，输出结果为：

```
输入 a: 1
输入 b: 5
输入 c: 6
结果为 (-3+0j) 和 (-2+0j)
```

3.9 新手问答

1. 如果有几百个module，一个个地导入太麻烦，有没有简便的方法实现批量导入?

答：答案是有的，就是将这些模块组织成一个 package。其实就是将模块都放在一个目录里，然后再加一个 __init__.py 文件，Python 会将其看作一个 package，使用里面的函数就可以用 dotted-attribute 方式来访问。

2. Python写出来的程序是exe可执行文件吗？

答：Python 写出来的程序默认是 .py 文件，需要在命令行运行。如果想使用 exe 方式运行，可以借助某些工具，比如 Pyinstaller 可以将它转换成执行文件。Pyinstaller 打包命令为：

```
pyinstaller -F 要打包的文件名 .py
```

本章小结

本章主要是针对零基础的读者，快速地将 Python 基础语法等知识介绍一遍，例如，常见的数据类型、基本语法、流程控制、函数的创建、文件的读写等。读者在有了这些基础之后，在后面的爬虫内容学习中将会显得轻松一些。

爬虫篇

本篇主要是针对零基础的读者进行一个快速的充电，目的是使读者在学习完本篇内容之后，能够使用第1篇中学习到的Python语言编写一些常见的简单爬虫。本篇内容主要包括网络爬虫快速入门、XPath匹配网页数据、re正则匹配数据、Web-Socket数据抓取分析、Scrapy爬虫框架应用与开发等。

本篇内容比较基础，主要以在编写网络爬虫时会涉及的一些Python里面用到的库或框架为背景讲解相关的用法，相信读者在学习完本篇内容之后，能够达到爬虫入门级的水平。

第4章 网络爬虫快速入门

本章导读

学习爬虫其实是一件很快乐很有趣的事，当历尽千辛万苦成功爬取下数据的时候，会有一种特别的成就感。所以从本章开始，将正式进入爬虫内容的学习。本章将带领读者先从爬虫最基础的知识学起，以便于达到由浅入深的效果。本章偏向于实战内容的讲解，尽量避免过多地讲解理论和一些实际开发过程中用得比较少的知识，旨在帮助读者能够少走弯路，避免在一些不太重要的知识点上浪费过多的时间，为读者指引学习的方向。本章主要内容是快速讲解一下Python中两个常用的网络请求库进行HTTP网络请求。

知识要点

通过本章内容的学习，需要读者掌握Python中常见的两个网络请求库的基本使用，并且在学完后能够使用它们进行网络请求。本章主要知识点如下：

- 了解爬虫的基本结构和工作流程
- 使用网络请求库发起请求
- 接口测试工具的使用

4.1 爬虫的基本结构及工作流程

网络爬虫，英文名为 Web Crawler，又叫作网络蜘蛛、网络机器人等，是一种自动化数据采集程序。本小节将对网络爬虫的基本结构和工作流程进行介绍。

一个完整的网络爬虫主要由三大部分组成，分别是数据采集、数据处理和数据存储，常见的基本工作流程如下。

（1）定义采集的目标（这里的目标可以是网站、APP、公众号、小程序等），发送网络请求获取数据。

（2）当向目标发起请求，遇到对方服务器无响应或提示其他错误时，进行发起指定次数的重新请求。

（3）对获取到的数据进行处理，提取出需要的信息。

（4）将提取得到的数据进行保存，可保存在文件、数据库等。

（5）继续循环进行下一轮任务的执行，直到所有爬取任务执行完毕。

关于爬虫的基本结构和工作流程，作者根据自身的经验进行了一个总结和简化，得出的结论就是上面提到的几点。当然这个也不是固定的，在实际工作中，可能每一家公司都有根据自身实际情况进行规范和创建自己的一套流程，但是不管怎么变，都是万变不离其宗，都离不开这几个主要的流程。

4.2 urllib网络请求库

urllib 是 Python 中内置的一个用于网络请求的库，通过它可以实现模拟浏览器发送 HTTP 请求和获取请求返回结果等。本节将对 urllib 的基本使用进行讲解和演示。零基础读者在学习过程中可以跟着案例一边学习，一边动手操作。

4.2.1 请求一个简单的网页

在学习如何使用 urllib 发起网络请求之前，我们先来看一个网页，看看它的源代码长什么样，这里以笔者服务器上搭建的一个简单网页为例，如图 4-1 所示。

在浏览器打开网页之后，再在页面任意位置上右击，在弹出的快捷菜单中选择【查看网页源码】命令，即可查看到该网页的 HTML 源代码，如图 4-2 所示。

接下来我们的目标是要使用 urllib 库模拟浏览器发起一个 HTTP 请求去获取此网页源代码，得到的内容要跟我们直接在浏览器上看到的源代码一样。要实现这个功能，就需要用到 urllib.request 模块。通过 urllib.request 模块的 urlopen() 方法就可以对网页发起请求和获取返回结果。语法格式如下：

图 4-1　网页

```
view-source:abt.liuyanlin.cn/xm2.html

 8        *{padding:0px;margin:0px;}
 9        #perspective{perspective: 1000px; /*设置视角距舞台的距离还可已设置是否透视，默认为否*/}
10        #wrap{width:133px; /*外包装*/height:200px;position:relative;top:0;left:0;margin:50px auto;transform-style:preserve-3D;transform:rotateX(-10deg);}
11        #wrap img{width:100%;height:100%;position:absolute;top:0px;left:0px;border-radius:6px;box-shadow:0px 0px 15px #00FA9A;cursor:pointer; /*手型*/
12            box-reflect:below 6px  -webkit-gradient(linear, left top, left bottom, from(transparent), color-stop(0.5, transparent), to(white));/*倒影*/
13            -webkit-box-reflect:below 6px  -webkit-gradient(linear, left top, left bottom, from(transparent), color-stop(0.5, transparent), to(white)); /*倒影*/
14            -moz-box-reflect:below 6px  -webkit-gradient(linear, left top, left bottom, from(transparent), color-stop(0.5, transparent), to(white)); /*很遗憾，火狐不支持*/
15        }
16    </style>
17 </head>
18 <body>
19 <div id="perspective"> <!-- 相当于舞台 -->
20    <div id="wrap">  <!-- 相当于外包装 -->
21        <img src="img/1.jpg"/>
22        <img src="img/2.jpg"/>
23        <img src="img/3.jpg"/>
24        <img src="img/4.jpg"/>
25        <img src="img/5.jpg"/>
26        <img src="img/6.jpg"/>
27        <img src="img/7.jpg"/>
28        <img src="img/8.jpg"/>
29    </div>
30 </div>
31 <script type="text/javascript">
32    /*
33  总结:
34      首先将每个图片赋值一个不同的角度和一个偏移位置
35      然后在拖放时实时更新这个角度和偏移量
36      在拖放结束时逐渐减小这个角度和偏移量
37      也可以做成只在平面转动的，只要不改变rotateX就行
38     */
39    window.onload =function(){
40        var wrapDom = document.querySelector("#wrap"); //获取wrap
41        var imgDom = document.getElementsByTagName("img");//获取wrapimg
42        var wrap = document.getElementById('wrap');
43        var len = imgDom.length;//获取img的长度
44        var imgDeg = 360/len; //平分360度
45        for(var i=0;i<len;i++){  //分别赋值每个img一个rotateY(沿Y轴转动)和translateZ(偏移位置)
46            imgDom[i].style.transform= "rotateY("+i*imgDeg+"deg) translateZ(350px)";
47            imgDom[i].style.transition ="transform 1s "+(len-1-i)*0.2+"s";
48        }
49        var lastx,lasty,nowx,nowy,changeX,changeY,roX=-10;roY=0; //初始化新旧鼠标坐标 每次改变坐标大小 和rotateX和rotateY初始值
50
```

图 4-2　网页源代码

```
urllib.request.urlopen(
    url,
    data=None,
    [timeout, ]*,
    cafile=None,
    capath=None,
    context=None
)
```

从语法格式中可以看到，在使用 urlopen() 方法的时候，需要传递很多的参数，事实上大多数时候只需要关注前面的 url、data、timeout 这 3 个参数就行。这些参数的具体含义如下。

（1）url 参数：String 类型的地址，也就是我们要访问的 URL。

（2）data 参数：指的是在请求的时候，需要提交的数据。

（3）timeout 参数：用于设置请求超时时间，单位是秒。

（4）cafile 和 capath 参数：代表 CA 证书和 CA 证书的路径，如果使用 HTTPS，则需要用到。

（5）context 参数：用来指定 SSL 设置，必须是 ssl.SSLContext 类型。

这里只是为了获取该网页的源代码，所以只需要传入 url 参数进行请求即可。请求完之后，会返回一个结果，再通过这个结果的 read() 方法便可以获取到真正的网页源代码，示例代码如下：

```
import urllib.request

url = "http://abt.liuyanlin.cn/xm2.html"
response = urllib.request.urlopen(url)
html = response.read()
print(html.decode('utf-8'))
```

通过示例代码可看到，在使用 urllib.request 模块之前，需要先使用 import 关键词进行导入。同理，在本书后面其他的示例代码中也是一样的，特别是新手读者需要多注意，在使用任何模块或库的时候，都需要先导入。在请求获取返回结果之后，如果在控制台输出打印发现有乱码，需要对结果进行解码，如上面代码中所示的 decode() 方法可以对字符串进行解码。运行代码结果如图 4-3 所示。

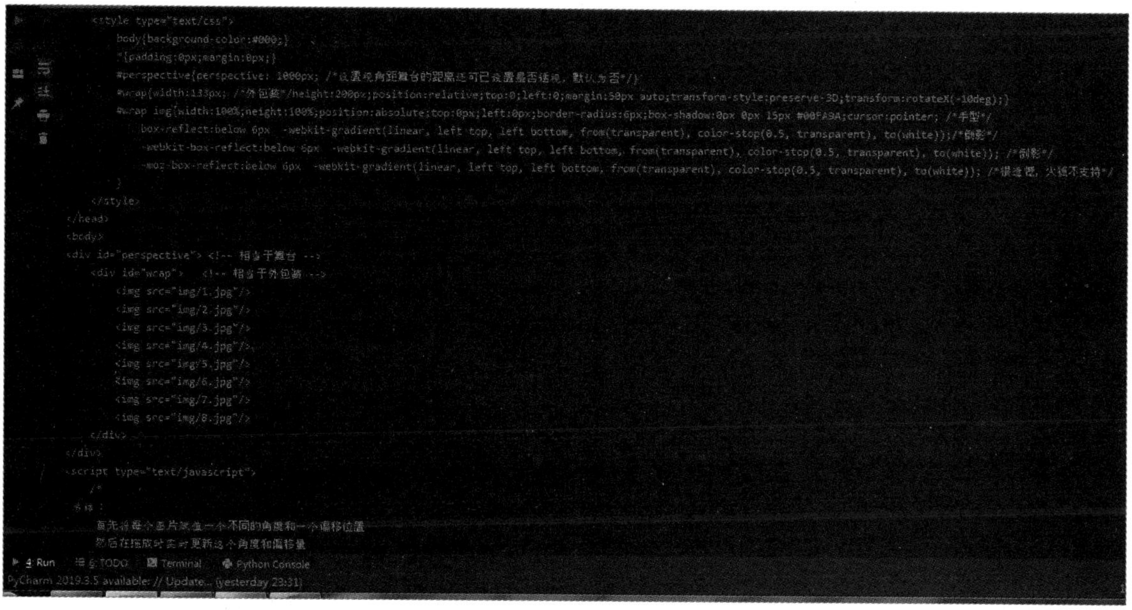

图 4-3　获取到的网页源码

通过观察结果中的内容可以发现，我们通过 urllib.request.urlopen() 方法发起请求获得的结果跟在浏览器中看到的一模一样。至此，我们已经完成使用 urllib.request 模块请求第一个网页。

4.2.2 设置请求超时

在访问网页时常常会碰到这样的情况，因为某些原因，比如自己电脑网络慢或对方网站服务器压力大等，导致在打开网页或刷新的时候迟迟无法得到响应。同样，在程序中去请求的时候也会遇到这样的问题。因此我们可以手动设置超时时间。当爬虫程序在请求某一网站时，迟迟无法获得响应内容，可以采取进一步措施，例如，选择直接丢弃该请求或再请求一次。为了应对这个问题，在 urllib.urlopen() 中可以通过 timeout 这个参数去设置超时时间。下面还是以请求前面给的网页为例，设置请求如果超过 3 秒未响应内容，就舍弃它或重新尝试访问。示例代码如下：

```
import urllib.request

url = "http://abt.liuyanlin.cn/xm2.html"
response = urllib.request.urlopen(url,timeout=3)
html = response.read()
print(html.decode('utf-8'))
```

4.2.3 使用data参数提交数据

urlopen() 方法里面的参数除了 url、timeout 之外，还有 data 参数也比较常用，data 参数是可选的。如果要添加 data，它必须是字节流编码格式的内容，即 bytes 类型，通过 bytes() 函数可以进行转化。另外，如果传递了这个 data 参数，它的请求方式就不再是 GET 请求方式，而是 POST 。所以一般在访问的网站需要使用 POST 请求方式获取数据的情况下，才会传递 data 参数。这里查阅了一个网址可以进行测试：http://httpbin.org。通过使用 POST 方式访问它的 http://httpbin.org/post 路径并且传递一个参数 word 和值，即可获取类似以下的响应内容，如图 4-4 所示。

```
"C:\Program Files\Python38\python.exe" F:/work/california/test1.py
b'{\n  "args": {}, \n  "data": "", \n  "files": {}, \n  "form": {\n    "word": "22222"\n  },

Process finished with exit code 0
```

图 4-4　响应内容

接下来我们使用代码实现这个过程，需要使用 urllib.parse.urlencode() 方法将要提交的 data 字典数据转化为字符串，再使用 bytes() 方法转换为字节流，最后使用 urlopen() 方法发起请求，示例代码如下：

```
import urllib.parse
import urllib.request

data = bytes(urllib.parse.urlencode({'word': '22222'}),
             encoding='utf8')
```

```
response = urllib.request.urlopen('http://httpbin.org/post',
           data=data)
print(response.read())
```

运行代码，将会得到如下结果：

```
b'{\n  "args": {}, \n  "data": "", \n  "files": {}, \n  "form":
{\n    "word": "22222"\n  }, \n  "headers": {\n    "Accept-Encoding":
"identity", \n    "Content-Length": "10", \n    "Content-Type":
"application/x-www-form-urlencoded", \n    "Host": "httpbin.org", \n
"User-Agent": "Python-urllib/3.8", \n    "X-Amzn-Trace-Id": "Root=1-
5e9c263f-7ee3080e829521aceaa99a23"\n  }, \n  "json": null, \n  "origin":
"171.221.106.241", \n  "url": "http://httpbin.org/post"\n}\n'
```

4.2.4 Request

通过前面的知识知道，利用 urlopen() 方法可以发起简单的请求，但 urlopen() 这几个简单的参数并不足以构建一个完整的请求，如果请求中需要加入 headers（请求头）、指定请求方式等信息，我们就可以利用 urllib.request 模块中更强大的 Request 类来构建一个请求。其语法格式如下：

```
urllib.request.Request(
    url,
    data=None,
    headers={},
    origin_req_host=None,
    unverifiable=False,
method=None
)
```

同样，通过语法格式可以看到，在使用 Request 方法的时候，也需要传递一些参数，这些参数的含义如下。

（1）url 参数：请求链接，这个是必传参数，其他的都是可选参数。

（2）data 参数：跟 urlopen() 中的 data 参数用法相同。

（3）headers 参数：指定发起的 HTTP 请求的头部信息。headers 是一个字典。它除了在 Request 中添加，还可以通过调用 Request 实例的 add_header() 方法来添加请求头。

（4）origin_req_host 参数：指的是请求方的 host 名称或 IP 地址。

（5）unverifiable 参数：表示这个请求是否合法，默认值是 False。意思就是说用户没有足够权限来选择接收这个请求的结果。例如，我们请求一个 HTML 文档中的图片，但是没有自动抓取图像的权限，就要将 unverifiable 的值设置成 True。

（6）method 参数：指的是发起的 HTTP 请求的方式，有 GET、POST、DELETE、PUT 等。

下面使用它请求一下 https://www.baidu.com 这个网址，网页源代码如图 4-5 所示。

图 4-5　百度首页源代码

编写代码，首先直接通过 urllib.request.Request() 方法只传入 url 这个参数进行请求，获取百度首页的源代码，示例代码如下：

```
import urllib.request

url = "https://www.baidu.com"
request = urllib.request.Request(url=url)
response = urllib.request.urlopen(request)
print(response.read().decode('utf-8'))
```

运行代码之后，发现返回的结果与浏览器上看到的并不一样，如图 4-6 所示，只返回了少量的几行代码，而且内容也跟图 4-5 所示的对不上。这是为什么呢？

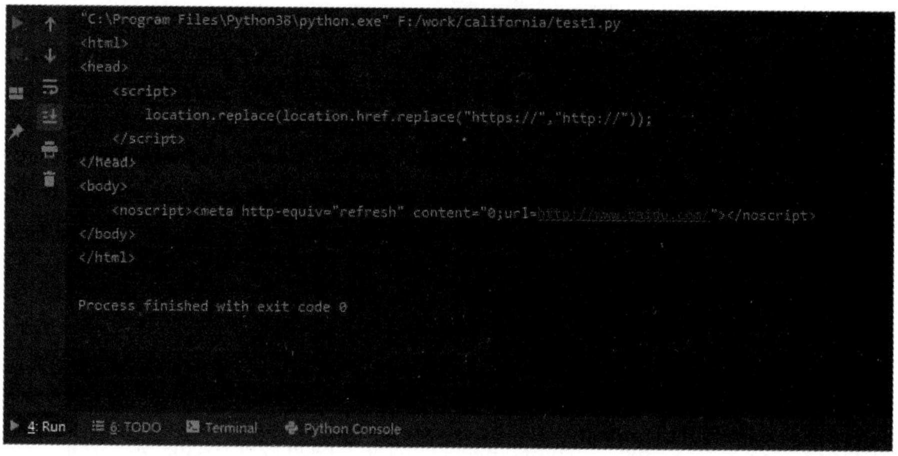

```
"C:\Program Files\Python38\python.exe" F:/work/california/test1.py
<html>
<head>
    <script>
        location.replace(location.href.replace("https://","http://"));
    </script>
</head>
<body>
    <noscript><meta http-equiv="refresh" content="0;url=http://www.baidu.com/"></noscript>
</body>
</html>

Process finished with exit code 0
```

图 4-6　返回结果

这是因为百度这个网站对请求的 headers 信息进行了验证，我们直接使用 Request() 方法进行请求，默认的 User-Agent 是 Python-urllib/ 版本号，百度会识别出来是程序在访问，所以会对其进行拦截。这时候就需要对 headers 进行伪装，伪装成浏览器上的 header 信息。所以当我们在请求的时候，就需要传递一个 headers 参数，才能正确地获取结果。例如下面的示例代码所示，这里将自己的 headers 信息里面的 User-Agent 伪装成了跟浏览器上的一样。

```
import urllib.request

headers = {
'User-Agent': 'Mozilla/5.0 (Windows NT 6.1; Win64; x64)AppleWebKit/'
              '537.36 (KHTML, like Gecko) Chrome/56.0.2924.87Safari/
               537.36'
}

url = "https://www.baidu.com"
request = urllib.request.Request(url=url, headers=headers)
response = urllib.request.urlopen(request)
print(response.read().decode('utf-8'))
```

修改代码，在加上 headers 参数之后，再次运行代码发起请求，将会发现返回的百度首页源代码已经正常了，跟浏览器上看到的一模一样，如图 4-7 所示。

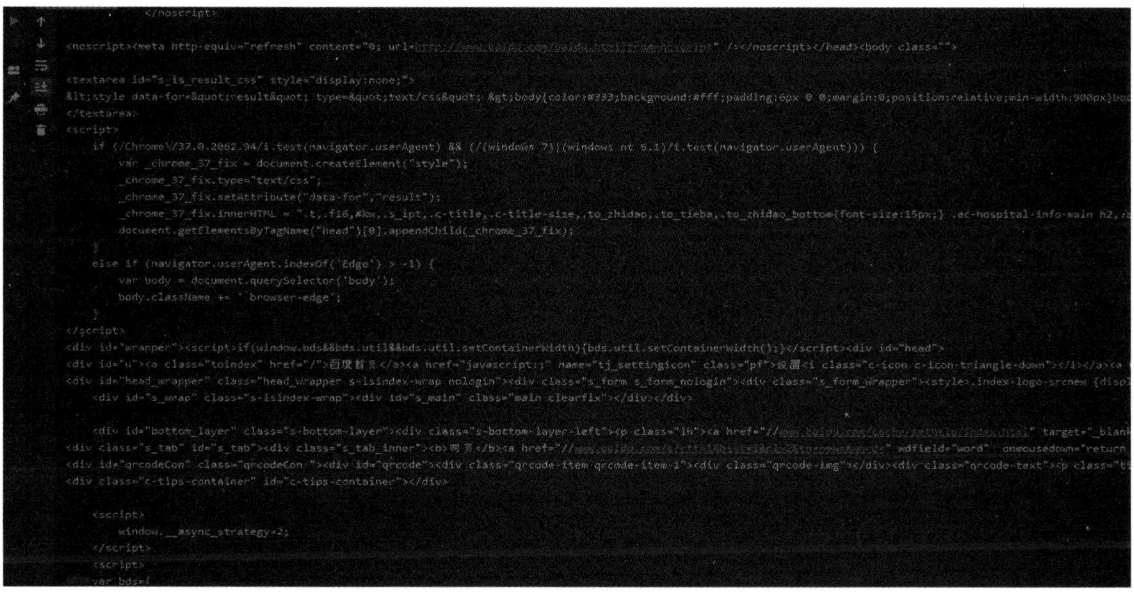

图 4-7　再次返回结果

Request() 方法在使用的时候，还可以传入一些其他的参数，有兴趣的读者可以自行尝试一下，这里暂时不做演示，在后面的反爬虫篇中将根据具体情况做详细讲解，本章只需要读者通过请求简单的网页获取返回值即可。

4.3 requests网络请求库

requests 库是基于 urllib 编写的一个使用起来更加简洁、好用的网络请求库，它采用的是阻塞式的网络请求方式，也就是说，发起请求之后，必须得等到有响应了才会继续执行下面的任务。而前面一节内容中，我们讲解了 Python 内置的 urllib 模块，它主要用于访问网络资源。但是它用起来比较麻烦，而且缺少很多实用的高级功能，requests 库正好弥补了这一缺陷，对零基础读者也更加友好。所以这里也强烈推荐读者在后面的爬虫编写过程中，尽量地多用 requests，少用 urllib。本节将对 requests 的使用方法进行讲解，在学习过程中可以对比一下前后两者的差距。

4.3.1 requests模块的安装

Python 3 中默认没有安装 requests 这个库，所以需要我们自己去安装。安装方式主要有两种，即源码安装和 pip 命令安装，这里推荐使用 pip 命令进行安装，安装命令如下：

```
pip install requests
```

如果需要源码进行安装，可以在 Github 上下载进行安装，Github 下载地址如下：

```
https://github.com/requests/requests
```

使用源码安装的读者直接将下载好的压缩包文件放在指定的目录，然后进行解压并进入解压后的目录，按【Shift】键，紧接着右击，选择在此处打开命令行窗口，输入以下命令进行安装：

```
python setup.py install
```

安装完毕之后测试 requests 模块是否安装正确，在交互式环境中输入 import requests 或在 Pycharm 中新建一个 py 文件，并且在里面输入 import requests，然后运行。如果没有任何报错，说明 requests 模块已经安装成功了。

4.3.2 请求第一个网页

在开始使用requests实现请求第一个网页之前，按照惯例先来看一下它都提供哪些方法。如表4-1所示。

表 4-1 requests 库的主要方法

方法	解释
requests.request()	构造一个请求，支持以下各种方法
requests.get()	获取 HTML 的主要方法
requests.head()	获取 HTML 头部信息的主要方法

续表

方法	解释
requests.post()	向 HTML 网页提交 POST 请求的方法
requests.put()	向 HTML 网页提交 PUT 请求的方法
requests.patch()	向 HTML 提交局部修改的请求
requests.delete()	向 HTML 提交删除请求

从表 4-1 中可以看到 requests 主要有 7 个方法用于网络请求，但是这里常用到的主要有两个，即 requests.get() 和 requests.post()。所以这里就直接讲解这两个方法的使用。

下面我们还是以请求 http://abt.liuyanlin.cn/xm2.html（在此仅作演示，可自行搭建网站）获取网页源码为例，通过使用 requests.get() 方法进行请求，获取返回结果并且输出。示例代码如下：

```
import requests

res=requests.get("http://abt.liuyanlin.cn/xm2.html")
res.encoding="utf-8"
print(res.text)
```

请求之后会返回一个响应内容，然后通过响应内容的 .text 属性，可以获取以文本形式呈现出的网页源码或其他结果。运行代码之后，输出结果如图 4-8 所示，

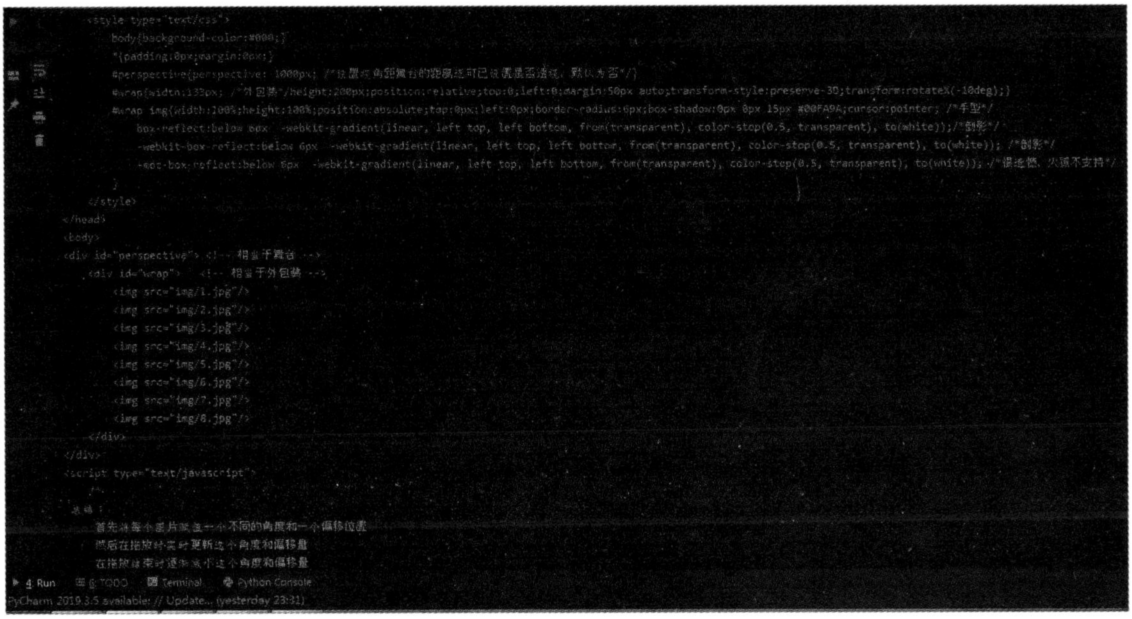

图 4-8　网页源代码

至此我们已经完成了第一个简单网页的请求任务，是不是非常简单？只需要短短的两三行代码就可以实现请求和输出打印结果。

4.3.3 get和post请求

requests.get() 是我们平时最常用的方法之一，通过这个方法可以了解到其他的方法，所以这里详细介绍这个方法。其语法格式如下：

```
res=requests.get(url,params,**kwargs)
```

其中各参数的定义如下：

（1）url：需要请求的地址。

（2）params：请求时需要提交的参数，为字典格式，可选。

（3）**kwargs：代表 12 个控制访问的参数 。

**kwargs 中的参数如表 4-2 所示。

表 4-2　**kwargs 参数

参数名称	描述
params	字典或字节序列，作为参数增加到 URL 中，使用这个参数可以把一些键值对以“?key1=value1&key2=value2”的模式增加到 URL 中
data	字典、字节序或文件对象，重点作为向服务器提供或提交资源时提交，作为 request 的内容，与 params 不同的是，data 提交的数据并不放在 URL 链接里，而是放在 URL 链接对应位置的地方作为数据来存储。它也可以接受一个字符串对象
json	json 格式的数据，json 格式在 HTML、HTTP 相关的 Web 开发中非常常见，也是 HTTP 最经常使用的数据格式，它是作为内容部分可以向服务器提交。 例子：kv = {'key1': 'value1'} r = requests.request('POST', 'http://python123.io/ws', json=kv)
headers	字典，是 HTTP 的相关词，对应了向某个 URL 访问时所发起的 HTTP 的头字段，可以用这个字段来定义 HTTP 访问的 HTTP 头，用来模拟任何想模拟的浏览器来对 URL 发起访问。 例子：hd = {'user-agent': 'Chrome/10'} r = requests.request('POST', 'http://python123.io/ws', headers=hd)
cookies	字典或 CookieJar，指的是从 HTTP 中解析 cookie
auth	元组，用来支持 HTTP 认证功能
files	字典，是用来向服务器传输文件时使用的字段。 例子：fs = {'files': open('data.txt', 'rb')}
timeout	用于设定超时时间，单位为秒，当发起一个 get 请求时可以设置一个 timeout 时间，如果在 timeout 时间内请求内容没有返回，将产生一个 timeout 的异常
proxies	字典，用来设置访问代理服务器
allow_redirects	开关，表示是否允许对 URL 进行复位，默认为 True

续表

参数名称	描述
stream	开关，指是否对获取内容进行立即下载，默认为 True
verify	开关，用于认证 SSL 证书，默认为 True
cert	用于设置保存本地 SSL 证书路径

在发起请求之后，被请求的服务端将会返回一个包含服务器资源的 response 对象，这个对象包含了如表 4-3 所示的内容。

表 4-3　响应对象内容

属性	说明
status_code	HTTP 请求的返回状态，若为 200 则表示请求成功
text	HTTP 响应内容的字符串形式，即返回的页面内容
encoding	从 HTTP Header 中猜测的响应内容编码方式
apparent_encoding	从内容中分析出的响应内容编码方式（备选编码方式）
content	HTTP 响应内容的二进制形式

接下来再看一个简单的示例：

```
import requests

res=requests.get("http://abt.liuyanlin.cn/xm2.html")
print(res.status_code)
print(res.encoding)
print(res.apparent_encoding)
```

运行代码，输出结果如图 4-9 所示。

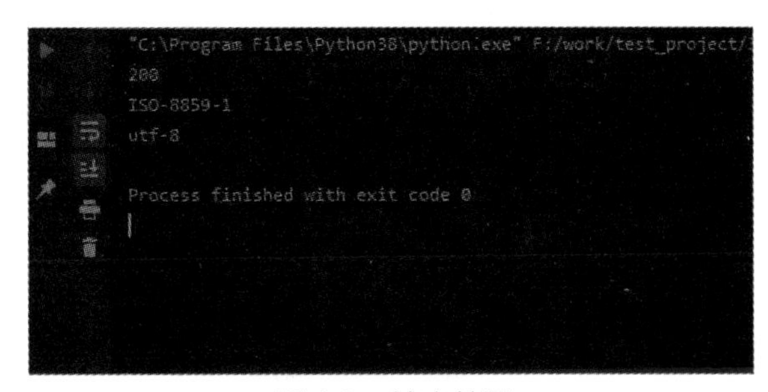

图 4-9　输出结果

如果在使用 requests.get() 方法访问目标网站的时候，需要传递参数的话，可以通过 data 或 json 方式传递过去，具体根据对方网站实际情况来决定，例如下面的示例代码中，通过 data 方式传递参数数据。

```
import requests

data={"app_id":"541889234","id_name":"8000678"}
```

```
res=requests.get("http://qyfm.liuyanlin.cn/zg_sdk_api/
                 token/",data=data)
print(res.text)
```

requests.post() 方法一般用于表单提交，向指定 url 提交数据，可提交字符串、字典、文件等数据，如下面代码所示：

```
import requests

# 向 url post 一个字典
payload={"name":"zhangsan","age":"34"}
r=requests.post("http://httpbin.org/post",data=payload)
print(r.text)
# 向 url post 一个字符串，自动编码为 data
r=requests.post("http://httpbin.org/post",data='helloworld')
print(r.text)
```

4.3.4 参数提交

不管是通过抓包获取对方网站调用数据的接口或是直接请求网页地址，我们在使用 requests 进行网络请求的时候，都会带上很多其他的参数，如 headers、data 等。这些参数在表 4-2 中都有列举，读者在练习的时候，可以都尝试一下，这里不一一进行讲解。参数直接在 requests.post() 或 requests.get() 的括号里添加即可。下面是一个携带 headers 参数的示例代码：

```
import requests

headers = {
'User-Agent': 'Mozilla/5.0 (Windows NT 6.1; Win64; x64)AppleWebKit/'
              '537.36 (KHTML, like Gecko) Chrome/56.0.2924.87Safa
              ri/537.36'
}
# 向 url post 一个字典
payload={"name":"zhangsan","age":"34"}
r=requests.post("http://httpbin.org/post",data=payload,headers=headers)
```

4.4 urllib3网络请求库

urllib3 是一个比 urllib 功能更强大、条理更清晰、用于 HTTP 客户端的 Python 网络请求库，许多 Python 的原生系统已经开始使用 urllib3。除此之外，urllib3 还提供了很多 Python 标准库里所没有的重要特性，如下所示。

（1）线程安全。

（2）连接池。

（3）客户端 SSL / TLS 验证。

（4）使用分段编码上传文件。

（5）重试请求和处理 HTTP 复位的助手。

（6）支持 gzip 和 deflate 编码。

（7）HTTP 和 SOCKS 的代理支持。

（8）100% 的测试覆盖率。

接下来将会通过一些简单的小实例来对 urllib3 的使用进行讲解，在开始讲解之前需要先安装它，安装命令如下：

```
import urllib3
```

4.4.1　发起请求

首先，导入 urllib3 模块：

```
import urllib3
```

接下来，需要一个 PoolManager 实例来生成请求，由该实例对象处理与线程池的连接及线程安全的所有细节，不需要任何人为操作：

```
http = urllib3.PoolManager()
```

通过 request() 方法创建一个请求：

```
res = http.request('GET', 'http://mxd.liuyanlin.cn/')
```

request() 方法会返回一个 HTTP Response 对象，通过响应对象的 data 等方法可以获取响应结果，例如下面代码所示：

```
import urllib3

http = urllib3.PoolManager()
res = http.request('GET', 'http://mxd.liuyanlin.cn/')
print(res.data)
```

request() 可以通过参数控制请求的类型，例如下面示例中传递的 POST 参数值，该请求数据部分涵盖发送其他类型的请求的数据，包括 JSON、文件和二进制数据。

```
import urllib3

```

```
http = urllib3.PoolManager()
res = http.request(
    'POST',
    'http://httpbin.org/post',
    fields={'hello': 'world'}
)
print(res.data)
```

4.4.2 响应内容

在发起请求之后，会返回一个响应内容，这个内容中包含了 status、data、header 等属性，例如官方文档中提供的示例。

```
import urllib3

http = urllib3.PoolManager()
res = http.request('GET', 'http://httpbin.org/ip')
print(res.status)
print(res.data)
print(res.headers)
```

如果 data 返回的是 json 格式的字符串，可以通过 json 库解码和反序列 data 请求的属性来加载 JSON 内容：

```
import urllib3
import json

http = urllib3.PoolManager()
res = http.request('GET', 'http://httpbin.org/ip')
print(json.loads(res.data))
```

运行代码输出结果如下所示：

```
{'origin': '171.221.111.39'}
```

4.4.3 查询参数

对于 GET、HEAD 和 DELETE 请求，可以简单地传递参数作为一个字典 fields 参数，例如下面的官方文档中的代码所示：

```
import urllib3
import json
```

```
http = urllib3.PoolManager()
res = http.request('GET', 'http://httpbin.org/get',fields={'arg': 'value'})
print(json.loads(res.data)["args"])
```

运行代码，输出结果如下：

```
{'arg': 'value'}
```

对于 POST 和 PUT 请求，需要在 URL 中手动编码查询参数：

```
import urllib3
import json
from urllib.parse import urlencode

http = urllib3.PoolManager()
encoded_args = urlencode({'arg': 'value'})
url = 'http://httpbin.org/post?' + encoded_args
res = http.request('POST', url)
print(json.loads(res.data)["args"])
```

运行代码，输出结果如下：

```
{'arg': 'value'}
```

4.4.4　表单数据

对于 PUT 和 POST 请求，urllib3 将自动使用 fields 提供的参数对字典进行格式编码，例如官方文档提供的示例：

```
import urllib3
import json

http = urllib3.PoolManager()
res = http.request('POST', "http://httpbin.org/post",fields={'field':
'value'})
print(json.loads(res.data)["form"])
```

运行代码，输出结果如下：

```
{'field': 'value'}
```

4.4.5　提交JSON数据

可以通过指定编码数据作为 body 参数，并且通过 Content-Type 在调用时设置表头来发送 JSON 请求，例如下面示例代码：

```
import urllib3
import json

http = urllib3.PoolManager()
data = {'name': '张三',"age":23}
encoded_data = json.dumps(data).encode('utf-8')
res=http.request('POST',"http://httpbin.org/post",body=encoded_
data,headers={'Content-Type':'applicatio  n/json'})
print(json.loads(res.data)["json"])
```

运行代码，输出结果如下：

```
{'age': 23, 'name': '张三'}
```

总的来说，urllib3 的使用看起来更加规范，这里只是简单地参考官方文档中的示例进行了一个介绍，读者可到 urllib3 的官方网站中查看更详细的内容。

4.5 Postman接口测试工具

Postman 是一款功能强大的网页调试与发送网页 HTTP 请求的 Chrome 插件，在爬虫开发中它能起到很好的辅助作用。例如，我们在决定要对一个网站或 APP 进行数据抓取的时候，通过抓包分析，得到了可以获取请求的接口地址，这个接口地址可能需要使用 GET 或 POST 方式传递一些参数过去才能获取数据，也可以不用传递参数。那么为了在不编写代码的情况下能够快速地验证这个接口是否可以达到我们的需求，比如修改了某个参数的值进行请求，请求之后返回的结果跟我们预期的是否一样，则可以证明能否通过该接口方式采集数据。而 Postman 就可以满足这些需求。Postman 的使用非常简便，这里还是简单地演示一下怎么使用。

4.5.1 请求接口

在打开 Postman 之后，进入如图 4-10 所示的初始界面。接下来以笔者所写的一个已经发布的 web 接口地址为例（http://qyfm.liuyanlin.cn/room_api/get_room_list/），访问这个接口地址，它会响应一个图片信息的列表。

使用 Postman 发起请求的步骤如下。

步骤 1：单击如图 4-11 所示的【+】图标新建一个接口。新建完成之后，会出现如图 4-12 所示的界面。

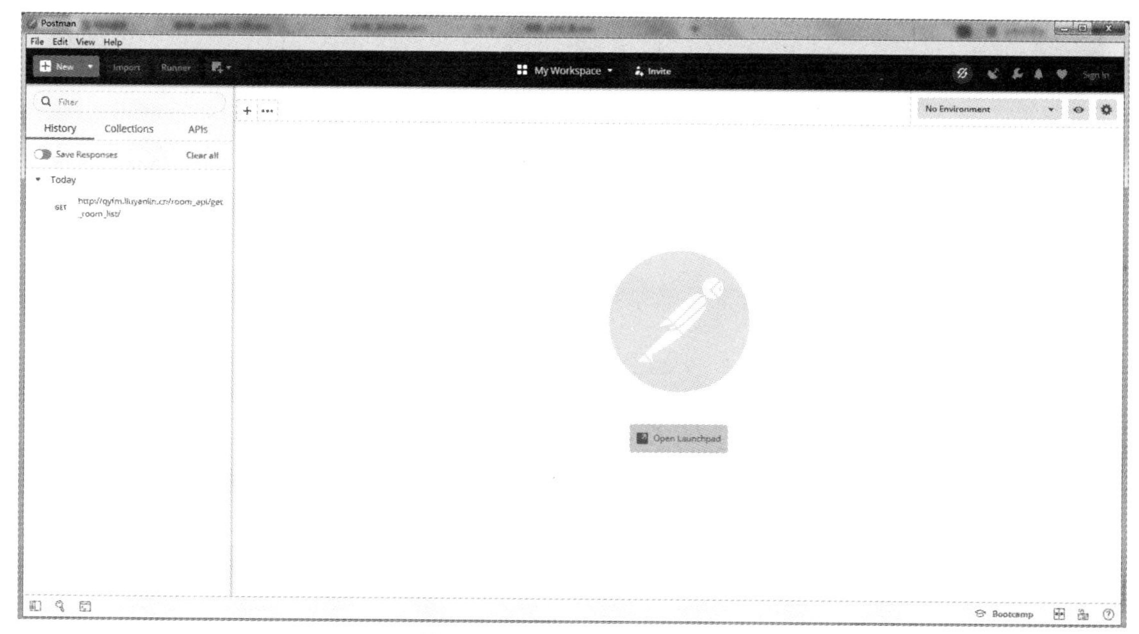

图 4-10　Postman 初始界面

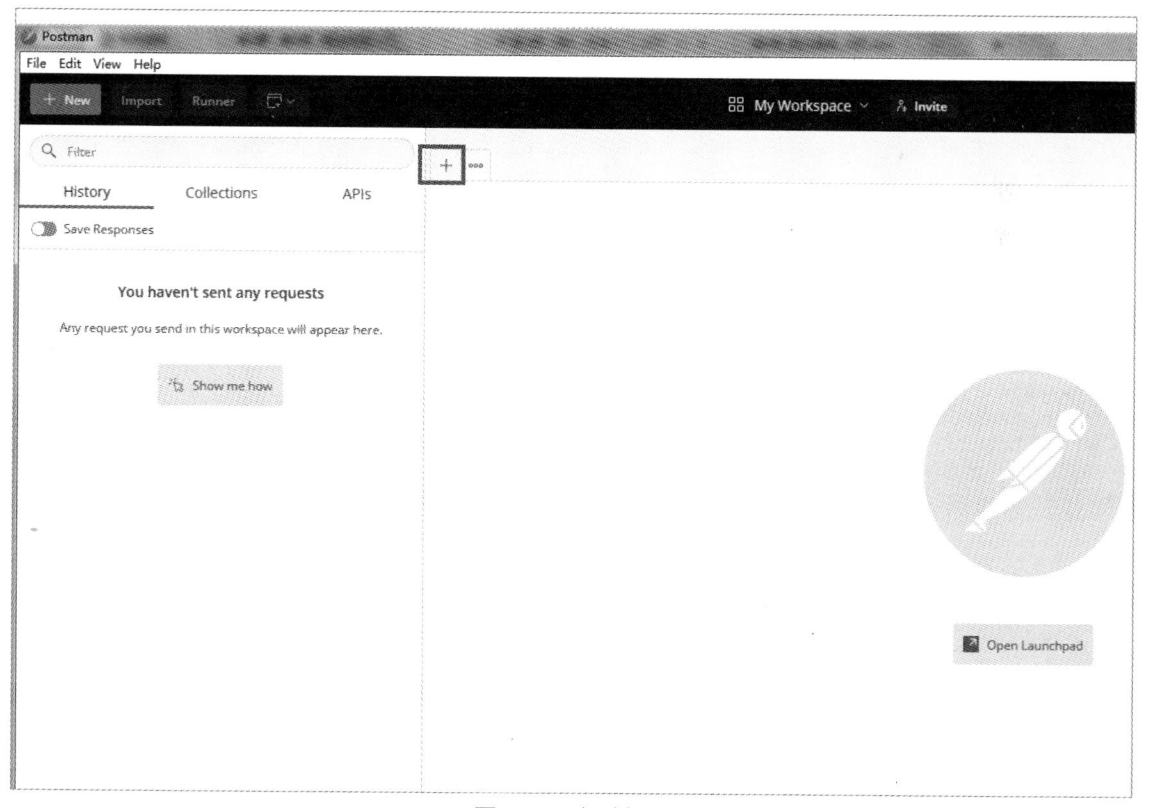

图 4-11　新建接口

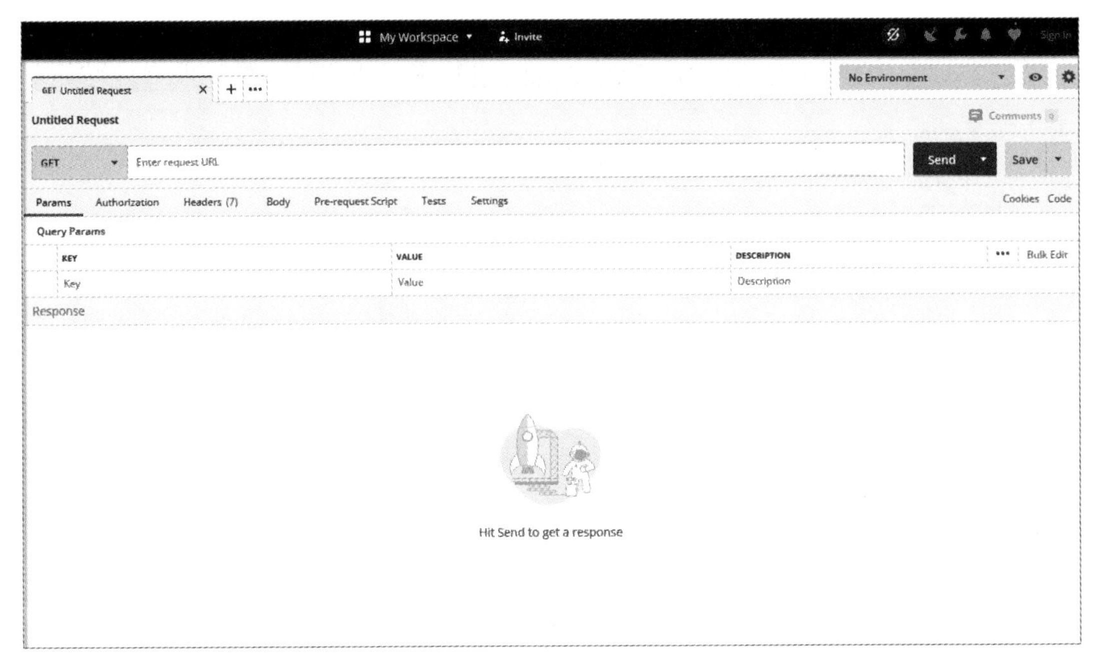

图 4-12　接口界面

步骤 2：在如图 4-13 所示标注的地方选择请求方式，以及输入要请求的接口地址，默认是使用 GET 方式请求。

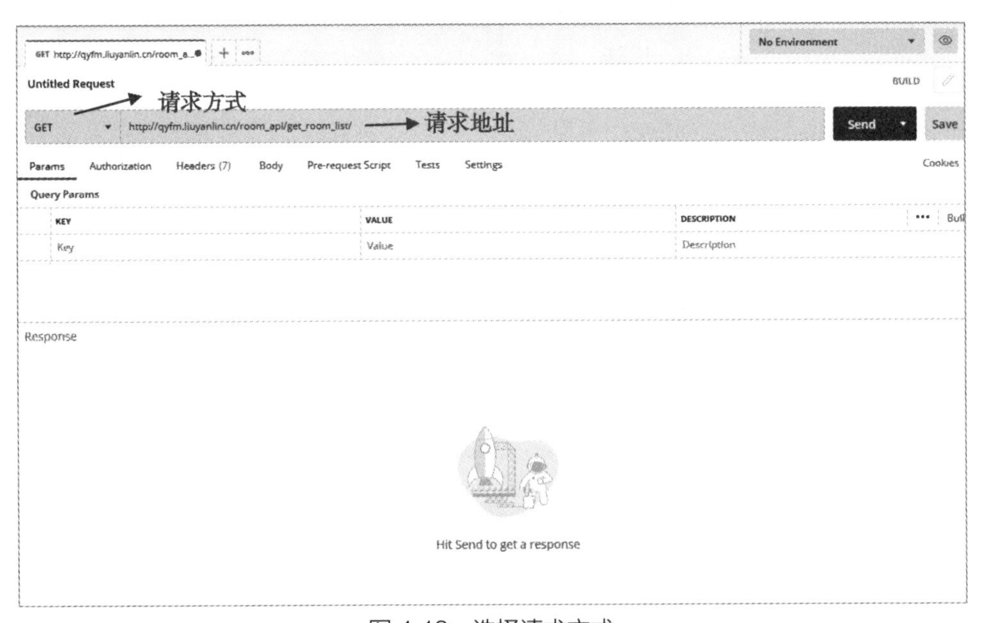

图 4-13　选择请求方式

步骤 3：在图 4-13 中单击右边的【Send】按钮发送请求，请求之后会响应相关的结果，如图 4-14 所示。

可以看到，在发送请求之后，会在下面部分显示响应的结果，这个响应结果可能是文本内容，也可能是 HTML 源码或 JSON 格式的数据。

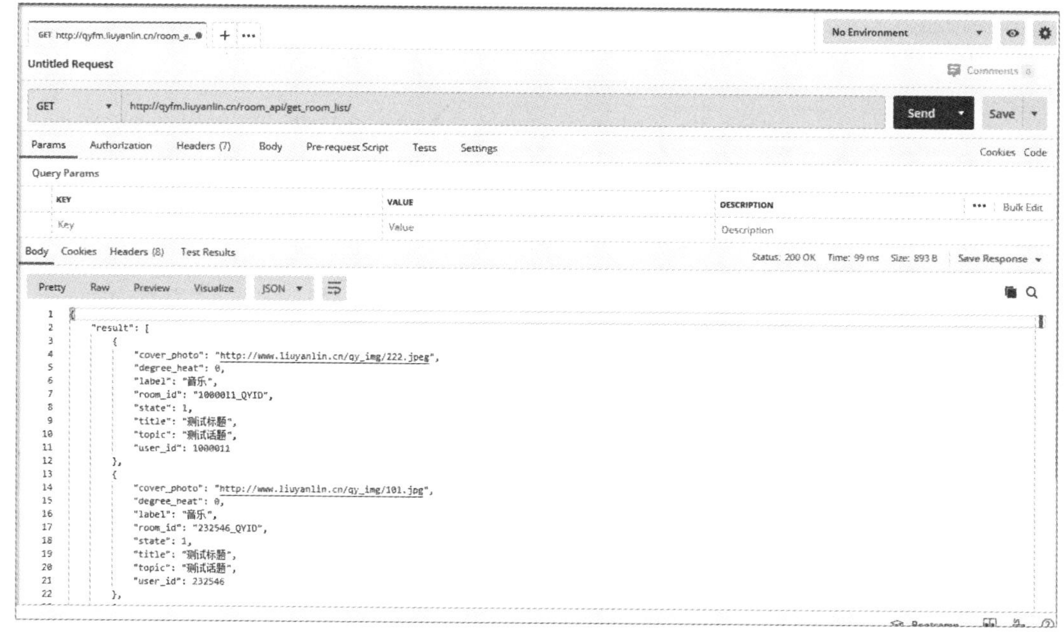

图 4-14 发送请求

4.5.2 常用功能介绍

虽然 Postman 的功能比较强大和完善，但是在爬虫分析过程中，主要用到的无非就是对接口地址进行 GET 请求和 POST 请求。下面将简要介绍如何对 GET 请求和 POST 请求传递参数。

如果要对 GET 请求传递参数的话，可以直接在如图 4-15 所示的示例中添加参数，添加好参数之后，直接单击发送请求即可，它会自动将参数拼接在我们要访问的 URL 后面。

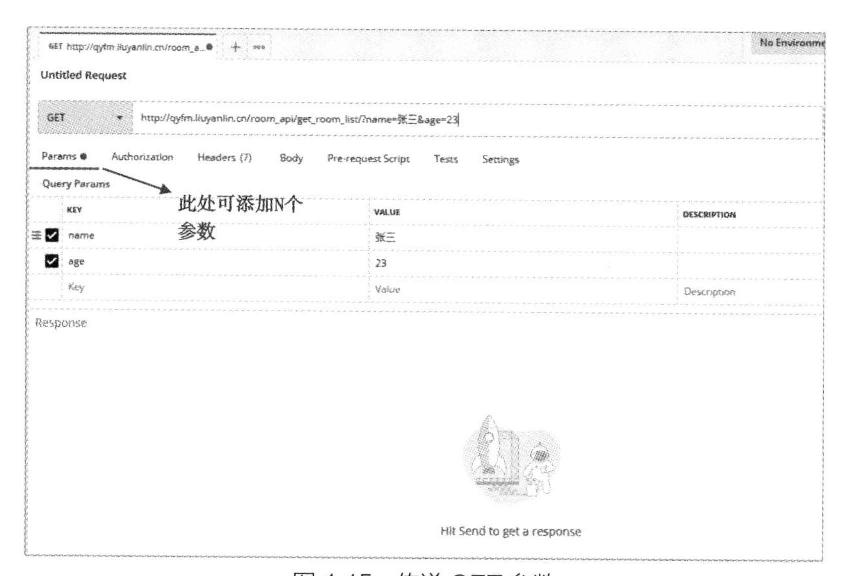

图 4-15 传递 GET 参数

如果要传递请求头信息，选择【Headers】选项卡进行填写即可，如图 4-16 所示。

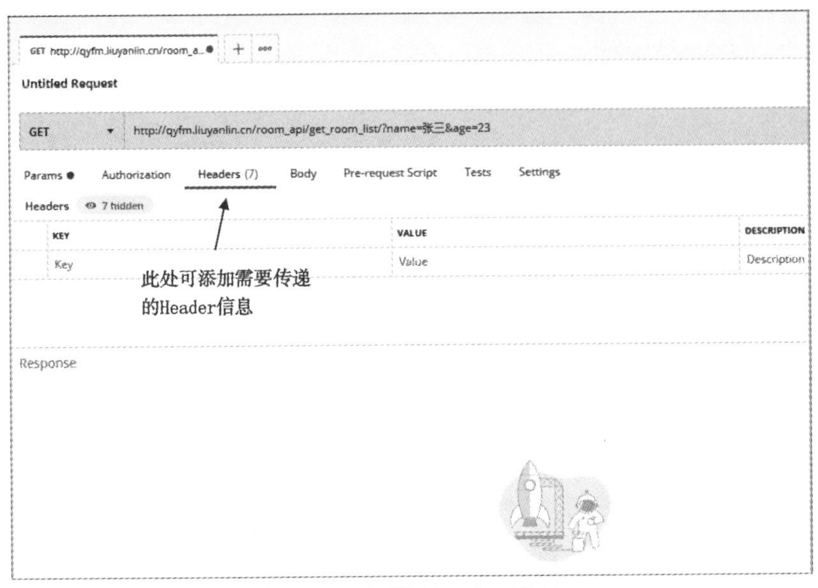

图 4-16　传递 Header 信息

如果是 POST 请求方式的话，传递参数时需要选择【Body】选项卡，然后根据实际情况选择合适的提交方式，如图 4-17 所示。

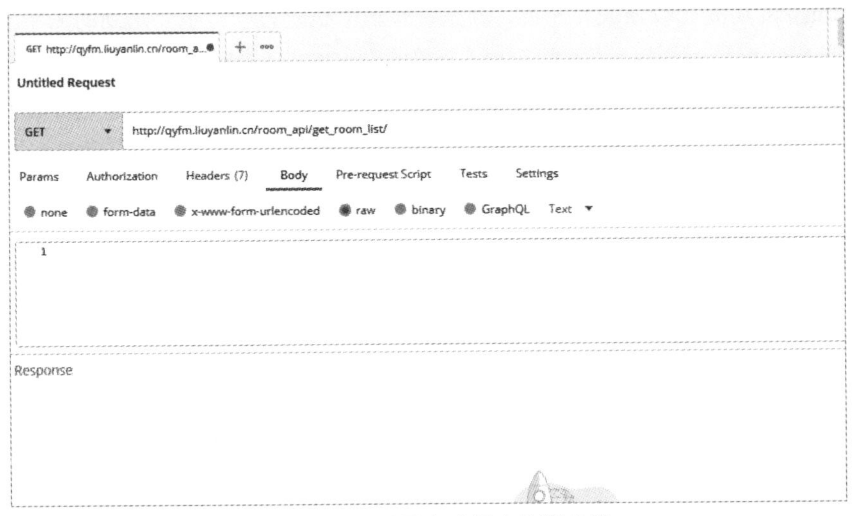

图 4-17　POST 方式提交传递参数

关于 Postman 的内容，就简要地介绍到这里，读者在实际学习过程中可以多尝试，在学习过程中将会发现它其实很简单。

4.6 新手实训

1. 使用网络请求库请求接口练习

这里自己搭建了一个网页，地址为 http://qyfm.liuyanlin.cn/room_api/get_room_list/（读者可以根据附录 B 的步骤自行搭建网页）。可以分别使用本章中所讲的 3 个网络请求库进去练习请求，观察返回的结果、速度等。

2. 使用Postman模拟发送请求

在上一个实训的基础上，找到需要传递参数的 GET 或 POST 地址，然后在 Postman 中进行模拟，人工请求测试返回的数据是否与在浏览器中返回的一致。

4.7 新手问答

1. 在使用requests网络请求库请求HTTPS协议的网址的时候，出现报错或获取不到数据，该如何处理？

答：这种情况一般是由于 SSL 证书引起的。可以在使用 requests 的时候多加一个 verify=False 参数来忽略 SSL 验证，代码如下所示：

```
import requests

url="https://www.liuyanlin.cn/"
res=requests.get(url,verify=False)
print(res.text)
```

2. 在使用urllib进行请求提交数据的时候，报出如下错误，该如何处理？

出现错误的样例代码如下：

```
formData = {
    "type" : "100",
    "interval_id" : "101:90",
    "action" : "",
    "start" : "0",
    "limit" : "20"
}
data = urllib.parse.urlencode(formData)
```

代码中的错误信息为：

```
TypeError: POST data should be bytes, an iterable of bytes, or a file
object. It cannot be of type str
```

答：一般出现这种情况的原因是由于没有将要提交的数据转换成 bytes 类型所导致的。可以将代码进行如下修改，即可解决此问题。

```
formData = {
    "type" : "100",
    "interval_id" : "101:90",
    "action" : "",
    "start" : "0",
    "limit" : "20"
}
data = urllib.parse.urlencode(formData).encode( “utf-8” )
```

本章小结

本章开始部分主要是先对爬虫的基本结构和工作流程进行了一个简单的理论阐述，接着对 Python 中几个常见网络请求库的基本使用进行了讲解，最后简单地介绍了一个测试接口的辅助神器 Postman。本章内容讲解得比较笼统，读者不必担心不明白，关于这些知识点的使用，将会在后面的爬虫实战章节中带入真实的爬虫进行讲解。

第5章

XPath匹配网页数据

本章导读

XPath是一种在XML文档中查找信息的语言，可以使用它在HTML源代码文档中通过元素、属性等方式进行查找和提取数据。第4章讲解了如何使用Python的网络请求库去向指定的网站发起HTTP请求，在请求过后，如果服务端响应的是HTML网页源代码并且里面包含了我们所需要的数据，这时就要想办法将这些数据给提取出来。关于提取数据的方法有很多种，本章内容主要讲解通过XPath方式来提取数据。

知识要点

通过本章内容的学习，希望读者能够使用XPath灵活自如地在网页中匹配提取出自己所需要的数据，本章主要知识点如下：

- 在Python中安装XPath模块
- 了解XPath的基本语法
- 在Python中XPath的使用
- 利用谷歌浏览器直接生成XPath表达式

5.1 安装XPath

在本章内容开始之前，需要先对 XPath 模块进行安装，XPath 是依附在 lxml 库里面的，所以直接安装 lxml 库即可，这里推荐使用 Python 的包管理器 pip 进行安装，安装命令如下：

```
pip install lxml
```

这里使用的 lxml 版本为 4.5.0，如果也想安装一样的版本，在使用 pip 命令安装的时候，指定版本即可，例如下面的命令：

```
pip install lxml==4.5.0
```

安装完毕之后，在 PyCharm 中新建一个 py 文件，然后在文件里面输入以下内容，运行文件，如果未报错，则表示已经正确安装：

```
from lxml import etree
```

在完成一切准备工作之后，接下来，将正式进入在 Python 中使用 XPath 提取网页中指定数据的技能学习。

5.2 XPath的基础语法

XPath 的基本原理是使用路径表达式来提取 HTML 文档中的元素或元素集，然后元素是通过沿着路径（path）或步（steps）来选取数据的。例如下面一段简单的 HTML 源代码：

```
<div>
    <ul>
        <li class="item-0"><a href="test1.html"> 内容 1</a></li>
        <li class="item-1"><a href="test2.html"> 内容 2</a></li>
        <li class="item-inactive"><a href="test3.htm3"> 内容 1</a></li>
        <li data=2 class="item-1"><a href="test4.html"> 内容 4</a></li>
        <li data=1 class="item-0"><a href="test5.html"> 内容 c</a>
     </ul>
<div id="t2"> 测试内容 </div>
</div>
```

为了能够更加容易理解，这里通过自身的经验总结并贴合上面的 HTML 示例代码，整理出了一个比较常用的 XPath 语法格式表，希望读者能够根据表中的示例达到举一反三的目的，读者如需要了解更多关于 XPath 详情的语法，可以到 w3school 上进行查阅。

这里主要是选择性地以爬虫开发过程中用得比较频繁的一些语法和表达式进行讲解，整理出的结果如表 5-1 所示。

表 5-1　XPath 常用语法格式

表达式	描述
div	选取 div 元素的所有子元素
/div	选取根元素 div
ul//li	选取 ul 元素下的所有 li 子元素，而不管它们在文档中的位置
//@class	选取所有具有 class 属性的元素
ul/li[1]	选取 ul 元素下第 1 个 li 子元素
//div[@id="t2"]	选取 id 属性为 t2 的所有 div 元素
//li[@class="item-1"]	选取 class 属性为 item-1 的 li 子元素
/div/ul/li[@class="item-1"]	选取根元素 div 下 ul 元素下的 class 属性等于 item-1 的 li 子元素

但是问题来了，即在使用 XPath 匹配到了元素之后，如果需要提取出元素中的文本内容、链接等，该如何做呢？可以使用 @href 和 text() 来实现，例如下面的示例。

获取 li 元素下所有 a 元素的 href 值，其表达式应该写为：

```
//li/a/@href
```

如果要获取 li 元素下所有 a 元素的文本内容，则表达式应该写为：

```
//li/a/text()
```

5.3　在Python中使用XPath匹配数据

接下来结合第 4 章的内容，通过使用网络请求库请求网页，获取网页源码，再使用 XPath 提取我们需要的数据。以三字码网站为例，网站首页如图 5-1 所示。

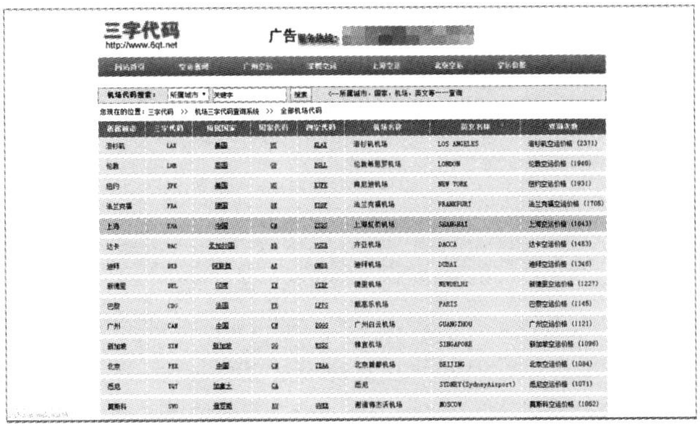

图 5-1　三字码网站首页

现在我们的目的是先通过网络请求库请求该网页，获取源代码，然后再使用 XPath 从中提取出需要的信息，包括所属城市、三字代码、所属国家、国家代码、四字代码、机场名称、英文名称等。网页源码如图 5-2 所示。

```
</table>
</form>
<table width='960' align='center'>
<tr>
<td align='left'>您现在的位置：<a class='LinkPath' href='/'>三字代码</a> &gt;&gt; <a class='LinkPath' href='/index.asp'>机场三字代码查询系统</a> &gt;&gt; 全部机场代码</td>
</tr>
</table>
      <table width='960' border='0' align='center' cellpadding='2' cellspacing='1' class='border' align='center'>
        <tr class='title' align='center' height='22'>
          <td width='80'><strong>所属城市</strong></td>
          <td width='80'><strong>三字代码</strong></td>
          <td width='100'><strong>所属国家</strong></td>
          <td width='80'><strong>国家代码</strong></td>
          <td width='80'><strong>四字代码</strong></td>
          <td width='150'><strong>机场名称</strong></td>
          <td width='150'><strong>英文名称</strong></td>
          <td width='150'><strong>查询次数</strong></td>
        </tr>
      <tr class='tdbg' onclick="location='/index.asp?Field=City&keyword=洛杉矶'" onmouseout="this.className='tdbg'" onmouseover="this.className='tdbgmouseover'">
    <td width='80'> <a href=index.asp?Field=City&keyword=洛杉矶> 洛杉矶</a></td>
    <td width='80' align='center'> <a href=index.asp?Field=AreaCode&keyword=LAX> LAX</a></td>
        <td width='100' align='center'> <a href='index.asp?Field=Country&keyword=美国'><u>美国</u></a></td>
        <td width='80' align='center'> <a href='index.asp?Field=Code&keyword=US'><u>US</u></a></td>
        <td width='80' align='center'> <a href='index.asp?Field=PostCode&keyword=KLAX'><u>KLAX</u></a> </td>
        <td width='150'> 洛杉矶机场</td>
        <td width='150'> LOS ANGELES</td>
        <td width='150'> <a href='http://www.z156.com/Soft/Search.asp?mdg=LAX' target='_blank'>洛杉矶空运价格 </a> (2371)</td>
      </tr>
      <tr class='tdbg'>
        <td colspan='8' style='HEIGHT: 5px;background:#fff;'> </td>
      </tr>
      <tr class='tdbg' onclick="location='/index.asp?Field=City&keyword=伦敦'" onmouseout="this.className='tdbg'" onmouseover="this.className='tdbgmouseover'">
    <td width='80'> <a href=index.asp?Field=City&keyword=伦敦> 伦敦</a></td>
    <td width='80' align='center'> <a href=index.asp?Field=AreaCode&keyword=LHR> LHR</a></td>
        <td width='100' align='center'> <a href='index.asp?Field=Country&keyword=英国'><u>英国</u></a></td>
        <td width='80' align='center'> <a href='index.asp?Field=Code&keyword=GB'><u>GB</u></a></td>
        <td width='80' align='center'> <a href='index.asp?Field=PostCode&keyword=EGLL'><u>EGLL</u></a> </td>
        <td width='150'> 伦敦希思罗机场</td>
        <td width='150'> LONDON</td>
        <td width='150'> <a href='http://www.z156.com/Soft/Search.asp?mdg=LHR' target='_blank'>伦敦空运价格 </a> (1940)</td>
      </tr>
      <tr class='tdbg'>
        <td colspan='8' style='HEIGHT: 5px;background:#fff;'> </td>
      </tr>
      <tr class='tdbg' onclick="location='/index.asp?Field=City&keyword=纽约'" onmouseout="this.className='tdbg'" onmouseover="this.className='tdbgmouseover'">
    <td width='80'> <a href=index.asp?Field=City&keyword=纽约> 纽约</a></td>
    <td width='80' align='center'> <a href=index.asp?Field=AreaCode&keyword=JFK> JFK</a></td>
        <td width='100' align='center'> <a href='index.asp?Field=Country&keyword=美国'><u>美国</u></a></td>
        <td width='80' align='center'> <a href='index.asp?Field=Code&keyword=US'><u>US</u></a></td>
        <td width='80' align='center'> <a href='index.asp?Field=PostCode&keyword=KJFK'><u>KJFK</u></a> </td>
```

图 5-2　网页源代码

通过观察源代码，可以发现我们需要的数据都在 tr 元素下的子元素 td 里面（可以尝试在自己电脑上使用浏览器打开该网页查看源代码），我们所需要做的就是将里面的文本信息进行匹配提取出来。下面将分别讲解使用 XPath 进行多种方式的提取。

5.3.1 根据class属性进行匹配

首先来匹配“所属城市”这个字段，从源码中可以看到，它的内容是在 tr 元素下第一个 td 子元素下的 a 元素里面，并且 tr 有一个 class 属性，且值为 tdbg，如图 5-3 所示。

```
  <tr class='tdbg' onclick="location='/index.asp?Field=City&keyword=达卡'" onmouseout="this.className='tdbg'" onmo
<td width='80'> <a href=index.asp?Field=City&keyword=达卡> 达卡</a></td>
<td width='80' align='center'> <a href=index.asp?Field=AreaCode&keyword=DAC> DAC</a></td>
    <td width='100' align='center'> <a href='index.asp?Field=Country&keyword=孟加拉国'><u>孟加拉国</u></a></td>
    <td width='80' align='center'> <a href='index.asp?Field=Code&keyword=BD'><u>BD</u></a></td>
    <td width='80' align='center'> <a href='index.asp?Field=PostCode&keyword=VGZR'><u>VGZR</u></a> </td>
    <td width='150'> 齐亚机场</td>
    <td width='150'> DACCA</td>
    <td width='150'> <a href='http://www.z156.com/Soft/Search.asp?mdg=DAC' target='_blank'>达卡空运价格 </a>
  </tr>
  <tr class='tdbg'>
    <td colspan='8' style='HEIGHT: 5px;background:#fff;'> </td>
  </tr>
  <tr class='tdbg' onclick="location='/index.asp?Field=City&keyword=迪拜'" onmouseout="this.className='tdbg'" onmo
<td width='80'> <a href=index.asp?Field=City&keyword=迪拜> 迪拜</a></td>
<td width='80' align='center'> <a href=index.asp?Field=AreaCode&keyword=DXB> DXB</a></td>
    <td width='100' align='center'> <a href='index.asp?Field=Country&keyword=阿联酋'><u>阿联酋</u></a></td>
    <td width='80' align='center'> <a href='index.asp?Field=Code&keyword=AE'><u>AE</u></a></td>
    <td width='80' align='center'> <a href='index.asp?Field=PostCode&keyword=OMDB'><u>OMDB</u></a> </td>
    <td width='150'> 迪拜机场</td>
    <td width='150'> DUBAI</td>
    <td width='150'> <a href='http://www.z156.com/Soft/Search.asp?mdg=DXB' target='_blank'>迪拜空运价格 </a>
```

图 5-3　tr 元素代码

要想得到 a 元素下这个“所属城市”的文本内容，我们可以尝试以 class 属性方式匹配，匹配流程为：先选取所有 class 属性等于 tdbg 的 tr 元素，接着选取该 tr 元素下所有 td 元素，且只取第 1

个 td 下的 a 元素，然后通过 text() 方法获取文本内容。那么对应的 XPath 表达式就应该写为：

```
//tr[@class="tdbg"]//td[1]/a/text()
```

接着，使用 Python 代码实现这个过程，这里先通过 requests 请求库发起请求拿下网页源代码，然后使用 lxml 库的 html 方法，先将得到的源代码格式化成 XPath 需要的格式，格式化后会得到一个对象，直接调用这个对象的 xpath() 方法即可实现匹配。匹配得到的是一个列表数据，最后通过 for 循环将得到的结果进行输出，示例代码如下：

```
from lxml import html
import requests

url="http://www.6qt.net/"
res=requests.get(url)
res.encoding="gb2312"
data_html=html.fromstring(res.text)
name_list=data_html.xpath('//tr[@class="tdbg"]//td[1]/a/text()')
for x in name_list:
    print(x)
```

这里需要注意的是，通过这个网页源码的头部信息可以发现，它的编码是 GB2312 的，所以当我们在拿到这个源码的时候，也需要先进一步处理，将其处理成 GB2312 编码格式。运行代码之后，输出结果如图 5-4 所示。

获取到了所属城市字段之后，接着还需要匹配其他的字段，采用相同的方式获取即可，读者可自行尝试匹配练习。

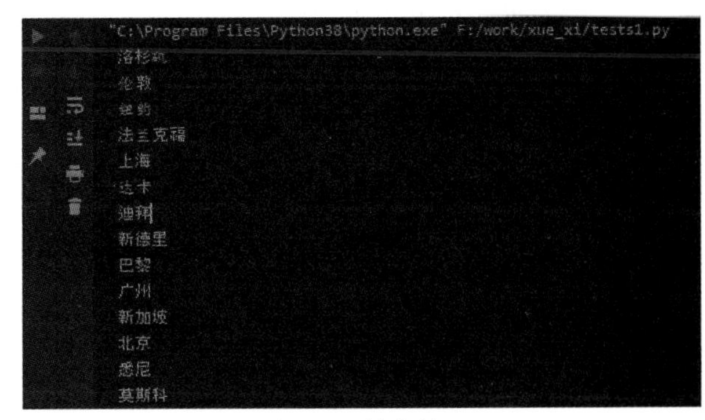

图 5-4　输出结果

5.3.2　根据id属性进行匹配

一般场景下，携带 id 属性的字段基本上在当前页面里都是一个唯一的存在，就像一个身份证对应一个人一样。通过 id 可以很快速地查找到该元素。这里挂载了一个简单的静态 HTML 页面在自己服务器上，可供读者练习，如图 5-5 所示。

图 5-5　练习网页

练习网页地址为：http://mxd.liuyanlin.cn/xpath_test.html（读者可以根据附录 B

中的步骤自行搭建网页进行练习）。

这里要实现使用 Python 网络请求库去请求该网页，获取源代码，然后从源代码中使用 XPath 提取姓名、年龄信息。首先在浏览器中审查元素，如图 5-6 所示。

图 5-6　审查元素

其中包含了姓名、年龄信息的 span 元素，都拥有一个 id 属性，我们要做的就是使用 XPath 通过 id 属性去匹配提取数据。示例代码如下：

```
from lxml import html
import requests

url="http://mxd.liuyanlin.cn/xpath_test.html"
res=requests.get(url)
res.encoding="utf-8"
data_html=html.fromstring(res.text)
name=data_html.xpath('//*[@id="name"]/text()')[0]
age=data_html.xpath('//*[@id="age"]/text()')[0]
print(name)
print(age)
```

运行代码，输出结果如下：

```
张三
24
```

5.3.3 根据name属性进行匹配

下面再来看一下根据 name 属性匹配数据，name 属性匹配其实与 id、class 的语法类似。这里提供一个简单的网站以其为例进行演示，网页地址如下：http://mxd.liuyanlin.cn/xpath_test2.html（读者可以根据附录 B 中的步骤自行搭建网页）。

在浏览器中打开该网页，然后开启元素审查模式，会发现班级、编号两个字段都包含有 name

属性，如图 5-7 所示。

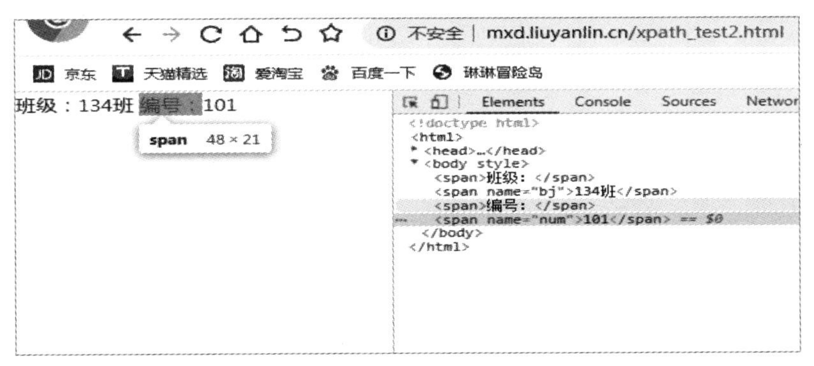

图 5-7　审查元素模式

接下来编写代码实现数据提取，示例代码如下：

```
from lxml import html
import requests

url="http://mxd.liuyanlin.cn/xpath_test2.html"
res=requests.get(url)
res.encoding="utf-8"
data_html=html.fromstring(res.text)
bj=data_html.xpath('//*[@name="bj"]/text()')[0]
num=data_html.xpath('//*[@name="num"]/text()')[0]
print(bj)
print(num)
```

运行代码，输出结果如下：

```
134 班
101
```

5.4　XPath表达式技巧

前面几个小节主要是简单地通过一些小示例，讲解了 XPath 的基础语法和常用的表达式。接下来在本节中将为读者带来一个小技巧，可以直接借助谷歌浏览器自带的功能生成表达式，这样效率极高，也不容易出错。以 5.3.3 节的网页地址为例，相关的步骤如下。

步骤 1：在谷歌浏览器中打开网页：http://mxd.liuyanlin.cn/xpath_test2.html，如图 5-8 所示。

步骤 2：在打开的当前网页上右击，然后在弹出的快捷菜单中选择【检查】命令，如图 5-9 所示。

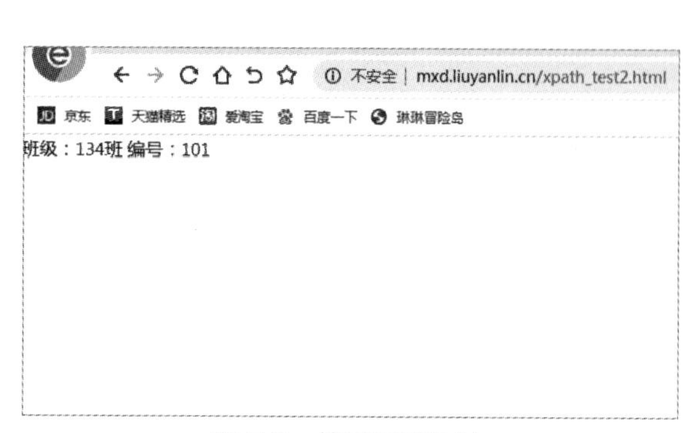

图 5-8　练习网页地址

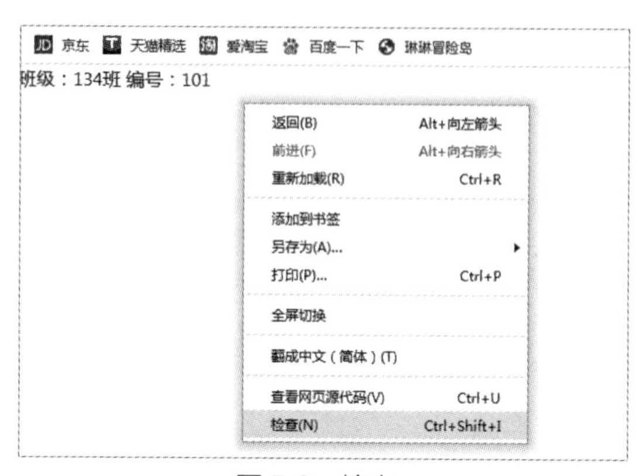

图 5-9　检查

步骤 3：在元素审查模式中选择要提取的元素，然后右击，在弹出的快捷菜单中选择【Copy】→【Copy XPath】命令，如图 5-10 所示。选择之后，直接将得到的表达式粘贴到我们的代码中即可进行使用。

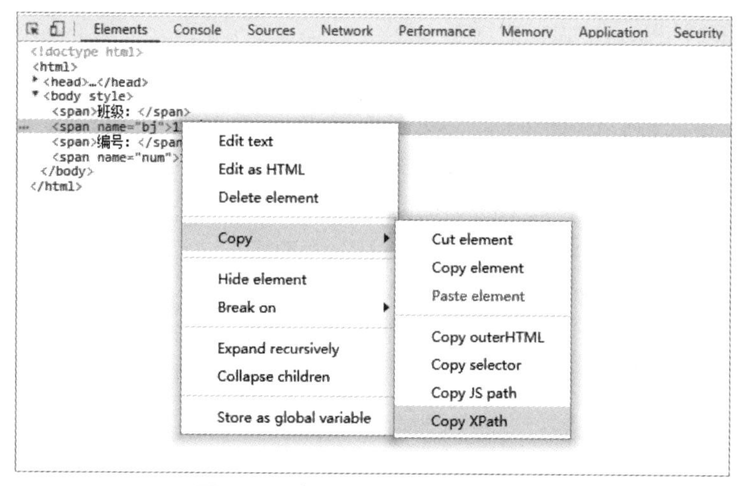

图 5-10　复制 XPath 表达式（1）

粘贴之后，得到的内容如下：

```
/html/body/span[2]
```

我们再换一个网址 http://mxd.liuyanlin.cn/xpath_test.html 尝试一下，如图 5-11 所示，复制粘贴得到的内容如下：

```
//*[@id="name"]
```

复制下来的表达式，仅仅是定位到了元素，如果需要获取元素的文本内容等，还需要稍微做一个简单的修改，如前面得到的 //*[@id="name"] 表达式。修改后表达式如下，则可以得到里面的文本内容。

```
//*[@id="name"]/text()
```

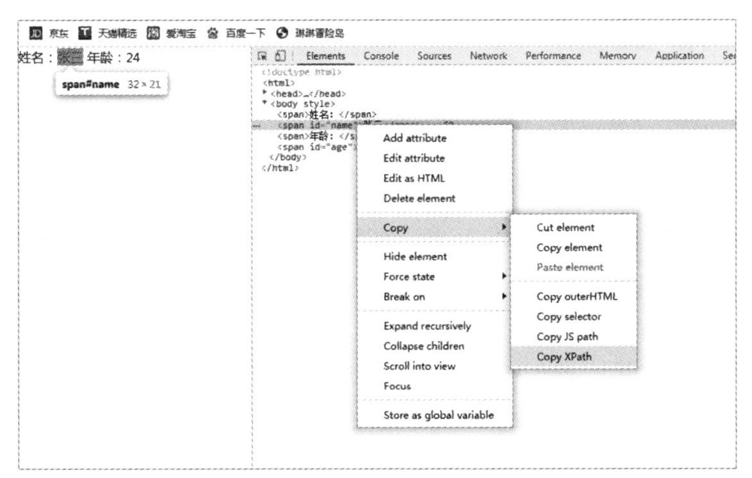

图 5-11　复制 XPath 表达式（2）

5.5 扩展补充知识点

我们之前介绍了使用 XPath 来提取网页数据十分方便，除此之外，还有许多其他的方式也可达到高效匹配数据的目的，例如，Beautiful Soup、pyquery 及 Selector 等。限于篇幅原因，本书不会一一进行讲解，在此处仅对未讲解的部分进行一个快速的扩展介绍，如有兴趣的读者也可参考网上的一些教程进行深入学习。

5.5.1 Selector

Selector 是基于 lxml 来构建的，支持 Xpath 选择器、CSS 选择器及正则表达式，功能全面，解析速度和准确度非常高。它是一个可以独立使用的模块。我们可以直接利用 Selector 这个类来构建一个选择器对象，然后调用它的相关方法，如 xpath()、css() 等来提取数据。

例如，针对一段 HTML 代码，我们可以用如下方式构建 Selector 对象来提取数据：

```
from parsel import Selector

html='''<html><head><title> 哈喽 </title></head><body>
</body></html>'''
selector=Selector(text=html)
title=selector.xpath('//title/text()').extract_first()
print(title)
```

构建了 Selector 对象之后，可以直接使用 xpath() 方法编写 XPath 表达式提取数据，具体语法这里就不再重复阐述。

5.5.2 Beautiful Soup

Beautiful Soup 是 Python 的一个库，最主要的功能是从网页抓取数据。Beautiful Soup 提供一些简单的、Python 式的函数用来处理导航、搜索、修改分析树等功能。它是一个工具箱，通过解析文档为用户提供需要抓取的数据，因为简单，所以不需要多少代码就可以写出一个完整的应用程序。Beautiful Soup 自动将输入文档转换为 Unicode 编码，将输出文档转换为 utf-8 编码。我们并不需要考虑编码方式，除非文档没有指定一个编码方式，这时，Beautiful Soup 就不能自动识别编码方式了。然后，你仅仅需要说明一下原始编码方式就可以了。Beautiful Soup 已成为和 lxml、html6lib 一样出色的 Python 解释器，为用户灵活地提供不同的解析策略或强劲的速度。Beautiful Soup 简称 bs4，例如下面的示例代码：

```
from bs4 import BeautifulSoup

html = """
<html><head><title>The Dormouse's story</title></head>
<body>
<p class="title" name="dromouse"><b>The Dormouse's story</b></p>
<p class="story">Once upon a time there were three little sisters;
and their names were
<a href="http://example.com/elsie" class="sister" id="link1"><!--
Elsie --></a>,
<a href="http://example.com/lacie" class="sister" id="link2">Lacie
</a> and
<a href="http://example.com/tillie" class="sister" id="link3">
Tillie</a>;
and they lived at the bottom of a well.</p>
<p class="story">...</p>
"""

soup = BeautifulSoup(html)
print(soup)
```

通过传入 html 字符串创建 BeautifulSoup 对象，创建好对象之后，我们便可以调用它的方法进行数据匹配，例如下面的简单示例：

```
from bs4 import BeautifulSoup

# 待分析字符串
html_doc = """
<html>
    <head>
```

```
            <title>The Dormouse's story</title>
        </head>
        <body>
        <p class="title aq">
            <b>
                The Dormouse's story
            </b>
        </p>
        <p class="story">Once upon a time there were three little sisters;
and their names were
            <a href="http://example.com/ 张三 " class="sister" id="link1">
张三 </a>,
            <a href="http://example.com/ 李四 " class="sister" id="link2">
李四 </a>
            and
            <a href="http://example.com/ 王五 " class="sister" id="link3">
王五 </a>;
            and they lived at the bottom of a well.
        </p>
        <p class="story">...</p>
        </body>
    </html>
    """
    # html 字符串创建 BeautifulSoup 对象
    soup = BeautifulSoup(html_doc, 'html.parser', from_encoding='utf-8')
    print(soup.title)
```

本小节知识点作为一个补充介绍，未对其语法进行详细讲解，有兴趣的读者可以自行了解。

5.6 新手实训

讲完本章内容之后，为了使读者加深理解和印象，这里选择了一个涉及本章所讲内容的小练习，希望读者结合本章所学的内容能够动手去练一练。

对于四川麻辣社区，读者通过网络请求库获取到网页源码之后，可以使用 XPath 提取如图 5-12 所示的列表信息。

图 5-12　麻辣社区

首先使用网络请求库请求网页获取网页源码，代码如下：

```
import requests

url="https://cd.mala.cn/"
header={
"Cookie": "j1vO_3e8b_saltkey=UCFcRnaR; j1vO_3e8b_lastvisit=1599032242;"
      " j1vO_3e8b_atarget=1; j1vO_3e8b_visitedfid=70; _ga=
        GA1.2.1561763796.1599035848;"
      " _gid=GA1.2.639532982.1599035848;"
      " UM_distinctid=1744df6b4bbe1-04e60e63e88882-404b032d-15f900-
        1744df6b4bc25f;"
      " j1vO_3e8b_sid=I6r0b3; j1vO_3e8b_st_t=0%7C1599117796%7C1ce359
        2bbcbd7ba5"
      "d0fbd0d383546d0d; j1vO_3e8b_forum_lastvisit=D_70_1599117796; "
      "CNZZDATA1000273024=1253571931-1599035007-%7C1599114855;"
      " _gat_gtag_UA_862483_1=1; j1vO_3e8b_lastact=1599117829%09forum.
        php%09ajax",
"Host": "cd.mala.cn",
"Upgrade-Insecure-Requests": "1",
"User-Agent": "Mozilla/5.0 (Windows NT 6.1; WOW64) AppleWebKit/537.36
(KHTML, like Gecko)"
            " Chrome/75.0.3770.100 Safari/537.36"
}
res=requests.get(url,headers=header)
print(res.text)
```

获取到网页源码之后，我们便可以使用 XPath 进行匹配提取数据，这里以提取标题为例，相关的示例代码如下，可根据此方法依次练习匹配后面未匹配的字段。

```
data_html=html.fromstring(res.text)
title_list=data_html.xpath('//*[@class="s xst"]/text()')
for title in title_list:
    print(title)
```

运行之后，输出结果如图 5-13 所示。

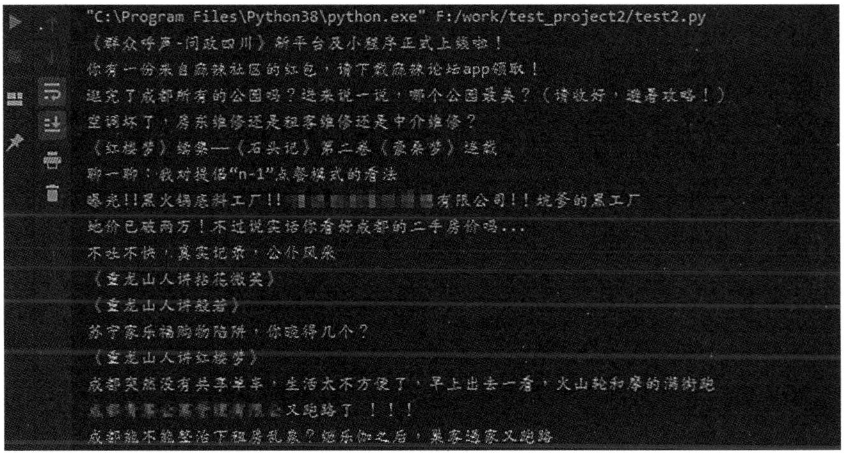

```
"C:\Program Files\Python38\python.exe" F:/work/test_project2/test2.py
《群众呼声-问政四川》新平台及小程序正式上线啦！
你有一份来自麻辣社区的红包，请下载麻辣论坛app领取！
逛完了成都所有的公园吗？进来说一说，哪个公园最美？（请收好，避暑攻略！）
空调坏了，房东维修还是租客维修还是中介维修？
《红楼梦》续集—《石头记》第二卷（豪杰梦）连载
聊一聊：我对提倡"n-1"点餐模式的看法
曝光!!黑火锅底料工厂!! 有限公司!!坑爹的黑工厂
地价已破两万！不过说实话你看好成都的二手房价吗...
不吐不快，真实记录，公仆风采
《童龙山人讲拈花微笑》
《童龙山人讲般若》
苏宁家乐福购物陷阱，你晓得几个？
《童龙山人讲红楼梦》
成都突然没有共享单车，生活太不方便了，早上出去一看，火山轮和摩的满街跑
又跑路了 ！！！
成都能不能整治下租房乱象？烟乐伽之后，巢客遥家又跑路
```

图 5-13　运行结果

5.7 新手问答

1. 元素显示有id，但是就是定位不到。

答：换定位方式，如 name、class 等。

2. 安装好lxml之后，导入etree时报错了，如图5-14所示。

```
from lxml import etree
```

图 5-14　导入 etree 报错

答：造成此错误的原因是版本没有对应，这里建议安装 lxml 的版本为 4.5.0 版本。

本章小结

本章知识点内容较少，主要是简单讲解了一下通过 XPath 从网页源码中提取出我们需要的数据。需要注意的是，XPath 只能应用在 HTML 或 XML 格式的文档中，如果网页返回的是其他格式的数据，就需要用别的方式进行提取，其他方式提取将在后面第 6 章中进行讲解。

第6章

re正则匹配数据

本章导读

使用XPath可从HTML源码中提取数据，但是XPath有局限性，只能用在结构化的HTML或XML格式的文档中。也就是说，在面对更复杂的情况时，比如我们需要的数据是直接通过请求对方网站接口，而这个接口返回的数据可能是一个无规则的字符串或JSON等格式。要从这里面提取数据，XPath会显得力不从心，而正则表达式则比较通用。

正则表达式是一个特殊的字符序列，它能帮助我们方便地检查一个字符串是否与某种模式匹配。在爬虫中经常会使用它从抓取到的非结构化文本数据或接口返回内容中匹配提取我们想要的数据。re模块使Python 语言拥有全部的正则表达式功能。其compile函数根据一个模式字符串和可选的标志参数生成一个正则表达式对象。该对象拥有一系列方法用于正则表达式匹配和替换。

知识要点

通过本章内容的学习，希望读者能够掌握re正则模块的使用，且能够根据实际情况与XPath进行混合使用，本章主要知识点如下：

- 使用re.compile 函数编译生成正则表达式对象
- 使用re.match函数匹配指定内容是否存在于某文本中且返回所在位置
- 使用re.search函数对字符串进行扫描
- 了解re.match函数与re.search函数的区别
- 内容检索与替换
- 使用 findall函数匹配所有内容返回一个列表

6.1 re.compile函数

在 Python 里面要使用正则表达式，需要先通过 re.compile 函数进行编译并生成一个正则表达式对象，然后再调用这个对象的相应方法完成我们的最终需求。其语法格式为：

```
re.compile(pattern,[flags])
```

在调用 re.compile 函数的时候，需要传递两个参数，其中第一个参数是必需的，第二个参数是可选的，相关的含义如表 6-1 所示。

表 6-1　re.compile 函数相关参数介绍

参数	描述
pattern	一个字符串形式的正则表达式
flags	可选的，表示匹配模式，比如忽略大小写，多行模式等，具体参数为： re.M 为多行模式； re.S 表示匹配包括换行符在内的任意字符； re.U 表示特殊字符集，\w, \W, \b, \B, \d, \D, \s, \S 依赖于 Unicode 字符属性数据库； re.X 为了增加可读性，忽略空格和“#”后面的注释

下面通过一个简单的示例来看一下，如何创建一个正则表达式对象，且传入第一个参数。这里以匹配数字为例，所以传入的是一个匹配数字的模式字符串。示例代码如下：

```
import re

pattern = re.compile(r'\d+')
```

在完成正则表达式对象的创建之后，即可通过调用这个对象的一系列方法对数据进行检索和匹配，具体可以参见后面小节的内容。

6.2 re.match函数

re.match 函数主要尝试从字符串的起始位置匹配一个模式，如果起始位置没有匹配成功，match() 就返回 none，否则就返回一个包含位置的元组类型的数据。其语法格式如下：

```
re.match(pattern, string, flags=0)
```

相关的参数含义如表 6-2 所示。

如果匹配成功，re.match 函数就会返回一个匹配的对象，否则返回 None。我们还可以使用 group(num) 或 groups() 匹配对象函数来获取匹配表达式，如表 6-3 所示。

表 6-2　re.match 参数

参数	描述
pattern	匹配的正则表达式
string	要匹配的字符串
flags	标志位，用于控制正则表达式的匹配方式，如是否区分大小写，多行匹配等

表 6-3　group

匹配对象方法	描述
group(num=0)	匹配整个表达式的字符串，group() 可以一次输入多个组号，在这种情况下它将返回一个包含那些组所对应值的元组
groups()	返回一个包含所有小组字符串的元组，从 1 到所含的小组号

匹配一个模式在起始位置和不在起始位置的效果不同，下面是一个简单的示例，代码如下所示：

```
import re

pattern1=re.compile('www') # 创建正则表达式匹配模式
pattern2=re.compile('com') # 创建正则表达式匹配模式
print(re.match(pattern1, 'www.baidu.com').span()) # 在起始位置匹配
print(re.match(pattern2, 'www.baidu.com')) # 不在起始位置匹配
```

运行代码之后，输出效果：

```
(0, 3)
None
```

在 Python 3 里面使用正则的时候，不必每次都先使用 re.compile 函数进行编译创建模式，其实可以省略掉这个步骤，例如直接像下面这样写，可以简化一下代码：

```
import re

print(re.match('www', 'www.baidu.com').span()) # 在起始位置匹配
print(re.match('com', 'www.baidu.com')) # 不在起始位置匹配
```

运行代码之后，输出的结果与前面的是一样的，如下所示：

```
(0, 3)
None
```

不管我们有没有写这个步骤，底层会自动检查处理，所以在实际开发或练习中可根据自身实际情况进行选择，不会影响代码运行的最终结果。接下来再来看一个示例，通过 group 获取匹配表达式：

```
import re

line = "People are smarter than animals"
matchObj = re.match(r'(.*) are (.*?) .*', line)

if matchObj:
    print("matchObj.group() : ", matchObj.group())
    print("matchObj.group(1) : ", matchObj.group(1))
    print("matchObj.group(2) : ", matchObj.group(2))
else:
    print("No match!")
```

运行代码之后，输出结果如下：

```
matchObj.group() :  People are smarter than animals
matchObj.group(1) :  People
matchObj.group(2) :  smarter
```

6.3 re.search函数

re.search 函数用于扫描整个字符串并返回第一个成功的匹配。相关语法格式如下：

```
re.search(pattern, string, flags=0)
```

re.search 也有 3 个参数，这 3 个参数作用跟表 6-2 中所介绍的是一样的，需要注意的是 flags 参数可写可不写，即使不写也能正常地返回结果，原因是它底层有默认值。示例代码如下：

```
import re

print(re.search('www', 'www.baidu.com').span())   # 在起始位置匹配
print(re.search('com', 'www.baidu.com').span())   # 不在起始位置匹配
```

运行代码之后，输出结果如下所示：

```
(0, 3)
(10, 13)
```

如果匹配成功了，它会返回一个元组，其中包含了匹配内容的开始位置和结束位置。如果未匹配成功，则会返回一个 None 值。

6.4 re.match与re.search的区别

re.match 只匹配字符串的开始，如果字符串的开始不符合正则表达式，则匹配失败，函数返回 None；而 re.search 则匹配整个字符串，直到找到一个匹配。如下示例所示：

```
import re

line = "People are smarter than animals"

matchObj = re.match(r'dogs', line)
if matchObj:
    print("match --> matchObj.group() : ", matchObj.group())
else:
    print("No match!!")

matchObj = re.search(r'animals', line)
if matchObj:
    print("search --> matchObj.group() : ", matchObj.group())
else:
    print("No match!")
```

运行代码后，输出结果如下：

```
No match!!
search --> matchObj.group() :  animals
```

从运行结果中可以看到，使用 re.match 的时候，它会从“People are smarter than animals”这个字符的开始位置进行匹配，这里开始位置的内容是“People”，并不满足它的要求，于是它从这里停止匹配了，所以返回了未匹配到。反之，re.search 虽然从开始位置没有匹配到，但它会继续往后匹配，直到把“People are smarter than animals”这个字符串全部匹配完，最终它在字符串的结尾位置找到了它要匹配的内容，所以返回了匹配到的数据。

6.5 检索和替换

有时候我们想替换某段文字中的某个内容，比如把“等忙完这一阵，就可以接着忙下一阵了”中的“忙”替换成“过”，又该如何实现呢？不用怕，Python 的 re 模块提供了 re.sub 函数用于替换字符串中的匹配项，通过它就可以将字符串中满足匹配条件的内容给替换掉，re.sub 语法格式如下：

```
re.sub(pattern, repl, string, count=0, flags=0)
```

相关的参数含义如表 6-4 所示。

表 6-4　sub 方法参数

参数	描述
pattern	正则中的模式字符串
repl	替换的字符串，也可为一个函数
string	要被查找替换的原始字符串
count	模式匹配后替换的最大次数，默认 0 表示替换所有的匹配

下面通过一个简单的示例代码来看一下实际使用效果：

```
import re

st = "忙完这一阵，就可以接着忙下一阵了。"

# 替换其中的“忙”字
new_st = re.sub(r'忙', "过", st)
print("替换后的句子：", new_st)
```

运行代码，输出结果如下：

```
替换后的句子： 过完这一阵，就可以接着过下一阵了。
```

6.6 findall函数

findall 函数主要用于在字符串中找到正则表达式所匹配的所有子串，并返回一个列表，如果没有找到匹配的，则返回空列表。findall 函数的语法格式为：

```
re.findall(string[, pos[, endpos]])
```

相关的参数含义如表 6-5 所示。

表 6-5　findall 方法参数

参数	描述
string	待匹配的字符串
pos	可选参数，指定字符串的起始位置，默认为 0
endpos	可选参数，指定字符串的结束位置，默认为字符串的长度

例如我们要查找字符串中的所有数字，示例代码如下：

```
import re

pattern = re.compile(r'\d+')    # 查找数字
result1 = pattern.findall('baidu 123 google 456')
result2 = pattern.findall('run88oob123google456', 0, 10)

print(result1)
print(result2)
```

运行代码之后，输出结果如下：

```
['123', '456']
['88', '12']
```

6.7 常见正则表达式写法

前面主要讲解了在 Python 中使用 re 模块实现正则表达式的使用，但是并没有提到这个表达式该怎么写和写的规则。关于正则表达式的写法规则这一块，其实不必过于深究，因为东西实在太多，只需要掌握一些基本常用的书写方式即可，当在实际工作中遇到需要复杂匹配的条件时，直接查阅相关的文档即可。表 6-6 总结了一些常用的正则表达式，以供参考。

表 6-6　常用正则表达式

正则表达式	描述
^[0-9]*$	匹配数字
^\d{n}$	匹配 *n* 位的数字，例如：^\d{3}$ 匹配 3 位数字
^\d{n,}$	至少 *n* 位的数字
^[\u4e00-\u9fa5]{0,}$	匹配出文档中属于汉字的内容
^[A-Za-z0-9]+$	匹配英文和数字
^.{n,n}$	匹配 *n-n* 位长度的所有字符串，例如，长度为 3~20 的所有字符：^.{3,20}$
^\d{4}-\d{1,2}-\d{1,2}	匹配日期格式的字符串
[1-9]\d{5}(?!\d)	匹配邮政编码格式的字符串
\d+\.\d+\.\d+\.\d+	匹配 IP 地址格式的字符串
^\w+([-+.]\w+)*@\w+([-.]\w+)*\.\w+([-.]\w+)*$	邮箱地址匹配

6.8 新手实训

为了加深理解前面的内容，这里布置了两个小练习，希望读者能够结合前面章节的内容实现一个完整的爬虫。

1. 使用正则匹配出文章列表中的所有日期

通过使用 Python 的网络请求库请求天涯社区论坛的页面，得到网页源码之后，从中匹配出所有列表中的日期，访问页面如图 6-1 所示。

图 6-1 天涯社区页面

输出效果如下所示：

```
['04-27 12:16', '04-27 12:16', '04-26 20:49', '04-26 20:49', '04-26 20:48']
```

参考示例代码如下：

```
import requests
import re

url="http://bbs.tianya.cn/list-170-1.shtml"
res=requests.get(url)
date_list=re.findall('\d{1,2}-\d{1,2} \d{2}:\d{2}',res.text)
print(date_list)
```

2. 使用正则匹配出列表数据

在上述实训的基础之上，我们再增加点难度，通过正则表达式依次匹配提取出文章的标题、作者、点击量、回复时间，输出效果如图 6-2 所示。

图 6-2　实现输出效果

参考示例代码如下：

```
import requests
import re

url="http://bbs.tianya.cn/list-170-1.shtml"
res=requests.get(url)
for item in re.findall('<tr>([\s\S+]*?)</tr>',res.text):
    data_dic={}
    title = re.findall('</span>\s+\s+<a href="\S+" target="_blank">
                        ([\s\S+]*?)</a>', item)
    data_dic["title"]=title[0].replace("\r","").replace("\t","").
                        replace("\n","") if title else "-"
    author=re.findall('<td><a href="\S+" ''target="_blank" class=
                        "author">([\s\S+]*?)</a></td>',item)
    data_dic["author"]=author[0] if author else "-"
    visits=re.findall('</a></td>\s+<td>([\s\S+]*?)</td>', item)
    data_dic["visits"] = visits[0] if visits else "-"
    reply_time=re.findall('\d{1,2}-\d{1,2} \d{2}:\d{2}', item)
    data_dic["reply_time"] = reply_time[0] if reply_time else "-"
    print(data_dic)
    print("------------------------------")
```

6.9 新手问答

1. 使用正则表达式时，使用下面有问题的示例代码，遇到re.error:unbalanced parenthesis的问题，该如何处理?

```
import re

def checkCellphone(cellphone):
    reg = "^(13[0-9])|(14[5|7])|(15([0-3]|[5-9]))|(18[0,5-9]))\d{8}$"
    # regex = "^((13[0-9])|147|(15([0-3]|[5-9])|(17[3,6,7,8])|(18[0-
    # 9])|(19[1,9]))\d{8}$"
    result = re.findall(reg, cellphone)
    if result:
        print(" 匹配成功 ")
        return True
    else:
        print(" 匹配失败 ")
        return False
if __name__ == "__main__":
    cellphone = 13509561674
    checkCellphone(cellphone)
```

运行代码之后出现的错误信息为：

```
Traceback (most recent call last):
  File "F:/work/xue_xi/ttt2.py", line 16, in <module>
    checkCellphone(cellphone)
  File "F:/work/xue_xi/ttt2.py", line 7, in checkCellphone
    result = re.findall(reg, cellphone)
  File "C:\Program Files\Python38\lib\re.py", line 239, in findall
    return _compile(pattern, flags).findall(string)
  File "C:\Program Files\Python38\lib\re.py", line 302, in _compile
    p = sre_compile.compile(pattern, flags)
  File "C:\Program Files\Python38\lib\sre_compile.py", line 764, in compile
    p = sre_parse.parse(p, flags)
  File "C:\Program Files\Python38\lib\sre_parse.py", line 962, in parse
    raise source.error("unbalanced parenthesis")
re.error: unbalanced parenthesis at position 50
```

答：这里造成这个问题的原因是在正则表达式里多写了一个小括号，导致小括号不匹配。修改后的代码如下所示。

```
import re
def checkCellphone(cellphone):
```

```
    reg = "^((13[0-9])|147|15([0-3]|[5-9])|(17[3,6,7,8])|(18[0-9])|(19[1,9]))\d{8}$"
    result = re.findall(reg, cellphone)
    if result:
        print(" 匹配成功 ")
        return True
    else:
        print(" 匹配失败 ")
        return False
if __name__ == "__main__":
    cellphone = "18283278130"
    checkCellphone(cellphone)
```

2. 怎么使用正则表达式只提取出字符串中的中文汉字和标点符号?

答：可以使用 [^\x00-\xff] 表达式进行提取，例如下面的示例代码：

```
import re

s='sdns 松动 234ongoing 工商所松动 3 我能 x24，送几个度搜 '
print(re.findall('[^\x00-\xff]',s))
```

运行代码后，输出结果：

```
['松', '动', '工', '商', '所', '松', '动', '我', '能', '，', '送', '几', '个', '度', '搜']
```

本章小结

本章首先对正则表达式的基本概念和使用场景做了一个简单的介绍，接着通过选取在爬虫中用得比较频繁的几种方法进行讲解，同时通过一些简单的案例进行了演示。读者在学习的时候，不必对正则表达的语法死记硬背，在实际工作中用到的时候，直接查阅相关的文档即可。

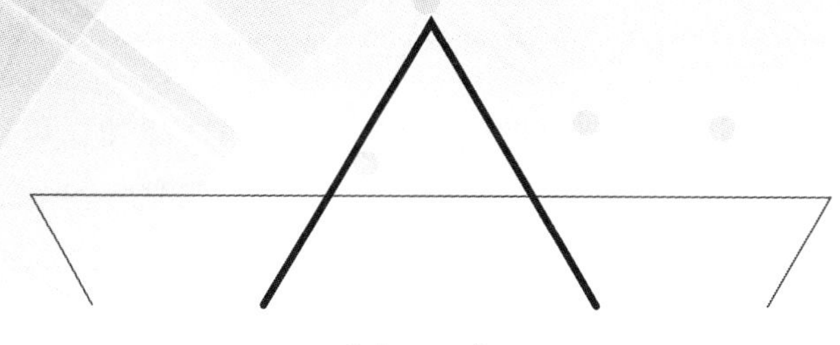

第7章

WebSocket数据抓取

本章导读

WebSocket是一种全双工的通信协议，在实现客户端与服务端建立握手连接验证之后，双方可进行相互主动的传输数据，常见的应用案例有网页版的微信、网页上的即时通信聊天功能、网页上的实时数据分析及早期的Web QQ等。

在爬虫开发过程中，不可避免地会遇到部分网站的数据是通过WebSocket协议进行传输的，例如，一些社交类网站信息推送、金融类的股票交易所网页上实时显示股票数据等都是通过WebSocket协议来完成的。如果要爬取这部分数据该怎么办呢？Python里面提供了相关的库可以实现这个需求，本章将对这部分内容进行一个详细的讲解。

知识要点

通过本章内容的学习，主要是希望读者能够了解WebSocket的基本原理，掌握爬取WebSocket数据的方式。

- 了解WebSocket通信原理
- 编写爬虫获取WebSocket数据

7.1 WebSocket通信原理

在学习本节内容之前，读者可以先回顾一下前面第 2 章中关于 HTTP 协议部分的内容，可以了解到，我们在上网过程中最常用到的是 HTTP 和 HTTPS 协议，HTTP 协议和 HTTPS 协议通信过程通常是客户端通过浏览器发出一个请求，服务器接受请求后进行处理并返回结果给客户端。采用的是一问一答的模式，一个请求只能对应一个响应结果。

这种机制对于信息变化不是特别频繁的应用可以良好支撑，但对于实时要求高、海量并发的应用来说显得捉襟见肘，尤其是在移动互联网蓬勃发展的趋势下，高并发与用户实时响应是 Web 应用经常面临的问题，比如金融证券的实时信息、社交网络的实时消息推送等。

WebSocket 出现前我们实现推送技术用的都是轮询，在特定的时间间隔，浏览器自动发出请求，将服务器的消息主动拉回来，这种情况下，我们需要不断地向服务器发送请求，并且 HTTP 请求的 header 信息非常长，里面包含的数据可能只是一个很小的值，这样会占用很多的带宽和服务器资源，并且服务器不能主动向客户端推送数据。在这种情况下需要一种高效节能的双向通信机制来保证数据的实时传输，于是基于 HTML5 规范的 WebSocket 应运而生。

概括起来，WebSocket 其实就是 HTML5 下的一种新的协议。它实现了浏览器与服务器全双工通信，能更好地节省服务器资源和带宽并达到实时通信的目的。其原理如图 7-1 所示。

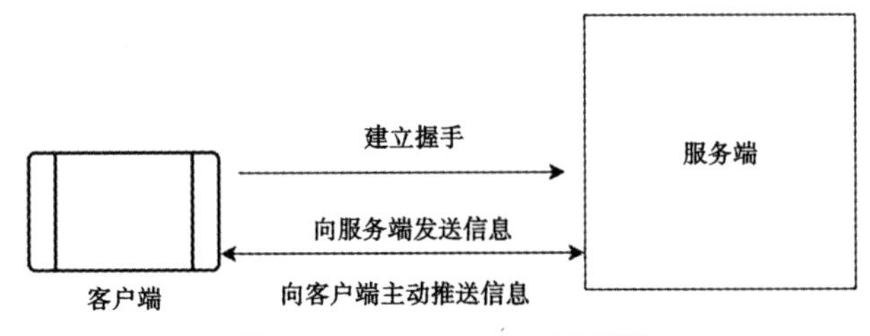

图 7-1　WebSocket 原理图

客户端在与服务端建立握手验证之后，即可进行双向实时数据传输，服务端无需等待客户端主动发起请求才给予响应或发送数据，而是可以直接将数据主动向客户端推送，客户端可以实时地收到服务端主动发送过来的数据进行解析和处理。说得形象一点，就像两个人交往一样，当我们握手认识以后，我们就可以随时随地主动向对方说话，向对方传递信息，对方也可以随时随地主动向我们说话，传递信息。

7.2 使用aioWebSocket获取数据

aioWebSocket 是 Python 基于 asyncio 实现的一个简单、便捷、灵活的 WebSocket 客户端，通过它，我们可以很方便地与网页服务端中的 WebSocket 请求进行握手互动，以达到获取数据的目的。在本小节中，将通过一个实战案例讲解 aioWebSocket 的基本使用。

7.2.1　安装AioWebSocket

想要使用 aioWebSocket，需要先安装它，可以直接使用 pip 命令进行安装，安装命令如下：

```
pip install aiowebsocket
```

另外，也可以在 GitHub 上拷贝到本地使用。

WebSocket 协议的简写是 WS，可以通过浏览器抓包，在 Network 面板下的菜单中找到 WS 选项，然后点击一下 WS，如图 7-2 所示，如果爬取的网站有使用 WebSocket 协议，则会出现很多条目信息。

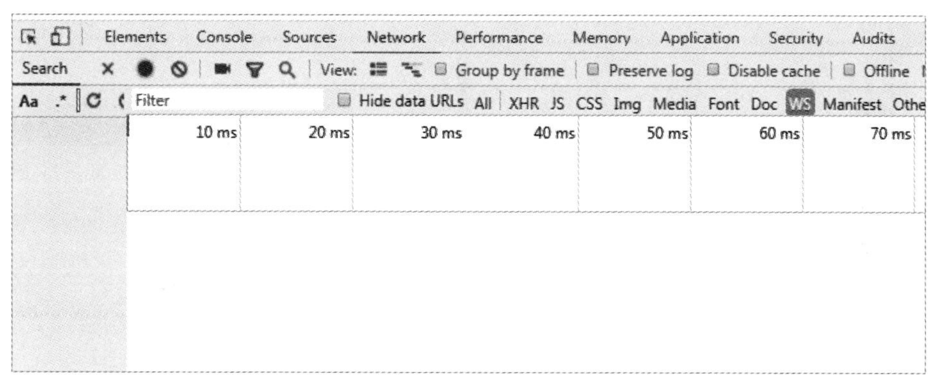

图 7-2　WebSocket 协议

7.2.2　分析WebSocket请求

为了更贴近于实战，本小节将以乐鱼体育网为示例进行演示，讲解如何使用 AioWebSocket 库实现客户端与服务端进行握手交互，并获取页面上实时推送的足球比分信息。乐鱼体育网首页如图 7-3 所示。

图 7-3　乐鱼体育网首页

在开始爬取之前，我们需要先进行分析。由于该网页上的数据是采用的 WebSocket 进行传输，所以我们直接分析它的 WS 请求即可，相关的步骤如下。

步骤 1：在浏览器中打开该页面，然后按【F12】键打开开发者工具，切换到【NewWork】选项卡下的【WS】选项，并刷新当前页面，即可观察到 WebSocket 的握手请求和数据传输情况。这里以 Chrome 浏览器为例，如图 7-4 所示。

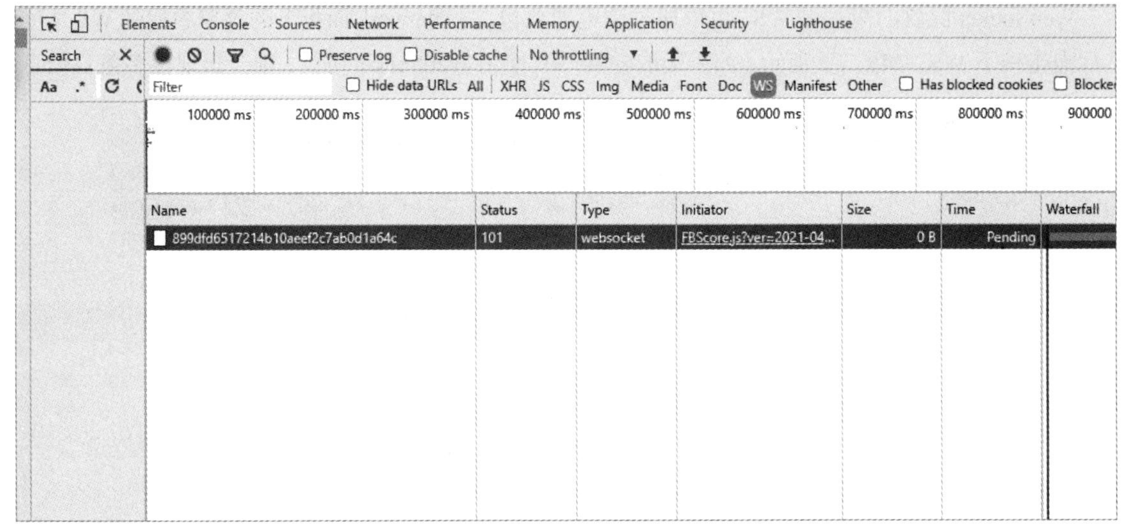

图 7-4 【WS】选项

步骤 2：WS 请求条目中有一条名为 899dfd6517214b10aeef2c7ab0d1a64c 的请求，单击它一下，可以看到关于该请求的全部请求信息，如图 7-5 所示。

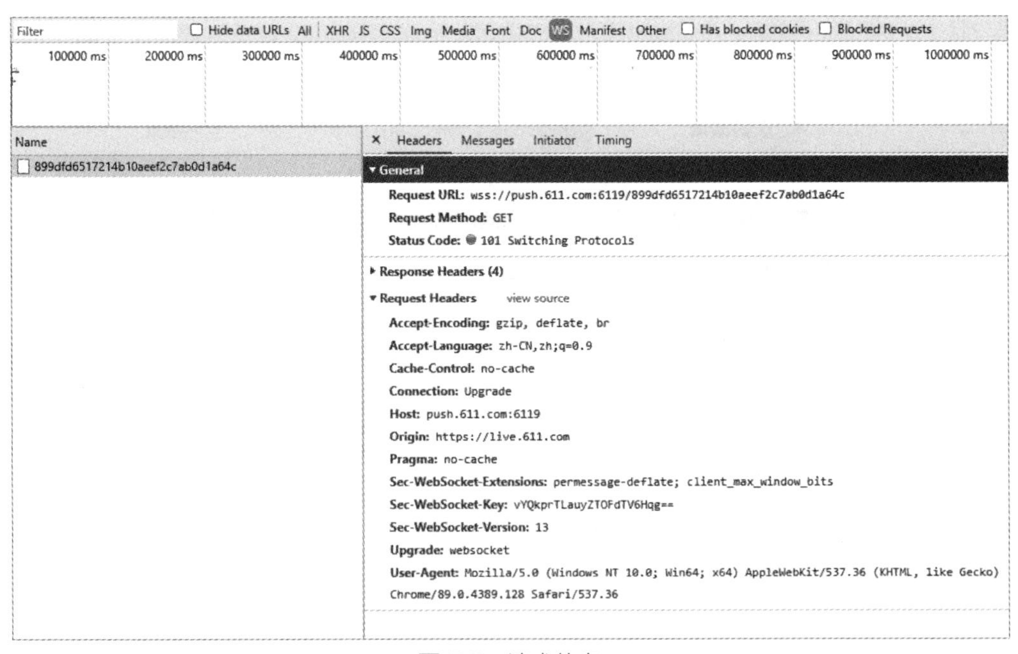

图 7-5 请求信息

与 HTTP 请求不同的是，WebSocket 连接地址以 ws 开头。连接成功的状态码不是 200，而是 101。Headers 标签页记录的是 Request 和 Response 信息，而 Messages 标签页中记录的则是双方互传的数据，也是我们需要爬取的数据内容，如图 7-6 所示。

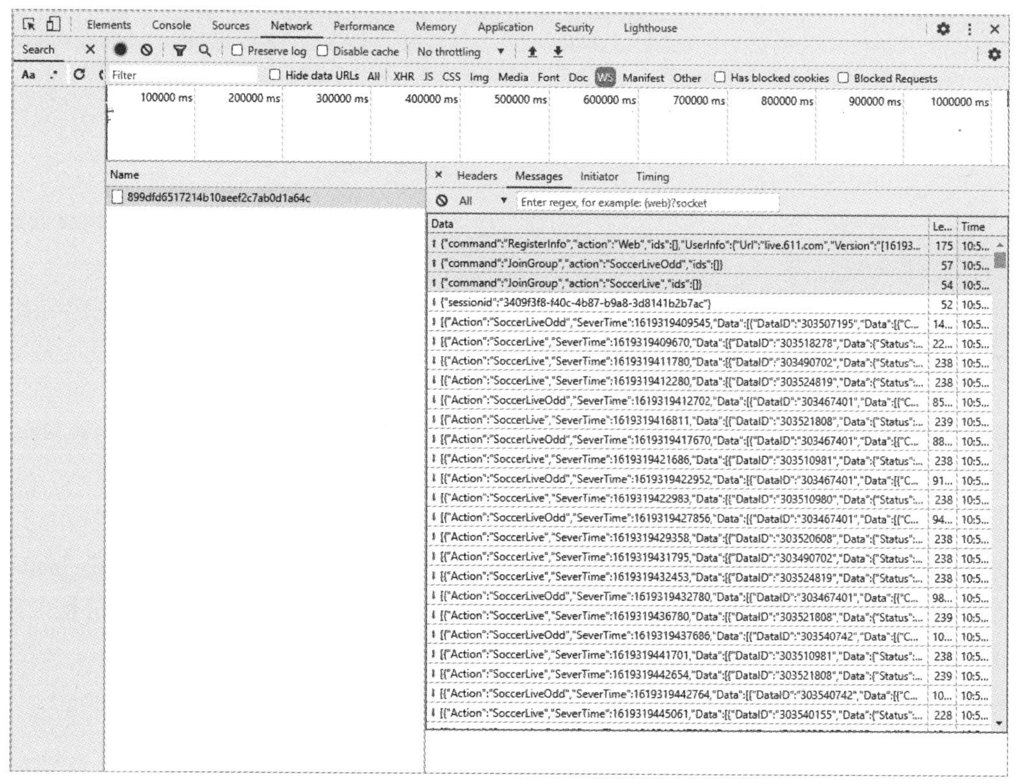

图 7-6　需要爬取的内容

Messages 中绿色箭头向上的数据是客户端发送给服务端的数据，橙色箭头向下的数据是服务端推送给客户端的数据，如图 7-7 所示。

Headers　Messages　Initiator　Timing

All　Headers and request body　mple: (web)?socket

Data	Le...	Time
{"command":"RegisterInfo","action":"Web","ids":[],"UserInfo":{"Url":"live.611.com","Version":"[16193...	175	10:5...
{"command":"JoinGroup","action":"SoccerLiveOdd","ids":[]}	57	10:5...
{"command":"JoinGroup","action":"SoccerLive","ids":[]}	54	10:5...
{"sessionid":"3409f3f8-f40c-4b87-b9a8-3d8141b2b7ac"}	52	10:5...
[{"Action":"SoccerLiveOdd","SeverTime":1619319409545,"Data":[{"DataID":"303507195","Data":[{"C...	14...	10:5...
[{"Action":"SoccerLive","SeverTime":1619319409670,"Data":[{"DataID":"303518278","Data":{"Status":...	22...	10:5...
[{"Action":"SoccerLive","SeverTime":1619319411780,"Data":[{"DataID":"303490702","Data":{"Status":...	238	10:5...
[{"Action":"SoccerLive","SeverTime":1619319412280,"Data":[{"DataID":"303524819","Data":{"Status":...	238	10:5...
[{"Action":"SoccerLiveOdd","SeverTime":1619319412702,"Data":[{"DataID":"303467401","Data":[{"C...	85...	10:5...

绿色箭头向上数据

橙色箭头向下数据

图 7-7　箭头

从数据顺序中可以看到，客户端先发送了如图 7-8 所示的数据进行握手和验证，随后服务端才开始不断地向客户端推送数据。

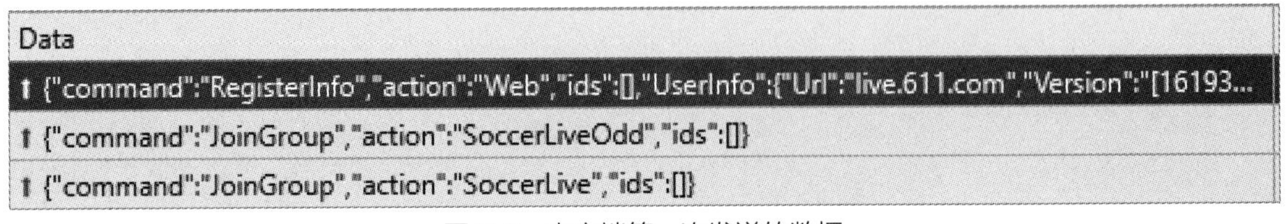
Data
{"command":"RegisterInfo","action":"Web","ids":[],"UserInfo":{"Url":"live.611.com","Version":"[16193...
{"command":"JoinGroup","action":"SoccerLiveOdd","ids":[]}
{"command":"JoinGroup","action":"SoccerLive","ids":[]}

图 7-8　客户端第一次发送的数据

这就是一个典型的 WebSocket 协议应用场景，接下来，作为爬虫开发者如果要获取该数据，则可以通过程序模拟此过程。

7.2.3　编写代码获取数据

通过前面对乐鱼体育网的 WebSocket 请求初步分析得知，其 WebSocket 地址为：wss://push.611.com:6119/899dfd6517214b10aeef2c7ab0d1a64c。

下面我们将使用 AioWebSocket 库请求该地址获取数据。在进行编码之前，还需要进行一步分析，反复刷新几次网页发现，每次刷新后，这个 wss 地址后面类似 899dfd6517214b10aeef2c7ab0d1a64c 的值都会发送变化。也就是说，这个地址不是固定的，是动态生成的。通过持续的分析发现，在 XHR 请求里面有一个名为 GetToken 请求条目返回了该值，如图 7-9 所示。

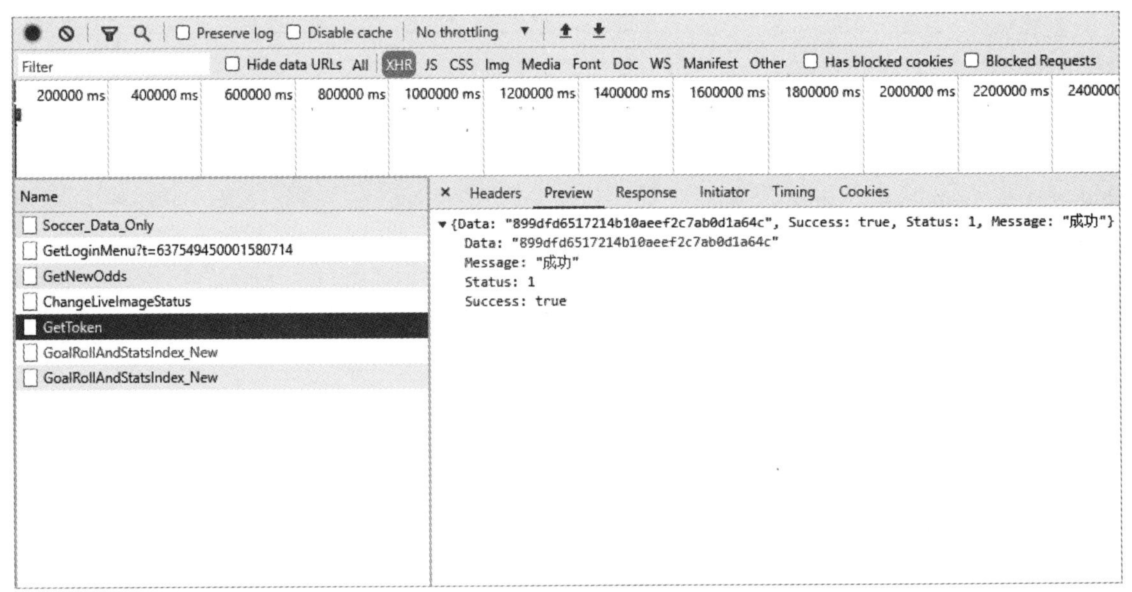

图 7-9　GetToken 请求

由此可以得出每次刷新进行 WebSocket 连接时，都需要先去请求一下这个 GetToken 的 XHR 请求获取 Token 值拼接到 wss 地址后面。下面我们用代码实现这个过程，步骤如下。

步骤 1：导入需要用到的库。

```
import asyncio
from aiowebsocket.converses import AioWebSocket
import requests
import json
import math
import time
```

步骤 2：请求 GetToken 地址获取 Token 值。

```
def get_token():
    """
    获取加密字符串，将其拼接到 websocket 协议的 url 上
    :return: token
    """
    url = "https://live.611.com/Live/GetToken"
    response = requests.get(url)
    if response.status_code == 200:
        data = json.loads(response.text)
        token = data["Data"]
        return token
    else:
        print(" 请求错误 ")
```

步骤 3：使用 AioWebSocket 库进行连接 wss 地址握手验证和获取返回信息。

```
async def startup(url):
    async with AioWebSocket(url) as aws:
        converse = aws.manipulator
        # 客户端给服务端发送消息
        _time = math.floor(time.time()) * 1000
        info = {'chrome': 'true', 'version': '80.0.3987.122',
                'webkit': 'true'}
        message1 = {
            "command": "RegisterInfo",
            "action": "Web",
            "ids": [],
            "UserInfo": {
                "Version": str([_time]) + json.dumps(info),
                "Url": "https://live.611.com/zq"
            }
        }
        message2 = {
            "command": "JoinGroup",
```

```
                "action": "SoccerLiveOdd",
                "ids": []
            }
            print("------------向服务端发起握手")
            await converse.send(str(message1))
            await converse.send(str(message2))
            while True:
                mes = await converse.receive()
                print("---------正在接收服务端主动推送的信息")
                print(mes)
```

步骤 4：调用步骤 2 和步骤 3 的代码。

```
if __name__ == '__main__':
    url = "wss://push.611.com:6119/{}".format(get_token())
    print(url)
    try:
        asyncio.get_event_loop().run_until_complete(startup(url))
    except Exception as ex:
        print(ex)
        pass
```

运行代码之后，就可以看到数据源源不断地从服务端发送过来，如图 7-10 所示。

:[{"CompanyID":2,"OddsData":{"A2":[1.075,0.25,0.725,false],"E2":[2.1,3.2,3.3,false],"B2":[0.75,1
"Data":[{"CompanyID":2,"OddsData":{"A2":[0.825,-0.75,1.025,false],"E2":[5.0,3.6,1.75,false],"B2
.0,true],"J2":[0.8,9.0,1.0,false],"J3":[1.15,7.5,0.675,false]}}]},{"DataID":"303452201","Data":
{"DataID":"303534529","Data":[{"CompanyID":2,"OddsData":{"A2":[0.75,0.75,1.05,true],"E2":[2.1,3
{"DataID":"303533997","Data":[{"CompanyID":2,"OddsData":{"A2":[0.8,-1.0,1.0,false],"E2":[5.0,4.
"J1":[0.85,10.5,0.95,false],"J2":[0.85,10.5,0.95,false],"J3":[0.925,9.5,0.875,false]}}]},{"Data
false],"A3":[0.375,0.0,2.0,false],"E3":[19.0,1.02,21.0,false],"B3":[7.4,2.5,0.08,false],"J3":[1
.75,false],"B2":[0.9,2.25,0.9,false],"A3":[0.6,0.0,1.3,false],"E3":[1.005,34.0,501.0,false],"B3
"Data":[{"CompanyID":2,"OddsData":{"A2":[1.02,2.0,0.78,false],"E2":[1.17,7.0,10.0,false],"B2":[
false],"J2":[1.0,10.5,0.8,false],"J3":[0.8,13.5,1.0,false]}}]},{"DataID":"303533893","Data":[{"
false],"E3":[41.0,26.0,1.01,true],"B3":[6.0,3.5,0.1,false],"J1":[0.95,10.0,0.85,false],"J2":[0.
.75,false],"E2":[3.0,3.3,2.3,false],"B2":[1.12,2.25,0.78,false]}}]},{"DataID":"303411004","Data
false],"E3":[1.012,23.0,151.0,false],"B3":[4.25,3.5,0.16,false],"J1":[0.85,9.5,0.95,false],"J2"
.25,0.85,false],"E2":[2.25,3.2,3.25,false],"B2":[1.05,2.25,0.8,false],"A3":[0.475,0.0,1.7,false
false]}}]},{"DataID":"303521670","Data":[{"CompanyID":2,"OddsData":{"A2":[0.9,1.0,0.95,false],"
false],"J1":[1.0,8.0,0.8,false],"J2":[1.0,8.0,0.8,false],"J3":[1.5,6.5,0.5,false]}}]},{"DataID"
"A3":[2.3,0.25,0.325,false],"E3":[2.4,3.4,2.45,false],"B3":[3.5,5.5,0.19,false],"J1":[0.95,9.5,
"OddsData":{"A2":[0.97,-0.5,0.96,false],"E2":[3.6,4.0,1.85,false],"B2":[1.03,3.25,0.87,false],"
false],"J3":[1.05,11.5,0.75,false]}}]},{"DataID":"303460275","Data":[{"CompanyID":2,"OddsData":
false],"B3":[4.75,1.5,0.14,false],"J1":[0.9,9.5,0.9,false],"J2":[0.9,9.5,0.9,false],"J3":[0.8,9
"B2":[0.95,2.75,0.9,false],"A3":[0.4,0.0,2.0,false],"E3":[1.002,51.0,451.0,false],"B3":[6.0,2.5
"Data":[{"CompanyID":2,"OddsData":{"A2":[0.825,0.0,1.025,false],"E2":[2.3,4.2,2.55,false],"B2":
"J2":[0.8,9.5,1.0,true],"J3":[1.0,12.5,0.8,false]}}]},{"DataID":"303415246","Data":[{"CompanyID

图 7-10　获取数据

代码不长，使用的时候只需要将目标网站 WebSocket 地址填入，然后按照流程发送数据即可，那么 AioWebSocket 在这个过程中做了什么呢？

首先，AioWebSocket 根据 WebSocket 地址，向指定的服务端发送握手请求，并校验握手结果。然后，在确认握手成功后，将数据发送给服务端。整个过程中为了保持连接不断开，AioWebSocket 会自动与服务端响应。最后，AioWebSocket 读取服务端推送的消息。

7.3 新手实训

为了加深理解本章所学内容，这里布置了一个小练习，希望读者能够结合本章所学内容动手去练一练。

本任务目标是爬取 EOS Whales 网站的 WebSocket 返回的数据，使用浏览器打开首页，如图 7-11 所示。

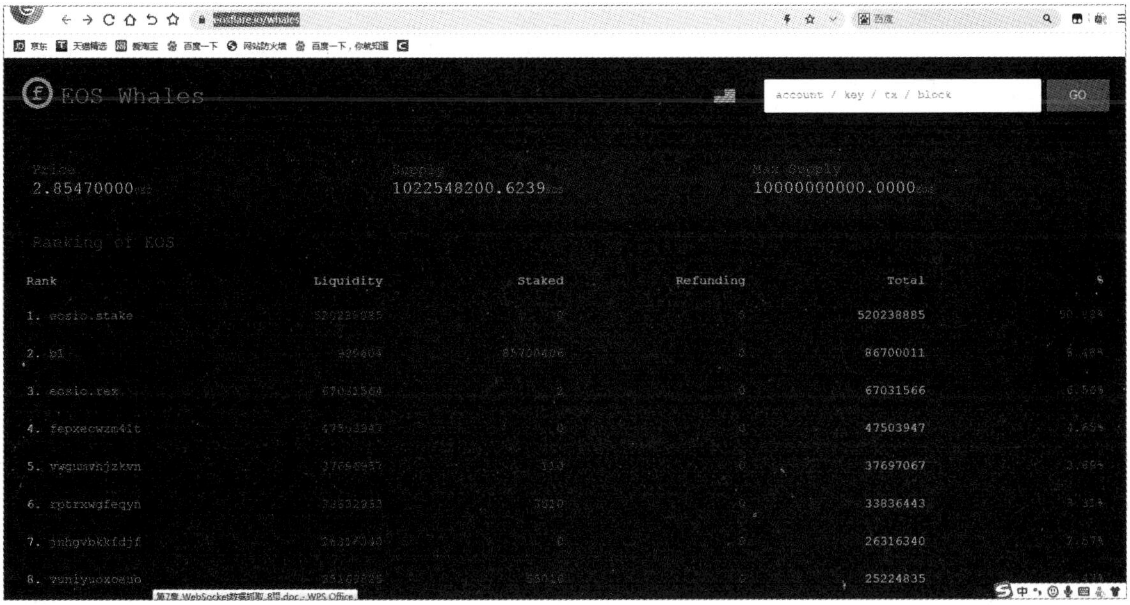

图 7-11 EOS Whales 首页

通过在浏览器的 Network 下进行分析发现，页面上的数据是由一个名为 socket.io 的 ws 请求进行实时刷新，如图 7-12 所示。

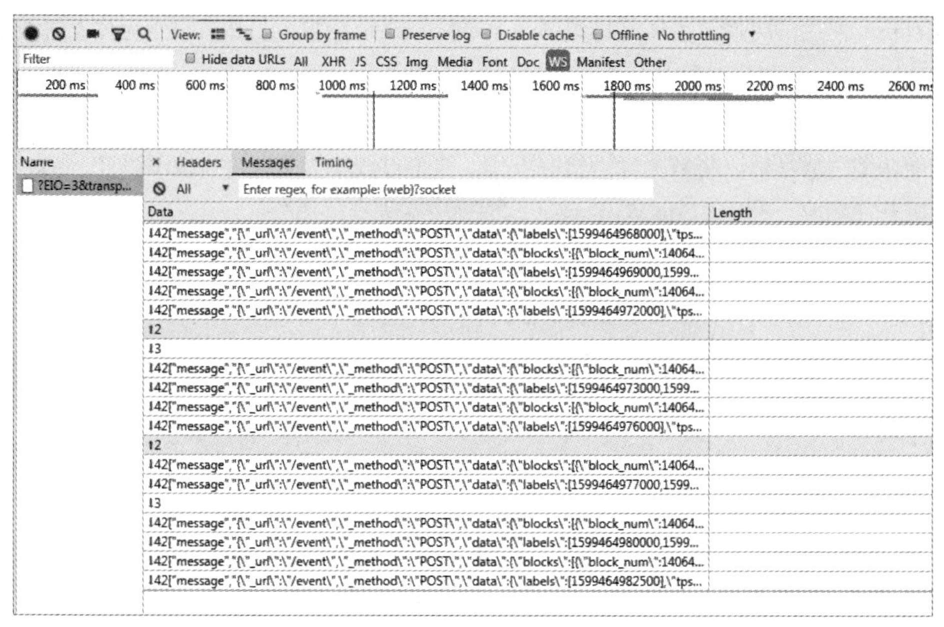

图 7-12　ws 请求信息

找到了 ws 请求的信息，接下来便可以通过 Python 的 AioWebSocket 模拟浏览器与服务端建立握手实时获取数据，参考代码如下：

```
import asyncio
from datetime import datetime
from aiowebsocket.converses import AioWebSocket

async def startup(uri):
    async with AioWebSocket(uri) as aws:
        converse = aws.manipulator
        # 客户端给服务端发送消息
        await converse.send(2)
        while True:
            mes = await converse.receive()
            print('{time}-Client receive: {rec}'
                  .format(time=datetime.now().strftime('%Y-%m-%d
                  %H:%M:%S'), rec=mes))

if __name__ == '__main__':
    remote = 'wss://api-v1.eosflare.io/socket.io/' \
             '?EIO=3&transport=websocket&sid=Xdvu8ET6M4mai2YBAS7r'
    try:
        asyncio.get_event_loop().run_until_complete(startup(remote))
    except Exception as ex:
        pass
```

7.4 新手问答

学习完本章内容之后，新手读者可能会遇到以下一些疑问或在开发过程中遇到类似的问题，这里整理出了一些常见的新手问题。

1. 遇到python UnicodeEncodeError: 'UCS-2' codec can't encode characters in position 1-1: Non-BMP character错误怎么办?

答：可以参考以下代码方式解决。

```
import sys
non_bmp_map = dict.fromkeys(range(0x10000, sys.maxunicode + 1), 0xfffd)
print(x.translate(non_bmp_map))
```

2. 遇到有些网站WebSocket请求返回的数据是乱码，怎么办?

答：遇到这种情况，一般是因为对方数据是加密处理过的，需要分析找到网页中对应的 JS 代码进行解密破解。

本章小结

本章开始部分主要对 WebSocket 的通信原理进行了一个简单的阐述，接着通过一个实例来分析讲解如何在 Python 里面使用 AioWebSocket 库去连接 ws 请求获取数据。在本章最后新手实训部分，也通过一个涉及 WebSocket 请求的网页来使读者加深印象。

第8章

Scrapy爬虫框架应用与开发

本章导读

通过前面的学习，能够使用Python的网络请求库+XPath或re模块等方式爬取一个网页并提取出需要的数据。如果有一些代码出现重复的频率较高，大家就应该把这些代码提取出来封装成一个方法，以便重复利用。然后把它整合成工具类，工具类形成规模后可以整合成类库，类库更系统，功能更全。

Scrapy框架也是一样，它的出现就是为了我们不必总是写相同的代码，让我们专注于业务逻辑的实现，把程序设计中不变的部分抽取出来，需要使用的地方直接调用即可。这里选择性地以Scrapy框架作为切入点。

知识要点

通过本章内容的学习，希望读者在学习完毕后能够熟练地使用Scrapy框架进行爬虫程序的编写，本章主要知识点如下：

- 了解Scrapy的基本架构及概念
- 安装Scrapy和创建项目
- 爬虫的实现
- 常见问题及解决

8.1　Scrapy框架的基本架构

Scrapy 是一个为了爬取网站数据，提取结构性数据而编写的应用框架，可以应用在包括数据挖掘、信息处理或存储历史数据等一系列的程序中。其最初是为了爬取网页中的数据所设计的，也可以通过它去请求网络 API 接口获取数据。在开始学习 Scrapy 之前，需要读者对其背后的概念和工作原理有所了解。

8.1.1　Scrapy的基本组件

Scrapy 主要由 6 个核心组件组成，它们分别为引擎（Scrapy Engine）、调度器（Scheduler）、下载器（Downloader）、蜘蛛（Spider）、管道（Item Pipline）、Spider 中间件（Spider Middlewares）。下面分别解释这几个组件的含义。

（1）引擎：可以把它当作是一个古代的传令官，它的主要职责是在调度器、下载器、蜘蛛、管道、中间件之间来回奔波，进行通信、数据传递、发送信号等。

（2）调度器：调度器扮演的角色类似于一个中央控制器，或可以把它想象成一个古代的将军，主要对日常事务进行协调处理、排兵布阵等。在 Scrapy 框架中，它的主要作用是接受引擎传递过来的请求，并按照一定的方式进行整理排列、入队，当引擎需要时交还给引擎。

（3）下载器：下载器主要负责下载引擎传递过来的请求，并将获取到的请求响应（response）结果返还给引擎，引擎再将这个结果交给蜘蛛进行处理。

（4）蜘蛛：主要负责处理所有响应结果（response），从中分析提取数据，获取 item 字段需要的数据，并将需要跟进的 URL 提交给引擎，再次进入调度器。

（5）管道：它是一个负责处理蜘蛛中获取到的 item，并进行后期处理（详细分析、过滤、存储等）的地方。

（6）中间件：通过中间件可以实现自定义扩展、操作引擎和蜘蛛中间通信的功能（比如进入蜘蛛并响应，以及从蜘蛛出去的请求）。

8.1.2　工作原理

下面以请求百度首页 https://www.baidu.com 这个 URL 为例，结合前面所介绍的 Scrapy 组件阐述一下它的工作原理。

（1）程序启动的时候，首先引擎去访问蜘蛛，询问需要处理的 URL 链接，蜘蛛收到请求之后，将需要处理的 URL（https://www.baidu.com）告诉引擎，然后将 URL 交给引擎处理。

（2）引擎在得到蜘蛛的反馈之后，通知调度器，调度器得到通知后将 URL（https://www.baidu.com）排序入队，并加以处理。调度器将处理好的 request 返回给引擎。

（3）引擎接收到 request 后告诉下载器，按照 setting 中配置的顺序下载这个 request 的请求，下载器收到请求,将下载好的东西返回给引擎(这里下载的是百度首页的网页源码)。如果下载失败,下载器会通知引擎,引擎再通知调度器,调度器收到消息后会记录这个下载失败的 request。

(4)引擎得到下载好的东西后通知蜘蛛,蜘蛛收到通知后,立即处理接收的数据。处理完数据后返回给引擎两个结果:一个是需要跟进的 URL,另一个是获取到的 item 数据。

(5)引擎将接收到的 item 数据交给管道处理,将需要跟进的 URL 交给调度器处理。重复循环直到获取完需要的全部信息。

8.2 安装Scrapy

对于 Python 3 以上的版本,在安装 Scrapy 的时候可能会遇到很多问题,所以在安装 Scrapy 之前,需要先安装 twisted、pywin32、lxml 这几个依赖库。这几个库的安装,最好通过下载 .whl 文件的方式安装。

下载之后,进入存放这些文件的目录下,打开命令行终端,例如,这里笔者以下载的 twisted 库文件为例:Twisted-20.3.0-cp38-cp38-win_amd64.whl,在命令行执行以下命令。

```
pip install Twisted-20.3.0-cp38-cp38-win_amd64.whl
```

依次将另外两个文件也采用同样的方式进行安装,确保都安装成功了的情况下,接下来我们再来安装 Scrapy 框架。安装 Scrapy 直接使用 pip 命令即可,命令如下:

```
pip install scrapy
```

安装完 Scrapy 之后,可以使用 pip list 命令测试是否安装成功,在命令行中输入 pip list,按下【Enter】键出现如图 8-1 所示的内容,表示已经成功安装了 Scrapy。

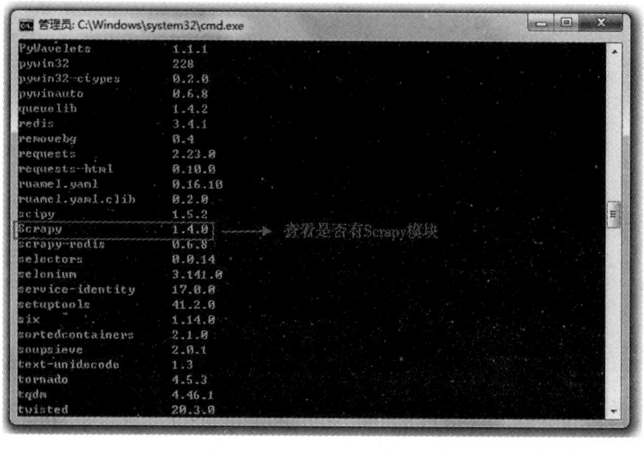

图 8-1 检查 Scrapy 是否安装成功

温馨提示

在下载 .whl 文件的时候,一定要注意版本是否与自己电脑的系统和 Python 版本对应得上,例如,Twisted-20.3.0-cp38-cp38-win_amd64.whl 文件中的 cp38 就是 Python 3.8,amd64 就是当初安装的 64 位的 Python。

8.3 创建项目

在使用 Scrapy 实现爬虫之前，必须先创建一个新的 Scrapy 项目。进入到打算存储代码的目录中，打开终端命令行窗口，输入以下命令进行创建：

```
scrapy startproject 项目名称
```

例如，这里打算在 F:\test_work 目录下新建一个爬虫项目，名称为 tutorial，所以对应的创建命令为：

```
scrapy startproject tutorial
```

通过该命令，将会创建包含下列内容的 tutorial 目录：

```
tutorial/
    scrapy.cfg
    tutorial/
        __init__.py
        items.py
        pipelines.py
        settings.py
        spiders/
            __init__.py
            ...
```

这些文件分别如下。

（1）scrapy.cfg：项目的配置文件。

（2）tutorial/：该项目的 Python 模块，之后将在此加入代码。

（3）tutorial/items.py：项目中的 item 文件。

（4）tutorial/pipelines.py：项目中的 pipelines 文件。

（5）tutorial/settings.py：项目的设置文件。

（6）tutorial/spiders/：放置 spider 代码的目录。

8.4 定义Item

Item 是保存爬取到的数据的容器，其使用方法和 Python 字典类似，并且提供了额外保护机制来避免拼写错误导致的未定义字段错误。

类似在 ORM 中做的一样，可以通过创建一个 scrapy.Item 类，并且定义类型为 scrapy.Field 的类属性来定义一个 Item。（如果不了解 ORM 也不用担心，这个步骤非常简单。）

首先根据需要通过从 dmoz.org 获取到的数据对 item 进行建模。我们需要从 dmoz 中获取名字，

url，以及网站的描述。对此，在 item 中定义相应的字段。编辑 tutorial 目录中的 items.py 文件：

```
import scrapy

class DmozItem(scrapy.Item):
    title = scrapy.Field()
    link = scrapy.Field()
    desc = scrapy.Field()
```

一开始这看起来可能有点复杂，但是通过定义 item，可以很方便地使用 Scrapy 的其他方法。而这些方法需要知道 item 的定义。

8.5 编写第一个Spider

Spider 是用户编写用于从单个网站（或一些网站）爬取数据的类。其包含了一个用于下载的初始 URL，如何跟进网页中的链接及如何分析页面中的内容，以及提取生成 item 的方法。要创建一个 Spider，必须继承 scrapy.Spider 类，且定义以下 3 个属性。

（1）name：用于区别 Spider。该名字必须是唯一的，不可以为不同的 Spider 设定相同的名字。

（2）start_urls：包含了 Spider 在启动时进行爬取的 URL 列表。因此，第一个被获取到的页面将是其中之一。后续的 URL 则从初始的 URL 获取到的数据中提取。

（3）parse()：Spider 的一个方法。被调用时，每个初始 URL 完成下载后生成的 Response 对象，将会作为唯一的参数传递给该函数。该方法负责解析返回的数据（response data），提取数据（生成 item）及生成需要进一步处理的 URL 的 Request 对象。以下为我们的第一个 Spider 代码，保存在 tutorial/spiders 目录下的 dmoz_spider.py 文件中：

```
import scrapy

class DmozSpider(scrapy.Spider):
    name = "dmoz"
    allowed_domains = ["runoob.com"]
    start_urls = [
        "http://www.runoob.com/xpath/xpath-examples.html",
        "http://www.runoob.com/bootstrap/bootstrap-tutorial.html"
    ]

    def parse(self, response):
        filename = response.url.split("/")[-2]
        with open(filename, 'wb') as f:
            f.write(response.body)
```

8.6 运行爬虫

进入项目的根目录，打开命令行，执行下列命令启动 Spider：

```
scrapy crawl dmoz
```

crawl dmoz 启动用于爬取 dmoz.org 的 Spider，将得到类似的输出，如图 8-2 所示。

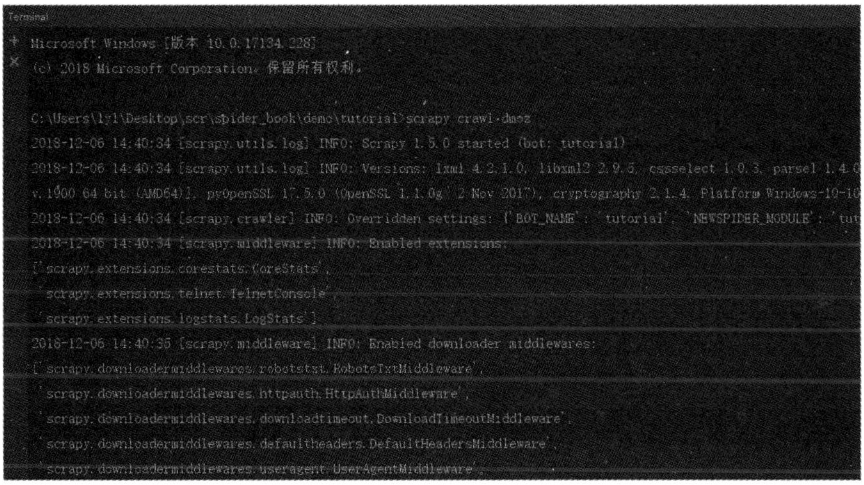

```
Terminal
Microsoft Windows [版本 10.0.17134.228]
(c) 2018 Microsoft Corporation。保留所有权利。

C:\Users\lyl\Desktop\scr\spider_book\demo\tutorial>scrapy crawl dmoz
2018-12-06 14:40:34 [scrapy.utils.log] INFO: Scrapy 1.5.0 started (bot: tutorial)
2018-12-06 14:40:34 [scrapy.utils.log] INFO: Versions: lxml 4.2.1.0, libxml2 2.9.5, cssselect 1.0.3, parsel 1.4.0
v.1900 64 bit (AMD64)], pyOpenSSL 17.5.0 (OpenSSL 1.1.0g  2 Nov 2017), cryptography 2.1.4, Platform Windows-10-10
2018-12-06 14:40:34 [scrapy.crawler] INFO: Overridden settings: {'BOT_NAME': 'tutorial', 'NEWSPIDER_MODULE': 'tut
2018-12-06 14:40:34 [scrapy.middleware] INFO: Enabled extensions:
['scrapy.extensions.corestats.CoreStats',
 'scrapy.extensions.telnet.TelnetConsole',
 'scrapy.extensions.logstats.LogStats']
2018-12-06 14:40:35 [scrapy.middleware] INFO: Enabled downloader middlewares:
['scrapy.downloadermiddlewares.robotstxt.RobotsTxtMiddleware',
 'scrapy.downloadermiddlewares.httpauth.HttpAuthMiddleware',
 'scrapy.downloadermiddlewares.downloadtimeout.DownloadTimeoutMiddleware',
 'scrapy.downloadermiddlewares.defaultheaders.DefaultHeadersMiddleware',
 'scrapy.downloadermiddlewares.useragent.UserAgentMiddleware',
```

图 8-2　运行

查看包含 [dmoz] 的输出，可以看到输出的 log 中包含定义在 start_urls 的初始 URL，并且与 Spider 中是一一对应的。在 log 中可以看到其没有指向其他页面（referer:None）。除此之外，更有趣的事情发生了。就像 parse 方法指定的那样，有两个包含 URL 所对应的内容的文件被创建了：xpath 和 bootstrap。Scrapy 为 Spider 的 start_urls 属性中的每个 URL 创建了 scrapy.Request 对象，并将 parse 方法作为回调函数（callback）赋值给了 Request。Request 对象经过调度，执行生成 scrapy.http.Response 对象并返回给 spider parse() 方法。

8.7 提取Item

从网页中提取数据有很多方法。Scrapy 使用了一种基于 XPath 和 CSS 表达式的机制：Scrapy Selectors 。除了这些还有其他的一些方法，如 re 正则、bs4 等。关于这些库的使用，如果有遗忘可以返回到前面内容中去看一下。

这里给出 XPath 表达式的例子及对应的含义。

（1）/html/head/title：选择 HTML 文档中 <head> 标签内的 <title> 元素。

（2）/html/head/title/text()：选择上面提到的 <title> 元素的文字。

（3）//td: 选择所有的 <td> 元素。

（4）//div[@class="mine"]：选择所有具有 class="mine" 属性的 div 元素。

上边仅仅是几个简单的 XPath 例子，XPath 实际上要比这远远强大得多。 如果想了解更多，可以回到前面内容进行查看。

为了配合 XPath，Scrapy 除了提供了 Selector 之外，还提供了方法来避免每次从 response 中提取数据时生成 selector 的麻烦。

Selector 有 4 个基本的方法（点击相应的方法可以看到详细的 API 文档）。

（1）xpath()：传入 XPath 表达式，返回该表达式所对应的所有节点的 selector list 列表。

（2）css()：传入 CSS 表达式，返回该表达式所对应的所有节点的 selector list 列表。

（3）extract()：串行化该节点为 unicode 字符串并返回 list。

（4）re()：根据传入的正则表达式对数据进行提取，返回 unicode 字符串 list 列表。

8.8 在Shell中尝试Selector选择器

为了介绍 Selector 的使用方法，接下来将要使用内置的 Scrapy Shell。Scrapy Shell 需要预装好 IPython（一个扩展的 Python 终端）。

需要进入项目的根目录，执行下列命令来启动 Shell，输出结果如图 8-3 所示。

```
scrapy shell "http://www.runoob.com/xpath/xpath-examples.html"
```

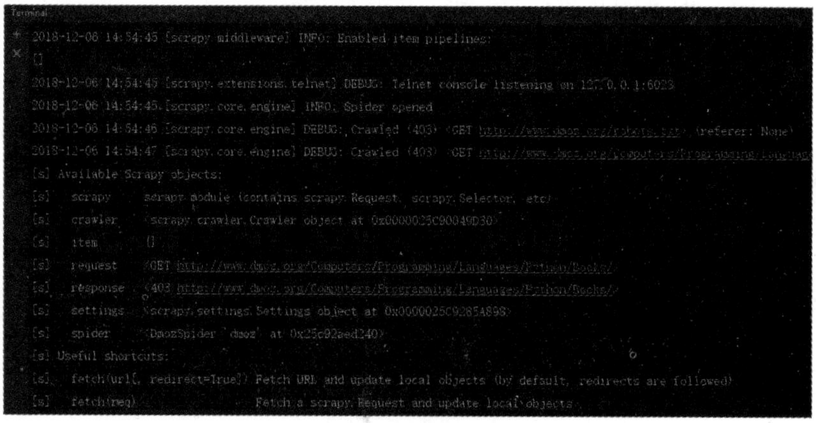

图 8-3　输出结果

当载入 shell 后，将得到一个包含 response 数据的本地 response 变量。输入 response.body 将输出 response 的包体， 输出 response.headers 可以看到 response 的包头。

更为重要的是，当输入 response.selector 时，将获取到一个可以用于查询返回数据的 selector（选择器），以及映像到 response.selector.xpath() 、response.selector.css() 的快捷方法（shortcut）：

response.xpath() 和 response.css() 。

同时，shell 根据 response 提前初始化了变量 sel 。该 selector 根据 response 的类型自动选择最合适的分析规则（XML 和 HTML）。

8.9 提取数据

本节尝试从这些页面中提取些有用的数据。可以在终端中输入 response.body 来观察 HTML 源码并确定合适的 XPath 表达式，不过这个方法非常无聊且困难，读者可以尝试使用浏览器来分析，比如谷歌浏览器。

在查看了网页的源码后，会发现目录菜单都包含在 <ul> 下的 <li> 元素中。我们可以通过这段代码选择该页面中网站列表里所有的 <li> 元素：

```
response.xpath('//ul/li')
```

运行代码之后，输出结果见图 8-4。

图 8-4　输出结果

每个 .xpath() 调用返回 selector 组成的 list。因此我们可以拼接更多的 .xpath() 来进一步获取某个节点。我们将在下面使用这样的特性：

```
for sel in response.xpath('//ul/li'):
    title = sel.xpath('a/text()').extract()
    link = sel.xpath('a/@href').extract()
    print title, link
```

在我们的 Spider 中加入这段代码：

```
import scrapy

class DmozSpider(scrapy.Spider):
    name = "dmoz"
    allowed_domains = ["runoob.com"]
    start_urls = [
        "http://www.runoob.com/xpath/xpath-examples.html",
        "http://www.runoob.com/bootstrap/bootstrap-tutorial.html"
    ]
```

```
    def parse(self, response):
        for x in response.xpath('//ul/li'):
            print(x.xpath('a/text()').extract())
            print(x.xpath('a/@href').extract())
```

运行之后输出结果如图 8-5 所示。

图 8-5　运行结果

8.10 使用Item

Item 对象是自定义的 Python 字典。可以使用标准的字典语法来获取到其每个字段的值。（字段即是我们之前用 Field 赋值的属性。）

```
item = DmozItem()
item['title'] = 'Example title'
print(item['title'])
```

这里可以运行这段代码来查看运行结果，如图 8-6 所示。

图 8-6　运行结果

一般来说，Spider 会将爬取到的数据以 Item 对象返回。所以为了返回爬取的数据，最终的代码如下所示：

```
import scrapy
from tutorial.items import DmozItem

class DmozSpider(scrapy.Spider):
    name = "dmoz"
    allowed_domains = ["runoob.com"]
    start_urls = [
        "http://www.runoob.com/xpath/xpath-examples.html",
```

```
        "http://www.runoob.com/bootstrap/bootstrap-tutorial.html"
    ]

    def parse(self, response):
        for x in response.xpath('//ul/li'):
            item = DmozItem()
            item["title"]=x.xpath('a/text()').extract()
            item["link"]=x.xpath('a/@href').extract()
            yield item
```

运行后，现在对 runoob.com 进行爬取将会产生 DmozItem 对象，结果如图 8-7 所示。

```
Terminal
2018-12-06 15:41:27 [scrapy.core.scraper] DEBUG: Scraped from <200 http://www.runoob.com/bootstrap/bootstrap-tutorial.html>
{'link': ['//www.runoob.com/http/http-tutorial.html'], 'title': ['HTTP 教程']}
2018-12-06 15:41:27 [scrapy.core.scraper] DEBUG: Scraped from <200 http://www.runoob.com/bootstrap/bootstrap-tutorial.html>
{'link': ['//www.runoob.com/web/web-buildingprimer.html'], 'title': ['网站建设指南']}
2018-12-06 15:41:27 [scrapy.core.scraper] DEBUG: Scraped from <200 http://www.runoob.com/bootstrap/bootstrap-tutorial.html>
{'link': ['//www.runoob.com/browsers/browser-information.html'],
 'title': ['浏览器信息']}
2018-12-06 15:41:27 [scrapy.core.scraper] DEBUG: Scraped from <200 http://www.runoob.com/bootstrap/bootstrap-tutorial.html>
{'link': ['//www.runoob.com/hosting/hosting-tutorial.html'],
 'title': ['网站主机教程']}
2018-12-06 15:41:27 [scrapy.core.scraper] DEBUG: Scraped from <200 http://www.runoob.com/bootstrap/bootstrap-tutorial.html>
{'link': ['//www.runoob.com/tcpip/tcpip-tutorial.html'], 'title': ['TCP/IP 教程']}
2018-12-06 15:41:27 [scrapy.core.scraper] DEBUG: Scraped from <200 http://www.runoob.com/bootstrap/bootstrap-tutorial.html>
{'link': ['//www.runoob.com/w3c/w3c-tutorial.html'], 'title': ['W3C 教程']}
2018-12-06 15:41:27 [scrapy.core.scraper] DEBUG: Scraped from <200 http://www.runoob.com/bootstrap/bootstrap-tutorial.html>
{'link': ['//www.runoob.com/quality/quality-tutorial.html'], 'title': ['网站品质']}
```

图 8-7　运行结果

8.11 Item Pipeline

当 Item 在 Spider 中被收集之后，它将会被传递到 Item Pipeline，一些组件会按照一定的顺序执行对 Item 的处理。

每个 Item Pipeline 组件（有时称为 Item Pipeline）是实现了简单方法的 Python 类。它们接收到 Item 并通过它执行一些行为，同时也决定此 Item 是否继续通过 Pipeline，或是被丢弃而不再进行处理。

以下是 Item Pipeline 的一些典型应用。

（1）清理 HTML 数据。

（2）验证爬取的数据 (检查 Item 包含某些字段)。

（3）查重 (并丢弃)。

（4）将爬取结果保存到数据库中。

接下来，我们将编写一个自己的 Item Pipeline。编写自己的 Item Pipeline 很简单，每个 Item

Pipeline 组件是一个独立的 Python 类，同时必须实现以下方法：

```
process_item(item, spider)
```

每个 Item Pipeline 组件都需要调用该方法，这个方法必须返回一个 Item (或任何继承类) 对象，或是抛出 DropItem 异常，被丢弃的 Item 将不会被之后的 Pipeline 组件所处理。Item Pipeline 的参数有 Item（被爬取的 Item）、Spider（爬取该 Item 的 Spider）。

接下来我们看一个示例，使用 Pipeline 来丢弃那些没有链接（link）的元素。在 pipelines.py 文件中写入以下代码。

```
from tutorial.items import DmozItem

class TutorialPipeline(object):

    vat_factor = 1.15

    def process_item(self, item, spider):
        if item['link']:
            return item
        else:
            raise DmozItem("link is null in %s" % item)
```

8.12 将Item写入JSON文件

以下 Pipeline 将从所有 Spider 中爬取到的 Item，存储到一个独立的 items.jl 文件，每行包含一个串行化为 JSON 格式的 Item：

```
from tutorial.items import DmozItem
import json

class TutorialPipeline(object):

    def __init__(self):
        self.file = open('items.jl', 'wb')

    def process_item(self, item, spider):
        line = json.dumps(dict(item)) + "\n"
        self.file.write(line)
        return item
```

为了启用一个 Item Pipeline 组件，必须将它的类添加到 settings.py 文件中的 ITEM_PIPELINES

配置，就像下面这个例子：

```
ITEM_PIPELINES = {
    'tutorial.pipelines.TutorialPipeline': 300,
}
```

再次运行项目，将会把爬取到的数据保存在 items.jl 文件中，如图 8-8 所示，它在根目录生成了一个文件。

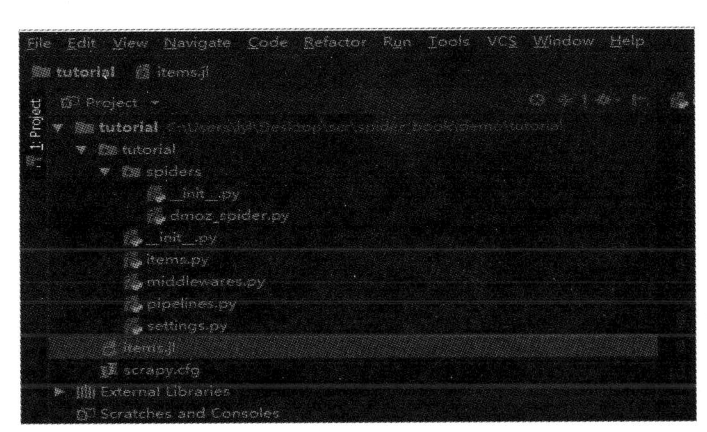

图 8-8　生成的文件

8.13 新手实训

为了加深理解本章内容，这里选择了一个小练习，读者要结合本章所学内容去动手练一练。

本任务目标：使用 Scrapy 框架爬取云客吧首页的文章列表，云客吧首页如图 8-9 所示。

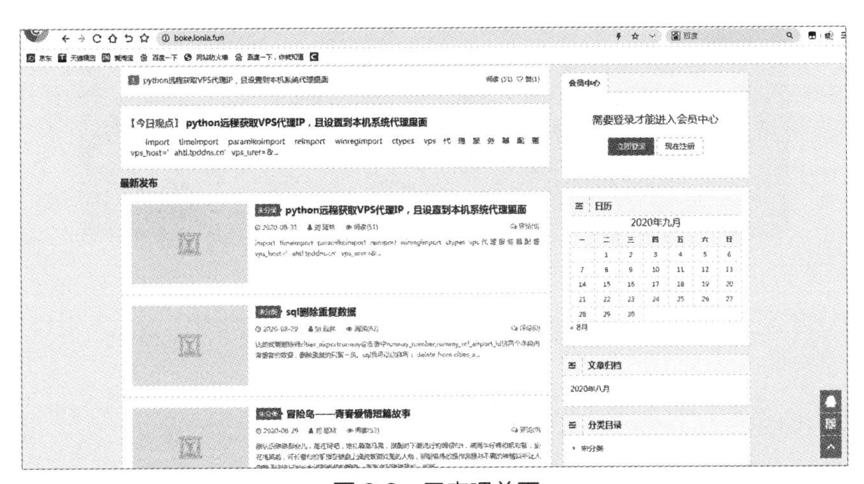

图 8-9　云客吧首页

在爬取云客吧首页数据之前，我们先来进行一个大概的分析。右击网页，然后在弹出的快捷菜单中选择【查看网页源码】命令，如图 8-10 所示，网页中的数据是直接返回在网页源码中。由此可以得出结论，如果我们要爬取数据，只需要直接请求网页地址获取源码，从中提取出数据即可。

图 8-10　网页源码

下面我们开始来编写代码，这里采用 Scrapy 框架进行爬取，所以在编写代码之前，需要先创建一个 Scrapy 项目。例如这里新建的项目名称为 boke，目录结构如图 8-11 所示。

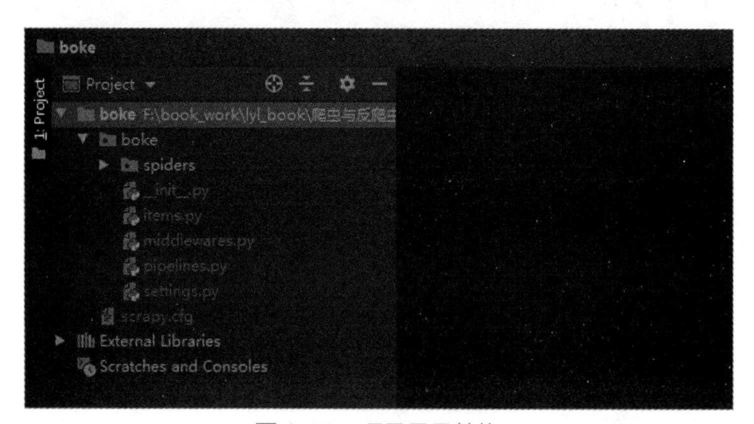

图 8-11　项目目录结构

创建好项目之后，首先找到 items.py 文件，定义我们要爬取的字段，这里需要爬取的字段为标题、详情链接，示例代码为：

```
import scrapy

class BokeItem(scrapy.Item):
```

```
    title = scrapy.Field() # 标题
    link = scrapy.Field() # 链接
```

接下来，在 spiders 目录下新建一个文件用于编写爬虫代码，示例代码如下：

```
import scrapy
from boke.items import BokeItem

class BokeSpider(scrapy.Spider):

    name = "boke"

    start_urls = [
        "https://boke.lonia.fun/",
    ]

    def parse(self, response):
        for x in response.xpath(//article/header/h2''):
            item = BokeItem()
            item["title"]=x.xpath('a/text()').extract()
            item["link"]=x.xpath('a/@href').extract()
            yield item
```

爬虫代码编写好之后，还需要对其进行处理，如保存数据或文件等，该步骤在 pipelines.py 文件中进行，这里使用 print() 方法输出数据，示例代码如下：

```
import scrapy

class BokeItem(scrapy.Item):
    title = scrapy.Field() # 标题
    link = scrapy.Field() # 链接
```

至此，本实例任务代码已经完成编写，下面来运行看一下效果，如图 8-12 所示。

```
2020-09-06 23:27:20 [scrapy.extensions.telnet] INFO: Telnet console listening on 127.0.0
2020-09-06 23:27:21 [scrapy.core.engine] DEBUG: Crawled (200) <GET https://boke.lonia.fu
2020-09-06 23:27:22 [scrapy.core.engine] DEBUG: Crawled (200) <GET https://boke.lonia.fu
2020-09-06 23:27:22 [scrapy.core.scraper] DEBUG: Scraped from <200 https://boke.lonia.fu
{'link': ['https://boke.lonia.fun/python%e8%bf%9c%e7%a8%8b%e8%8e%b7%e5%8f%96vps%e4%bb%a
],
 'title': ['python远程获取VPS代理IP, 且设置到本机系统代理里面']}
2020-09-06 23:27:22 [scrapy.core.scraper] DEBUG: Scraped from <200 https://boke.lonia.fu
{'link': ['https://boke.lonia.fun/sql%e5%88%a0%e9%99%a4%e9%87%8d%e5%a4%8d%e6%95%b0%e6%8
 'title': ['sql删除重复数据']}
2020-09-06 23:27:22 [scrapy.core.scraper] DEBUG: Scraped from <200 https://boke.lonia.fu
{'link': ['https://boke.lonia.fun/%e5%86%92%e9%99%a9%e5%b2%9b-%e9%9d%92%e6%98%a5%e7%88%
 'title': ['冒险岛—青春爱情短篇故事']}
2020-09-06 23:27:22 [scrapy.core.engine] INFO: Closing spider (finished)
2020-09-06 23:27:22 [scrapy.statscollectors] INFO: Dumping Scrapy stats:
```

图 8-12　运行结果

8.14 新手问答

1. 运行Scrapy框架编写的程序时报出HTTPError: HTTP 599: SSL certificate problem: self signed certificate in certi...错误，该怎么办?

答：对于这个问题，通常采用的方法是忽略证书，为 crawl 方法添加参数 validate_cert = False 即可。

2. pyspider定时任务无法顺利进行，该怎么处理?

答：如果读者修改过 onstart 的装饰器 @every(minute=) 后面的参数，那么 taskbd 一定要清空，否则无法顺利进行我们想要的定时任务。

3. Scrapy框架如何抓取一个需要登录的页面?

答：这个使用 FormRequest() 方法就可以解决。例如下面的示例代码：

```
import scrapy

class LoginSpider(scrapy.Spider):
    name = 'example.com'
    start_urls = ['http://www.example.com/users/login.php']

    def parse(self, response):
        return scrapy.FormRequest.from_response(
            response,
            formdata={'username': 'john', 'password': 'secret'},
            callback=self.after_login
        )

    def after_login(self, response):
        # check login succeed before going on
        if "authentication failed" in response.body:
            self.logger.error("Login failed")
            return
```

本章小结

本章主要是简单讲解了一下 Scrapy 框架的基本使用，从创建项目到数据提取、保存。本章内容讲解得比较简略，读者只需要了解其简单使用并且知道这个框架只是为了减少工作量而生的即可，读者需重点关注研究的是这个框架里面的一些编程规范和流程，例如，定义要爬取的数据字段 Item、保存数据、创建爬虫的目录工程结构规范等。

反爬虫篇

前面两篇内容讲得比较基础，读者在学习完毕之后，能够对一些网站编写部分简单的爬虫，如果遇到一些比较复杂且拥有反爬能力的网站，读者可能会束手无策，离成为真正的爬虫工程师还有一定的距离。而本书最终的目标是使读者学习完本书之后，能够胜任大多数公司招聘的爬虫工程师岗位。所以从本篇开始，将会逐渐地加深难度，讲解一下反爬虫相关的知识。

本篇涉及内容：爬虫与反爬虫区别与认识、反爬—Header信息校验、反爬—IP限制、反爬—动态渲染页面、反爬—文本混淆、反爬—特征识别、反爬—验证码识别、反爬—APP数据抓取等。接下来让我们一起在学习的道路上开启新的征程。

第9章 爬虫与反爬虫

本章导读

前面第1～8章关于爬虫的内容讲解的比较粗略，里面提到的一些实战案例也比较简单。之所以会这样，是因为本书的主题内容侧重于反爬相关知识的讲解，为了尽可能地达到由浅入深的效果，所以做了个取舍。可能会有很多读者感到云里雾里，不用担心，后面的章节将带你拨开云雾。

在开始正式学习反爬虫知识之前，我们先对前面1～8章的内容进行一个简单的总结与回顾，且我们需要了解反爬虫产生的原因、定义和分类等知识。有了这些基础知识作为铺垫，有助于我们更加轻松地理解后面章节中的反爬原理与经过。

知识要点

本章知识点较少，读者需要对本章中讲解的一些概念性的东西做到心中有数，本章主要涉及知识点如下：

- 爬虫知识的回顾与总结
- 反爬虫的概念与定义

9.1　爬虫知识的回顾与总结

爬虫指的是一种通过一定规则自动爬取网络上信息的程序，它有很多的别名，我们可以叫它网络爬虫、网络机器人、网络蜘蛛等。目前爬虫主要分为四大类，分别是通用爬虫、聚焦爬虫、增量式爬虫、深层爬虫。

（1）通用型爬虫的目标是在保证爬取质量的情况下，尽可能地爬取更多的站点。

（2）聚焦爬虫的目标是在爬取少量站点的情况下尽可能地保持精准的内容与质量。

（3）增量式爬虫对已下载内容采取增量式更新和只爬取新产生的或已经发生变化的内容。

（4）深层爬虫可以爬取互联网中深层页面，如需要登录之后才能看到的页面。

爬虫通常从一个或多个 URL 开始，在爬取过程中，不断地将新得到的并且处理过符合要求的 URL 添加到要爬取的任务队列中，直到满足程序停止的条件。

9.1.1　爬虫的爬取过程

爬虫的爬取过程往大的方向来说，可以分为 3 个核心步骤。

（1）请求指定的 URL 获取响应内容。

（2）解析响应的内容并从中提取出需要的数据。

（3）将提取出的数据保存到文件或数据库中。

在实际的工作中，可能每个公司都会根据自身的实际情况和需求场景制定自己的爬取流程，但是不管怎么变，它都离不开这 3 个主要的步骤。例如，有的公司爬虫流程是这样制定的。

（1）分析爬取目标和测试反爬出现的频率、定义要爬取的字段。

（2）请求指定 URL 获取响应内容。

（3）对响应内容进行处理，提取出需要的数据。

（4）对提取出的数据进行清洗、修复等操作。

（5）将清洗、修复后的正确数据存入文件或数据库中。

9.1.2　案例演示

下面通过一个案例来演示爬虫过程，以爬取“三字代码”这个网站为例，实现一个完整的爬虫流程，“三字代码”信息如图 9-1 所示。

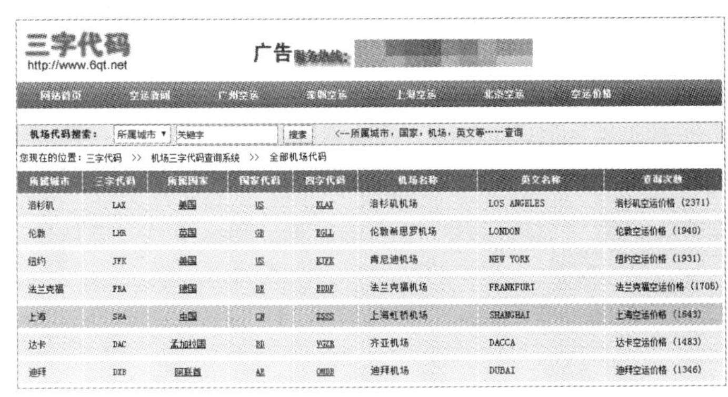

所属城市	三字代码	所属国家	国家代码	四字代码	机场名称	英文名称	查询次数
洛杉矶	LAX	美国	US	KLAX	洛杉矶机场	LOS ANGELES	洛杉矶空运价格（2371）
伦敦	LHR	英国	GB	EGLL	伦敦希思罗机场	LONDON	伦敦空运价格（1940）
纽约	JFK	美国	US	KJFK	肯尼迪机场	NEW YORK	纽约空运价格（1931）
法兰克福	FRA	德国	DE	EDDF	法兰克福机场	FRANKFURT	法兰克福空运价格（1705）
上海	SHA	中国	CN	ZSSS	上海虹桥机场	SHANGHAI	上海空运价格（1643）
达卡	DAC	孟加拉国	BD	VGZR	齐亚机场	DACCA	达卡空运价格（1483）
迪拜	DXB	阿联酋	AE	OMDB	迪拜机场	DUBAI	迪拜空运价格（1346）

图 9-1　三字代码网页

如果想要爬取如图 9-1 所示的字段（所属城市、三字代码、所属国家、国家代码、四字代码、机场名称、英文名称、查询次数），那么首先要请求对应的 URL 以获取服务器端返回的响应正文，然后使用 XPath 或正则等方式进行解析，提取出需要的字段内容，最后将数据存入文件或数据库中。

按照正常的人为操作流程来说，用户只需要打开浏览器输入网站 URL，即可通过浏览器向服务器端发起请求，浏览器会根据一定的规则解析和渲染页面，将 HTML、图片、音 / 视频等内容转化成可读的网页。由于浏览器是一个封闭的应用程序，所以爬虫程序无法直接获取页面内容，需要通过模拟浏览器向服务器端发送请求的方式获取数据。

在 Python 中，它提供了一些模块来支持开发者实现网络请求，比如 urllib、urllib3 等。除了内置的网络请求模块之外，一些优秀的开发者在此基础上进行封装，开发出了功能更丰富好用的 requests 网络请求库。例如，这里通过 requests 库向 http://www.6qt.net/ 这个地址发送一个简单的 GET 请求，示例代码如下：

```
import requests

url="http://www.6qt.net/"
res=requests.get(url)
```

服务器端返回的信息存储在 res 对象中，当我们需要查看响应状态和响应正文时，从 res 对象中将对应的内容取出来即可。

如果响应的正文是 HTML 文档，那么在提取数据时，就需要用到一些文档解析工具，如前面提到的 XPath 或正则，当然除了这些还有 bs4、PyQuery 等。反之，如果响应的正文是 JSON 格式的数据，那么处理起来就会更简单，直接以 res 对象的 json 方式提取即可。

我们来看一下，直接请求 http://www.6qt.net/ 返回的正文是什么内容，通过请求之后，使用输出方法输出到控制台，运行下列示例代码：

```
import requests

url="http://www.6qt.net/"
res=requests.get(url)
res.encoding="gb2312"
print(res.text)
```

运行代码之后，可以发现，响应的是一个标准的 HTML 文档内容，如图 9-2 所示，可以发现 HTML 里面包含了我们需要的字段内容。

这里选择通过 XPath 方式来提取网页中的数据，XPath 是一门在 XML 文档中查找信息的语言。可以使用它在 HTML 源码文档中通过元素、属性等方式进行查找和提取数据。功能十分强大。假如需要获取所属城市这个字段的数据，那么应该先确认所属城市对应的 HTML 标签和属性，可以在 Chrome 浏览器的开发者工具模式下，使用元素审查来找到所属城市对应的 HTML 标签和属性，如图 9-3 所示。

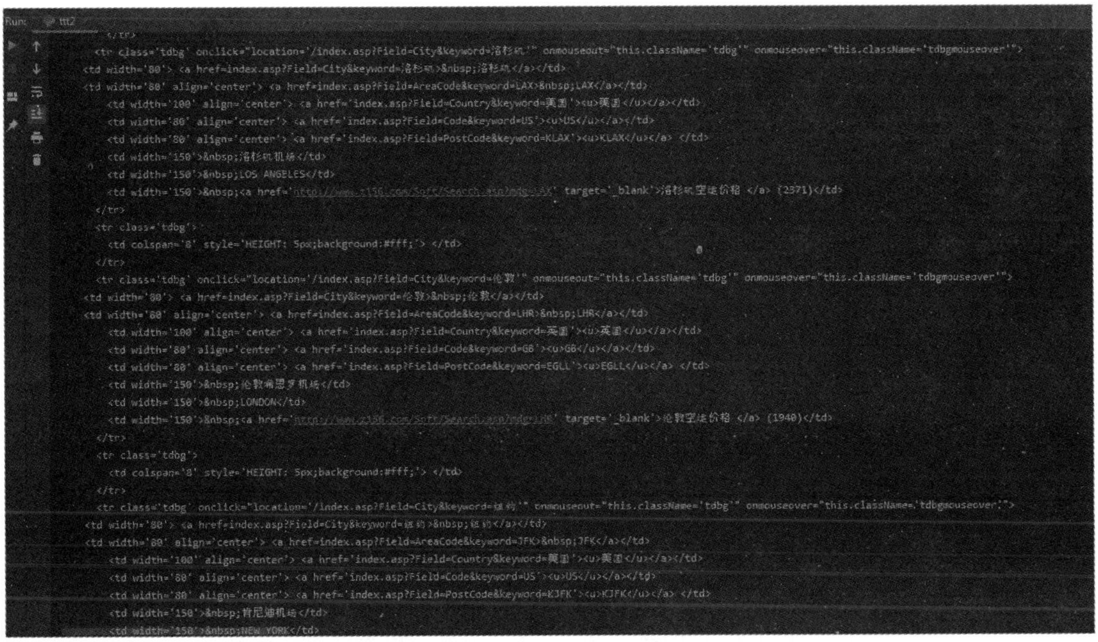

图 9-2　响应的 HTML 源码

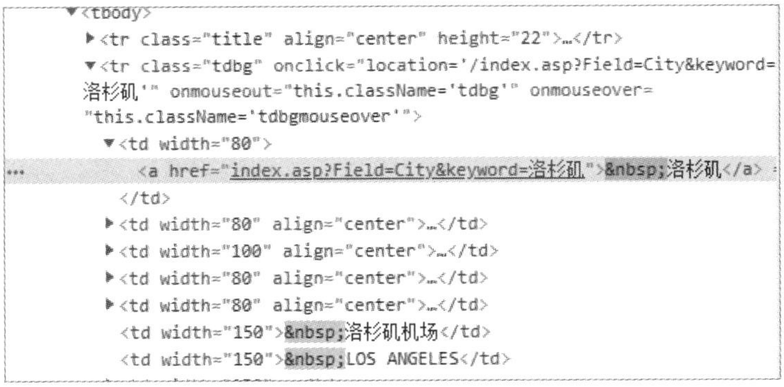

图 9-3 所属城市标签和属性

所属城市所在的标签为 <a> 标签，且这个 <a> 标签在 class 属性为 tdbg 的 <tr> 标签下，确认 HTML 标签和属性之后，就可以编写代码了，具体如下：

```
from lxml import html
import requests

url="http://www.6qt.net/"
res=requests.get(url)
res.encoding="gb2312"
data_html=html.fromstring(res.text)
# 先提取出所有 class 属性为 tdbg 的 tr 元素
tr_html=data_html.xpath('//tr[@class="tdbg"]')
```

```
# 循环依次从每个 tr 元素里面提取该 tr 下面的子元素内容
for tr in tr_html:
    city_name=tr.xpath('td[1]/a/text()')
    if city_name:
        print(city_name[0])
```

运行代码之后，输出结果如图 9-4 所示。

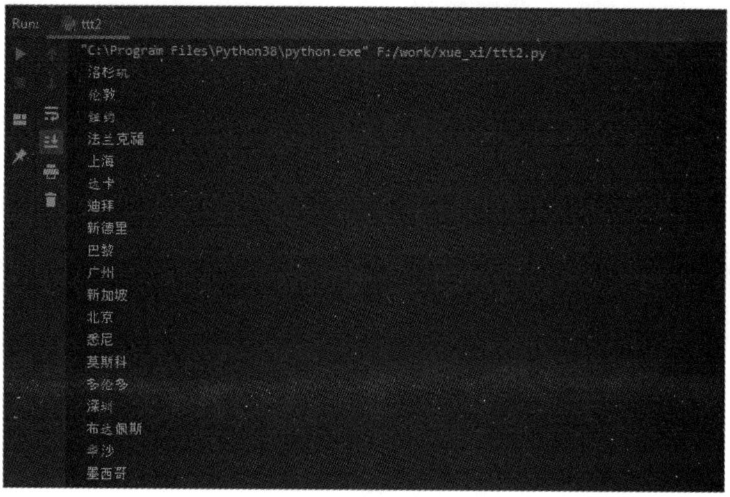

图 9-4　输出结果

可以发现，运行结果与网页中的所属城市名称一致，说明本次使用 XPath 解析成功。参照此方法将其他字段也提取出来，完整的代码如下：

```
from lxml import html
import requests

url="http://www.6qt.net/"
res=requests.get(url)
res.encoding="gb2312"
data_html=html.fromstring(res.text)
# 先提取出所有 class 属性为 tdbg 的 tr 元素
tr_html=data_html.xpath('//tr[@class="tdbg"]')
# 循环依次从每个 tr 元素里面提取该 tr 下面的子元素内容
for tr in tr_html:
    data={}
    city_name=tr.xpath('td[1]/a/text()')
    if city_name:
        data["city_name"]=city_name[0].replace("\xa0","")
    iata = tr.xpath('td[2]/a/text()')
    if city_name:
```

```
            data["iata"] = iata[0].replace("\xa0","")
        country = tr.xpath('td[3]/a/u/text()')
        if country:
            data["country"] = country[0].replace("\xa0","")
        country_code = tr.xpath('td[4]/a/u/text()')
        if country_code:
            data["country_code"] = country_code[0].replace("\xa0","")
        code_4 = tr.xpath('td[5]/a/u/text()')
        if code_4:
            data["code_4"] = code_4[0].replace("\xa0","")
        airport_name = tr.xpath('td[6]/text()')
        if airport_name:
            data["airport_name"] = airport_name[0].replace("\xa0","")
        cn_name = tr.xpath('td[7]/text()')
        if cn_name:
            data["cn_name"] = cn_name[0].replace("\xa0","")
        number = tr.xpath('td[8]/a/text()')
        if number:
            data["number"] = city_name[0].replace("\xa0","")
        if data:
            print(data)
```

这里为了使数据看起来更规范一点，所以将提取出来的数据都放在一个字典里面，且使用 replace() 将数据中的“\xa0”给处理掉。运行代码输出结果如图 9-5 所示。

```
"C:\Program Files\Python38\python.exe" F:/work/xue_xi/ttt2.py
{'city_name': '洛杉矶', 'iata': 'LAX', 'country': '美国', 'country_code': 'US', 'code_4': 'KLAX',
{'city_name': '伦敦', 'iata': 'LHR', 'country': '英国', 'country_code': 'GB', 'code_4': 'EGLL',
{'city_name': '纽约', 'iata': 'JFK', 'country': '美国', 'country_code': 'US', 'code_4': 'KJFK',
{'city_name': '法兰克福', 'iata': 'FRA', 'country': '德国', 'country_code': 'DE', 'code_4': 'EDDF
{'city_name': '上海', 'iata': 'SHA', 'country': '中国', 'country_code': 'CN', 'code_4': 'ZSSS',
{'city_name': '达卡', 'iata': 'DAC', 'country': '孟加拉国', 'country_code': 'BD', 'code_4': 'VGZR
{'city_name': '迪拜', 'iata': 'DXB', 'country': '阿联酋', 'country_code': 'AE', 'code_4': 'OMDB',
{'city_name': '新德里', 'iata': 'DEL', 'country': '印度', 'country_code': 'IN', 'code_4': 'VIDP',
{'city_name': '巴黎', 'iata': 'CDG', 'country': '法国', 'country_code': 'FR', 'code_4': 'LFPG',
{'city_name': '广州', 'iata': 'CAN', 'country': '中国', 'country_code': 'CN', 'code_4': 'ZGGG',
{'city_name': '新加坡', 'iata': 'SIN', 'country': '新加坡', 'country_code': 'SG', 'code_4': 'WSSS
{'city_name': '北京', 'iata': 'PEK', 'country': '中国', 'country_code': 'CN', 'code_4': 'ZBAA',
{'city_name': '悉尼', 'iata': 'YQY', 'country': '加拿大', 'country_code': 'CA', 'airport_name':
{'city_name': '莫斯科', 'iata': 'SVO', 'country': '俄罗斯', 'country_code': 'RU', 'code_4': 'UUEE
{'city_name': '多伦多', 'iata': 'YTO', 'country': '加拿大', 'country_code': 'CA', 'airport_name':
```

图 9-5　运行结果

代码比较简单，首先通过导入 lxml 库的 html 和 requests 网络请求库，然后使用 requests 发起网络请求获取响应，结果得到 HTML 源码，然后使用 html 的 XPath 方法进行解析，得到数据。

9.2 反爬虫的概念与定义

通常大多数爬虫开发者在写爬虫程序的时候，其访问网站的频率和目的与正常用户人为访问的频率和目的是不同的。根据平时所接触的一些爬虫工程师的整体情况来看，特别是新手，为了达到目的，一味地追求速度快，导致编写的爬虫代码会毫无节制地对目标网站进行爬取，如 1 秒内或几秒内并发几十个甚至上百个请求等，这会给目标网站服务器端带来巨大的压力。像这种爬虫程序发出的网络请求被运营者称为“垃圾流量”。

目标网站开发者或运营为了保证服务器端的正常运转或降低服务器压力与运营成本，不得不绞尽脑汁地使出各种各样的技术手段来阻止爬虫对服务器资源的访问。对于反爬虫的概念，业内暂时还没有一个比较明确规范的定义，概念比较模糊，可能是因为爬虫和反爬虫是综合技术的应用，与每个工程师的个人能力和所用的工具等有一定的关联。但是这并不影响我们对反爬虫技术的研究和学习。

虽然反爬虫的概念比较模糊，但是在本书中统一约定，任何阻止爬虫程序访问目标服务器资源或获取数据的行为我们都称为反爬虫。例如，限制 IP 访问频率、客户端身份验证、文本混淆、返回假数据等措施。

根据反爬虫技术的特性，我们可以将它大致分为两类，一类是开发者为了数据安全性或降低服务器压力与运营成本等，故意设置了一些手段来区分正常用户和爬虫，并且对检测到的爬虫进行处理或拦截，如限制 IP、验证码，这种类型的反爬属于主动型反爬。另一类的初心完全是为了提升用户体验或节省服务器资源等原因，间接地采用了一些技术，导致爬虫在爬取的时候，难度会加大，如瀑布流加载数据、动态加载数据等，这种属于被动型的反爬。

除此之外，还可以从反爬虫特点上进行更细致的划分，如动态渲染型反爬虫、信息校验型反爬虫、特征识别型反爬虫、IP 限制型反爬虫等。需要注意的是，同一种情况可能会被归纳到不同的反爬虫类型中，比如通过在请求 Header 里携带一些 JS 里面生成的令牌或客户端信息，然后发给服务端，服务端验证其身份合法有效之后，才给予正确的正文内容进行返回。像这种情况下，既可以说是动态渲染型反爬虫，也可以说是信息校验型反爬虫。

爬虫与反爬虫是属于对立关系的，软件开发者要想做好自己的网站，不仅需要了解网站流量、基本的网络安全知识，还需要了解爬虫工程师常用的爬取手段，正所谓“知己知彼，百战不殆”。反爬虫的设计复杂多变，需要投入大量的时间和人力成本去研究。

至于爬虫方面，也是一样的，遇到的反爬难度越高，付出的成本也越大，拿最简单的来说，如果对方封 IP 的频率比较高，爬虫方就得去购买大量的代理 IP。如果对方升级的验证码破解难度较大，爬虫方可能就会花费几天或几周的时间去研究破解或者去付费找打码平台，甚至有些平台会采用对账号进行限制的方式，同一账号每天只能查询指定数量的数据，如天眼查，要想得到它全部的数据，就得去购买无数个账号来进行模拟登录获取数据。

本章小结

本章首先对前面章节中所讲解的爬虫基础知识进行了回顾与总结，并以三字代码这个网站为例，演示爬虫如何发起网络请求，以及解析并提取数据。最后讲解了反爬虫产生的原因及分类，并在本书中约定了反爬虫的概念。在有了这些基础之后，我们将在后面的章节中通过大量的实例学习反爬虫的原理及应对方法。

第10章

反爬—Header信息校验

本章导读

Header信息校验指的是当我们在使用客户端向服务器发送请求的时候，会在请求头里面携带一些信息，而服务端在接收我们请求时，会先对这些信息进行完整性、合法性、唯一性等规则判断，以此来辨别我们是真人在访问还是程序在访问。如果一旦辨别出是爬虫程序在访问，服务端将会采取拒绝服务或其他方式来阻止爬虫程序的行为。

接下来，本章将通过一些实战案例来学习Header信息校验相关的反爬虫及应对方法。

知识要点

本章知识点在反爬虫应用中是非常常见的，几乎95%以上的网站都会涉及，读者需重视本章内容，本章主要涉及知识点如下：

- 代理
- Cookie校验
- Referer校验
- 签名校验

10.1 User-Agent

User-Agent 是反爬策略中最基础也是最简单的一种反爬手段，服务器通过接收请求头中的 User-Agent 值来区分正常用户和爬虫程序，如图 10-1 所示。

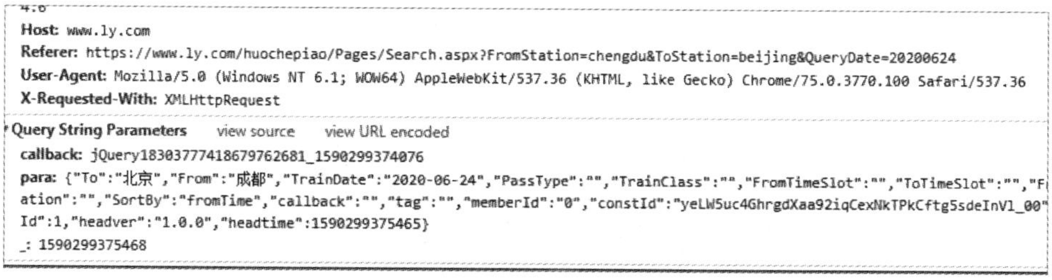

```
Host: www.ly.com
Referer: https://www.ly.com/huochepiao/Pages/Search.aspx?FromStation=chengdu&ToStation=beijing&QueryDate=20200624
User-Agent: Mozilla/5.0 (Windows NT 6.1; WOW64) AppleWebKit/537.36 (KHTML, like Gecko) Chrome/75.0.3770.100 Safari/537.36
X-Requested-With: XMLHttpRequest
Query String Parameters    view source    view URL encoded
callback: jQuery18303777418679762681_1590299374076
para: {"To":"北京","From":"成都","TrainDate":"2020-06-24","PassType":"","TrainClass":"","FromTimeSlot":"","ToTimeSlot":"","F
ation":"","SortBy":"fromTime","callback":"","tag":"","memberId":"0","constId":"yeLW5uc4GhrgdXaa92iqCexNkTPkCftg5sdeInVl_00"
Id":1,"headver":"1.0.0","headtime":1590299375465}
_: 1590299375468
```

图 10-1　User-Agent

从图 10-1 中可以看到，在请求的时候携带了一个 User-Agent 值，一般情况下这个值主要由客户端系统信息与浏览器信息组成。

```
User-Agent: Mozilla/5.0 (Windows NT 6.1; WOW64) AppleWebKit/537.36
(KHTML, like Gecko) Chrome/75.0.3770.100 Safari/537.36
```

可以一眼看到，“Windows NT 6.1; WOW64”表示的就是我们电脑的系统信息，而“Chrome/75.0.3770.100 Safari/537.36”则表示当前所用的浏览器名称及其版本信息。

10.1.1 如何应对User-Agent反爬

为了方便演示，这里在自己的服务器上使用 Nginx 搭建了一个非常简单的网页（读者可以根据附录 B 中的步骤自己搭建网页），并且开启了 User-Agent 验证，网址如下：

```
https://www.liuyanlin.cn
```

我们先来使用 Python 编写代码直接请求这个网址，看看返回的状态是什么，如果返回的状态是 200，则表示请求成功，示例代码如下：

```
import requests

url="https://www.liuyanlin.cn"
res=requests.get(url)
print(res.status_code)
```

运行代码之后，输出结果：

```
403
```

很明显，返回的状态不是 200，然后我们加上一句代码，使用 print() 函数输出一下返回的文本内容，可以查看到底返回的是什么。

```
import requests

url="https://www.liuyanlin.cn/"
res=requests.get(url)
print(res.status_code)
print(res.text)
```

再次运行代码之后，输出结果如图 10-2 所示。

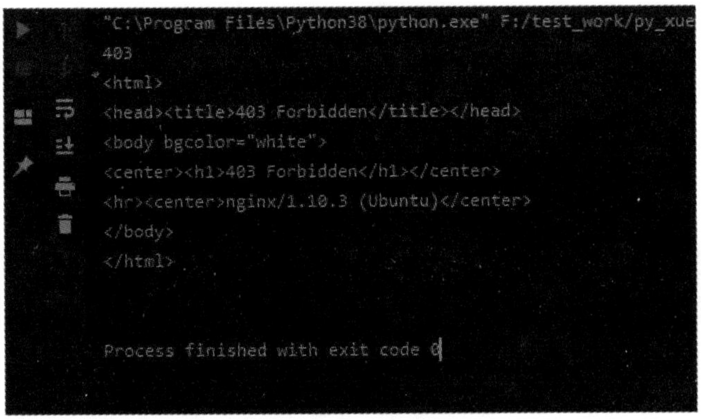

```
"C:\Program Files\Python38\python.exe" F:/test_work/py_xue
403
<html>
<head><title>403 Forbidden</title></head>
<body bgcolor="white">
<center><h1>403 Forbidden</h1></center>
<hr><center>nginx/1.10.3 (Ubuntu)</center>
</body>
</html>


Process finished with exit code 0
```

图 10-2　输出结果

返回的内容中有一句“403 Forbidden”的提示，这个提示的大致意思就是说，我们发起的这个请求被服务器拒绝了。下面再使用 Postman 工具去测试一下，看看返回的内容是不是也是这样，如图 10-3 所示。

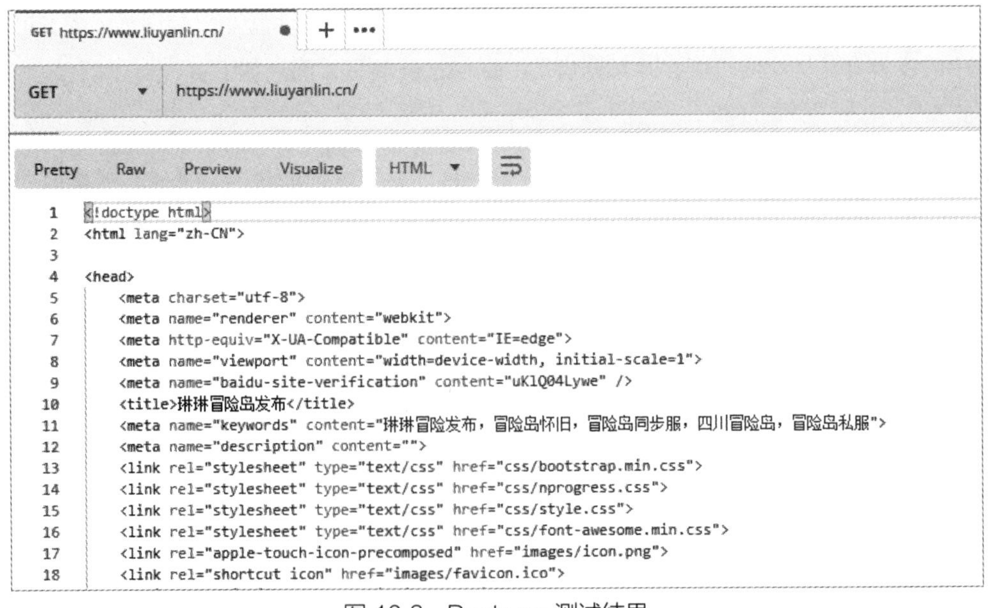

图 10-3　Postman 测试结果

很直观地发现，Postman 去请求返回的结果跟我们使用 Python 请求返回的结果是不一样的，下面换成用浏览器去打开这个地址，如图 10-4 所示。

图 10-4　网站页面

我们再将 Postman 返回的这个结果与右击浏览器查看网页源码的结果做一个对比，发现刚好对应得上，说明 Postman 返回的结果是正确的，而 Python 去请求返回的结果是错误的。那么为什么会产生这样的结果？使用浏览器和 Postman 都可以得到正确结果，而 Python 却不可以。前面我们提到了这个网站开启了 User-Agent 校验，那么会不会是这个原因造成的呢？

为了验证是否是 User-Agent 的原因，我们来修改一下前面写的代码，首先在浏览器中打开开发者调试模式，单击任意一个请求，查看详情，找到请求头中的 User-Agent 值，如图 10-5 所示。

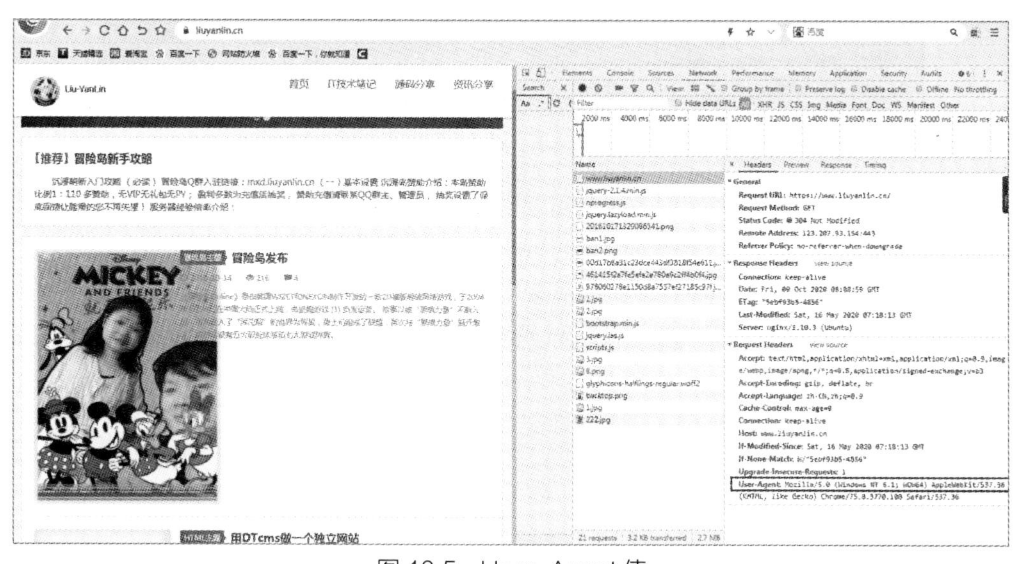

图 10-5　User-Agent 值

复制 User-Agent 值到我们的代码里面，然后再次运行代码。

```
    import requests

    url="http://www.liuyanlin.cn/"
    header={
        "User-Agent":"Mozilla/5.0 (Windows NT 6.1; WOW64)
AppleWebKit/537.36"
                        " (KHTML, like Gecko) Chrome/81.0.4000.3
Safari/537.36"
    }
    res=requests.get(url,headers=header)
    res.encoding="utf-8"
    print(res.status_code)
    print(res.text)
```

运行代码之后，结果如图 10-6 所示。

图 10-6　输出结果

运行之后看到，这次请求返回的状态码是 200，且返回的文本内容跟使用 Postman 的一样了，说明之前请求失败，就是因为 User-Agent 反爬引起的。

那么遇到这种情况该如何解决呢？一般情况下我们常规的做法都是，通过搜集很多不同的操作系统，把不同类型的浏览器里面的 User-Agent 放在一个列表里面，然后每次发起请求的时候，随机从里面获取一个 User-Agent 的值携带到请求头里面去请求。这样可以让服务器误以为我们的程序是一个正常用户在访问，如图 10-7 所示。

```
import requests
import random
url="http://www.liuyanlin.cn/"
agents = [
    "Mozilla/5.0 (Windows NT 6.1; WOW64) AppleWebKit/534.27 (KHTML, like Gecko) Chrome/12.0.712.0 Safari/534.27",
    "Mozilla/5.0 (Windows NT 6.1; WOW64) AppleWebKit/535.1 (KHTML, like Gecko) Chrome/13.0.782.24 Safari/535.1",
    "Mozilla/5.0 (Windows NT 6.0) AppleWebKit/535.2 (KHTML, like Gecko) Chrome/15.0.874.120 Safari/535.2",
    "Mozilla/5.0 (Windows NT 6.1; WOW64) AppleWebKit/535.7 (KHTML, like Gecko) Chrome/16.0.912.36 Safari/535.7",
    "Mozilla/5.0 (Windows; U; Windows NT 6.0 x64; en-US; rv:1.9pre) Gecko/2008072421 Minefield/3.0.2pre",
    "Mozilla/5.0 (Windows; U; Windows NT 5.1; en-US; rv:1.9.0.10) Gecko/2009042316 Firefox/3.0.10",
    "Mozilla/5.0 (Windows; U; Windows NT 6.0; en-GB; rv:1.9.0.11) Gecko/2009060215 Firefox/3.0.11 (.NET CLR 3.5.30729)",
    "Mozilla/5.0 (Windows; U; Windows NT 6.0; en-US; rv:1.9.1.6) Gecko/20091201 Firefox/3.5.6 GTB5",
    "Mozilla/5.0 (Windows; U; Windows NT 5.1; tr; rv:1.9.2.8) Gecko/20100722 Firefox/3.6.8 ( .NET CLR 3.5.30729; .NET4.0E)",
    "Mozilla/5.0 (Windows NT 6.1; rv:2.0.1) Gecko/20100101 Firefox/4.0.1",
    "Mozilla/5.0 (Windows NT 6.1; Win64; x64; rv:2.0.1) Gecko/20100101 Firefox/4.0.1",
    "Mozilla/5.0 (Windows NT 5.1; rv:5.0) Gecko/20100101 Firefox/5.0",
    "Mozilla/5.0 (Windows NT 6.1; WOW64; rv:6.0a2) Gecko/20110622 Firefox/6.0a2",
    "Mozilla/5.0 (Windows NT 6.1; WOW64; rv:7.0.1) Gecko/20100101 Firefox/7.0.1",
    "Mozilla/5.0 (Windows NT 6.1; WOW64; rv:2.0b4pre) Gecko/20100815 Minefield/4.0b4pre",
    "Mozilla/4.0 (compatible; MSIE 5.5; Windows NT 5.0 )",
    "Mozilla/4.0 (compatible; MSIE 5.5; Windows 98; Win 9x 4.90)",
    "Mozilla/5.0 (Windows; U; Windows XP) Gecko MultiZilla/1.6.1.0a",
    "Mozilla/2.02E (Win95; U)",
    "Mozilla/3.01Gold (Win95; I)",
    "Mozilla/4.8 [en] (Windows NT 5.1; U)",
    "Mozilla/5.0 (Windows; U; Win98; en-US; rv:1.4) Gecko Netscape/7.1 (ax)",
]
header={
    "User-Agent":random.choice(agents)
}
res=requests.get(url,headers=header)
res.encoding="utf-8"
print(res.status_code)
print(res.text)
```

图 10-7　User-Agent 示例

10.1.2　User-Agent反爬原理

在前面的小节中，我们以一个简单的示例来演示了一下 User-Agent 反爬的效果及其应对方法，接下来在本节中，将把它的原理以最简单的方式进行阐述。

对于 User-Agent，可以把它看作一个身份证，这个身份证中会包含很多信息，通过这个信息可以识别出是真人还是假人。所以当服务器端开启了 User-Agent 校验的时候，就需要向服务器端传递 User-Agent 信息进行核验，核验成功则处理该请求对其进行服务，否则就拒绝服务。要实现这个效果非常简单，由于这个网站是用 Nginx 服务器进行发布的，那么这里就以 Nginx 为例，在配置文件中添加如下代码：

```
if ($http_user_agent ~* (Python|Curl)) {
   return 403;
}
```

Nginx 配置如图 10-8 所示。读者可以将注意力放在 Python|Curl 这个配置上，大体意思是，当客户端传递过来的 User-Agent 中如果包含了 Python 或 Curl 关键词，就将此请求认定为非法的请求，对其拦截并返回 403 状态。因为 Python 在使用网络请求库发送请求的时候，如果我们不手动在请

求头中设置 User-Agent 值的话，它默认值是 Python，所以就会被拦截。

```
server {
  server_name www.liuyanlin.cn;

  location / {

        if ($http_user_agent ~* (Python|Curl)) {
          return 403;
         }
        root /home/work/qk_tjsq/;
        index index.html;
  }

}
```

图 10-8　Nginx 配置

之所以在前面小节的开头部分提到 User-Agent 校验是最简单的一种反爬，是因为可以轻松地对其进行伪装，以达到欺骗服务器的目的。同时这里需要注意，有些反爬做得比较严的网站，不仅验证 User-Agent 是否有传递，还会对同一个 User-Agent 在一定时间内做访问频率的限制，比如 1 分钟之内，只能访问 20 次等。所以这里建议读者在实际工作中进行爬取数据时，最好是搜集一个 User-Agent 的列表，每次请求从里面随机获取。

10.2 Cookie校验

在前面我们讲解过 Cookie 主要用于 Web 服务器存储用户信息或状态保持，其实除了这些用途之外，它还可以用于反爬。因为大部分的爬虫程序在默认的情况下只请求 HTML 文本资源或直接请求通过抓包得到的某一个 XHR 接口，这意味着它们并不会主动去完成浏览器保存 Cookie 的操作，关于 Cookie 的反爬虫技术刚好利用了这一特点。

10.2.1　如何应对Cookie反爬

应对 Cookie 反爬的方式与前面的 User-Agent 类似，都是需要在发起请求的时候，将 Cookie 值放在请求头里一并发送给服务端。还是以自己发布的一个简单网页为例，网页地址如下：

http://mxd.liuyanlin.cn/index3.html

http://mxd.liuyanlin.cn/cookie_test.html

这里给出两个地址是因为在访问第一个页面的时候，服务器端会给响应一个 Cookie 值，有了这个 Cookie 值，才能去访问第二个页面，如果在未访问第一个页面的情况下，直接访问第二个页面会报出 403 状态的错误。下面可以使用浏览器来测试一下。

首先直接访问 http://mxd.liuyanlin.cn/cookie_test.html，响应如图 10-9 所示。

可以看到，直接访问是无法访问的，所以还是先访问 http://mxd.liuyanlin.cn/index3.html，之后再来访问第二个页面，如图 10-10 所示。

图 10-9　cookie_test.html 页面状态　　　　图 10-10　访问第一个页面

接着我们在当前浏览器窗口中打开 cookie_test.html 页面，如果响应结果如图 10-11 所示，则表示成功访问。

针对这种情况，如果我们想在 Python 中实现该效果，该怎么办呢？我们可以在浏览器中去找到请求第一个页面时请求头里面的 Cookie 值，如图 10-12 所示。

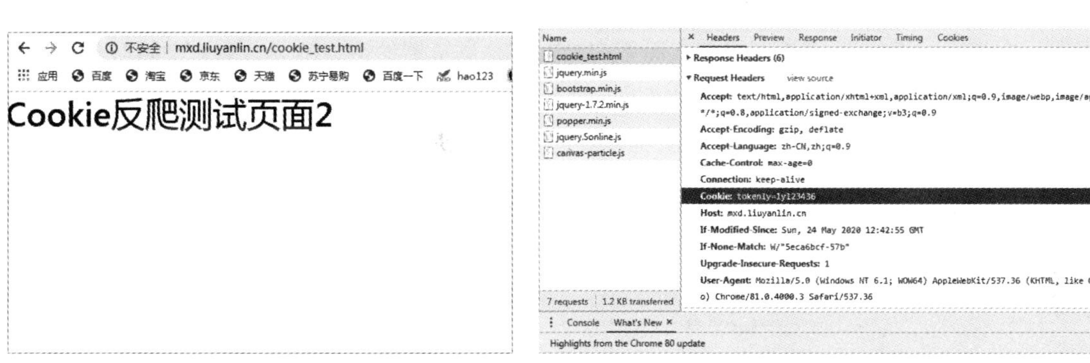

图 10-11　访问第二个页面　　　　图 10-12　Cookie 值

从图 10-12 中可以分析得到，在请求 http://mxd.liuyanlin.cn/cookie_test.html 的时候，需要在请求头里面携带一个值为 ly123436 的 Cookie。接下来我们用 Python 代码实现请求。

```
import requests

url="http://mxd.liuyanlin.cn/cookie_test.html"
header={
    "Cookie":"tokenly=ly123436"
}
res=requests.get(url,headers=header)
res.encoding="utf-8"
print(res.status_code)
```

运行代码之后，输出结果如下：

```
200
```

如果将请求头去掉，修改代码如下：

```
import requests

url="http://mxd.liuyanlin.cn/cookie_test.html"
res=requests.get(url)
res.encoding="utf-8"
print(res.status_code)
```

运行代码之后，输出结果如下：

```
403
```

通过两种方式的对比可以发现，如果不携带这个 Cookie 值，请求的时候将会返回 403 状态，反之如果携带了正确的 Cookie 值，则会返回 200 状态。

10.2.2 Cookie反爬原理

Cookie 反爬的原理是，当客户端在第一次请求网站指定的首页或登录页进行登录之后，服务端会返回一个指定的 Cookie 值给客户端，而客户端如果是浏览器的话，浏览器会自动将服务端返回的这个 Cookie 值存储下来，当再次访问该网站上其他页面的时候，自动将保持的 Cookie 值在请求头里面传递过去，服务端在接收到这个 Cookie 值之后，验证是否合法，如果合法，则处理这个请求，否则拒绝请求。

在 Nginx 里面配置 Cookie 值如图 10-13 所示。

```
server {
  server_name mxd.liuyanlin.cn;

  location / {
        root /home/work/mxd_web/;
        index index.html;
  }
  location /index3 {
        add_header Set-Cookie "tokenly=ly123436";
        root /home/work/mxd_web/;
        index index3.html;
  }
  location /cookie_test {
        if ($http_cookie !~* "tokenly=ly123436") {
           return 403;
        }
        root /home/work/mxd_web/;
        index cookie_test.html;
  }

}
```

图 10-13　Nginx 配置 Cookie 值

这里配置的含义为：当访问 index3.html 页面的时候，在响应头里面添加一个 Cookie 值：tokenly=ly123436，然后在访问 cookie_test.html 页面时，需要验证是否有传递 Cookie 且值为 tokenly=ly123436，如果未传递 Cookie 值或值错误，则返回 403 状态。

所以，这里可以总结出，当遇到有 Cookie 反爬的网站时，可以通过分析请求头，找到 Cookie 值，然后在代码里面发起请求的时候，携带上 Cookie 值即可。

除此之外，读者还需要了解的是，在实际工作中开发爬虫时所遇到的一些网站，它的 Cookie 值是有时效性的。也就是说，在指定时间内这个 Cookie 才有效，比如 30 分钟内你可以反复使用它访问网站页面，当超过 30 分钟之后，你就要重新获取一次 Cookie 才能继续访问网站。而且 Cookie 里面的参数值有些不一定都是服务端生成的，比如时间戳，这可能就需要在发起请求的时候生成一个时间戳，然后携带过去。

10.3 Referer校验

Referer 的作用就是记录在访问一个目标网站时，在访问前的原网站的地址，比如用 Chrome 浏览器从淘宝网的 test 板块跳转到另外一个 data 板块，那么在跳转之前所停留的 test 板块就是指本次访问的原网站，按【F12】键，选择 Network 选项从页面内进入一个网站，可以从这个网站的 Header，即头信息中看到 Referer，就是原来的那个网站。在反爬虫技术中，也可以用它来进行一定程度上的反爬虫的目的。

10.3.1 Referer的反爬原理

在反爬虫中，可以通过这样的方式来达到反爬的目的，例如，有一个网站，第一个页面是信息列表的页面，第二个页面是详情页面。当访问详情页面的时候，需要验证是不是从列表页面点击进去的。如果是，则返回正确结果，否则返回错误。也就是说，通过抓包抓到了详情页面的 URL 地址，将其复制在一个新窗口或另外一个浏览器中进行访问，结果发现访问不了。但是如果是先访问的列表页面，然后从列表页面中单击进入详情页面就可以。

10.3.2 应对方法

那么针对前面提到的这个问题，应该如何解决呢？其实非常简单，只需要在请求头里面加上一个参数：Referer，且值为列表页面的地址。其实就是伪装成从列表页面进去的，告诉服务器自己的原地址是列表地址，自己从那儿进来的且是合法的。示例代码如下：

```
import requests

url="http://mxd.liuyanlin.cn/cookie_test.html"
header={
    "Cookie":"tokenly=lyl23436",
    "Referer":"http://mxd.liuyanlin.cn/index3.html"
}
res=requests.get(url,headers=header)
```

```
res.encoding="utf-8"
print(res.status_code)
```

10.4 签名校验

一般情况下，我们使用抓包工具抓包，抓到某一个 XHR 接口，然后通过请求这个接口且传递相关的参数过去便可获得相关的数据。但是，传递参数的时候，有一个名为 sign 字样的参数值是一长串加密的字符串，每次请求或刷新都会发生变化。这个加密的字符串就是一个签名，如图 10-14 所示。

```
i: 大家hao
from: AUTO
to: AUTO
smartresult: dict
client: fanyideskweb
salt: 15988408034689
sign: f4a0065395c367d7ee9aeaff541a3a14
lts: 1598840803468
bv: f0325f69e46de1422e85dedc4bd3c11f
doctype: json
version: 2.1
keyfrom: fanyi.web
action: FY_BY_REALTlME
```

图 10-14　签名

10.4.1　签名反爬原理

对于签名，其反爬的大致原理是：发送请求时，客户端生成一些随机值和不可逆的 MD5 加密字符串，并在发起请求时将这些值发送给服务器端。当服务器端接收到请求时，服务器端使用相同的方式对随机值进行计算及 MD5 加密。如果服务器得到的值与客户端提交的值相等，就返回正常值，否则返回其他或拒绝服务。

10.4.2　应对方法

前面提到过签名是由客户端生成的，也就意味着我们可以通过去分析它的 JS 代码还原出它的加密算法，然后使用 Python 模拟该算法生成一个签名值。下面以有道翻译为例。

打开有道翻译的网页，如图 10-15 所示，在文本输入框中输入文字，同时在开发者调试模式中通过分析，它会发送一个名为 translate_o 的 XHR 请求，点开该请求之后，可以看到除了要传递的常规参数之外，它还有一个名为 sign 的参数，这个参数就是它的一个签名。

刷新一下页面，搜寻 JS 文件，通过签名 sign 的名字进行搜索，最终定位到了一个名为 fanyi.min.js 的 JS 文件。对 JS 文件进行分析发现，有一段代码实现了该签名的算法，如图 10-16 所示。

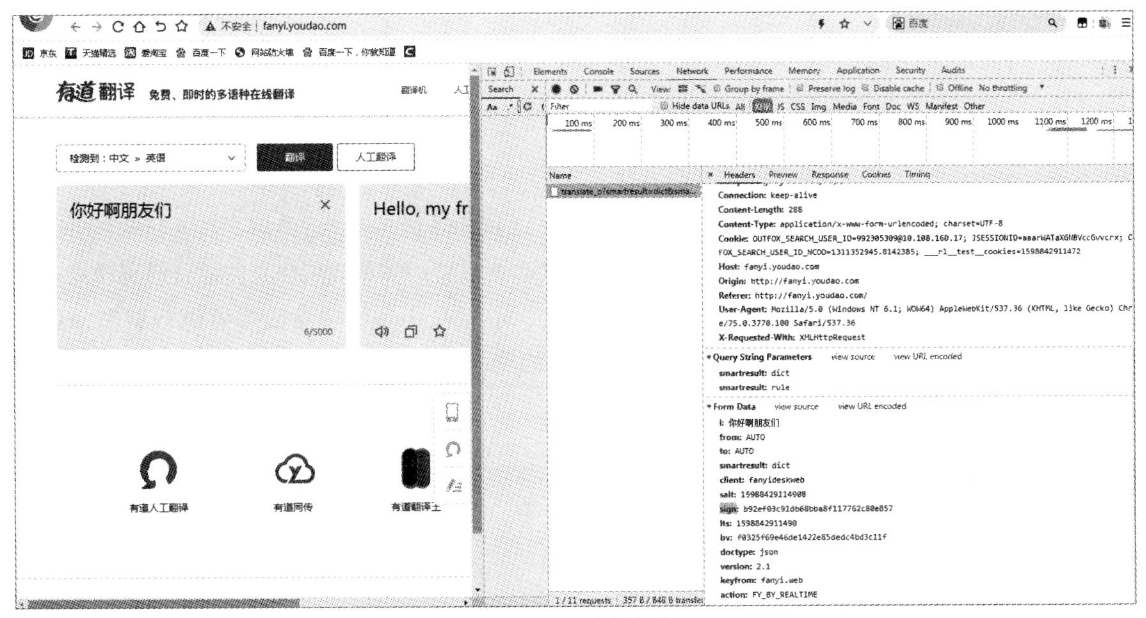

图 10-15　有道翻译

Name
v1.js
index.min.js
fanyi.min.js
message.js
yd.account.login.js
request.s?callback=jQuery1703174...
request.s?callback=jQuery1703174...
jquery-1.7.2.min.js
index.js

```
        n(this).find("li").removeClass("selected"),
        t.addClass("selected"),
        n(this).parent().find(".select-text").text(r),
        n(this).parent().find(".select-input").val(e)
    }
}),
define("newweb/common/service", ["./utils", "./md5", "./jquery-1.7"], function(e, t) {
    var n = e("./jquery-1.7");
    e("./utils");
    e("./md5");
    var r = function(e) {
        var t = n.md5(navigator.appVersion)
          , r = "" + (new Date).getTime()
          , i = r + parseInt(10 * Math.random(), 10);
        return {
            ts: r,
            bv: t,
            salt: i,
            sign: n.md5("fanyideskweb" + e + i + "]BjuETDhU)zqSxf-=B#7m")
        }
    };
    t.recordUpdate = function(e) {
        var t = e.i
          , i = r(t);
        n.ajax({
            type: "POST",
            contentType: "application/x-www-form-urlencoded; charset=UTF-8",
            url: "/bettertranslation",
            data: {
```

图 10-16　签名生成 JS 代码

实现签名算法的代码片段为：

```
var r = function(e) {
        var t = n.md5(navigator.appVersion),
            r = "" + (new Date).getTime(),
            i = r + parseInt(10 * Math.random(), 10);
        return {
```

```
            ts: r,
            bv: t,
            salt: i,
            sign: n.md5("fanyideskweb" + e + i + "]BjuETDhU)zqSxf-=B#7m")
        }
```

解读该算法，它主要是由 fanyideskweb 加上一个 32 位的随机字符串，然后对其进行 MD5 加密，最终得到的这个值，就是我们需要的签名值。拿到签名值之后，如果我们想要获取有道翻译接口的数据，还远远不够，仔细观察 translate_o 请求，发现还有一些其他的参数需要进行破解，如图 10-17 所示，里面 salt、ts、bv 也是一串类似于 MD5 的值。

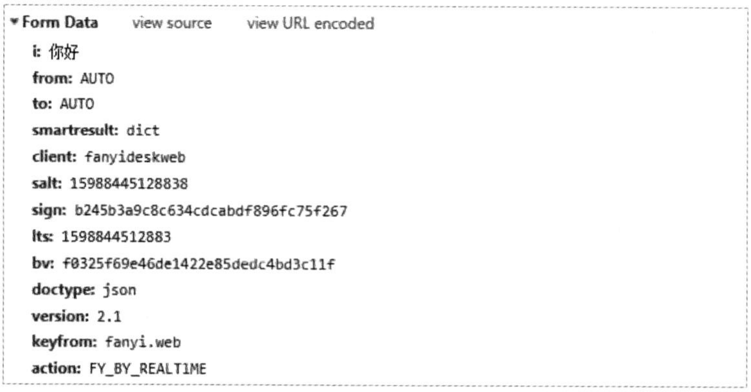

▾ Form Data　　view source　　view URL encoded
i: 你好
from: AUTO
to: AUTO
smartresult: dict
client: fanyideskweb
salt: 15988445128838
sign: b245b3a9c8c634cdcabdf896fc75f267
lts: 1598844512883
bv: f0325f69e46de1422e85dedc4bd3c11f
doctype: json
version: 2.1
keyfrom: fanyi.web
action: FY_BY_REALTlME

图 10-17　其他参数

所以这些参数也需要通过在 JS 代码里面进行寻找，最后就可以通过 Python 去还原算法，参考示例代码如下：

```
import hashlib
import json
import requests
import time
import random

class youdao(object):

    def __init__(self,i):
        self.query = i
        self.url = "http://fanyi.youdao.com/translate_o?smartresult=
                    dict&smartresult=rule"
        self.headers = {
        "Cookie": "OUTFOX_SEARCH_USER_ID=-286220249@10.108.160.17;",
        "Referer": "http://fanyi.youdao.com/",
        "User-Agent": "Mozilla/5.0 (Windows NT 10.0; Win64; x64)
                       AppleWebKit/537.36 (KHTML, like Gecko)"
```

```
                        " Chrome/74.0.3729.169 Safari/537.36",
        }

    def hex5(self,value):
        # 使用 MD5 加密值并返回加密后的字符串
        manipulator = hashlib.md5()
        manipulator.update(value.encode('utf-8'))
        return manipulator.hexdigest()

    def getRequest(self,data):

        response = requests.post(url=self.url,headers=self.
                                headers,data=data)
        if response.status_code == 200:
            return response.content.decode('utf-8')

    def getSalt(self,ts):
        t = str(random.randint(1,10))
        salt = ts+t
        return salt

    def getSign(self,e,i):
        data = "fanyideskweb" + e + i + "Nw(nmmbP%A-r6U3EUn]Aj"
        sign = self.hex5(data)
        return sign

    def getTs(self):
        ts = str(int(time.time()*1000))
        return ts

    def get_bv(self):
        navigator_appVersion = "5.0 (Windows NT 10.0; Win64; x64)
                               AppleWebKit/537.36 (KHTML, like
                               Gecko)" \
                               " Chrome/74.0.3729.169 Safari/537.36"
        bv = hashlib.md5(navigator_appVersion.encode("utf-8")).
            hexdigest()
        return bv

    def parse(self,response):
        tgt = json.loads(response)['translateResult'][0][0]['tgt']
        return tgt
```

```
    def run(self):
        ts = self.getTs()
        salt = self.getSalt(ts)
        sign = self.getSign(self.query,salt)
        ts = self.getTs()
        bv = self.get_bv()
        data = {
            'i': self.query,
            'from': 'AUTO',
            'to': 'AUTO',
            'smartresult': 'dict',
            'client': 'fanyideskweb',
            'salt': salt,
            'sign': sign,
            'ts': ts,
            'bv': bv,
            'doctype': 'json',
            'version': '2.1',
            'keyfrom': 'fanyi.web',
            'action': 'FY_BY_CLICKBUTTION'
        }

        response = self.getRequest(data)
        tgt = self.parse(response)
        print(tgt)

if __name__ == '__main__':
    youdao = youdao('朋友们大家好')
    youdao.run()
```

运行该代码可以实现成功调用有道翻译接口，并且返回正确的翻译结果。

```
Hello, friends
```

对于签名，其反爬的应对方式主要是对 JS 进行分析逆向，然后还原出算法，需要读者具有一定的 JS 功底，否则在进行分析时会比较吃力。

10.5 新手实训

学习完本章节的内容之后，下面通过爬取中华人民共和国农业农村部网站公开的农产品批发价格中的蔬菜价格周数据来进行实战练习，以达到回顾本章知识点加深印象的目的，需要采集的任务字段如图 10-18 所示。

日期（周）	品类	指标	地区	单位	数值
201822					
201823					
…					
202017	胡萝卜	批发价	全国平均	元/公斤	2.62

图 10-18　任务实现效果

通过浏览器打开中华人民共和国农业农村部的网站，如图 10-19 所示。

图 10-19　农业部网站首页

接下来，根据我们的目标进行分析，单击【周度数据】选项，然后选中【农产品批发价格】单选按钮，并且将过滤条件设置为蔬菜，如图 10-20 所示。

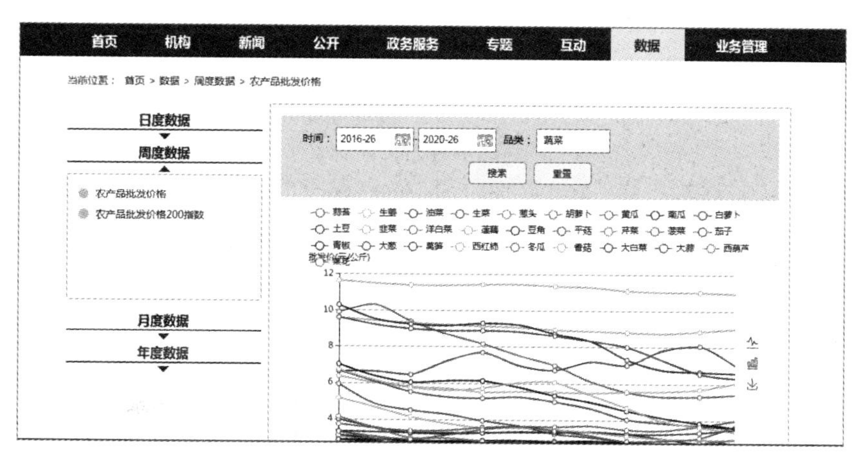

图 10-20　蔬菜周度批发价格数据

这部分数据就是我们在任务描述中需要的数据，通过抓包分析，可以发现有一个名为 getFrequencyData 的请求返回了该数据，如图 10-21 所示。

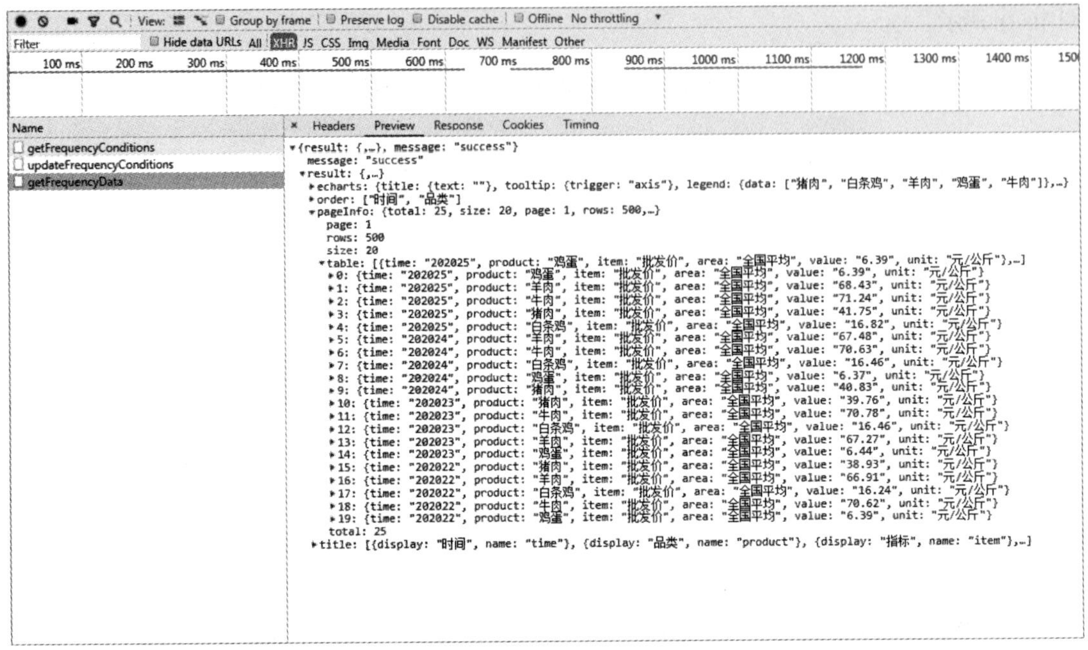

图 10-21 抓包接口

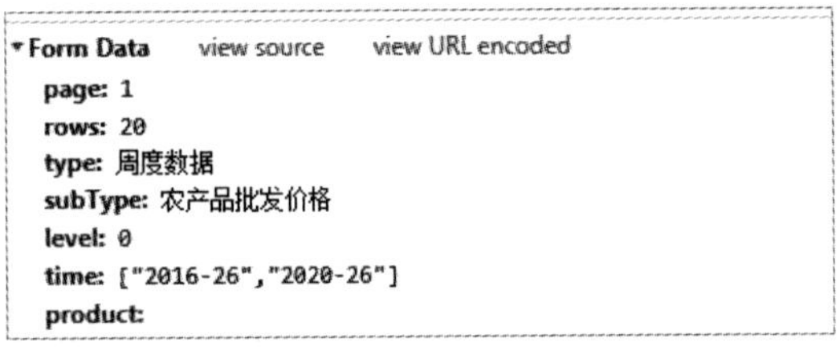

Form Data view source view URL encoded

page: 1
rows: 20
type: 周度数据
subType: 农产品批发价格
level: 0
time: ["2016-26","2020-26"]
product:

图 10-22 请求提交参数

查看该请求的提交参数，如图 10-22 所示。

试推测，是否直接访问该接口地址，然后向其传递图 10-22 中的参数就可以获取数据了？接下来通过 Postman 接口测试工具测试验证是否真如我们推测的一样，如图 10-23 所示。

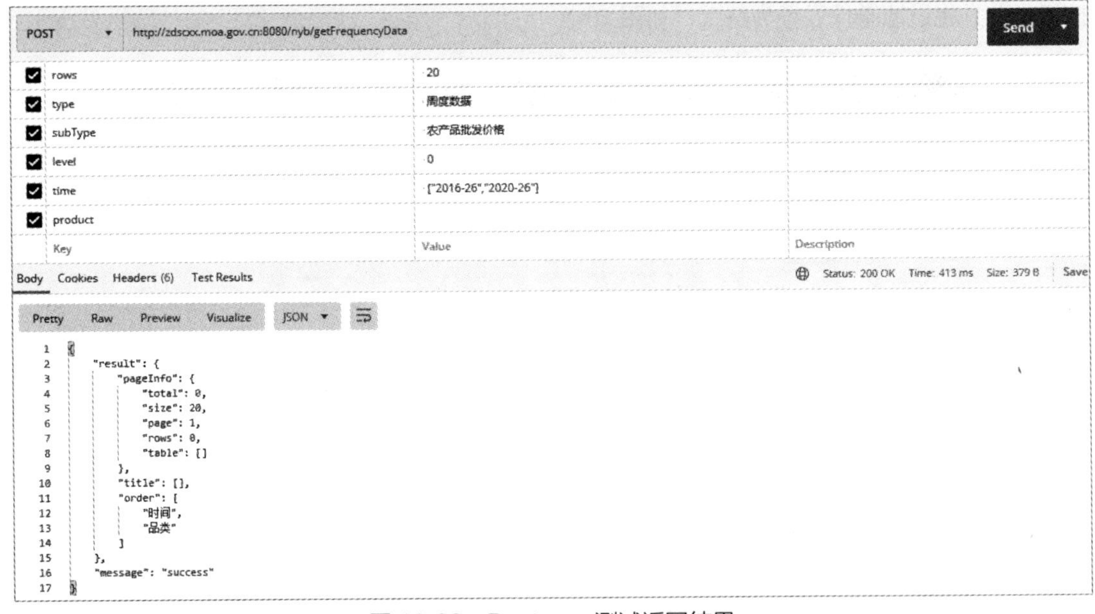

图 10-23 Postman 测试返回结果

可以发现，Postman 测试中返回的数据列表是空的。我们需要检查是否是请求头中出现了问题，如图 10-24 所示，该传的 Headers 参数都是传递了的，但就是获取不到数据。

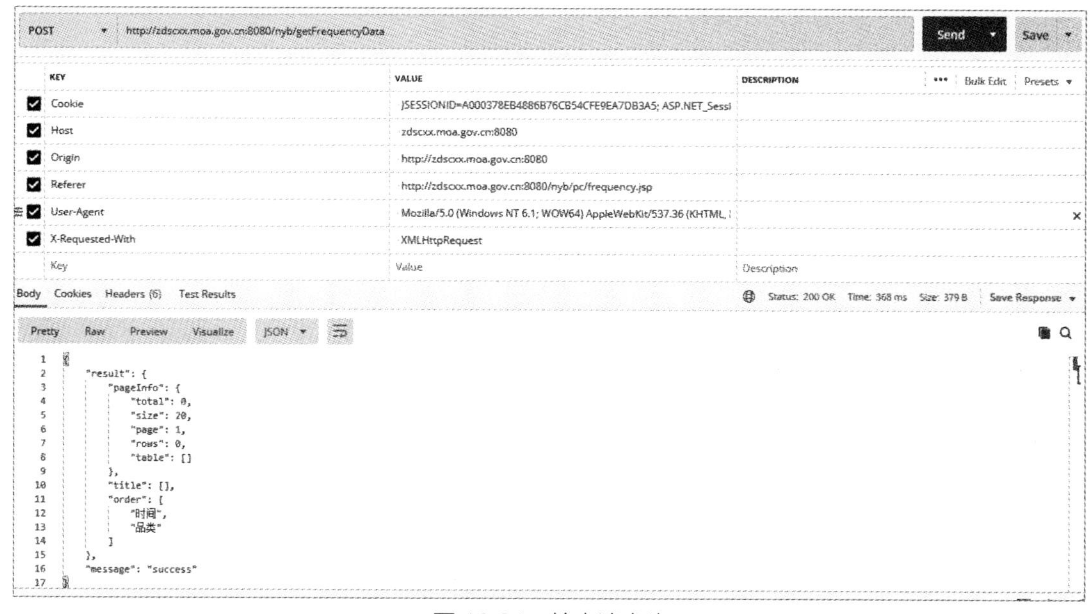

图 10-24 检查请求头

继续仔细分析，发现在请求 getFrequencyData 接口之前，还请求了一个名为 updateFrequency-Conditions 的接口。分析该请求，发现传递的参数跟 getFrequencyData 接口的一模一样，如图 10-25 所示。

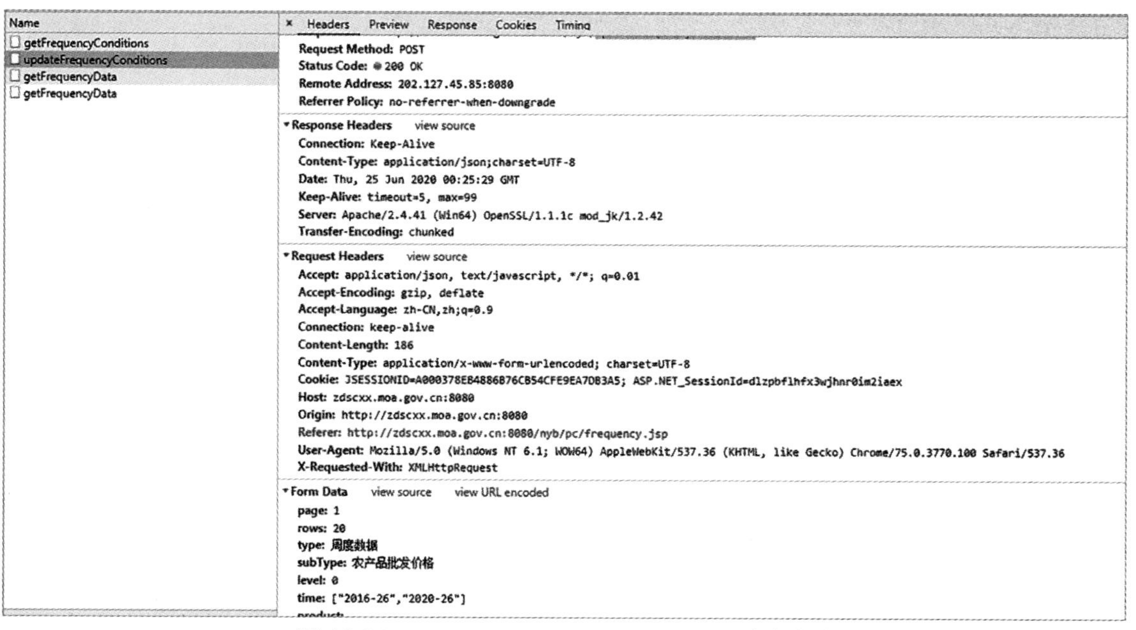

图 10-25 updateFrequencyConditions 请求参数

那会不会是传递参数有问题呢？也就是说，每次请求 getFrequencyData 接口之前，都需要先请求它一次，然后才可以正常获取数据。再次通过 Postman 工具进行测试，发现果真如此。所以目前基本就可以确定为要先访问 updateFrequencyConditions 接口，然后访问 getFrequencyData，才可以获取数据。

通过前面的分析，已经找到了爬取数据的相关规律，接下来就需要编写 Python 代码来模拟这个过程，以达到实现任务的目的。参考示例代码如下：

```
import requests
import uuid
import time

'''
农产品批发价格周度数据库：表 2（蔬菜产品）
'''
for page in range(1,26):
    print(page)
    session=requests.session()
    url_1="http://zdscxx.moa.gov.cn:8080/nyb/updateFrequencyConditions"
    url_2="http://zdscxx.moa.gov.cn:8080/nyb/getFrequencyData"
    data={
        "page":page,
        "rows": 20,
        "type": " 周度数据 ",
        "subType": " 农产品批发价格 ",
        "time": '["2016-24","2020-24"]',
        "product": " 蔬菜 ",
        "level":0
    }
    print(data)
    header={
        "Cookie":"JSESSIONID=5F4D9473577EDE5C931B67A4EB24BFE3",
        "User-Agent":"Mozilla/5.0 (Windows NT 6.1; WOW64)
                    AppleWebKit/537.36 (KHTML"", like Gecko)
                    Chrome/75.0.3770.100 Safari/537.36",
        "Host":"zdscxx.moa.gov.cn:8080",
        "Origin":"http://zdscxx.moa.gov.cn:8080",
        "Referer": "http://zdscxx.moa.gov.cn:8080/nyb/pc/frequency.jsp",
        "X-Requested-With":"XMLHttpRequest"
    }
    res1=session.post(url_1,data=data,headers=header)
    res=session.post(url_2,data=data,headers=header)
```

```
    if(data_list:=res.json()["result"]["pageInfo"]["table"]):
        print(data_list)
        s_data_list = []
        for item in data_list:
            data = {}
            data["id"] = str(uuid.uuid4())
            data["zs_time"] = item["time"]
            data["category"] = item["product"]
            data["zs_index"] = item["item"]
            data["area"] = item["area"]
            data["unit"] = item["unit"]
            data["z_value"] = item["value"]
            # 爬虫采集时间
            data["ct_time"] = str(time.strftime('%Y-%m-%d %H:%M:%S',
                                  time.localtime(time.time())))
            print(data)
            # s_data_list.append(data)
    time.sleep(5)
```

运行代码之后，输出结果如图 10-26 所示。

```
'批发价', 'area': '全国平均', 'value': '10.91', 'unit': '元/公斤'}, {'time': '202024', 'product': '南瓜', 'item': '批发价
'zs_time': '202024', 'category': '香菇', 'zs_index': '批发价', 'area': '全国平均', 'unit': '元/公斤', 'z_value': '10.91',
'zs_time': '202024', 'category': '南瓜', 'zs_index': '批发价', 'area': '全国平均', 'unit': '元/公斤', 'z_value': '2.46',
'zs_time': '202024', 'category': '大葱', 'zs_index': '批发价', 'area': '全国平均', 'unit': '元/公斤', 'z_value': '2.57',
'zs_time': '202024', 'category': '洋白菜', 'zs_index': '批发价', 'area': '全国平均', 'unit': '元/公斤', 'z_value': '1.34'
'zs_time': '202024', 'category': '青椒', 'zs_index': '批发价', 'area': '全国平均', 'unit': '元/公斤', 'z_value': '3.50',
'zs_time': '202024', 'category': '生姜', 'zs_index': '批发价', 'area': '全国平均', 'unit': '元/公斤', 'z_value': '9.46',
'zs_time': '202024', 'category': '胡萝卜', 'zs_index': '批发价', 'area': '全国平均', 'unit': '元/公斤', 'z_value': '2.64'
'zs_time': '202024', 'category': '黄瓜', 'zs_index': '批发价', 'area': '全国平均', 'unit': '元/公斤', 'z_value': '2.41',
'zs_time': '202024', 'category': '西葫芦', 'zs_index': '批发价', 'area': '全国平均', 'unit': '元/公斤', 'z_value': '2.36'
'zs_time': '202024', 'category': '葱头', 'zs_index': '批发价', 'area': '全国平均', 'unit': '元/公斤', 'z_value': '1.57',
'zs_time': '202024', 'category': '莴笋', 'zs_index': '批发价', 'area': '全国平均', 'unit': '元/公斤', 'z_value': '2.68',
'zs_time': '202024', 'category': '莲藕', 'zs_index': '批发价', 'area': '全国平均', 'unit': '元/公斤', 'z_value': '7.87',
'zs_time': '202024', 'category': '豆角', 'zs_index': '批发价', 'area': '全国平均', 'unit': '元/公斤', 'z_value': '5.35',
'zs_time': '202024', 'category': '西红柿', 'zs_index': '批发价', 'area': '全国平均', 'unit': '元/公斤', 'z_value': '3.11'
'zs_time': '202024', 'category': '芹菜', 'zs_index': '批发价', 'area': '全国平均', 'unit': '元/公斤', 'z_value': '3.44',
'zs_time': '202024', 'category': '菠菜', 'zs_index': '批发价', 'area': '全国平均', 'unit': '元/公斤', 'z_value': '4.56',
'zs_time': '202024', 'category': '冬瓜', 'zs_index': '批发价', 'area': '全国平均', 'unit': '元/公斤', 'z_value': '1.73',
'zs_time': '202024', 'category': '大白菜', 'zs_index': '批发价', 'area': '全国平均', 'unit': '元/公斤', 'z_value': '1.58'
'zs_time': '202024', 'category': '平菇', 'zs_index': '批发价', 'area': '全国平均', 'unit': '元/公斤', 'z_value': '6.71',
'zs_time': '202024', 'category': '茄子', 'zs_index': '批发价', 'area': '全国平均', 'unit': '元/公斤', 'z_value': '3.21',
```

图 10-26　运行结果

至此，本实例的任务目标已经完成，从网站成功爬取了蔬菜在每一页的周度批发价格数据。

10.6 新手问答

1. 如果对某些网站上的部分数据的访问达到一定频率后，提示需要使用账号登录之后才能继续查看，那么该如何应对获取这部分数据？

答：采用小数据量进行爬取(模拟登录后再去爬取，或者使用 Cookies 直接进行爬取)，也可以通过申请诸多的账号去养这些号，然后登录，或者获得 Cookies 进行爬取。

2. 已经携带了相关的Header请求头信息，但是请求的时候，服务器还是返回403状态，该怎么办?

答：可能是 IP 被封了，更换代理 IP 进行测试，如果换了代理 IP 还是不行的话，那就是传递的参数值或签名错误等原因。

本章小结

本章主要是对反爬中经常遇到的 Header 信息校验进行讲解，如 Header 中的 User-Agent、Cookie、Referer 验证，签名验证等。首先讲解如何应对该反爬，然后再通过选择性地以 Nginx Web 服务器为例，简单地阐述这些反爬实现的原理。最后通过一个简单的实训案例网站来进行讲解，以加深对本章知识点的印象。

第11章 反爬—IP限制

本章导读

在做爬虫时经常会遇到这种情况：本来写的爬虫脚本最初能正常爬取数据，但是有时可能会出现错误，重启脚本也不行，比如403 Forbidden错误。这时候网页上可能会出现“你的IP访问频率过高”这样的提示，或者是跳出一个验证码输入框提示输入验证码，之后才能继续访问该网页，但过后又反复出现这种情况。

出现这种现象的原因是网站采取了一些反爬策略，比如限制IP访问频率，如果在单位时间内某个IP以较快的速度请求，并超过了预先设置的阈值，那么服务器就会拒绝服务，返回一些错误信息或验证措施。这种情况可以叫作封IP，那么爬虫就会报错，而无法获取信息。

既然服务器检测的是某个IP单位时间的请求次数，那么我们可以借助某种方法来伪装IP，让服务器无法识别我们的真实IP，不就可以实现突破封IP的限制，继续抓取数据了吗？这时候的代理IP就派上用场了。本章将会详细介绍代理的基本知识，包括设置、代理池维护、付费代理的使用、ADSL拨号代码的搭建方法等。

知识要点

通过本章内容的学习，读者在学习完毕以后，能够轻松地应对IP封禁的反爬虫，本章主要知识点如下：

- 在Python中使用代理
- 构建代理池
- 搭建自己的代理服务器
- 使用Nginx实现根据频率封禁IP

11.1 代理设置

在前面爬虫篇的章节中，我们介绍了很多的请求库，如 requests、urllib、urllib3 等。接下来我们将通过一些实战案例来了解代理如何使用。

11.1.1 urllib代理设置

首先，以最基础的 urllib 为例，来看一下代理的设置方法，假使通过某种途径获取到了两个可用的代理 IP，然后通过请求 https://ip.tool.chinaz.com 这个网站来测试，示例代码如下所示：

```
import urllib.request

url="https://ip.tool.chinaz.com/"
#ip 地址：端口号
proxies = {
            'http' : 'http://210.83.240.178:8118',
            'https':'https://230.83.240.178:8118'
          }
proxy_support = urllib.request.ProxyHandler(proxies)
opener = urllib.request.build_opener(proxy_support)
urllib.request.install_opener(opener)
response = urllib.request.urlopen(url)
```

这里可以看到，我们需要借助 ProxyHandler 方法设置代理，参数是字典类型，键名为协议类型，键值是代理，此处代理前面需要加上协议，即 http 或 https，当请求的链接是 http 协议的时候，Proxy Handler 会调用 http 代理，当请求的链接是 https 协议的时候，会调用 https 代理，此处生效的代理是 210.83.240.178:8118。

创建完 ProxyHandler 对象后，我们需要利用 build_opener() 方法传入该对象来创建 Opener，这样就相当于此 Opener 已经设置好代理了，接下来直接调用 Opener 对象的 opener() 方法，即可访问想要的链接。通过运行代码可以看到，在返回的 html 中，我们的 IP 已经发生了改变，变成了我们所设置的代理 IP，如图 11-1 所示。

图 11-1　代理验证

11.1.2　requests代理设置

前面我们知道了 urllib 的代理设置方法，下面再来看看在 requests 中的设置，在 requests 中设置代理就更简单了，示例代码如下：

```
mport requests

url="https://ip.tool.chinaz.com"
#IP 地址：端口号
proxies = {'http' : 'http://171.214.214.185:8118'}
response = requests.get(url=url, proxies=proxies)
print(response.text)
```

直接在 requests.get() 方法里面多加上一个参数 proxies 就可以了。运行代码得到的结果和图 11-1 一样。

11.2　代理池构建

代理池其实就是由 n 个代理 IP 组成的一个集合。做网络爬虫时，一般对代理 IP 的需求量比较大。因为在爬取网站信息的过程中，很多网站做了反爬虫策略，可能会对每个 IP 做频次控制。这样我们在爬取网站时就需要很多代理 IP，形成一个可用的 IP 代理池。每次在请求的时候，从代理池中取出一个代理使用。

那么，问题来了，要构建这个代理池，IP 从哪儿来呢？如果资金充足，可以直接淘宝买一些代理 IP 就好，既稳定也不是特别贵。但对于技术爱好者来说，如果没有特别的需求，可以从网上找一些免费的代理 IP，随意打开百度搜索即可，如国内高匿代理 IP 网，如图 11-2 所示。

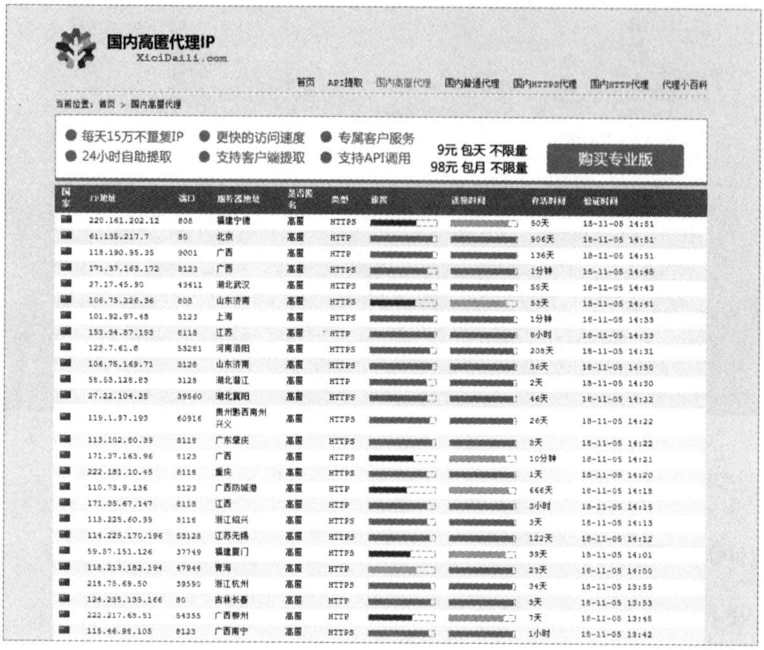

国内高匿代理IP
XiciDaili.com

首页 API提取 国内高匿代理 国内普通代理 国内HTTPS代理 国内HTTP代理 代理小百科

当前位置：首页 > 国内高匿代理

● 每天15万不重复IP ● 更快的访问速度 ● 专属客户服务
● 24小时自助提取 ● 支持客户端提取 ● 支持API调用
9元 包天 不限量
98元 包月 不限量
购买专业版

国家	IP地址	端口	服务器地址	是否匿名	类型	速度	连接时间	存活时间	验证时间
	220.161.202.12	808	福建宁德	高匿	HTTPS			50天	18-11-05 14:51
	61.135.217.7	80	北京	高匿	HTTP			906天	18-11-05 14:51
	118.190.95.35	9001	广西	高匿	HTTP			136天	18-11-05 14:51
	171.37.163.172	8123	广西	高匿	HTTPS			1分钟	18-11-05 14:45
	27.17.45.90	43411	湖北武汉	高匿	HTTPS			55天	18-11-05 14:43
	106.75.226.36	808	山东济南	高匿	HTTPS			53天	18-11-05 14:41
	101.92.97.48	8123	上海	高匿	HTTPS			1分钟	18-11-05 14:33
	153.34.87.153	8118	江苏	高匿	HTTP			8小时	18-11-05 14:33
	123.7.61.8	53281	河南洛阳	高匿	HTTPS			208天	18-11-05 14:31
	106.75.169.71	3128	山东济南	高匿	HTTPS			36天	18-11-05 14:30
	58.53.128.83	3128	湖北潜江	高匿	HTTP			2天	18-11-05 14:30
	27.22.104.28	39560	湖北襄阳	高匿	HTTPS			46天	18-11-05 14:22
	119.1.97.193	60916	贵州黔西南州兴义	高匿	HTTPS			26天	18-11-05 14:22
	113.102.80.39	8118	广东肇庆	高匿	HTTPS			8天	18-11-05 14:22
	171.37.163.96	8123	广西	高匿	HTTPS			10分钟	18-11-05 14:21
	222.181.10.45	8118	重庆	高匿	HTTPS			1天	18-11-05 14:20
	110.73.9.136	8123	广西防城港	高匿	HTTP			666天	18-11-05 14:18
	171.35.67.147	8118	江西	高匿	HTTP			3小时	18-11-05 14:15
	115.225.60.99	8118	浙江绍兴	高匿	HTTPS			3天	18-11-05 14:13
	114.226.170.196	53128	江苏无锡	高匿	HTTPS			122天	18-11-05 14:12
	59.57.151.126	37749	福建厦门	高匿	HTTPS			39天	18-11-05 14:01
	118.213.182.194	47944	青海	高匿	HTTP			23天	18-11-05 14:00
	218.75.69.50	39590	浙江杭州	高匿	HTTPS			34天	18-11-05 13:55
	124.235.135.166	80	吉林长春	高匿	HTTP			3天	18-11-05 13:53
	222.217.68.51	54355	广西柳州	高匿	HTTP			7天	18-11-05 13:45
	115.46.98.105	8123	广西南宁	高匿	HTTPS			1小时	18-11-05 13:42

图 11-2　代理网站

可以看到这个网站的选择还是很多的，那么就从这个网站上爬取一些代理 IP 来使用吧！它的网址结构是 'http://www.xicidaili.com/nn/'+PageNumber，每页有 50 个代理 IP，可以很方便地用 for 循环来爬取所有代理 IP。查看网页源码，发现所有的 IP 和端口都在 <tr class=""> 下第 2 个和第 3 个 td 类下，结合 BeautifulSoup 可以很方便地抓取信息，下面来看看怎么去爬取 IP 构建代理池。

11.2.1　获取IP

首先尝试从国内高匿代理 IP 这个网站上获取免费的代理 IP，示例代码如下所示：

```
import requests
from bs4 import BeautifulSoup

def get_ips(num):
    url="http://www.xicidaili.com/nn/{}".format(str(num))
    header = {
        "User-Agent": "Mozilla/5.0 (Windows NT 10.0; WOW64)
                       AppleWebKit/537.36 (KHTML, like Gecko) "
                      "Chrome/69.0.3497.100 Safari/537.36",
    }
    res=requests.get(url,headers=header)
    bs = BeautifulSoup(res.text, 'html.parser')
    res_list = bs.find_all('tr')
```

```
    ip_list = []
    for x in res_list:
        tds=x.find_all('td')
        if tds:
            ip_list.append({"ip":tds[1].text,"port":tds[2].text})
    return ip_list
# 获取第一页的 IP，这个可以自己随便填写
ip_list=get_ips(1)
# 循环打印看一下我们所获取到的 IP
for item in ip_list:
    print(item)
```

这里是以抓取第一页的 IP 为例，抓到数据了之后，通过一个输出循环检查一下，如图 11-3 所示。

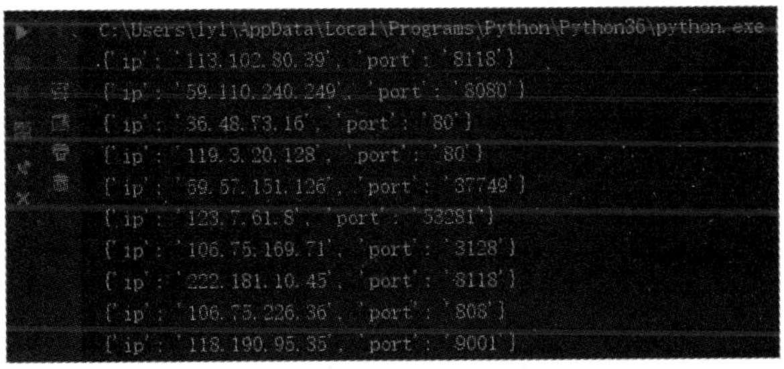

```
C:\Users\lyl\AppData\Local\Programs\Python\Python36\python.exe
{'ip': '113.102.80.39', 'port': '8118'}
{'ip': '59.110.240.249', 'port': '8080'}
{'ip': '36.48.73.16', 'port': '80'}
{'ip': '119.3.20.128', 'port': '80'}
{'ip': '59.57.151.126', 'port': '37749'}
{'ip': '123.7.61.8', 'port': '53281'}
{'ip': '106.75.169.71', 'port': '3128'}
{'ip': '222.181.10.45', 'port': '8118'}
{'ip': '106.75.226.36', 'port': '808'}
{'ip': '118.190.95.35', 'port': '9001'}
```

图 11-3　获取到的代理 IP

11.2.2　验证代理是否可用

前面已经通过代码获取到了第一页的免费代理 IP，但要注意免费代理 IP 也有免费的坏处，即并不是所有的代理 IP 都可以用，所以这里需要检查一下哪些 IP 是可以使用的。检查该 IP 是否可用，要看连上代理后能不能在 2 秒内打开百度的页面（也可以是其他网址），如果可以，则认为 IP 可用，添加到一个 list 里供后面备用，反之如果出现异常，则认为它不可用，实现代码如下：

```
import requests
from bs4 import BeautifulSoup
import socket

# 获取代理
def get_ips(num):
    url="http://www.xicidaili.com/nn/{}".format(str(num))
    header = {
        "User-Agent": "Mozilla/5.0 (Windows NT 10.0; WOW64)
             AppleWebKit/537.36"" (KHTML, like Gecko)"
             "Chrome/69.0.3497.100 Safari/537.36",
    }
```

```
    res=requests.get(url,headers=header)
    bs = BeautifulSoup(res.text, 'html.parser')
    res_list = bs.find_all('tr')
    ip_list = []
    for x in res_list:
        tds=x.find_all('td')
        if tds:
            ip_list.append({"ip":tds[1].text,"port":tds[2].text})
    return ip_list

# 验证代理是否可用
def ip_pool():
    socket.setdefaulttimeout(2)
    ip_list = get_ips(1)
    ip_pool_list=[]
    for x in ip_list:
        proxy=x["ip"]+":"+x["port"]
        proxies = {'http': proxy}
        try:
            res=requests.get("http://www.baidu.com",proxies=proxies)
            if res.status_code==200:
                ip_pool_list.append(proxy)
        except Exception as ex:
            continue
    return ip_pool_list
# 获取验证之后可用的 ip
ip_list=ip_pool()
```

这样就取得了一系列可用的 IP 代理，配合之前的爬虫使用，就不太容易出现 IP 被封的情况了，不过在目前这种情况下，验证 IP 所需要的时间太久，所以可以采用多线程或多进程的方法来进一步提高效率。

11.2.3 使用代理池

前面我们通过爬取和验证得到了一批可用的代理 IP 并且组成了一个代理池，下面可以看一下怎么在爬虫中使用它。其实前面也提到过，方法很简单，每次只需要从代理池里面随机取一个就可以了。例如下面的代码所示：

```
import random
# 把我们从 IP 代理网站上得到的可用 IP 列表，随机取出一个给爬虫使用
iplist = ip_pool()
proxies ={'http': random.choice(iplist)}
```

```
url="http://myip.kkcha.com/"
response = requests.get(url=url, proxies=proxies)
print(response.text)
```

在实际项目中，由于我们可能会获取到成千上万的代理 IP，建议这时候最好将这些通过验证可用的代理存储在数据库，如 Redis 或其他数据库，这样每次在使用的时候，就可以从数据库中去取。这样做的好处是易于维护，以及方便代理池的 IP 可以供其他的爬虫共享。

11.3 搭建自己的代理服务器

前面我们尝试维护过一个代理池，代理池可以挑选出许多可用代理，但是它们常常稳定性不高、响应速度慢，而且这些代理通常是公共代理，可能不止一人同时使用，其 IP 被封的概率很大。另外，这些代理可能有效时间比较短，虽然代理池一直在筛选，但如果没有及时更新状态，也有可能获取到不可用的代理。

如果要追求更加稳定的代理，就需要购买专有代理或自己搭建代理服务器。但是服务器一般都是固定的 IP，我们总不能搭建 100 个代理就用 100 台服务器吧？这显然是不现实的。

所以，ADSL 动态拨号主机就派上用场了，下面我们来了解一下 ADSL 拨号代理服务器的相关设置。

11.3.1 什么是ADSL

ADSL 全称叫作 Asymmetric Digital Subscriber Line，即非对称数字用户环路，因为它的上行带宽和下行带宽不对称。它采用频分复用技术把普通的电话线分成了电话、上行和下行 3 个相对独立的信道，从而避免了相互之间的干扰。

有种主机叫作动态拨号 VPS 主机，这种主机在连接上网的时候是需要拨号的，只有拨号成功才可以上网，每拨一次号，主机就会获取一个新的 IP，也就是它的 IP 并不是固定的，而且 IP 量特别大，几乎不会拨到相同的 IP，如果我们用它来搭建代理，既能保证高度可用，又可以自由控制拨号切换。通常在百度、谷歌等搜索引擎上搜索 ADSL 拨号，或 VPS 拨号，搜索出来的结果文章或网站链接介绍的都是指的同一种服务。

经测试发现，这也是最稳定最有效的代理方式，下面将详细介绍一下 ADSL 拨号代理服务器的搭建方法。

11.3.2 购买代理云主机

在开始搭建代理服务器之前，我们需要先做一些准备工作，购买一台可动态拨号的 VPS 主机，对于这样的主机，在百度搜索一下可以发现提供相关服务的代理商还是相当多的，比如云立方，不管是价格还是代理 IP 的稳定性都是非常不错的，所以本节内容以云立方来作为示例进行讲解。配置的话可以根据实际需求自行选择，看一下带宽是否满足需求就好了。下面我们来看看怎么去购买。

步骤 1： 打开云立方官网，如图 11-4 所示，可以看到这里提供了很多区域的选项，这里选择的是四川成都电信线路（推荐购买电信线路的），为了演示，选择了 7 元一天的，然后单击购买，购买完成后，在后台控制面板就可以看到我们所购买的主机了，如图 11-5 所示。

图 11-4　云立方官网

图 11-5　购买后的控制台

步骤 2： 购买完成之后，接下来就需要安装操作系统了，进入拨号主机的后台，首先预装一个操作系统。我们这里选择 Centos 7.1 版本，如图 11-6 所示。

图 11-6　选择 Centos 7.1 版本

选择好版本之后，单击【马上预装操作系统】按钮，这时候它会显示相关的 ssh 连接账号和密码等信息，如图 11-7 所示，牢记这个账号和密码，然后耐心等待 5 ~ 6 分钟，就可以使用 Xshell 等工具去连接了。如这里分配的 IP 和端口分别为 110.187.88.59:20057，用户名为 root 。

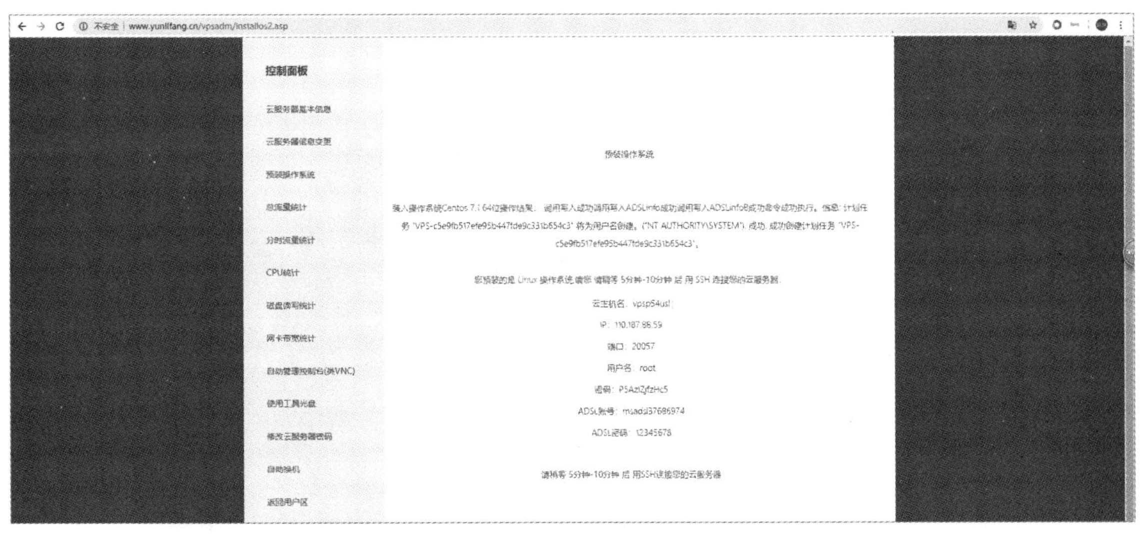

图 11-7　安装操作系统

11.3.3　测试拨号

通过前面的操作，我们已经成功购买了一台主机和安装好了操作系统，接下来需要使用远程工具 Xshell 去连接，测试一下它的拨号效果，步骤如下。

步骤 1：首先打开 Xshell 连接工具，新建一个会话，输入我们得到的账号信息，如图 11-8 所示，

Xshell 这个工具大家可以自行去网上下载。

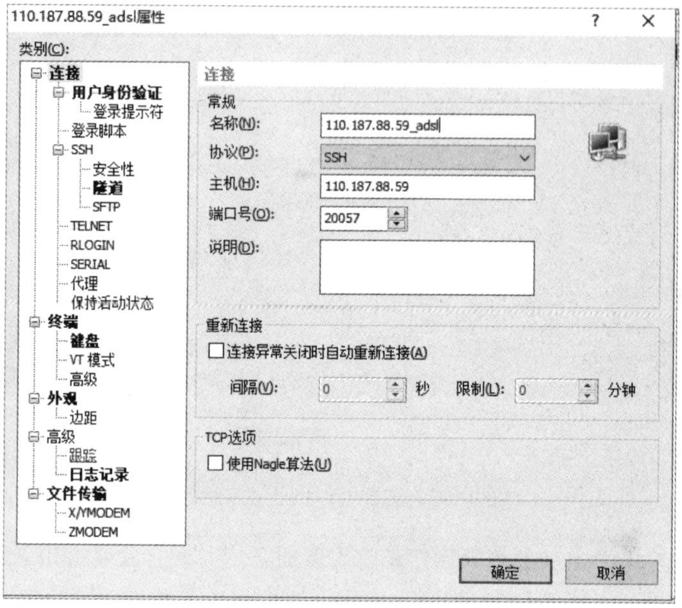

图 11-8　打开 Xshell

输入之后，单击【确定】按钮，然后输入管理密码，就可以连接上远程服务器了，如图 11-9 所示。

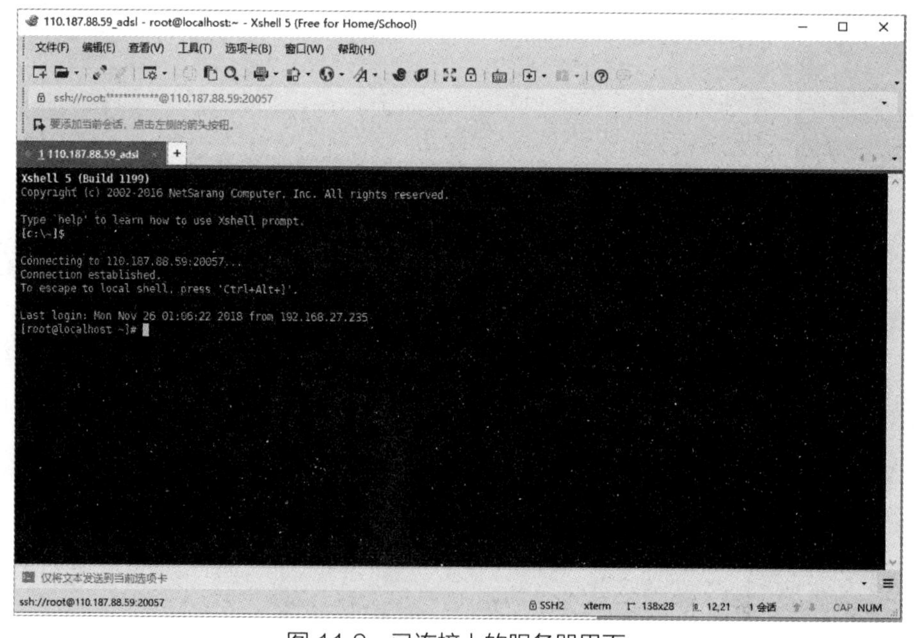

图 11-9　已连接上的服务器界面

步骤 2： 进入之后，其实它已经默认把 ADSL 账号和密码初始化设置好了，在前面购买的时候已经获得了一个账号和密码。在拨号之前如果测试 ping 任何网站都是不通的，这因为当前网络还没被连通。我们可以 ping 一下 www.baidu.com 来试一下，如图 11-10 所示，笔者发现此时 ping 百度是 ping 不通的。

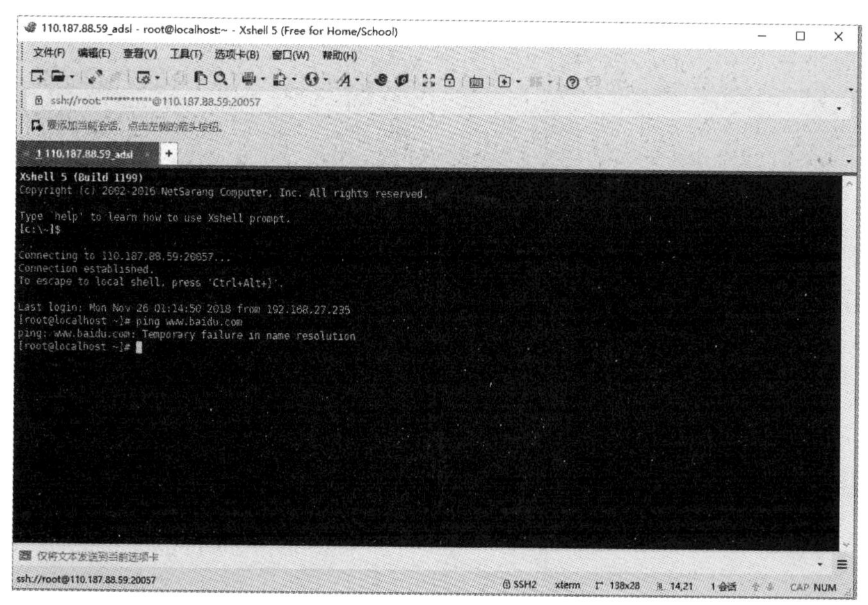

图 11-10　测试网络是否连通

这时我们可以输入拨号命令：

```
adsl-start
```

可以发现拨号命令成功运行，没有任何报错信息，这就证明拨号成功完成了，耗时约几秒钟。接下来如果再去 ping 外网就可以通了。再次 ping www.baidu.com 试试，如图 11-11 所示，可以看到成功了，ping 百度网站也成功了，并且返回了信息。

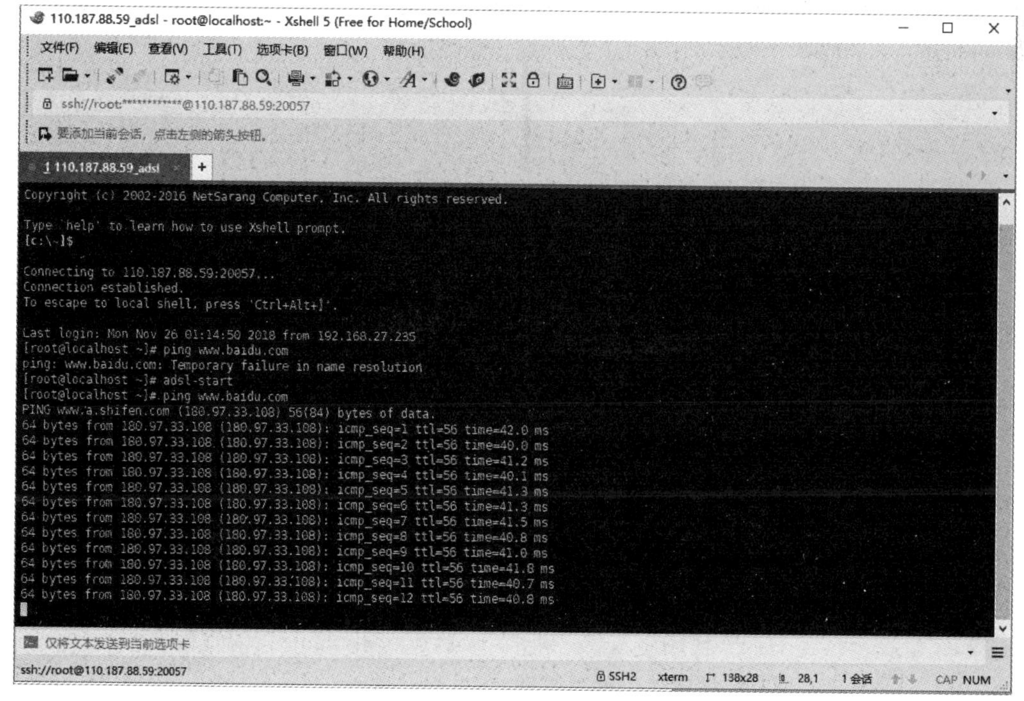

图 11-11　ping 测试

步骤 3：如果要停止拨号，可以输入以下命令。

```
adsl-stop
```

停止之后，可以发现又连不通网络了，所以只有拨号之后才可以建立网络连接。所以断线回放的命令就是二者组合起来，先执行 adsl-stop，再执行 adsl-start，每拨一次号，使用 ifocnfig 命令观察一下主机的 IP，发现主机的 IP 一直是在变化的，网卡名称叫作 ppp0，如图 11-12 所示。

所以，到这里就可以知道它作为代理服务器的巨大优势了，如果将这台主机作为代理服务器，即使一直拨号换 IP，也不怕遇到 IP 被封的情况了。即使某个 IP 被封了，重新拨一次号就好了。

所以接下来要做的就有两件事，一是怎样将主机设置为代理服务器，二是怎样实时获取拨号主机的 IP。

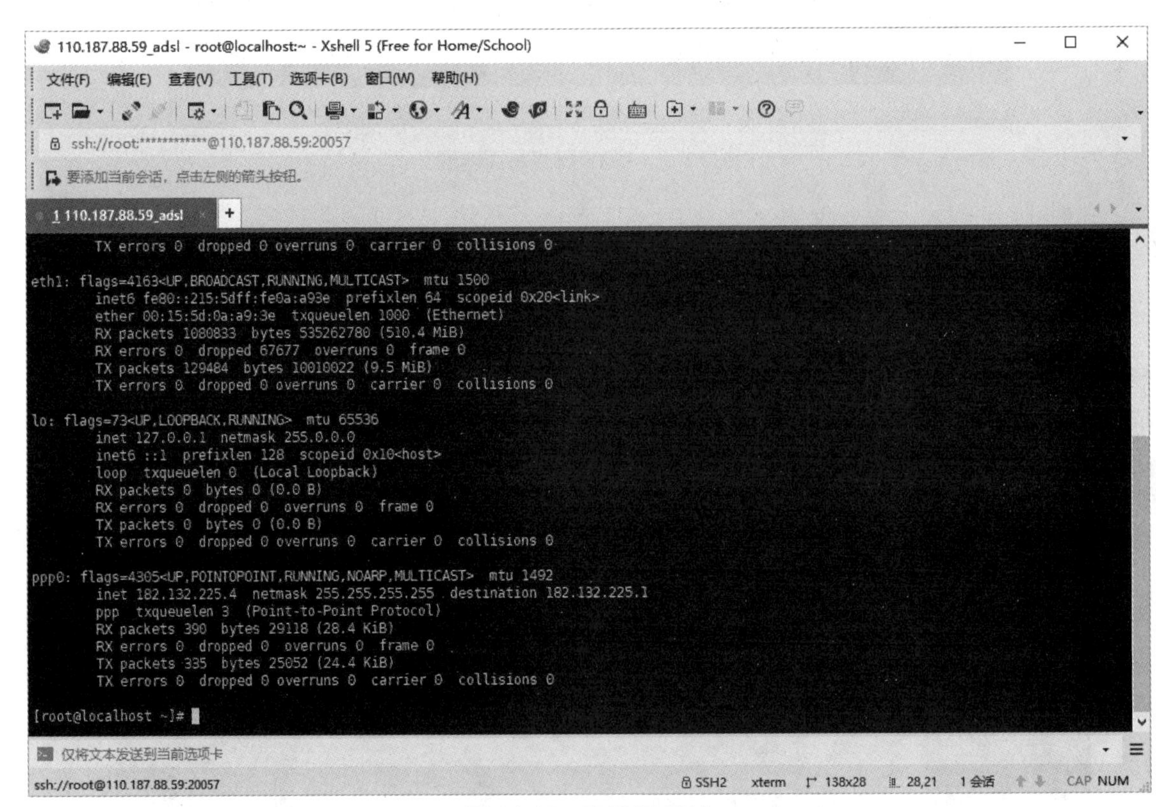

图 11-12　查看 IP 地址

11.3.4　设置代理服务器

之前经常听说代理服务器，也设置过不少代理了，那自己有一台主机的话又该怎样将其设置为代理服务器呢？接下来就亲自试验一下怎样搭建 HTTP 代理服务器。

在 Linux 系统下搭建 HTTP 代理服务器，推荐 TinyProxy 和 Squid，配置都非常简单，在这里以 TinyProxy 为例来讲解一下怎样搭建代理服务器。

步骤 1：安装 TinyProxy 。依次执行以下命令。

```
yum install -y epel-release
yum update -y
yum install -y tinyproxy
```

步骤 2: 配置 TinyProxy。安装完成之后还需要配置 TinyProxy，配置后才可以用作代理服务器，需要编辑配置文件的一般路径是 /etc/tinyproxy/tinyproxy.conf，使用 vim 命令进入到编辑界面（需要注意的是，如果提示 vim 命令不可用，需要使用 yum install vim 先安装），如图 11-13 所示。

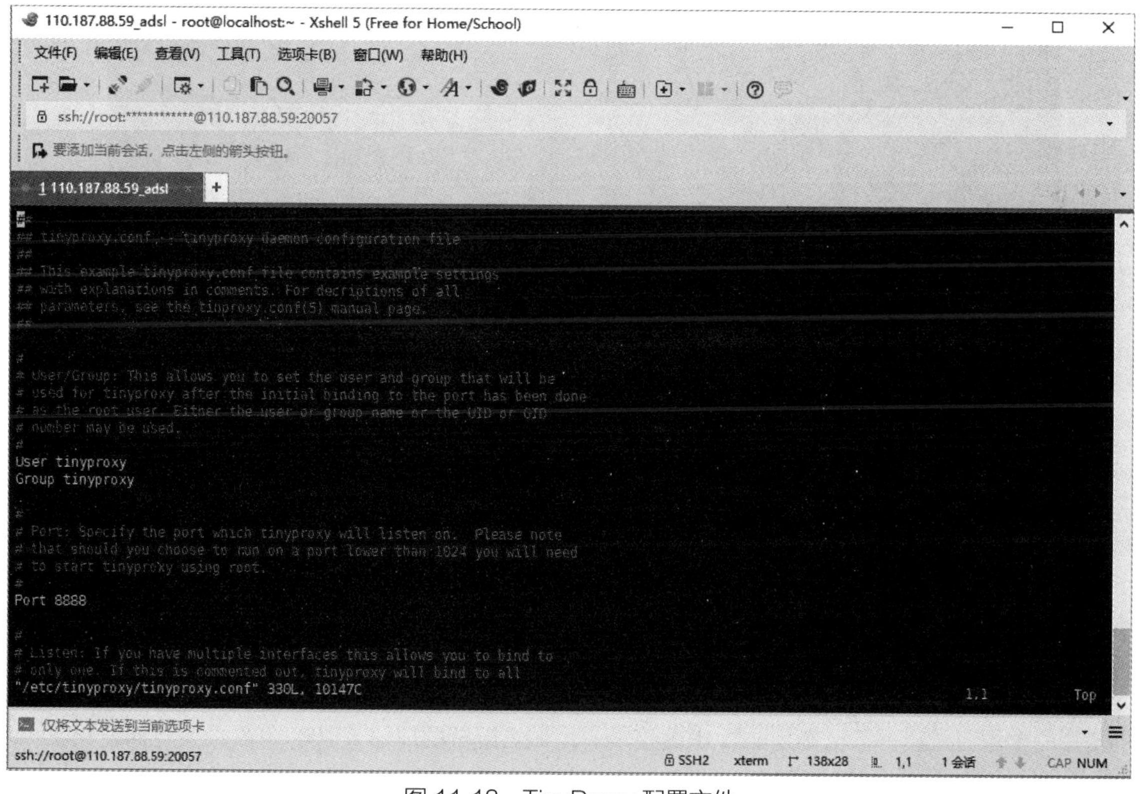

图 11-13　TinyProxy 配置文件

可以看到有一行“Port 8888”，在这里可以设置代理的端口，默认是 8888。然后继续向下找，会有这么一行“Allow 127.0.0.1”，这是被允许连接的主机的 IP，如果想要任何主机都可以连接，那就直接将它注释即可，所以在这里选择直接注释，也就是任何主机都可以使用这台主机作为代理服务器了。修改为：

```
#Allow 127.0.0.1
```

步骤 3：设置完成之后重启 TinyProxy 即可。输入以下命令。

```
service tinyproxy start
```

步骤 4：验证 TinyProxy。这样就成功搭建好代理服务器了，首先使用 ifconfig 查看下当前主机的 IP，比如当前主机拨号 IP 为 182.132.225.4，在其他的主机运行测试一下。比如用 curl 命令设置代理请求一下 httpbin，检测一下代理是否生效。在 windows 命令行中执行以下命令：

```
curl -x 182.132.225.4:8888 httpbin.org/get
```

如果请求成功，将会出现如图 11-14 所示的内容。

如果有正常的结果输出并且 origin 的值为代理 IP 的地址，就证明 TinyProxy 配置成功了，说明这个代理是可以用的。

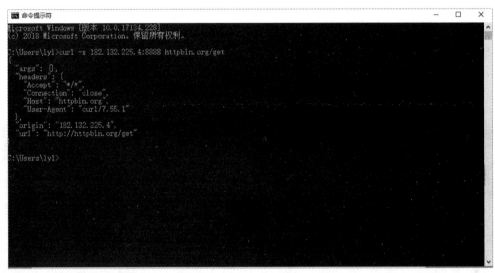

图 11-14　curl 测试

11.3.5　动态获取IP

怎样动态获取主机的 IP 呢？可能大家首先想到的是 DNS，也就是动态域名解析服务，我们需要使用一个域名来解析，也就是虽然 IP 是变的，但域名解析的地址可以随着 IP 的变化而变化。

动态获取 IP 的原理其实是拨号主机向固定的服务器发出请求，服务器获取客户端的 IP，然后再将域名解析到这个 IP 上就可以了。

关于域名，网上有很多平台都有提供注册，如阿里云、腾讯云等，都提供了域名的注册，大家只需要注册好域名，将它解析到我们搭建的代理服务器就可以了。比如这里以在腾讯云上注册的一个域名为例（具体注册和解析步骤请参考域名提供商官网），将自己注册的域名 ads.liuyanlin.cn 解析到这台服务器。通过 ping 命令测试，这里已经成功解析过了，如图 11-15 所示。

接下来需要安装一个 Nginx，使用 Nginx 去做一个反向代理，安装 Nginx 可以直接使用 yum 安装，命令如下：

```
yum install nginx
```

图 11-15　ping 命令测试

安装好后，默认在 /etc 路径下，这时候需要修改 nginx.conf 配置文件，如图 11-16 所示。

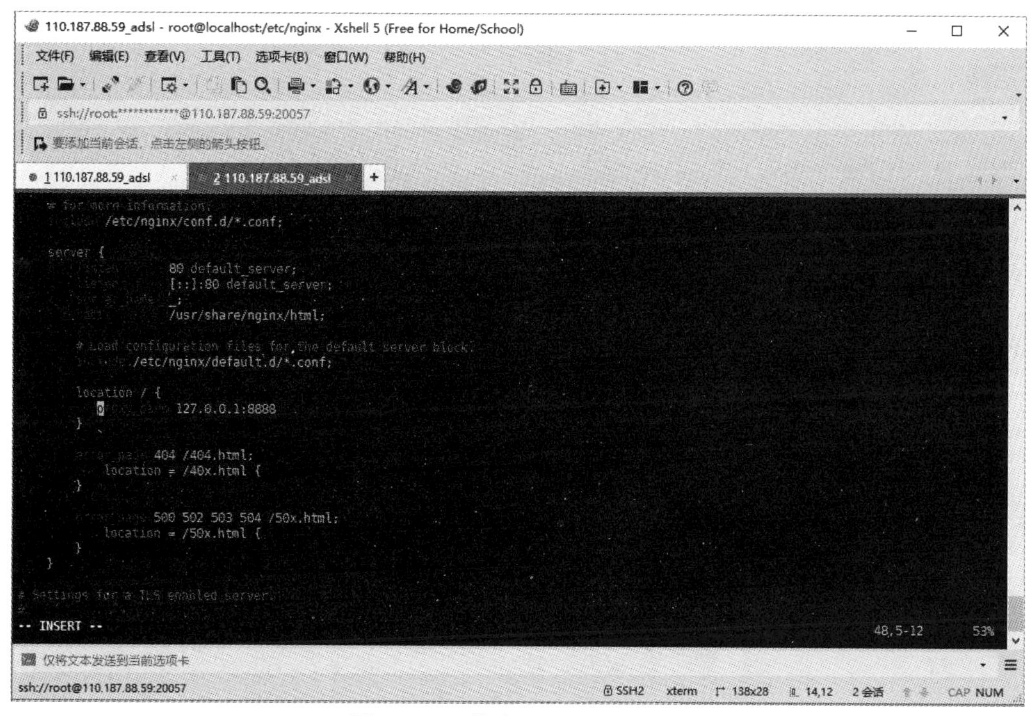

图 11-16　修改 Nginx 配置文件

需要在 location 下加上一句：proxy_pass 127.0.0.1:8888，表示反向到本机 8888 端口。然后保存重新启动 Nginx，命令如下：

```
nginx -s reload
```

现在就可以通过域名去动态获取 IP 了。

11.3.6 使用Python实现拨号

前面我们已经搭建好自己的代理服务器，那么要使用它，总不能每次都手动使用 Xshell 登录服务器去拨号吧？所以这里大家需要使用程序去自动拨号返回需要的 IP。用程序去实现的方式有很多种，下面以 Python 为例，去实现模拟登录 Xshell 拨号，然后获取新的 IP 返回过来供我们使用。首先使用 pip 安装好 paramiko 这个库，相关示例代码如下：

```
import paramiko
import time
import re

# 定义一个类，表示一台远端 Linux 主机
class Linux(object):
    # 通过 IP、用户名、密码和超时时间初始化一个远程 Linux 主机
    def __init__(self, ip, username, password, timeout=30):
        self.ip = ip
        self.username = username
        self.password = password
        self.timeout = timeout
        # transport 和 chanel
        self.t = ''
        self.chan = ''
        # 链接失败的重试次数
        self.try_times = 3

    # 调用该方法连接远程主机
    def connect(self):
        while True:
            # 连接过程中可能会抛出异常，比如网络不通、链接超时
            try:
                self.t = paramiko.Transport(sock=(self.ip, 22))
                self.t.connect(username=self.username,
                    password=self.password)
                self.chan = self.t.open_session()
                self.chan.settimeout(self.timeout)
                self.chan.get_pty()
                self.chan.invoke_shell()
                # 如果没有抛出异常说明连接成功，直接返回
                print(u'连接 %s 成功' % self.ip)
```

```
                # 接收到的网络数据解码为 str
                print(self.chan.recv(65535).decode('utf-8'))
                return
            # 对可能的异常如 socket.error、socket.timeout 细化而不一网打尽
            except Exception as ex:
                if self.try_times != 0:
                    print(u'连接 %s 失败，进行重试' % self.ip)
                    self.try_times -= 1
                else:
                    print(u'重试 3 次失败，结束程序')
                    exit(1)

    # 断开连接
    def close(self):
        self.chan.close()
        self.t.close()

    # 发送要执行的命令
    def send(self, cmd):
        cmd += '\r'
        result = ''
        # 发送要执行的命令
        self.chan.send(cmd)
        # 回显很长的命令可能执行较久，通过循环分批次取回回显，执行成功返回 true,
        # 失败返回 false
        while True:
            time.sleep(0.5)
            ret = self.chan.recv(65535)
            ret = ret.decode('utf-8')
            result += ret
            return result

# 连接正常的情况
if __name__ == '__main__':
    host = Linux('110.187.88.59', 'root', 'P5AzlZjfzHc5')
                                            # 传入 IP、用户名和密码
    host.connect()
    adsl=host.send('adsl-start') # 发送一个拨号命令
    result = host.send('ifconfig')  # 发送一个查看 IP 的命令
    ip=re.findall(".*?inet.*?(\d+\.\d+\.\d+\.\d+).*?netmask",result)
    print("拨号后的 IP 是："+ip[0])
    host.close()
```

这里使用 Python 实现一个模拟 Xshell 的功能，用它就可以远程自动连接上代理服务器，然后使用 send 方法发送执行命令，最后从返回的结果中用正则匹配出需要的 IP。得到这个 IP 后就可以拿到我们的爬虫中去使用了。

11.4 使用Nginx实现封禁IP

本章前面的小节主要讲解的是如何使用代理 IP 去应对要爬取的目标网站，接下来本小节将演示如何使用 Nginx 拦截在一定时间内访问过快的 IP。

Nginx 提供了两个模块：ngx_http_limit_req_module 和 ngx_http_limit_conn_module，前者是限制同一 IP 在一段时间内的访问总次数，后者是限制同一 IP 的并发请求次数。还是以这里发布的一个页面为例，如图 11-17 所示。

图 11-17　测试页面

测试地址为：http://mxd.liuyanlin.cn/ip_test.html。

要实现的效果是：当有人在快速地连续按【F5】键进行刷新时，如果速度过快，则拒绝服务。首先修改 Nginx 配置文件，参考配置示例代码如下：

```
http {
    limit_req_zone $binary_remote_addr zone=onelimit:10m rate=20r/m;

    server {
        ...
        location / {
            limit_req zone=onelimit burst=5 nodelay;
```

```
                limit_req_log_level warn;
            }
        }
    }
```

这里的配置如下所示：

```
    location /ip_test {
            limit_req zone=onelimit burst=5 nodelay;
            limit_req_log_level warn;
             root /home/work/mxd_web/;
             index ip_test.html;
    }
```

修改完毕之后，重启 Nginx，然后在浏览器中快速地按【F5】键刷新，这时候会发现如果刷新过快，就会提示如图 11-18 所示的内容。

图 11-18　刷新页面

出现如图 11-18 所示的内容，则表示当前 IP 发送的频率过快，已经被 Nginx 拦截并且拒绝为该 IP 服务。至此就已经完成了使用 Nginx 封禁 IP 的任务。

关于封禁 IP，实际情况下可能还会有短暂封禁、永久封禁、按网段封禁等，所以读者如果在写爬虫过程，建议多测试分析。

11.5 新手问答

1. 如果代理没有使用成功，那问题出在哪里？

答：在实际过程中，如果代理使用不成功，可以先排除代理是否可用，比如通过 ping 命令去

ping 一下代理，看能否 ping 通，或者也可以换几个网站访问试试，也不排除所使用的这个代理是别人用过的，可以多方面进行分析。

2. 如何在爬虫工作中解决代理IP不足的问题？

答：在爬虫工作过程中，经常会被目标网站禁止访问，但又找不到原因，这是非常令人恼火的事情。一般来说，目标网站的反爬虫策略都是依靠 IP 来标识爬虫的，很多时候，我们访问网站的 IP 地址会被记录，当服务器认为这个 IP 是爬虫，那么就会限制或禁止此 IP 访问。被限制 IP 最常见的一个原因是爬取频率过快，超过了目标网站所设置的阈值，而会被服务器禁止访问。所以，很多爬虫工作者会选择使用代理 IP 来辅助爬虫工作的正常运行。

但有时候不得不面对这样一个问题，代理 IP 不够用，怎么办？有人说，不够用就去买。这里有两个问题，一是成本问题，二是高效代理 IP 并不是到处都有。

通常，爬虫工程师会采取这样两个手段来解决问题。

（1）放慢爬取速度，减少 IP 或其他资源的消耗，但是这样会减少单位时间的爬取量，可能会影响到任务能否按时完成。

（2）优化爬虫程序，减少一些不必要的程序，提高程序的工作效率，减少对 IP 或其他资源的消耗，这就需要资深爬虫工程师了。如果说这两个办法都已经做到极致了，还是解决不了问题，那么只有加大投入，继续购买高效的代理 IP 来保障爬虫工作高效、持续、稳定地进行。

3. 设置了代理，如proxy_ip={'HTTP':'49.85.13.8:35909'}，但是没有生效，到网上找了很多代理，但是始终显示的是自己的IP，这是什么原因？

答：这个是代理格式的原因造成的，正确的格式为 {'http': 'http://proxy-ip:port'}，也有可能是因为代理是不可用的。

本章小结

本章开头讲解了 Python 主要的网络请求库的代理设置，接着讲解了代理池的构建、怎么去获取免费的代理和购买代理服务器并且搭建代理服务，以及使用 Python 去远程拨号获取最新的 IP。最后简单地演示了怎么使用 Nginx 去拦截访问过快的请求，且短暂地封禁该 IP。

第12章
反爬—动态渲染页面

本章导读

动态网页比静态网页更具有交互性，能给用户提供更好的体验。比如在当前页面地址不变的情况下可以更新页面上部分的内容，像百度首页的搜索框，当在输入文字的时候，它就会自动出现很多与输入词相关的备选项。它是由JavaScript与网站服务端进行交互之后来改变页面内容，这种现象我们就称为动态渲染。很多时候网站开发者只是想完成某一个交互功能，而不是特意为了区分正常用户与爬虫程序，却在不经意间限制了爬虫程序对数据的获取。由于编程语言没有像浏览器一样内置JavaScript解释器和渲染引擎，所以动态渲染是天然的反爬虫手段。

当我们在遇到动态渲染的网页时，可以借助渲染工具来解决动态网页的问题。接下来将通过一些实际案例来了解动态渲染页面的应用场景和应对方法。

知识要点

通过本章内容的学习，读者能够熟练地在各种应用场景下实现动态渲染页面的数据爬取或一些自动化程序的编写。本章主要知识点如下：

- 动态渲染案例介绍
- 常见的解决方案
- Selenium框架的使用
- 使用Browsermob-Proxy获取浏览器Network请求和响应

12.1 动态渲染案例介绍

动态渲染被广泛地应用在 Web 网站中，大部分的网站都会以 JS 交互来提升用户体验。下面就来看一下动态渲染都被应用在哪些场景中。

12.1.1 单击事件

单击事件指的是用户在页面上单击某一个按钮或页面元素的操作，这些按钮都会对应绑定一个 JS 方法，当我们在单击它时，就会在用户无感知的情况下去执行。下面以巨潮资讯网为例，在浏览器中打开巨潮资讯网的首页，然后选择【公告】选项，如图 12-1 所示。

图 12-1　巨潮资讯网首页

将鼠标滑动到页面底部，可以看到有很多的分页按钮，单击【下一页】按钮，如图 12-2 所示。

单击按钮之后会发现，浏览器上面的 URL 地址栏并没有什么变化，但是页面上的列表内容却发生了改变。

接着，通过按【F12】键去看一下，选择【Network】下的【XHR】条目，如图 12-3 所示，再次单击【下一页】按钮，观察【XHR】条目，发现每单击一次【下一页】按钮，它就会发送一个请求。这就说明了它是一个动态渲染的页面。

图 12-2　单击【下一页】按钮

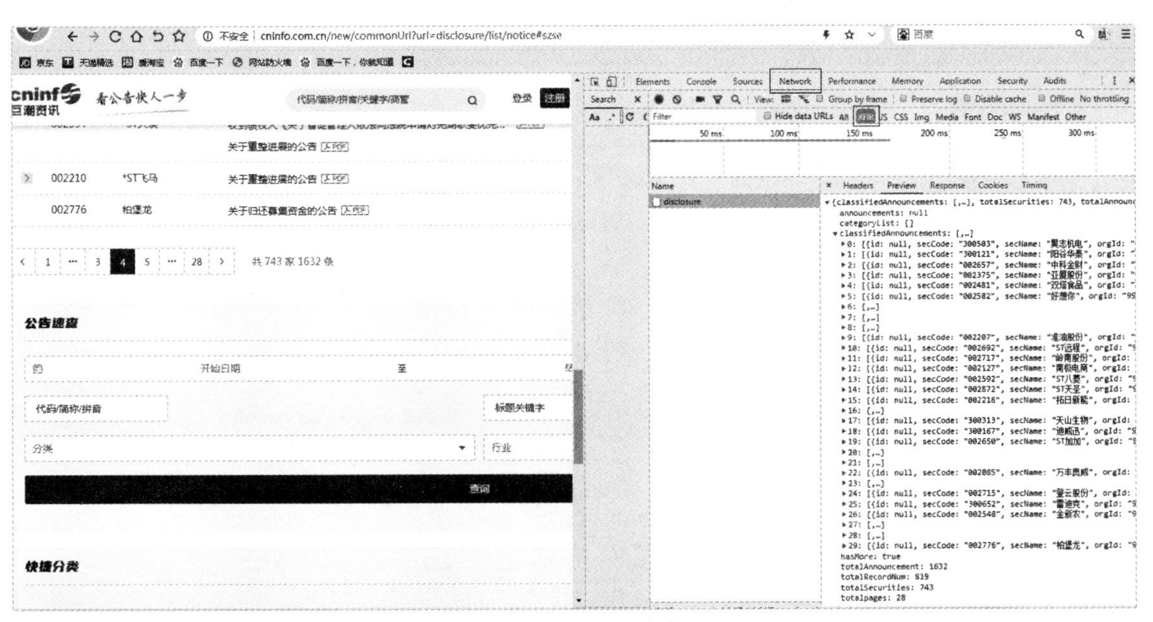

图 12-3　XHR 请求

12.1.2　异步加载数据

异步请求能够有效地减少页面加载等待时间，从而提升网页的打开速度，增强用户体验感。有些网站，当我们打开的时候，如果在浏览器上正常浏览，虽然看到了页面中有显示某个数据，但是通过在浏览器上右击查看网页源码，却发网页源码中并没有该数据。这其实也是一个通过 JS 异步请求，然后动态地将数据渲染在页面的案例，例如，使用去哪儿网站查询机票。

如图 12-4 和图 12-5 所示，当我们根据起始点查询搜索机票的时候，页面上虽然显示了查询结果，但是通过右击查看源码，源码中却不能直接找到与机票相关的信息。

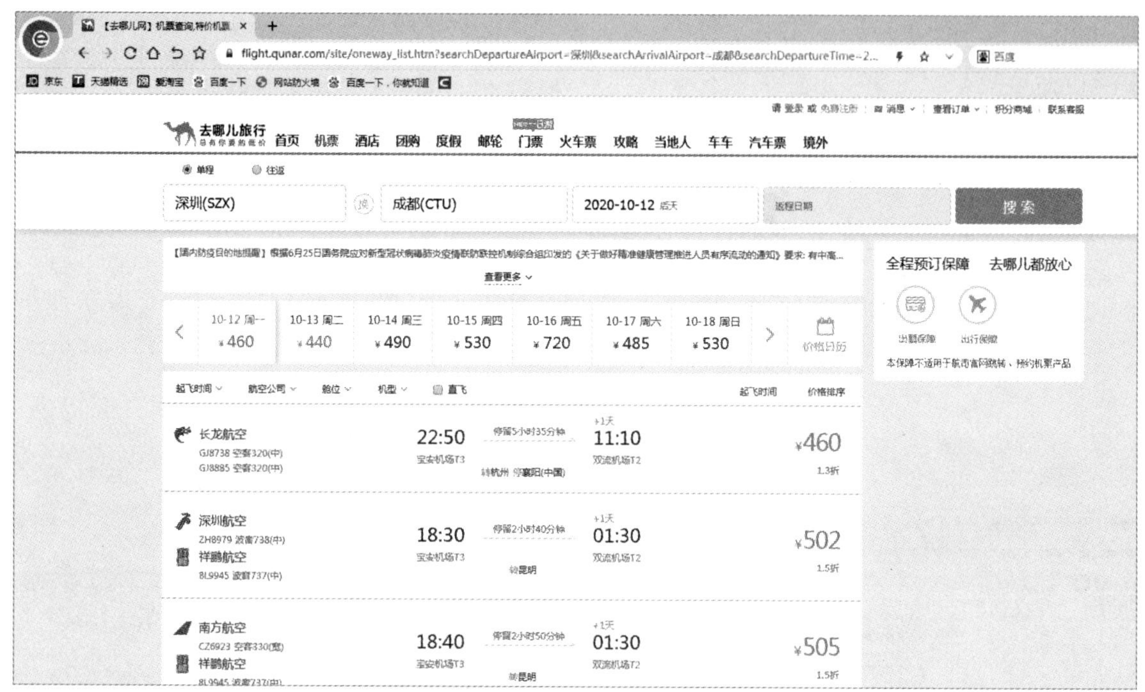

图 12-4　去哪儿查询机票信息

图 12-5　查看该页面源码

12.1.3　焦点事件

目前很多信息类的网站，由于网站内容较多，开发者为了方便用户查询数据，一般都会提供一个搜索框的元素，用户只需要在搜索框中输入关键词，即可查询与之匹配的信息。这其中比较有代表性的网站是百度。如图 12-6 所示，当我们在百度搜索框中输入文字的时候，它会实时地发起异步请求，然后反馈与之匹配的结果。

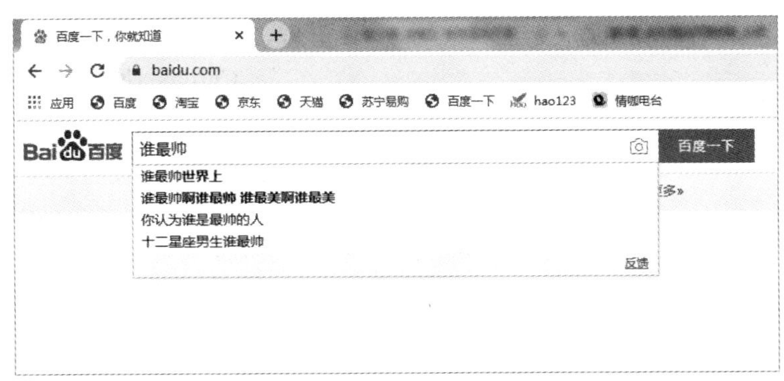

图 12-6　百度搜索

12.2　常见应对动态渲染页面的解决办法

应对动态渲染页面反爬，常见的解决方法主要有两种，即利用一些抓包工具进行抓包分析或使用动态渲染工具去模拟真人获取数据。如果是使用抓包工具，在使用过后还需要使用 Python 的网络请求库去请求接口获取数据。而采用抓包工具分析接口，有些参数加密难度大，耗时耗力，这时候可以采用动态渲染工具去模拟真人获取数据。本节内容只对第二种方式动态渲染工具进行讲解，至于提到的第一种方式，将放在后面章节进行详细讲解。

12.3　使用Selenium爬取动态渲染页面

Selenium 是一个自动化测试工具。Selenium 测试直接运行在浏览器中，支持的浏览器包括 IE（7/8/9）、Mozilla Firefox、Mozilla Suite 等。它的主要功能包括：测试与浏览器的兼容性——测试应用程序是否能够很好地工作在不同浏览器和操作系统之上。利用它可以驱动浏览器执行特定的动作，如单击鼠标、滑动下拉列表等动作，同时还可以获取浏览器当前呈现的网页源代码，做到可见可爬。对于一些 JavaScript 动态渲染的页面来说，此种抓取方式非常有效。本节就让我们来了解一下它的强大优势吧。

12.3.1 安装Selenium库

在使用 Selenium 之前，需要先安装 Selenium 的 Python 库并下载驱动，相关的准备步骤如下。笔者这里选择性的以谷歌浏览器为例进行讲解。

步骤 1：安装 Selenium 非常简单，只需要在 cmd 命令行中直接执行 pip 命令安装：

```
pip install Selenium
```

步骤 2：安装浏览器驱动，因为 Selenium 3.x 调用浏览器必须要有一个 WebDriver 驱动文件。Chrome 驱动文件和 Firefox 驱动文件可到官网进行下载。

步骤 3：设置浏览器驱动的环境变量，我们可以手动创建一个存放浏览器驱动的目录，如 D:\apk\chromedriver，将下载的浏览器驱动文件（如 chromedriver、geckodriver）放到该目录下。如果是 Linux 下，把下载好的文件放在 /usr/bin 目录下就可以了。

然后依次单击：【我的电脑】→【属性】→【系统设置】→【高级】→【环境变量】→【系统变量】→【Path】，将路径添加到 Path 的值中。如图 12-7 所示。

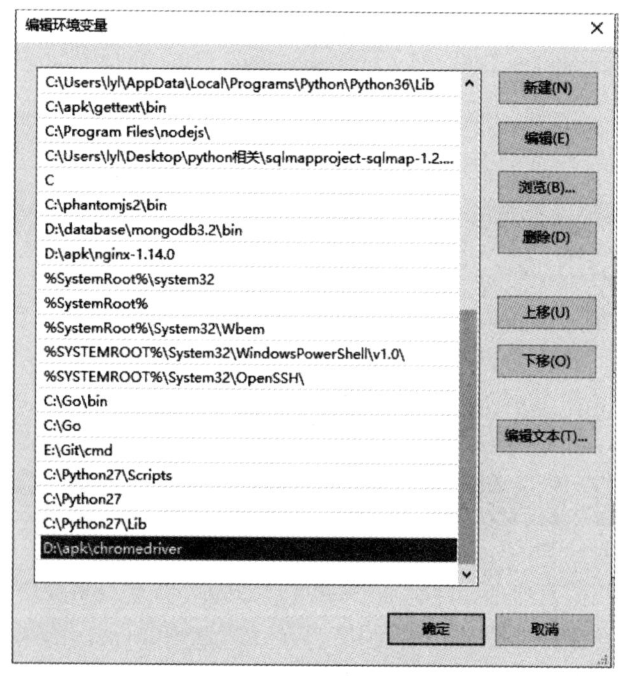

图 12-7 设置环境变量

步骤 4：新建一个 py 文件，并在里面输入以下代码运行测试。

```
from selenium import webdriver

browser = webdriver.Chrome()
browser.get('http://www.baidu.com/')
```

运行这段代码，会自动打开浏览器，然后访问百度。如果程序执行错误，浏览器没有打开，那么应该是环境设置有问题。

> **温馨提示**
>
> ChromeDriver 的版本要与自己使用的 Chrome 浏览器版本对应，否则会报错。如果是 Firefox 浏览器的话，需要将 webdriver.Chrome() 替换成 webdriver.Firefox()，其他方法不变，后面所涉及的代码示例都是这样。

关于驱动，这里也可以不用配置环境变量，直接在代码中写上路径，如下面的示例代码，实例化的时候传入参数：

```
driver = webdriver.Chrome(executable_path="chromedriver.exe")
```

12.3.2 Selenium定位方法

Selenium 提供了 8 种元素定位方式，通过这些定位方式可以定位指定元素、提取数据或给指定的元素绑定事件设置样式等。这 8 种方式分别为 id、name、class name、tag name、link text、partial link text、xpath、css selector。这 8 种定位方式在 Python Selenium 中所对应的方法如表 12-1 所示。

表 12-1 Selenium 中的 8 种定位方法与 Python 中的方法对照

Selenium 定位方法	Python 中的对应方法
id	find_element_by_id()
name	find_element_by_name()
class name	find_element_by_class_name()
tag name	find_element_by_tag_name()
link text	find_element_by_link_text()
partial link text	find_element_by_partial_link_text()
xpath	find_element_by_xpath()
css selector	find_element_by_css_selector()

了解了方法以后，下面我们再去看看这些方法怎么使用，假如有一个 Web 页面，通过前端工具（如 Chrome 或 Firebug）查看到一个元素的属性是这样的，如图 12-8 所示。

```
▼<form id="form" name="f" action="/s" class="fm">
   <input type="hidden" name="ie" value="utf-8">
   <input type="hidden" name="f" value="8">
   <input type="hidden" name="rsv_bp" value="0">
   <input type="hidden" name="rsv_idx" value="1">
   <input type="hidden" name="ch" value>
   <input type="hidden" name="tn" value="baidu">
   <input type="hidden" name="bar" value>
  ▼<span class="bg s_ipt_wr quickdelete-wrap"> == $0
     <span class="soutu-btn"></span>
     <input id="kw" name="wd" class="s_ipt" value maxlength="255" autocomplete="off">
     <a href="javascript:;" id="quickdelete" title="清空" class="quickdelete" style="top: 0px; right: 0px;
     display: none;"></a>
   </span>
  ▶<span class="bg s_btn_wr">…</span>
  ▶<span class="tools">…</span>
   <input type="hidden" name="rn" value>
```

图 12-8 百度首页源码

这个源码是百度首页的，我们的目的是要定位 input 标签的输入框，那么依次使用前面所提到的 8 种定位方法来定位，看看它在 Python 中是如何使用的。

（1）通过 id 定位，方法如下。

```
browser.find_element_by_id("kw")
```

（2）通过 name 定位，方法如下。

```
browser.find_element_by_name("wd")
```

（3）通过 tag name 定位，方法如下。

```
browser.find_element_by_tag_name("input")
```

（4）通过 xpath 定位，xpath 定位有很多种写法，这里列举几个常用写法，如下所示。

```
browser.find_element_by_xpath("//*[@id='kw']")
browser.find_element_by_xpath("//*[@name='wd']")
browser.find_element_by_xpath("//input[@class='s_ipt']")
browser.find_element_by_xpath("/html/body/form/span/input")
browser.find_element_by_xpath("//span[@class='soutu-btn']/input")
browser.find_element_by_xpath("//form[@id='form']/span/input")
browser.find_element_by_xpath("//input[@id='kw'and @name='wd']")
```

（5）通过 css 定位，css 定位有很多种写法，这里列举几个常用写法，如下所示。

```
browser.find_element_by_css_selector("#kw")
browser.find_element_by_css_selector("[name=wd]")
browser.find_element_by_css_selector(".s_ipt")
browser.find_element_by_css_selector("html > body > form > span > input")
browser.find_element_by_css_selector("span.soutu-btn> input#kw")
browser.find_element_by_css_selector("form#form > span > input")
```

接下来，我们的页面上会有一组文本链接。

（6）通过 link text 定位，方法如下。

```
browser.find_element_by_link_text(" 新闻 ")
browser.find_element_by_link_text("hao123")
```

（7）通过 Partial link text 定位，方法如下。

```
browser.find_element_by_partial_link_text(" 新 ")
browser.find_element_by_partial_link_text("hao")
browser.find_element_by_partial_link_text("123")
```

总的来说，关于 Selenium 的定位使用还是比较简单的，但在实际开发中可能用不了这么多，根据实际情况选择一两种就可以了。

12.3.3 控制浏览器操作

Selenium 不仅能够定位元素，它还能控制浏览器的操作，如设置浏览器的大小、控制浏览器前进后退或刷新页面、自动提交 Form 表单等。

1. 设置浏览器大小

有时候我们希望能以某种浏览器尺寸打开，让访问的页面在这种尺寸下运行。例如，可以将浏览器设置成移动端大小（480*800），然后访问移动站点，对其样式进行评估；WebDriver 提供了 set_window_size() 方法来设置浏览器的大小。示例代码如下：

```
from selenium import webdriver

browser = webdriver.Chrome()
browser.get('http://www.baidu.com/')
# 参数数字为像素点
print(" 设置浏览器宽 480、高 800 显示 ")
browser.set_window_size(480, 800)
browser.quit()
```

执行此代码，将会弹出谷歌浏览器显示百度的首页，并将浏览器窗口大小设置成了 480*800，并退出。

2. 控制浏览器后退、前进

在使用浏览器浏览网页时，浏览器提供了后退和前进按钮，可以方便地在浏览过的网页之间切换，WebDriver 也提供了对应的 back() 和 forward() 方法来模拟后退和前进按钮。下面通过示例来演示这两个方法的使用。

```
from selenium import webdriver

browser = webdriver.Chrome()

# 访问百度首页
first_url= 'http://www.baidu.com'
print("now access %s" %(first_url))
browser.get(first_url)

# 访问新闻页面
second_url='http://news.baidu.com'
print("now access %s" %(second_url))
browser.get(second_url)
# 返回（后退）到百度首页
print("back to  %s "%(first_url))
browser.back()
# 前进到新闻页面
print("forward to  %s"%(second_url))
browser.forward()
browser.quit()
```

为了看清脚本的执行过程，上面每操作一步都通过 print() 来输出当前的 URL 地址。执行代码后将会在控制台看到如下结果：

```
now access http://news.baidu.com
back to  http://www.baidu.com
forward to  http://news.baidu.com
```

可看到，它已经访问了 3 个不同的 URL。

3. 刷新页面

有时候我们想刷新当前页面，那就更简单了，只需要使用 browser.refresh() 方法，就可以刷新页面，示例如下：

```
from selenium import webdriver

browser = webdriver.Chrome()

# 访问百度首页
url= 'http://www.baidu.com'
browser.get(url)
# 刷新当前页面
browser.refresh()
```

12.3.4 WebDriver常用方法

前面我们已经学习了定位元素。定位只是第一步，定位之后需要对这个元素进行操作，或单击（按钮）或输入（输入框），下面就来认识 WebDriver 中最常用的几个方法。

1. clear()清除文本

通过 clear() 这个方法，我们可以清除掉如 input、textarea 等 Form 表单中的文本内容。下面结合本实例，如果要实现清除掉出发城市这个 input 输入框的默认值，就会用到 clear() 方法。如下代码所示，代码通过 xpath 选择器根据 kw 为标识，匹配到一个 input 元素后，并且调用了 clear() 方法达到了清除这个输入框默认值的效果。同理，如果要清除其他诸如 textarea 之类的元素值，与之类似，这里不再重复演示代码。如图 12-9，要清除掉出发城市这个 input 输入框的默认值。

图 12-9　南航机票查询 input 输入框

```
browser.find_element_by_id("kw").clear()
```

2. send_keys (value) 模拟按键输入

有时候我们要模拟按键输入，可以使用 send_keys() 这个方法，通过它就能设置 input 的值，示例代码如下：

```
browser.find_elements_by_id("kw").send_keys(" 测试输入值 ")
```

运行这行代码可能会报错，这是因为通过 find_elements_by_id() 这个方法，它所返回的是一个 WebElements 列表，所以我们这里要将它改一下，改为取第 0 个，修改后的代码为：

```
browser.find_elements_by_id("kw")[0].send_keys(" 测试输入值 ")
```

可能细心的读者在实际操作中会发现，根据 id 定位它会提示有两种方法：find_elements_by_id() 和 find_element_by_id()，前者返回的是多个查找结果，后者返回的只有一个查找结果，所以这里推荐大家在实际开发中使用后者。这时候代码可以修改为：

```
browser.find_element_by_id("kw").send_keys(" 测试输入值 ")
```

3. click() 模拟单击

在表单提交的时候，我们需要单击按钮，这时候用 Selenium 的 click() 方法就可以了。通过选择器获取到按钮元素，直接调用 click() 方法，相关示例代码如下：

```
browser.find_element_by_id("su").click()
```

4. submit() 提交

在访问百度的时候，我们需要在搜索框中输入关键词，然后单击【搜索】按钮提交，在 Selenium 中除了使用 click() 方法以外，还可以使用 submit() 方法去模拟。

```
from selenium import webdriver

driver = webdriver.Chrome()
driver.get("https://www.baidu.com")
search_text = driver.find_element_by_id('kw')
search_text.send_keys('selenium')
search_text.submit()
driver.quit()
```

有时 submit() 方法可以与 click() 方法互换使用，submit() 同样可以提交一个按钮，但 submit() 的应用范围远不及 click() 广泛。

12.3.5　其他常用方法

除了前面介绍的几种方法外，还有几个方法在实际开发中也是用得比较多的，如下所示。

（1）size：返回元素的尺寸。

（2）text：获取元素的文本。

（3）get_attribute(name)：获得属性值。

（4）is_displayed()：设置该元素是否对用户可见。

相关示例代码如下：

```
from selenium import webdriver

driver = webdriver.Chrome()
driver.get("http://www.baidu.com")
# 获得输入框的尺寸
size = driver.find_element_by_id('kw').size
print(size)
# 返回百度页面底部备案信息
text = driver.find_element_by_id("cp").text
print(text)
# 返回元素的属性值，可以是 id、name、type 或其他任意属性
attribute = driver.find_element_by_id("kw").get_attribute('type')
print(attribute)
# 返回元素的结果是否可见，返回结果为 True 或 False
result = driver.find_element_by_id("kw").is_displayed()
print(result)
driver.quit()
```

12.3.6 鼠标键盘事件

在 Selenium WebDriver 中也提供了一些关于鼠标和键盘操作的方法，比如鼠标悬浮、滑动、键盘输入等，下面就来看一看都有哪些。

1. 鼠标事件

在 Selenium WebDriver 中，将关于鼠标操作的方法封装在 ActionChains 类提供。ActionChains 类方法如表 12-2 所示。

表 12-2　ActionChains 类方法

方法	说明
ActionChains(driver)	构造 ActionChains 对象
context_click()	执行鼠标悬停操作
move_to_element(above)	右击
double_click()	双击
drag_and_drop()	拖动
move_to_element(above)	执行鼠标悬停操作
context_click()	用于模拟鼠标右键操作，在调用时需要指定元素定位
perform()	执行所有 ActionChains 中存储的行为，可以理解成是对整个操作的提交动作

下面通过一个示例来看看怎么使用。还是以百度首页为例，如果把鼠标指针移动到百度首页的设置菜单选项上悬浮，这时它会新出现一个隐藏的菜单选项，如果将鼠标移开，它就又会消失。读者可以自己去试一试。下面使用 Selenium WebDriver 去模拟这个鼠标移动到百度首页设置悬浮的事件，相关代码示例如下：

```
from selenium import webdriver
# 引入ActionChains类
from selenium.webdriver.common.action_chains import ActionChains

driver = webdriver.Chrome()
driver.get("https://www.baidu.cn")

# 定位到要悬浮的元素
above = driver.find_element_by_link_text("设置")
# 对定位到的元素执行鼠标悬停操作
ActionChains(driver).move_to_element(above).perform()
```

运行代码效果如图 12-10 所示。

图 12-10　Selenium WebDriver 鼠标悬浮截图

通过前面代码可以看到，其实关键地方就是 ActionChains(driver).move_to_element(above).perform() 这行代码，使用 ActionChains 类去调用 move_to_element(above) 悬浮事件，然后再执行 perform() 这个方法提交动作，整个调用流程非常简单。

2. 键盘事件

前面了解到，send_keys() 方法可以用来模拟键盘输入，除此之外，我们还可以用它来输入键盘上的按键， 甚至是组合键，如【Ctrl+A】和【Ctrl+C】等。Keys() 类提供了键盘上几乎所有按键的方法。

keys 类常用方法如表 12-3 所示。

表 12-3 keys 类常用方法

方法	说明
send_keys(Keys.BACK_SPACE)	删除键（BackSpace）
send_keys(Keys.SPACE)	空格键（Space）
send_keys(Keys.TAB)	制表键（Tab）
send_keys(Keys.ESCAPE)	回退键（Esc）
send_keys(Keys.ENTER)	回车键（Enter）
send_keys(Keys.CONTROL,'a')	全部选中（Ctrl+A）
send_keys(Keys.CONTROL,'c')	复制（Ctrl+C）
send_keys(Keys.CONTROL,'x')	剪切（Ctrl+X）
send_keys(Keys.CONTROL,'v')	粘贴（Ctrl+V）
send_keys(Keys.F1)	键盘【F1】键
send_keys(Keys.F12)	键盘【F12】键

以上是关于 Selenium WebDriver 常用的鼠标键盘事件方法，以百度首页为例，下面给出一个键盘方法的相关示例代码：

```
from selenium import webdriver
# 引入 Keys 模块
from selenium.webdriver.common.keys import Keys

driver = webdriver.Chrome()
driver.get("http://www.baidu.com")

# 在输入框输入内容
driver.find_element_by_id("kw").send_keys("seleniumm")

# 删除多输入的一个
driver.find_element_by_id("kw").send_keys(Keys.BACK_SPACE)

# 输入空格键 +" 教程 "
driver.find_element_by_id("kw").send_keys(Keys.SPACE)
driver.find_element_by_id("kw").send_keys(" 教程 ")

# 按【Ctrl+A】键全选输入框内容
driver.find_element_by_id("kw").send_keys(Keys.CONTROL, 'a')
```

```
# 按【Ctrl+X】键剪切输入框内容
driver.find_element_by_id("kw").send_keys(Keys.CONTROL, 'x')

# 按【Ctrl+V】键粘贴内容到输入框
driver.find_element_by_id("kw").send_keys(Keys.CONTROL, 'v')

# 通过【Enter】键来代替单击操作
driver.find_element_by_id("su").send_keys(Keys.ENTER)
driver.quit()
```

12.3.7 获取断言

不管是在做功能测试还是自动化测试，最后一步需要拿实际结果与预期进行比较。这个比较称为断言。我们通常可以通过获取 title 、URL 和 text 等信息进行断言。text 方法在前面已经讲过，它用于获取标签对之间的文本信息。 下面同样以百度为例，介绍如何获取这些信息。

```
from selenium import webdriver
from time import sleep

driver = webdriver.Chrome()
driver.get("https://www.baidu.com")

print('------------ 搜索以前 -----------')

# 输出当前页面 title
title = driver.title
print(title)

# 输出当前页面 URL
now_url = driver.current_url
print(now_url)

driver.find_element_by_id("kw").send_keys("selenium")
driver.find_element_by_id("su").click()
sleep(1)

print('---------- 弹出搜索 ---------------')

# 再次输出当前页面 title
title = driver.title
print(title)
```

```
# 输出打印当前页面 URL
now_url = driver.current_url
print(now_url)

# 获取结果数目
user = driver.find_element_by_class_name('nums').text
print(user)
driver.quit()
```

运行代码之后，输出结果如图 12-11 所示。

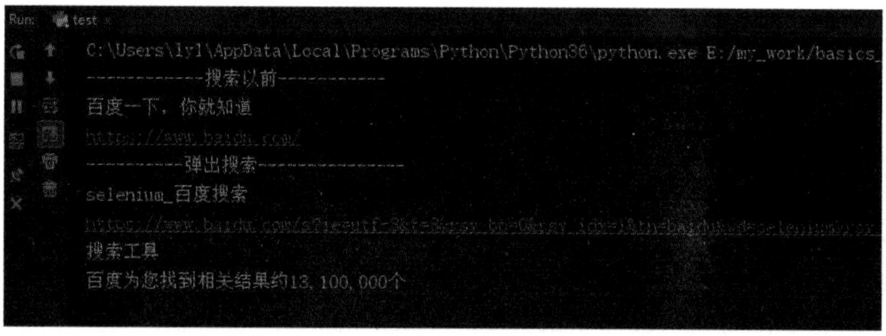

图 12-11　输出结果

通过以上代码，可以看到以下内容。

（1）title：用于获得当前页面的标题。

（2）current_url：用于获得当前页面的 URL。

（3）text：获取搜索条目的文本信息。

12.3.8　设置元素等待

现在大多数 Web 应用程序使用 Ajax 技术。当一个页面被加载到浏览器时，该页面内的元素可以在不同的时间点被加载。这使得定位元素变得困难，如果元素不在页面之中，会抛出 Element Not Visible Exception 异常。使用 waits，可以解决这个问题。waits 提供了一些操作之间的时间间隔，主要是定位元素或针对该元素的任何其他操作。

Selenium WebDriver 提供两种类型的 waits：隐式和显式。显式等待会让 WebDriver 等待满足一定的条件以后再进一步地执行。而隐式等待让 WebDriver 等待一定的时间后才查找某元素。

1. 显式等待

显式等待是在代码中定义等待一定条件发生后再进一步执行代码，比如说等待这个网页加载完成后再执行代码，否则在达到最大时长时抛出超时异常，如下代码所示：

```
from selenium import webdriver
from selenium.webdriver.common.by import By
from selenium.webdriver.support.ui import WebDriverWait
```

```
from selenium.webdriver.support import expected_conditions as EC

driver = webdriver.Chrome()
driver.get("https://www.baidu.com")

element = WebDriverWait(driver, 5, 0.5).until(
                      EC.presence_of_element_located((By.ID, "kw"))
                      )
element.send_keys('selenium')
driver.quit()
```

WebDriverWait 类是由 WebDriver 提供的等待方法。在设置时间内，默认每隔一段时间检测一次当前页面元素是否存在，如果超过设置时间检测不到，则抛出异常。具体格式如下：

```
WebDriverWait(driver, timeout, poll_frequency=0.5, ignored_
exceptions=None)
```

（1）driver：浏览器驱动。

（2）timeout：最长超时时间，默认以秒为单位。

（3）poll_frequency：检测的间隔（步长）时间，默认为 0.5S。

（4）ignored_exceptions：超时后的异常信息，默认情况下抛出 No Such Element Exception 异常。

WebDriverWait() 一般与 until() 或 until_not() 方法配合使用，下面是 until() 和 until_not() 方法的相关说明。

（1）* until(method, message=")：调用该方法提供的驱动程序作为一个参数，直到返回值为 True。

（2）* until_not(method, message=")：调用该方法提供的驱动程序作为一个参数，直到返回值为 False。

在本例中，通过 as 关键字将 expected_conditions 重命名为 EC，并调用 presence_of_element_located() 方法判断元素是否存在。

2. 隐式等待

WebDriver 提供了 implicitly_wait() 方法来实现隐式等待，默认设置为 0。它的用法相对来说要简单得多。

implicitly_wait() 默认参数的单位为秒，本例中设置等待时长为 10 秒。首先，这 10 秒并非一个固定的等待时间，它并不影响脚本的执行速度。其次，它并不针对页面上的某一元素进行等待。当脚本执行到某个元素定位时，如果元素可以定位，则继续执行；如果元素定位不到，则它将以轮询的方式不断地判断元素是否被定位到。假设在第 6 秒定位到了元素，则继续执行，若直到超出设置时长（10 秒）还没有定位到元素，则抛出异常。示例代码如下所示：

```
from selenium import webdriver
from selenium.common.exceptions import NoSuchElementException
from time import ctime
```

```
driver = webdriver.Chrome()
# 设置隐式等待为 10 秒
driver.implicitly_wait(10)
driver.get("http://www.baidu.com")

try:
    print(ctime())
    driver.find_element_by_id("kw22").send_keys('selenium')
except NoSuchElementException as e:
    print(e)
finally:
    print(ctime())
    driver.quit()
```

12.3.9 多表单切换

在 Web 应用中经常会遇到 frame/iframe 表单嵌套页面的应用，WebDriver 只能在一个页面上对元素识别与定位，对于 frame/iframe 表单内嵌页面上的元素无法直接定位。这时就需要通过 switch_to.frame() 方法将当前定位的主体切换到 frame/iframe 表单的内嵌页面中。如图 12-12 所示为网易 126 的邮箱登录页面，126 邮箱登录框的结构大概就是这样，即想要操作登录框，必须先切换到 iframe 表单。

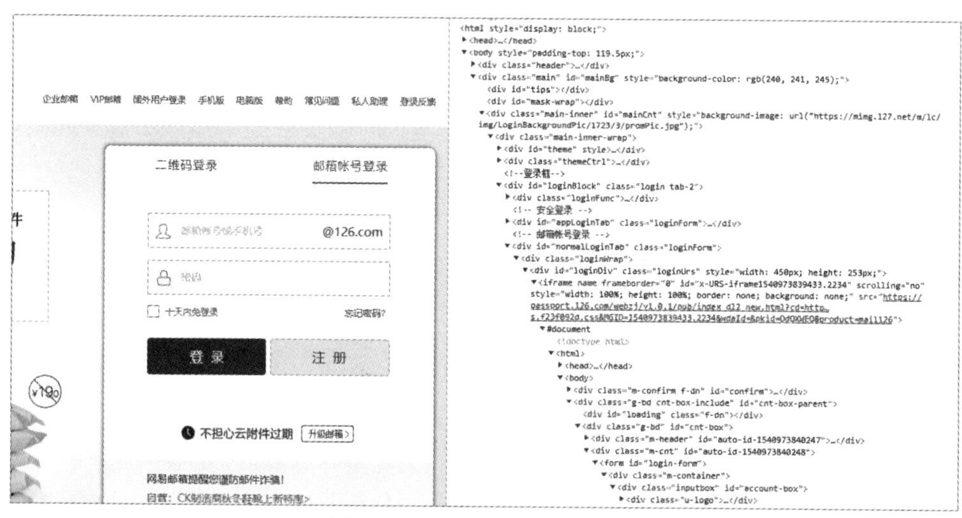

图 12-12　126 邮箱登录页面

这时在 Selenium WebDriver 中就可以使用 switch_to.frame() 这个方法去切换，示例代码如下：

```
from selenium import webdriver

driver = webdriver.Chrome()
driver.get("http://www.126.com")
```

```
driver.switch_to.frame('x-URS-iframe')
driver.find_element_by_name("email").clear()
driver.find_element_by_name("email").send_keys("lyl_sc")
driver.find_element_by_name("password").clear()
driver.find_element_by_name("password").send_keys("123456")
driver.find_element_by_id("dologin").click()
driver.switch_to.default_content()

driver.quit()
```

switch_to.frame() 默认可以直接获取表单的 id 或 name 属性。如果 iframe 没有可用的 id 和 name 属性，则可以通过下面的方式进行定位。

```
# 先通过 xpath 定位到 iframe
xf = driver.find_element_by_xpath('//*[@id="x-URS-iframe"]')

# 再将定位对象传给 switch_to.frame() 方法
driver.switch_to.frame(xf)
driver.switch_to.parent_frame()
```

除此之外，在进入多级表单的情况下，还可以通过 switch_to.default_content() 跳回最外层的页面。

12.3.10　下拉框选择

有时我们会碰到下拉框，WebDriver 提供了 Select 类来处理下拉框，如百度搜索设置的下拉框，如图 12-13 所示。

图 12-13　百度设置

在 Selenium 中要实现这个功能，可以这样写，示例代码如下：

```
from selenium import webdriver
from selenium.webdriver.support.select import Select
from time import sleep

driver = webdriver.Chrome()
driver.implicitly_wait(10)
driver.get('http://www.baidu.com')

# 鼠标悬停至“设置”链接
driver.find_element_by_link_text('设置').click()
sleep(1)
# 打开搜索设置
driver.find_element_by_link_text("搜索设置").click()
sleep(2)

# 搜索结果显示条数
sel = driver.find_element_by_xpath("//select[@id='nr']")
Select(sel).select_by_value('50')  # 显示 50 条
# 退出浏览器
driver.quit()
```

12.3.11 调用JavaScript代码

虽然 WebDriver 提供了操作浏览器的前进和后退方法，但对于浏览器滚动条并没有提供相应的操作方法。在这种情况下，我们就可以借助 JavaScript 来控制浏览器的滚动条。WebDriver 提供了 execute_script() 方法来执行 JavaScript 代码。

用于调整浏览器滚动条位置的 JavaScript 代码如下：

```
window.scrollTo(0,450);
```

window.scrollTo() 方法用于设置浏览器窗口滚动条的水平和垂直位置。方法的第一个参数表示水平的左边距，第二个参数表示垂直的上边距。其代码如下：

```
from selenium import webdriver
from time import sleep

# 访问百度
driver=webdriver.Chrome()
driver.get("http://www.baidu.com")

# 设置浏览器窗口大小
```

```
driver.set_window_size(500, 500)

# 搜索
driver.find_element_by_id("kw").send_keys("selenium")
sleep(2)
driver.find_element_by_id("su").click()
sleep(2)

# 通过 javascript 设置浏览器窗口的滚动条位置
js="window.scrollTo(100,450);"
driver.execute_script(js)
sleep(3)
```

通过浏览器打开百度进行搜索，并且提前通过 set_window_size() 方法将浏览器窗口设置为固定宽高显示，目的是让窗口出现水平和垂直滚动条。然后通过 execute_script() 方法执行 JavaScripts 代码来移动滚动条的位置。

12.3.12　窗口截图

自动化用例是由程序去执行的，因此有时候输出的错误信息并不是十分明确。如果在脚本执行出错的时候能对当前窗口截图保存，那么通过图片就可以非常直观地看出出错的原因。WebDriver 提供了截图函数 get_screenshot_as_file() 来截取当前窗口，脚本运行完成后打开 D 盘，就可以找到 baidu_img.jpg 图片文件了。

```
from selenium import webdriver
from time import sleep

driver = webdriver.Firefox()
driver.get('http://www.baidu.com')
driver.find_element_by_id('kw').send_keys('selenium')
driver.find_element_by_id('su').click()
sleep(2)

# 截取当前窗口，并指定截图图片的保存位置
driver.get_screenshot_as_file("D:\\baidu_img.jpg")
driver.quit()
```

12.3.13　无头模式

在 Linux 下，操作页面一般都是一个命令行窗口，没有具体界面，所以使用 Selenium 的时候，它肯定不会像在 Windows 中一样弹出一个浏览器窗口。那如何使用命令行的 Linux 去运行 selenium

程序呢？

这时候就要用到谷歌或火狐的无头浏览模式了。无头浏览，顾名思义，其实就是一个纯命令行的浏览器，它没有界面，但所包含的功能跟有界面的差不多。

我们只需要将前面的示例代码稍微改动一下，将实例化参数传进去就能够使用了，相关示例代码如下：

```
# 谷歌驱动示例
from selenium import webdriver
from selenium.webdriver.chrome.options import Options

chrome_options = Options()
chrome_options.add_argument('--headless')
# 使用谷歌驱动
driver = webdriver.Chrome(chrome_options=chrome_options)
# 打开 url
driver.get("https://www.baidu.com/")

# 火狐驱动示例
from selenium import webdriver
from selenium.webdriver.firefox.options import Options

firefox_options = Options()
firefox_options.add_argument('--headless')
# 使用火狐驱动
driver = webdriver.Firefox(firefox_options=firefox_options)
# 打开 url
driver.get("https://www.baidu.com/")
```

在实例化的时候，我们只是多添加了一个无头参数“--headless”便可以实现无头浏览，这时候运行代码，就会发现没有再弹出一个浏览器窗体了。其他的都没变，一样可以打开指定 URL 定位指定元素等。

12.4 获取浏览器Network请求和响应

有了 Selenium 之后，许多异步加载、JS 加密、动态 Cookie 等问题都变得非常简单，大大简化了爬虫的难度。但是有些时候使用 Selenium 仍然有一些缺陷，比如现在很多网站数据都是通过 json 结构的接口来交互，通过分析报文的方式直接发包，可以直接拿到 json 数据，数据不但全，而且还很好解析，这比解析 html 网页容易多了。另一个非常重要的问题就是，很多时候一些接口返回的关键信息是不在 html 网页上显示的，通过 Selenium 获取到的 page_source 便没有这些字段。

那么如何解决这些问题呢？我们在做爬虫开发的时候经常用到浏览器的开发者工具，分析网页元素，查看资源加载（Network）等。Selenium + WebDriver 虽然能够定位 DOM 元素、操作页面、获取网页等，但是 Selenium 终归只能处理“结果”，它无法得知浏览器请求的数据接口信息。如果我们能像浏览器 Network 那样获取到所有接口的请求和返回信息，那么问题就都解决了，如图 12-14 所示。

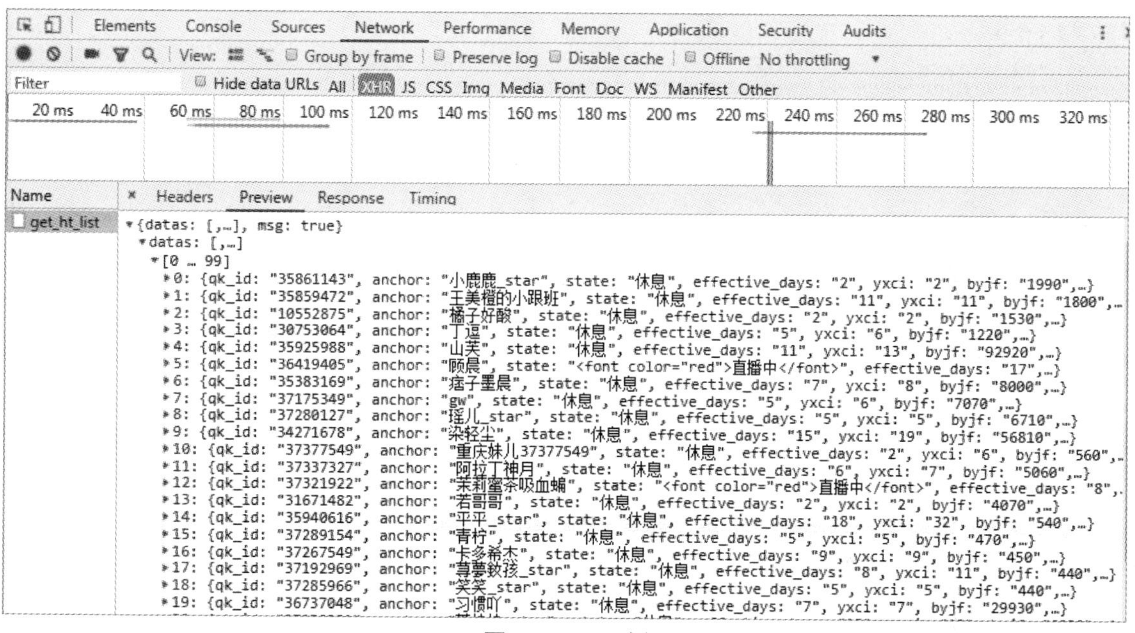

图 12-14　示例

12.4.1　Browsermob-Proxy

本小节将介绍如何使用 WebDriver 通过 Proxy 访问网络，再收集 Proxy 端的请求和返回内容，从而获取到数据。其中的 Proxy 就类似于 Fiddler 抓包软件。

Browsermob-Proxy 是一个开源的 Java 编写的基于 LittleProxy 的代理服务，可到官网进行下载。Browsermob-Proxy 的具体流程有点类似于 Fidder 或 Charles。即开启一个端口并作为一个标准代理存在，当 HTTP 客户端（浏览器等）设置了这个代理，则可以抓取所有的请求细节并获取返回内容。

在使用 Browsermob-Proxy 之前，需要确保电脑已经配置了 JDK 环境，这里推荐使用 JDK 1.8 以上，关于 JDK 的安装与配置，可以参考第 1 章的环境搭建。

接下来还需要安装 Python 的库，安装命令如下：

```
pip install browsermob-proxy
```

12.4.2 获取接口返回数据

为了方便演示，这里以笔者自己发布的一个网页 http://www.liuyanlin.cn/ht_list3.html 为例，这个网页上的数据是通过接口加载渲染的。下面将演示使用 Selenium + WebDriver + Browser-mob-Proxy 获取接口返回的数据，相关的步骤如下。

步骤 1：开启 Proxy，将下载好的 browsermob-proxy 可执行程序放在一个指定目录下，例如，这里是在 D:\apk\browsermob-proxy-2.1.4-bin\browsermob-proxy-2.1.4 这个路径下。新建一个 py 文件，输入以下代码：

```
from browsermobproxy import Server

server = Server("D:\\apk\lyl\\browsermob-proxy-2.1.4\\bin\\
                browsermob-proxy.bat")
server.start()
proxy = server.create_proxy()
```

步骤 2：配置 Proxy 启动 WebDriver，示例代码如下。

```
from selenium import webdriver
from selenium.webdriver.chrome.options import Options

chrome_options = Options()
chrome_options.add_argument('--proxy-server={0}'.format(proxy.proxy))

driver = webdriver.Chrome(chrome_options=chrome_options)
```

步骤 3：获取返回内容。

```
# 要访问的地址
base_url = "http://www.liuyanlin.cn/ht_list3.html"
proxy.new_har("douyin", options={'captureHeaders': True,
    'captureContent': True})

driver.get(base_url)
result = proxy.har

for entry in result['log']['entries']:
    _url = entry['request']['url']
    print(_url)
    # 根据 URL 找到数据接口，这里要找的是 http://git.liuyanlin.cn/get_ht_list 这个接口
    if "http://git.liuyanlin.cn/get_ht_list" in _url:
        _response = entry['response']
        _content = _response['content']
        # 获取接口返回内容
```

```
        print(_content)

server.stop()
driver.quit()
```

完整的示例代码：

```
from browsermobproxy import Server
from selenium import webdriver
from selenium.webdriver.chrome.options import Options
import time

server = Server("D:\\apk\lyl\\browsermob-proxy-2.1.4\\bin\\
                browsermob-proxy.bat")
server.start()
proxy = server.create_proxy()

chrome_options = Options()
chrome_options.add_argument('--proxy-server={0}'.format(proxy.proxy))

driver = webdriver.Chrome(chrome_options=chrome_options)
# 要访问的地址
base_url = "http://www.liuyanlin.cn/ht_list3.html"
proxy.new_har("ht_list2", options={ 'captureContent': True})

driver.get(base_url)
# 此处最好暂停几秒等待页面加载完成，否则会获取不到结果
time.sleep(3)
result = proxy.har

for entry in result['log']['entries']:
    _url = entry['request']['url']
    print(_url)
    # 根据 URL 找到数据接口，这里要找的是 http://git.liuyanlin.cn/get_ht_list 这个接口
    if "http://git.liuyanlin.cn/get_ht_list" in _url:
        _response = entry['response']
        _content = _response['content']
        # 获取接口返回内容
        print(_response)

server.stop()
driver.quit()
```

运行代码，输出结果如图 12-15 所示。

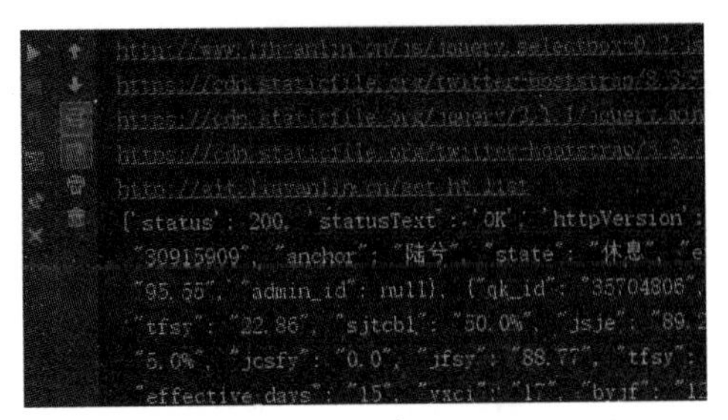

图 12-15　返回结果

12.4.3　二级代理

由于 Browsermob-Proxy 本身就是一个代理服务，如果有些时候某个网站封禁 IP 很厉害，那么此时就需要使用代理 IP 了。那么怎么将 Browsermob-Proxy 的出口 IP 改成一个购买的代理 IP 呢？这就需要实现二级代理，例如一个代理 IP：62.155.141.13:20345。接下来要将这个代理 IP 挂到 Browsermob-Proxy 服务上，只需要在创建 Server 的时候带上一个参数即可，例如下面的代码：

```
proxy = server.create_proxy({"httpProxy":"62.155.141.13:20345"})
```

12.5　新手实训

为了使读者加深理解本章所学内容，接下来通过一个小练习来进行巩固，希望读者能够结合本章所学的知识点熟练地去应对动态渲染页面。

本任务的采集目标为京东电脑模块页面默认推荐的商品名称、价格信息，采用 Selenium 进行动态渲染获取数据，采集数据如图 12-16 所示。

图 12-16　采集目标数据

打开京东首页，搜索“电脑”，对该页面进行采集。

首先我们来简单地分析一下需要采集的商品名称和价格在网页源代码中对应的元素和特征，如图 12-17 所示，找到 class 属性为 goods-item_info 和 goods-item_price 的 div 元素，其包含了我们所需的信息。

```
<img class="goods-item__img" src="//img20.360buyimg.com/babel/
s320x320_jfs/t1/139750/38/4752/131862/5f2cbb55Eaac3909a/
a701fca6187bae85.jpg!cc_320x320.webp" style="width: 160px;
height: 160px;">
</div>
▼<div class="goods-item__info">
  <div class="goods-item__title goods-item__title--twoline">【企业采
  购】3d全息投影 投影设备裸眼风扇电梯广告机仪灯旋转立体悬浮LED无屏显示 9
  台*65cm拼接套装(含金属框架)</div>
 ▼<div class="goods-item__content">
  ▼<div class="goods-item__price"> == $0
      "¥"
      "39038.00"
```

图 12-17　目标元素

如果找到了商品名称和价格所在元素，接下来就可以编写代码实现数据抓取。由于本实例是为了练习 Selenium 的使用，所以这里在提取数据之前，需要先通过 Selenium 打开该网页获取到网页源码，代码如下：

```
import time
from selenium.webdriver import Chrome
from selenium.webdriver.chrome.options import Options

options = Options()
options.binary_location = "xy_tools\\Chrome-bin\\chrome.exe"
options.add_experimental_option('excludeSwitches', ['enable-
                                automation'])
options.add_argument('--incognito')
options.add_argument('disable-infobars')
options.add_argument('log-level=3')
driver = Chrome(options=options, executable_path="xy_tools\\
              chromedriver.exe")
url="https://diannao.jd.com/"
driver.get(url)
time.sleep(4)
```

通过前面的简单分析得出，我们可以用 goods-item__info 和 goods-item__price 属性进行定位，获取我们需要的数据，示例代码如下：

```
# 商品信息
item__info=driver.find_elements_by_class_name('goods-item')
for item in item__info:
    name=item.find_element_by_class_name('goods-item__info').text
    price=item.find_element_by_class_name('goods-item__price').text
```

```
    print(name)
    print(price)
    print("-----------")
driver.quit()
```

运行代码之后，效果如图 12-18 所示。

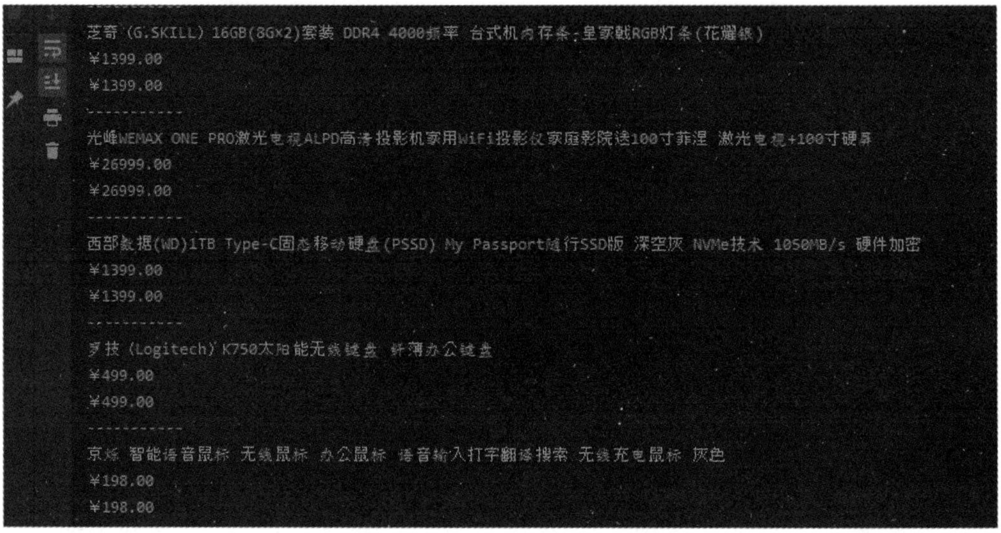

图 12-18　运行结果

12.6 新手问答

1. Selenium真的可以爬取所有的网站吗？

答：使用 Selenium 模拟浏览器进行数据抓取无疑是当下最通用的数据采集方案，它“通吃”各种数据加载方式，能够绕过客户 JS 加密，绕过爬虫检测，绕过签名机制。它的应用使得许多网站的反采集策略形同虚设。由于 Selenium 不会在 HTTP 请求数据中留下指纹，因此无法被网站直接识别和拦截。

这是不是意味着 Selenium 无法被网站屏蔽掉吗？并非如此，Selenium 在运行的时候会暴露出一些预定义的 JavaScript 变量（特征字符串），如“window.navigator.webdriver”，在非 Selenium 环境下其值为 undefined，而在 Selenium 环境下，其值为 true。所以有些网站上的反爬会根据这个来进行判断并屏蔽。

2. 测试用例在执行单击元素时失败，导致整个测试用例失败，如何提高单击元素的成功率呢？

答：Selenium 是在单击元素时通过元素定位的方式找到元素的，要提高单击的成功率，必须要保证找到元素的定位方式准确。但是在自动化工程的实施过程中，高质量的自动化测试并不是只由测试人员保证的，还需要开发人员规范开发习惯，如给页面元素加上唯一的 name、id 等，这样就能大大地提高元素定位的准确性。当然如果开发人员开发不规范，我们在定位元素的时候尽量使用相对地址定位，这样能减少元素定位受页面变化的影响。只要元素定位准确，就能保证每一个操作符合预期。

3. 脚本太多，执行效率太低，如何提高测试用例的执行效率？

答：Selenium 脚本的执行速度受多方面因素的影响，如网速、操作步骤的烦琐程度、页面加载的速度、脚本中设置的等待时间、运行脚本的线程数等，所以我们不能单方面追求运行速度，要确保稳定性，能稳定地实现回归测试才是关键。我们可以从以下几个方面来提高速度。

（1）减少操作步骤，如经过三四步才能打开要测试的页面的话，就可以直接通过网址来打开，减少不必要的操作。

（2）大多数情况下，一个网页在打开的时候，都会加载几十或上百个请求，我们可以在浏览器控制台进行分析页面加载慢的原因，如果发现是页面中某些请求加载慢但是又不影响页面最终返回结果。则可以通过设置 selenium 的 --host-resolver-rules=MAP 值来屏蔽掉这些请求，以达到一定程度上提示页面加载速度的效果。

（3）在设置等待时间的时候，可以设置固定的 sleep 时间，也可以检测某个元素出现后，中断等待也可以提高速度。

（4）配置 testNG 实现多线程。在编写测试用例的时候，一定要实现松耦合，然后在服务器允许的情况下，尽量设置多线程运行，提高执行速度。

本章小结

本章先通过一些示例讲解了动态渲染页面出现的场景及解决办法，然后选择性地以 Selenium 为例来进行讲解，用 Selenium 去操作页面，例如，截图、调用 JS 代码、模拟提交表单等操作。接着在 Selenium 的基础上整合 browsermob-proxy，直接获取浏览器 Network 下条目信息的方式，达到获取数据的目的。

第13章

反爬—文本混淆

本章导读

文本混淆是开发者为了保护Web或APP应用中的重要文字信息而诞生的，使用文本混淆可以有效地限制爬虫直接获取页面中的文本信息，且不会影响用户正常浏览网页和阅读文字内容。常见的文本混淆方式有图片伪装、CSS偏移量、编码映射、字体反爬等。本章将对这部分的反爬内容进行一个详细的讲解。

知识要点

通过本章内容的学习，主要是希望读者能够在此基础上进行扩展，借鉴其中的思路解决实战中遇到的类似问题，本章主要知识点如下：

- 图片伪装反爬应对
- CSS偏移量
- 编码映射
- 字体反爬

13.1 图片伪装反爬

图片伪装反爬主要指的是将带有文字的图片与正常文字混合在一起，以达到混淆信息的效果。在网页上采用这种显示数据的方式，不会影响用户的浏览体验，但是可以在一定程度上阻止爬虫获取该部分内容或增加爬虫的爬取成本，下面我们将通过一个实例来讲解如何应对这种反爬。

13.1.1 飞常准航班动态信息

以飞常准为例，通过航班号可查询该航班的历史飞行记录和未来的飞行计划，在这里主要目的是用爬虫爬取历史记录。

使用浏览器打开飞常准的首页，如图 13-1 所示，然后在条件搜索框中输入一个航班号，例如，这里输入的航班号为“ CZ6152”，然后单击【查询】按钮，将会出现如图 13-2 所示的内容。

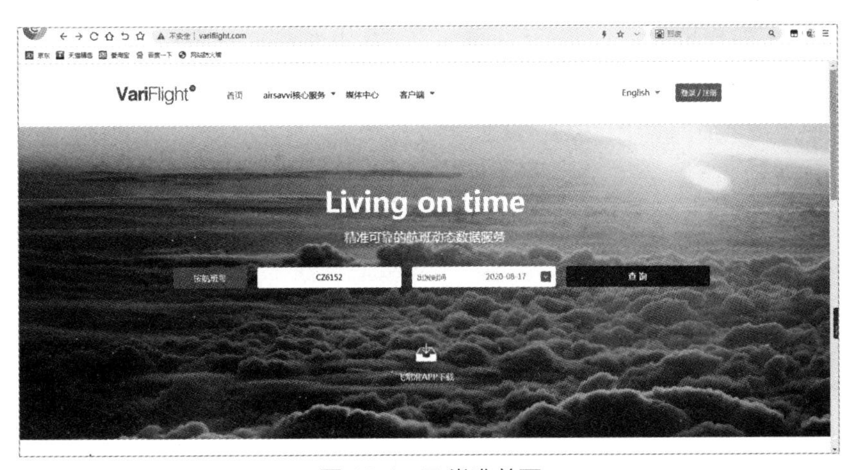

图 13-1　飞常准首页

图 13-2　查询结果

这里需要注意，通过飞常准这个网站上的日期查询控件查询信息时，如果要查询历史数据，只能选择前一天的历史日期，如要选择更多的历史日期，需要手动修改 URL 栏中 fdate 参数的值，如图 13-3 所示。

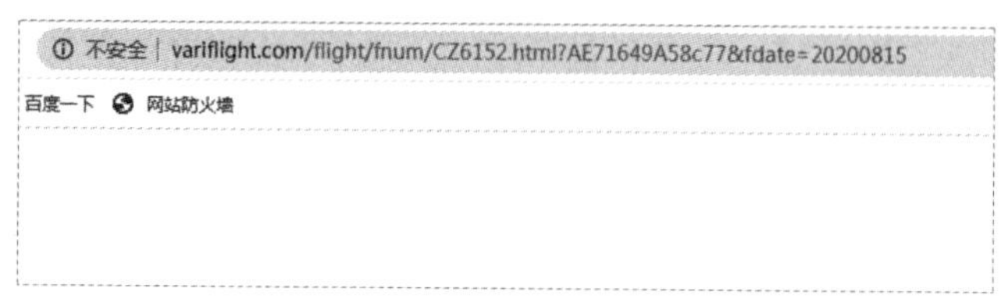

图 13-3 修改 fdate 参数值

13.1.2 分析网站

在爬取之前，我们首先需要对网页进行分析，确定出要爬取的数据字段和位置，然后再编写代码爬取信息。按照编写爬虫的一个默认优先级顺序，先来看一下是否有 XHR 接口返回了该网页上的数据。如图 13-4 所示，经反复刷新网页测试之后发现，Network 下的 XHR 栏里面并没有出现 XHR 条目，返回了与页面列表中相关的数据。

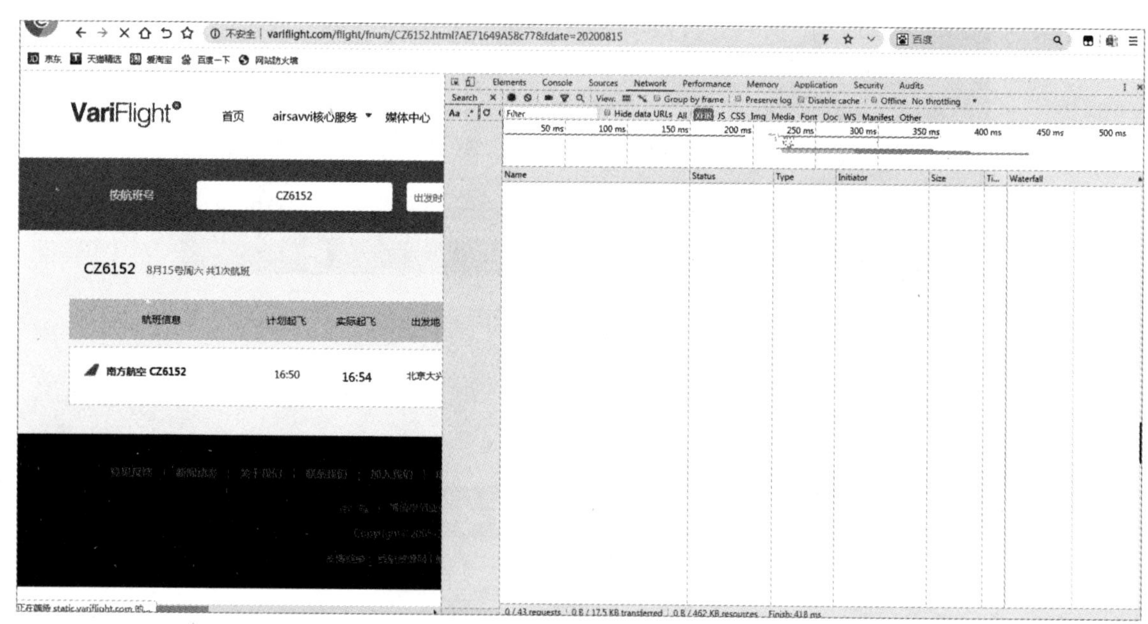

图 13-4 测试是否有 XHR 请求

既然没有相关的 XHR 接口返回数据，那就继续分析。首先猜想服务器端应该是直接返回的一个渲染好了的静态 HTML 文档，我们要的数据就包含在这个 HTML 文档的源码中。为了验证这个猜想，接下来在页面上任意位置右击，然后在弹出的快捷菜单中选择【查看网页源代码】命令，如图 13-5 所示。

选择【查看网页源代码】之后，浏览器上会新打开一个标签页，该标签页下显示的就是对应网页的源码，上下滚动鼠标，观察发现，源码里面包含了页面列表中的信息，如图 13-6 所示。

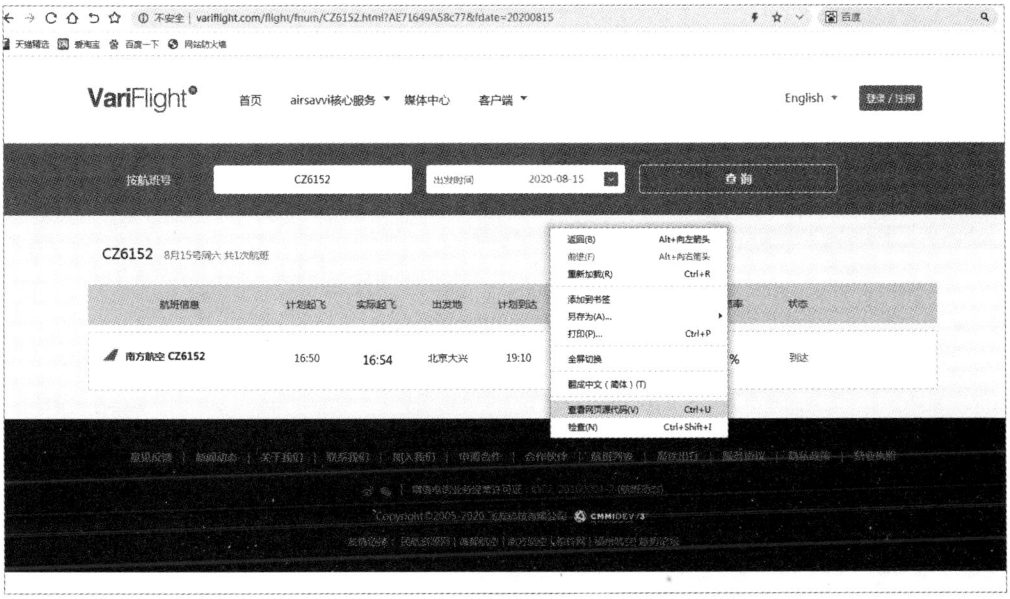

图 13-5 右击选择【查看网页源代码】

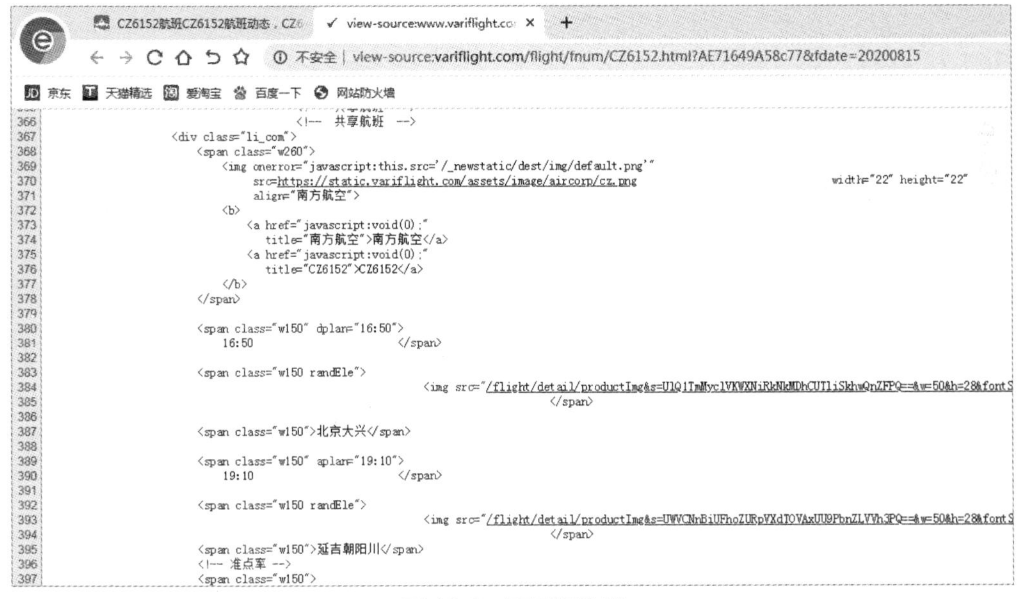

图 13-6 网页源代码

现在基本就可以确定了，这个网页的数据是直接返回在网页源代码里面的，下面来继续分析，分析需要的字段结构和位置，如图 13-7 所示。

通过分析发现，里面有 3 个特殊的字段：实际起飞时间、实际到达时间、准点率，都是以图片的方式来呈现的，而且不会影响用户的浏览体验。以此为依据，基本上就可以判断出，这 3 个字段的数据对他们来说是比较重要的，网站并不希望被爬虫采集到。所以这就是一个典型的图片伪装案例。

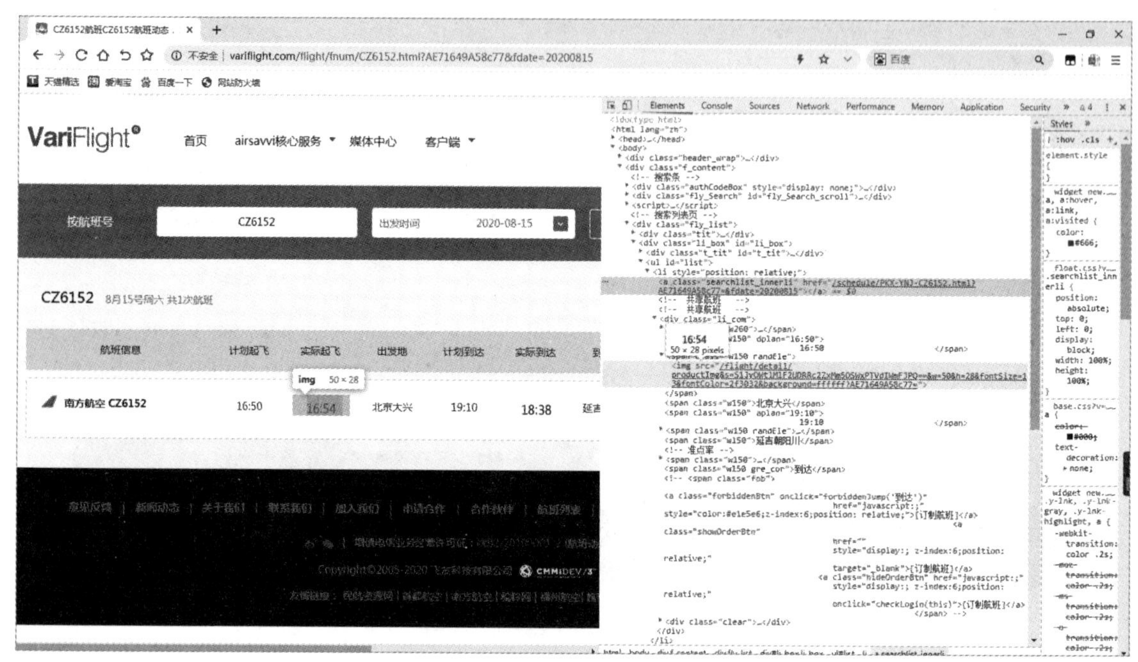

图 13-7　分析字段结构和位置

13.1.3　应对方案

前面已经分析了我们需要的字段，并且发现里面使用了图片伪装反爬。那么应该如何应对这种情况呢？也许读者可能已经想到，即可以将该图片采集下来，然后使用一些工具进行识别，提取其中的文字信息。思路已经有了，对应的采集流程如下。

（1）向网页发起网络请求，获取网页源码。

（2）从网页源码中提取出需要的字段信息，且将涉及文本混淆的字段的图片地址给提取出来。

（3）请求得到图片地址，将图片保存到本地。

（4）使用图片识别工具进行识别，提取图片中的内容。

13.1.4　代码实现

图 13-8　时间

在开始编写代码之前，还需要做一些准备工作，例如，准备好要识别图片的工具。这里推荐使用 Python 的一个第三方库：PyTesseract，关于 PyTesseract 的安装与配置，可参考第 1 章的内容。本实例爬虫部分代码比较简单，这里不再给出。假使我们已经通过爬虫下载到了图片，如图 13-8 所示。

接下来需要使用 PyTesseract 进行识别提取，它的使用非常简单和便捷，例如下面的示例代码：

```
import pytesseract
```

```
from PIL import Image
# 传入要识别的图片地址，提取图片中的文本信息
def distinguish_img(img_path):
    text=pytesseract.image_to_string(Image.open(img_path),
                                     lang="eng",config="-psm 7")
    print(text)

distinguish_img("sj.png")
```

运行代码之后输出结果：

```
12:47
```

通过调用 image_to_string 方法，将返回一个字符串识别结果，需要传递 image、lang、config 这 3 个主要参数，分别表示图片、语言类型、配置。读者如需了解更多关于 PyTesseract 的内容，可以查阅官方文档。

图片伪装型的反爬比较简单，直接将对应的图片下载到本地进行 OCR 识别，提取里面的文本信息即可，除此之外，还可以采用第三方的文本识别接口来进行提取，如百度云、阿里云、腾讯云等都有提供文字识别服务。

13.2 CSS偏移反爬

CSS 偏移反爬指的是服务器返回的数据顺序是打乱的，且在网页源码中也是乱的，当网页展示给用户的时候，由 CSS 处理排版成正确的样式显示给用户。

例如，在某网站中，网页源码里面显示的价格为 4360 元，但是在浏览器上看到的却是 364 元。因此使用爬虫爬取的时候，会得到 4360 元的价格。如果不细心观察，爬虫开发者很容易被爬取结果糊弄。这种混淆方式与图片伪装一样，都不会影响用户正常阅读，可以在一定程度上起到麻痹和阻止爬虫开发者正常获取数据的目的。接下来在本小节中将通过一个案例来讲解如何应对这种类型的反爬。

13.2.1 去哪儿网

以去哪儿网为例，去哪儿网是国内领先的在线旅游平台，用户可以在上面订购机票、火车票、预约酒店等服务。笔者编写爬虫时采集过去哪儿网的一部分机票数据，以用作数据分析。采集数据时，遇到的一个问题就是发现它的机票价格用到了 CSS 偏移的反爬手段。

使用浏览器打开去哪儿网，然后选择机票选项，选择日期、出发地和抵达地之后，单击【搜索】按钮会出现如图 13-9 所示的内容。

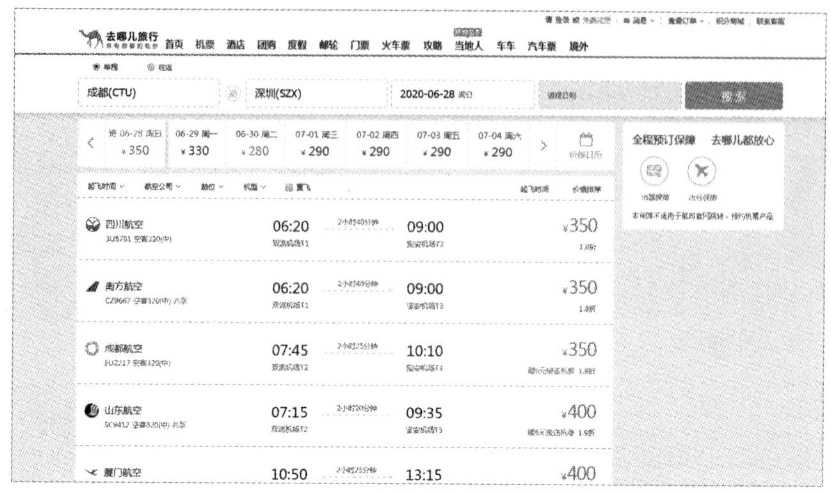

图 13-9　去哪儿网机票数据

13.2.2　分析网站

在爬取任何网站之前，我们都需要先对其进行分析，为了演示与 CSS 偏移反爬相关的知识，这里主要是以分析机票价格字段为主。

在浏览器中打开开发者工具进行调试审查，如图 13-10 所示。可以发现在第一条记录中，页面上显示的价格为 350，而页面源码中显示的却是两组不同的数字，分别是 [3,5,9] 和 [3,0]，按照正常的思维一般会理解为是 35930。继续查看第二条记录，如图 13-11 所示，发现跟第一条记录一样，都是页面和源代码对应不上。

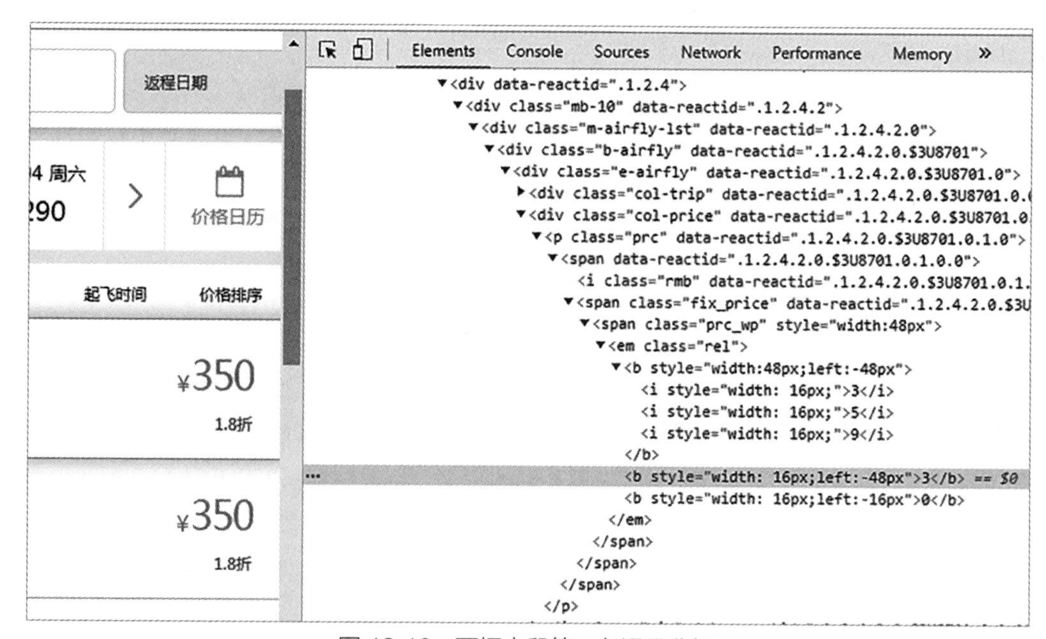

图 13-10　票据字段第一条记录分析

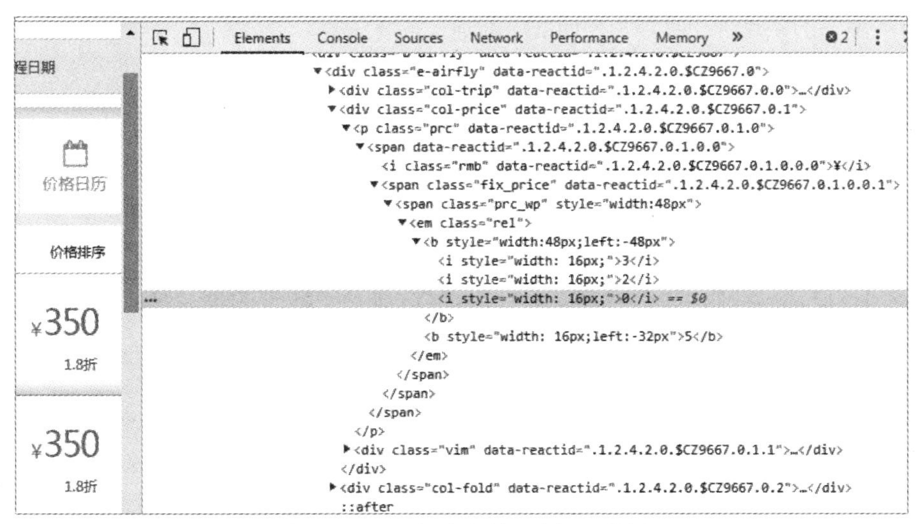

图 13-11　票据字段第二条记录分析

接着继续分析后面的记录，发现都是一样的问题，页面上显示的票价数据跟源代码中看到的都不一致。既然是这样，那我们看看从源代码中是否能够找到一定的线索。从第一条记录开始，查看票据字段的 HTML 源代码，如图 13-12 所示。

```
▼<span data-reactid=".1.2.4.2.0.$3U8701.0.1.0.0">
   <i class="rmb" data-reactid=".1.2.4.2.0.$3U8701.0.1.0.0.0">¥</i>
 ▼<span class="fix_price" data-reactid=".1.2.4.2.0.$3U8701.0.1.0.0.1">
   ▼<span class="prc_wp" style="width:48px">
     ▼<em class="rel">
       ▼<b style="width:48px;left:-48px">
           <i style="width: 16px;">3</i> == $0
           <i style="width: 16px;">2</i>
           <i style="width: 16px;">0</i>
         </b>
         <b style="width: 16px;left:-32px">5</b>
       </em>
     </span>
   </span>
 </span>
</p>
```

图 13-12　第一条记录的票价 HTML 源代码

代码中有两对 <b> 标签。第 1 对 <b> 标签中包含了 3 对 <i> 标签，<i> 标签中的数字分别是 3、2、0，也就是说，如果按照正常情况来讲，显示结果应该是 320 才对。而第 2 对 <b> 标签中的数字是 5。这些数字与页面上显示的 350 是什么关系呢?

简单地猜测一下，可能是这些数字之间有某种规律进行组合而得到的正确结果。但是如果采用组合方式的话，组合出来的结果实在太多了，显然不符合我们的预期。我们需要继续观察分析找出其中的规律，这样就能知道为什么网页上显示的是 350，而源代码中显示的却是 3205 了。

仔细观察过后，发现每个带有数字的标签都设定了样式。第 1 对 <b> 标签的样式为：

```
width:48px;left:-48px
```

第 2 对 <b> 标签的样式为：

```
width: 16px;left:-32px
```

其中 <i> 标签的样式每一对都是相同的，都是：

```
width: 16px;
```

另外还需要注意，最外层的 <span> 标签的样式为：

```
width:48px
```

如果以此为线索来进行分析的话，可以看到第 1 对 <b> 标签中的 3 对 <i> 标签，刚好占满了 <span> 标签对的位置。每个 <i> 标签宽 16px，3 个 <i> 标签刚好为 48px，如图 13-13 所示。

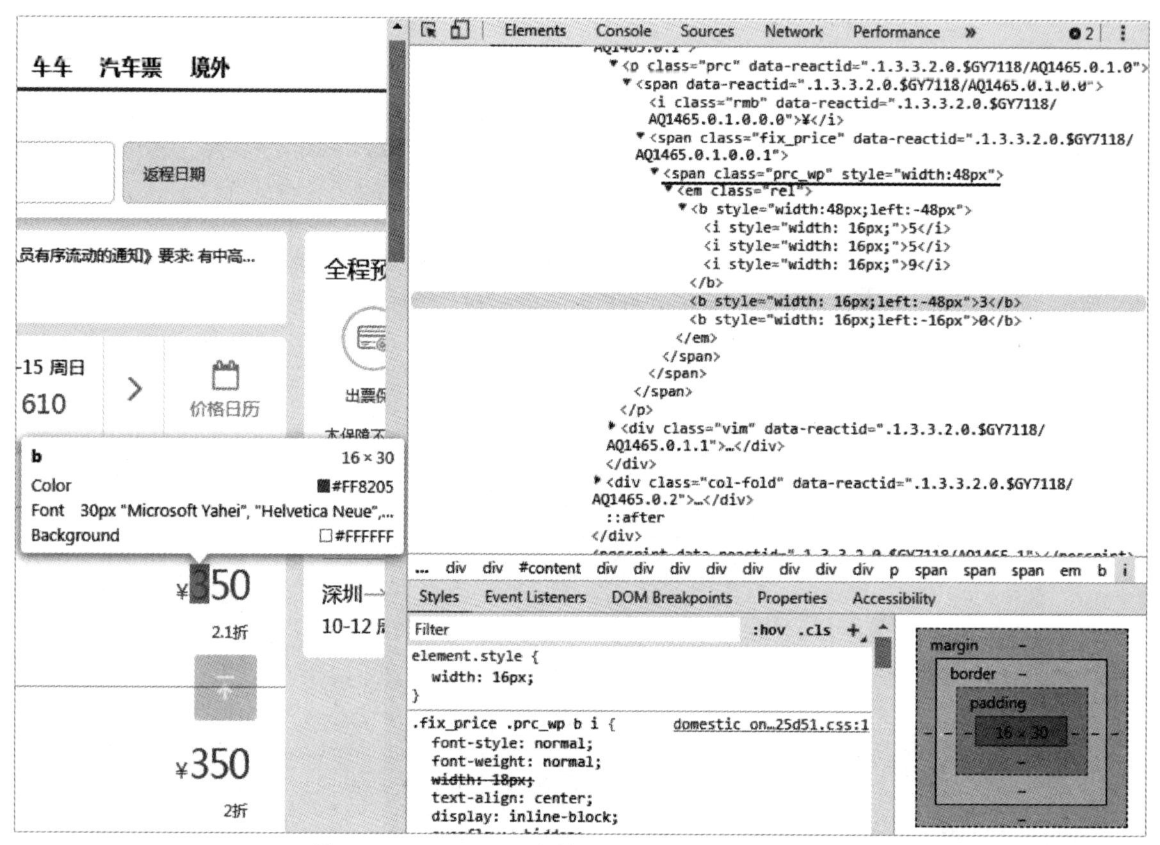

图 13-13 <span>标签对和<i>标签对的位置图

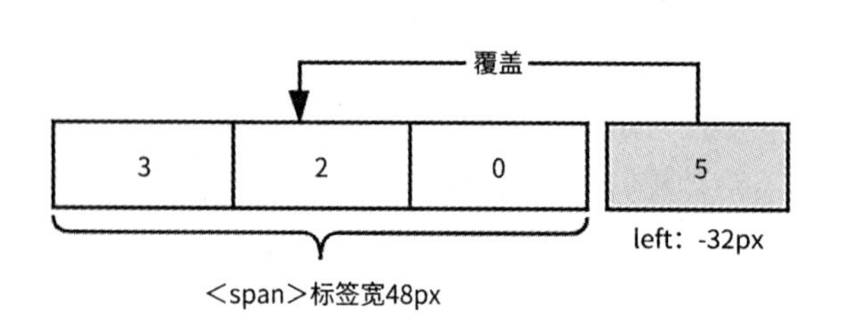

图 13-14 标签位置变化原理图

此时页面中显示的价格应该是 320，但是由于第 2 个 <b> 标签中有值，所以我们还需要计算它的位置，此时标签位置的变化原理如图 13-14 所示。

由于第 2 对 <b> 标签中的位置样式是 left:-32px，所以第 2 对 <b> 标签中的值 5 就会覆盖第 1 对 <b> 标签中的第 2 个数字 2。因为总宽度是 48px，每个 <i> 标签的宽度是 16px，第 2 个 <i> 标签的就是 32px。根据覆盖结果来看，这种推测是合理的。依次对后面的航班记录也按照这种想法进行推测计算，推算结果与页面显示结果相同，说明按照此种方式的计算是正确的。这样我们就可以使用 Python 编写代码，正确获取票价的信息了。

13.2.3　代码实现

前面我们已经通过分析找到了正确计算出票价的方法，接下来就需要使用 Python 去编写代码来实现这个过程，相关的步骤如下。

步骤 1：去哪儿网的页面使用的是动态渲染页面技术，所以这里为了方便，就直接使用 Selenium 渲染获取页面源代码。代码如下：

```
from selenium.webdriver import Chrome
from selenium.webdriver import ChromeOptions
import time
from parsel import Selector
import re

option = ChromeOptions()
option.add_experimental_option('excludeSwitches', ['enable-automation'])
driver = Chrome(options=option,executable_path="chromedriver.exe")
driver.get("https://flight.qunar.com/")
time.sleep(1)
driver.get("https://flight.qunar.com/site/oneway_list.
            htm?searchDepartureAirport"
           "=%E6%88%90%E9%83%BD&searchArrivalAirport=%E6%B7%B1%E5%9C
            %B3&searchDe"
           "partureTime=2020-06-28")
```

步骤 2：使用 Selector 选择器选择所有 class 属性为 rel 的 em 元素，因为包含了票价数据的 <b> 标签在 <em> 元素下。代码如下：

```
dom=Selector(driver.page_source)
em=dom.css('em.rel').extract()
```

步骤 3：对于去哪儿网航班信息的页面，每一页有 20 条数据，为了演示方便，笔者在这里只取了前 3 条记录来进行遍历。这一步骤的目的是通过循环获取每一条航班数据下的 <b> 标签和第 1 对 <b> 标签下的值。代码如下：

```
for element in em[0:3]:
    element=Selector(element)
    # 定位所有的 <b> 标签
    element_b=element.css('b').extract()
    b1=Selector(element_b.pop(0))
    # 获取第 1 个 <b> 标签中的值
    base_price=b1.css('i::text').extract()
```

步骤 4：接下来需要在步骤 3 的基础上对得到的 <b> 标签列表进行遍历，提取出 <b> 标签的 style 属性值和具体位置，以及标签下的数字等。代码如下：

```
# 获取其他 <b> 标签偏移量和数字
price_list=[]
for eb in element_b:
    eb=Selector(eb)
    # 提取 <b> 标签的 style 属性值
    style=eb.css('b::attr("style")').get()
    # 获得具体的位置
    position=''.join(re.findall('left:(.*)px',style))
    # 获得该标签下的数字
    value=eb.css('b::text').get()
    # 将 <b> 标签的位置信息和数字以字典的格式添加到替补票据列表中
    price_list.append({ 'position' :position,' value' :value})
```

步骤 5：根据位置计算出要替换的下标，然后进行覆盖替换，代码如下。

```
# 根据偏移量决定基准数据列表的覆盖元素
for item in price_list:
    position=int(item.get('position'))
    # 判断位置的数值是否是正整数
    plus=True if position>=0 else False
    # 计算下标，以 16px 为基准
    index=int(position/16)
    # 替换第 1 对 <b> 标签列表中的元素，也就是完成值覆盖的操作
    base_price[index]=value
```

最后完整的源码如下：

```
from selenium.webdriver import Chrome
from selenium.webdriver import ChromeOptions
import time
from parsel import Selector
import re

option = ChromeOptions()
option.add_experimental_option('excludeSwitches', ['enable-automation'])
driver = Chrome(options=option,executable_path="chromedriver.exe")
driver.get("https://flight.qunar.com/")
time.sleep(1)
driver.get("https://flight.qunar.com/site/oneway_list.
           htm?searchDepartureAirport"
          "=%E6%88%90%E9%83%BD&searchArrivalAirport=%E6%B7%B1%E5%9C
           %B3&searchDe"
```

```
            "partureTime=2020-06-28")
time.sleep(1)
# 使用 Selector 选择器选择 class 属性为 rel 的 em 元素
dom=Selector(driver.page_source)
em=dom.css('em.rel').extract()
# 为了演示，只取前面 3 条航班数据进行票价计算
for element in em[0:3]:
    element=Selector(element)
    # 定位所有的 <b> 标签
    element_b=element.css('b').extract()
    b1=Selector(element_b.pop(0))
    # 获取第 1 个 <b> 标签中的值
    base_price=b1.css('i::text').extract()

    # 获取其他 <b> 标签偏移量和数字
    price_list=[]
    for eb in element_b:
        eb=Selector(eb)
        # 提取 <b> 标签的 style 属性值
        style=eb.css('b::attr("style")').get()
        # 获得具体的位置
        position=''.join(re.findall('left:(.*)px',style))
        # 获得该标签下的数字
        value=eb.css('b::text').get()
        # 将 <b> 标签的位置信息和数字以字典的格式添加到替补票据列表中
        price_list.append({'position':position,'value':value})

        # 根据偏移量决定基准数据列表的覆盖元素
        for item in price_list:
            position=int(item.get('position'))
            # 判断位置的数值是否是正整数
            plus=True if position>=0 else False
            # 计算下标，以 16px 为基准
            index=int(position/16)
            # 替换第 1 对 <b> 标签列表中的元素，也就是完成值覆盖的操作
            base_price[index]=value

        # 得到最终的价格
        price="".join(base_price)
        print(price)
        print("------------------------------")

driver.quit()
```

运行代码之后输出的结果如下所示：

```
350
--------------------------------
350
--------------------------------
350
--------------------------------
```

观察运行得到的结果，发现跟页面上显示的一样，说明这个应对方式是正确的。在实验过程中可能会遇到 <b> 标签有 3 对甚至 4 对等，这时候需要仔细观察 <span> 标签的样式里面的宽度，然后根据这里演示的思路来进行计算即可。

13.3 编码映射反爬

编码映射反爬虫也是为了保护数据而产生，它巧妙地利用 CSS 与 SVG 的关系，将字符映射到网页中，看起来虽然正常，但是却抓取不到有效内容。本小节将带领大家破解编码反爬虫的套路。

13.3.1 大众点评网

以大众点评网为例，使用浏览器打开大众点评网的首页，如图 13-15 所示。

图 13-15 大众点评网首页

通过浏览器打开网页之后，建议先注册一个账号进行登录，避免页面上有些数据显示不全，登录之后，随便单击一个店铺进到点评页面，如图 13-16 所示，本小节的主要目标是演示如何应对反爬获取大众点评网店铺详情页面中的电话号码。

图 13-16　点评详情页面

13.3.2　分析网站

接下来需要对页面进行分析，以便于达到爬取数据的目的。通过谷歌浏览器自带的开发者工具调试发现，将光标定位到页面源代码中的电话部分之后，通过定位看到 html 文件的标签内容（单个号码数字）都是一样的，如图 13-17 所示。

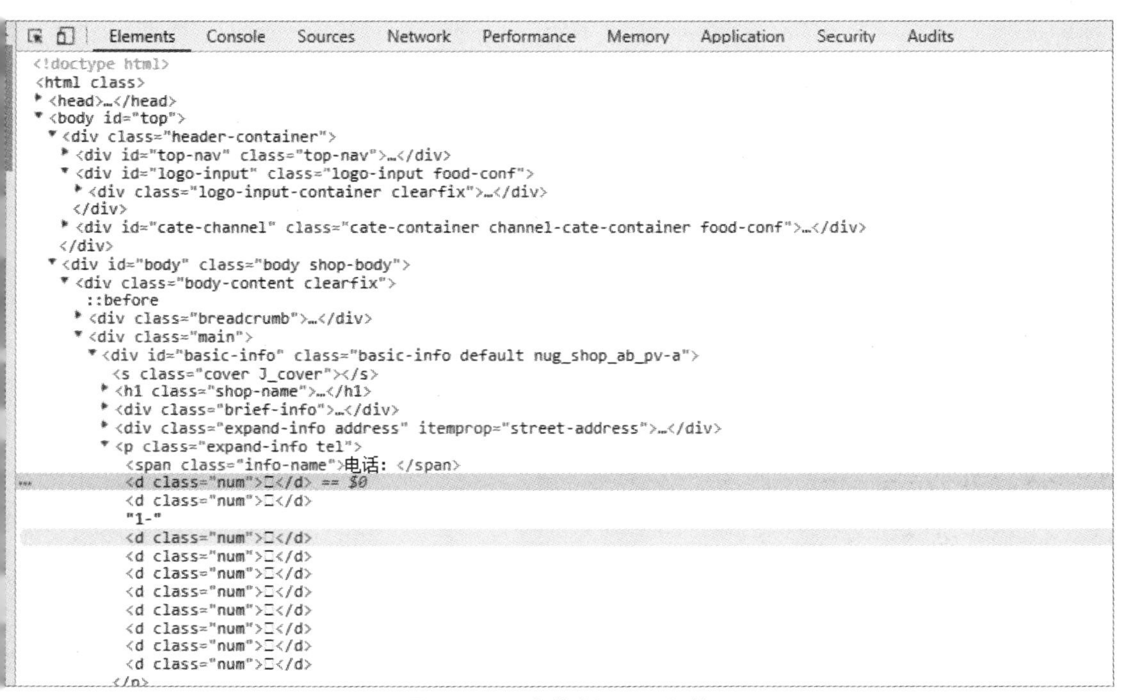

图 13-17　定位电话号码标签

很显然，这并不是真正的源代码内容，我们需要继续分析找到真正的源代码，通过 Network 下响应的 Response 去搜寻，如图 13-18 所示。

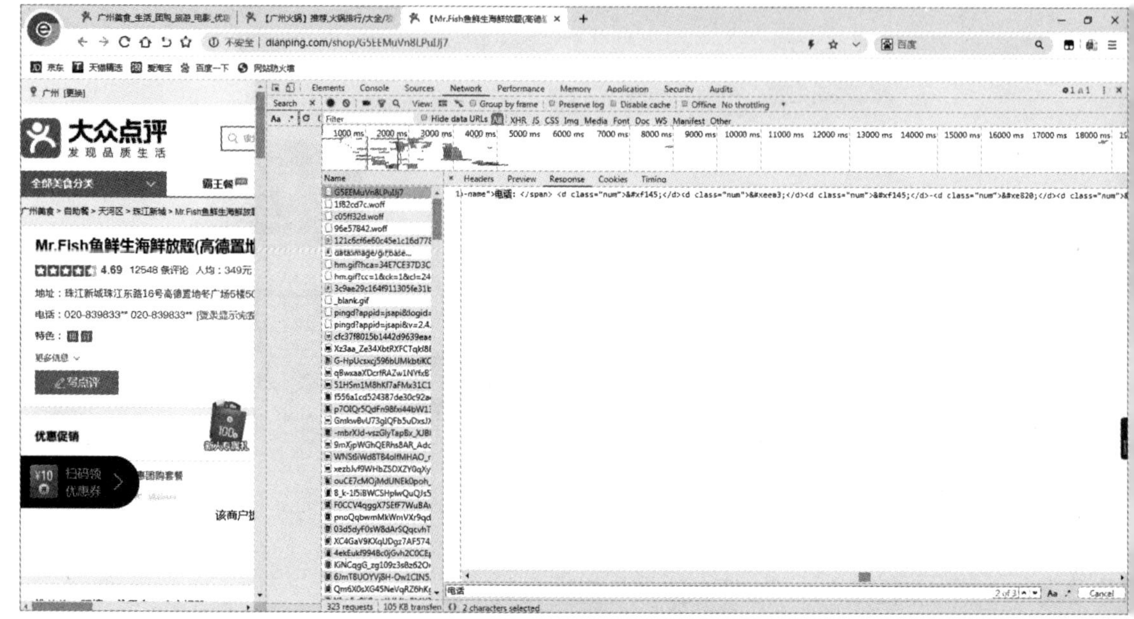

图 13-18　查找电话号码源码

通过搜寻，我们定位到电话号码元素的位置，经过观察发现关于电话号码数字部分全都使用了类似“”这样的特殊编码来替代，如图 13-19 所示。

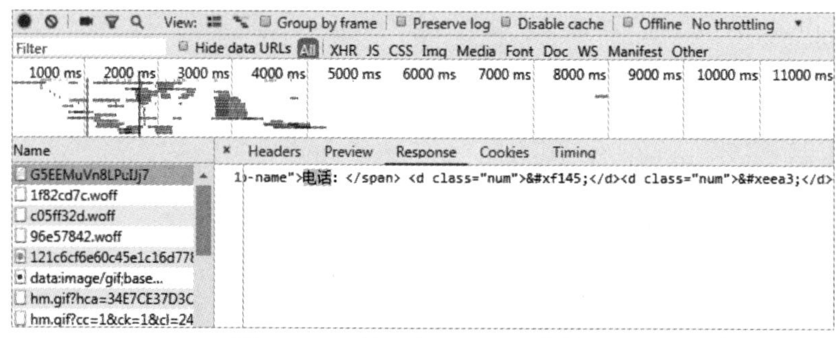

图 13-19　搜寻电话号码元素位置

13.3.3　代码实现

从前面简单分析之后，我们已经发现它的电话号码每个数字都用了一个特殊的编码来替代，我们需要做的就是建立一个映射来解决，将每个数字对应到每个编码，代码如下所示：

```
mappings= {
    '\ue599':'0',
```

```
    '\uf5c5':'2',
    '\uf459':'3',
    '\uec3a':'4',
    '\uf089':'5',
    '\uf5e3':'6',
    '\ue1b3':'7',
    '\ue9a4':'8',
    '\ue8ff':'9'
}
```

可能一个店铺的数据未必能够做到映射，可以多看几个店铺的数据，将 0 ~ 9 的映射做全，这样才能使结果更加准确。完整的示例代码如下：

```
    import requests
from lxml import etree

# 定义映射关系
mappings= {
    '\ue599':'0',
    '\uf5c5':'2',
    '\uf459':'3',
    '\uec3a':'4',
    '\uf089':'5',
    '\uf5e3':'6',
    '\ue1b3':'7',
    '\ue9a4':'8',
    '\ue8ff':'9'
}

mappings_list = []
url = 'http://www.dianping.com/shop/k8XmaPxgwKR1DF8W'
headers={
    "Cookie":"替换成自己登录之后的Cookie",
    "Host":"www.dianping.com",
    "User-Agent":"Mozilla/5.0 (Windows NT 6.1; WOW64)
                AppleWebKit/537.36"
               " (KHTML, like Gecko) Chrome/75.0.3770.100
                Safari/537.36"
}
respones = requests.get(url, headers=headers)
company_html = etree.HTML(respones.text)
```

```
nums = company_html.xpath('//p[@class="expand-info tel"]//text()')
print('查询结果：', nums)
for i in nums:
    if '1' in i or ' ' in i:
        mappings_list.append(i)
        continue
    num = mappings.get(i)
    if num is None:
        continue
    mappings_list.append(num)
print(''.join(mappings_list))
```

运行代码之后，输出结果如图 13-20 所示。

```
"C:\Program Files\Python38\python.exe" F:/test_work/dzp_project/映
查询结果：[' ', '电话：', ' ', '\ue599', '\uf5c5', '1-', '\uf459',
  021-39888803

Process finished with exit code 0
```

13-20　运行结果

针对这种编码映像型的反爬虫，只需要多观察它的样本信息，找出其规律，将里面的编码做个映像即可，对于这种情况有很多网站，如 58 同城、安居客等一些租房网站或招聘网站，上面也有类似的反爬，读者可以选择性地进行练习。

13.4 字体反爬

字体反爬与编码映射反爬一样，也是为了保护数据而生的。它的不同之处在于，编码映射是充分利用了 CSS 和 SVG 的关系来进行特殊编码映射，一般常见的使用场景中对数字的处理及格式基本都是长久固定的，然而字体反爬是通过自定义字体文件来动态对页面中的文字进行处理，也就是说，每次访问页面都是对动态加载的一个字体文件进行解析。下面将会通过一个案例来进行讲解。

13.4.1 美团手机版网页

为了能够更贴近于实战，这里选择了存在字体反爬的美团手机版网页为例，同时也为了规避一些因素，这里只讲解如何应对字体反爬并给出这部分代码的示例。

使用浏览器打开美团手机版网页，同时开启浏览器的开发者审查模式，如图 13-21 所示。

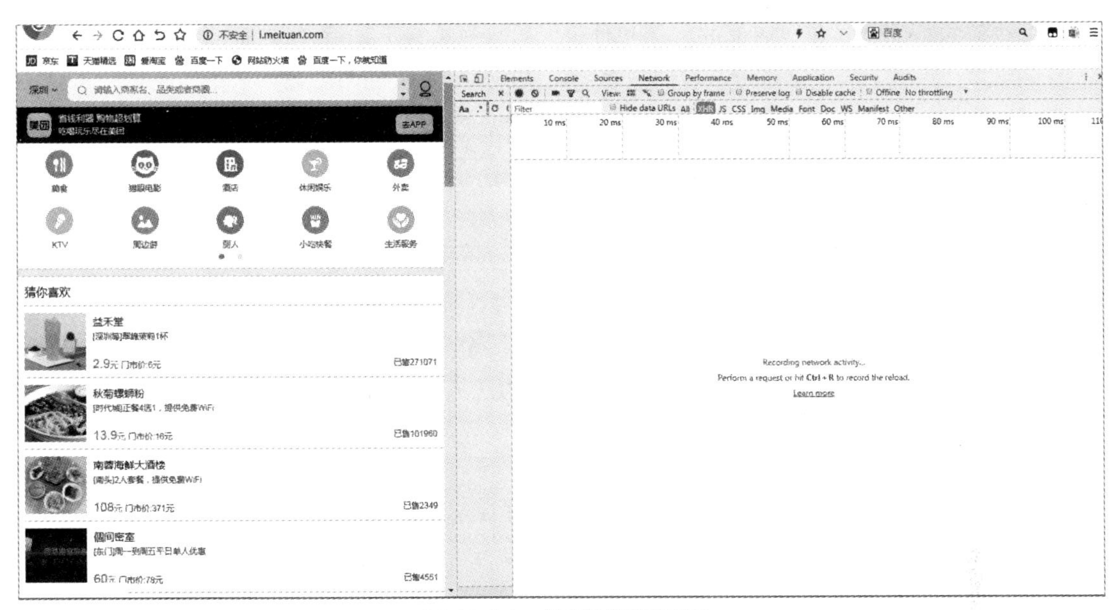

图 13-21　美团手机版网页

接下来，选择外卖模块，单击搜索框，在里面输入一个关键词，如图 13-22 所示，这里输入的关键词是一个“吃”字，输入之后，单击【搜索】按钮，然后观察右边的 XHR 请求，找到一个名字为 poi 开头的请求，这个请求里面响应的就是通过关键词搜索之后得到的店铺列表数据。

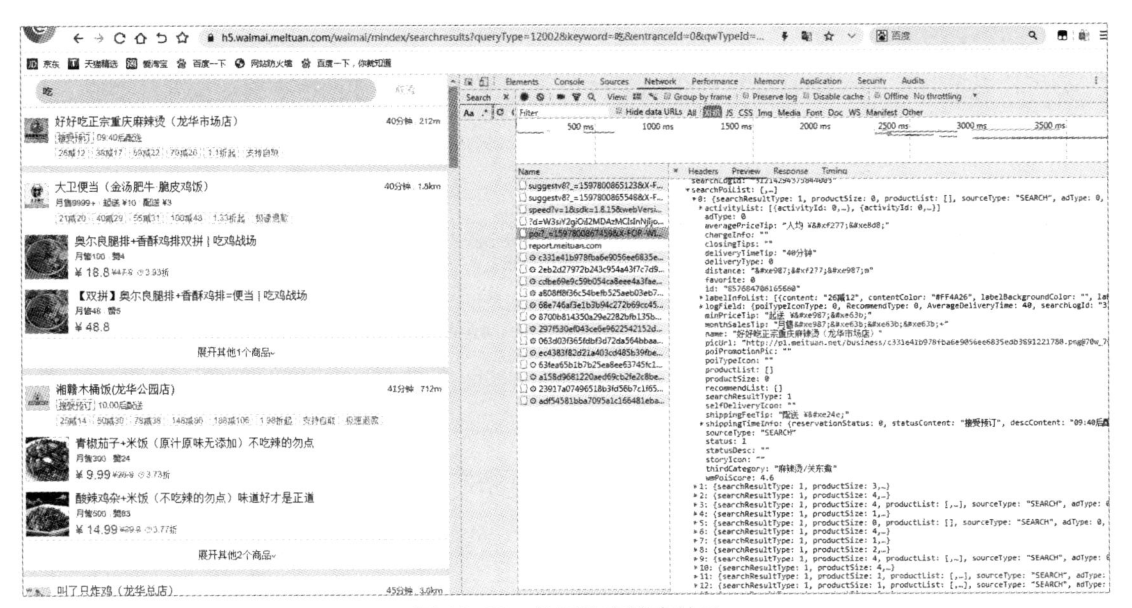

图 13-22　美团外卖搜索结果

13.4.2　分析网站

在前面的讲解过程中，已经通过关键词搜索得到了响应的店铺列表，下面来分析接口中的字段。

假如这里我们的目的是要获取店铺的名称和月售笔数，那么接下来就在接口中找到名称为 searchPoiList 的字段，展开之后，即可看到我们需要的店铺信息列表，如图 13-23 所示。

图 13-23　分析接口

分析找到我们需要的月售字段，如图 13-24 所示，可以发现里面的数字部分全部都变成了一些特殊的编码格式。

```
favorite: 0
id: "857684706165660"
▸labelInfoList: [{content: "26减12", contentColor: "#FF4A26", labelBackgroun
▸logField: {poiTypeIconType: 0, RecommendType: 0, AverageDeliveryTime: 40, s
minPriceTip: "起送 ¥&#xe987;&#xe63b;"
monthSalesTip: "月售&#xe987;&#xe63b;&#xe63b;&#xe63b;+"
name: "好好吃正宗重庆麻辣烫（龙华市场店）"
picUrl: "http://p1.meituan.net/business/c331e41b978fba6e9056ee6835edb389122
poiPromotionPic: ""
poiTypeIcon: ""
productList: []
productSize: 0
recommendList: []
searchResultType: 1
```

图 13-24　月售字段

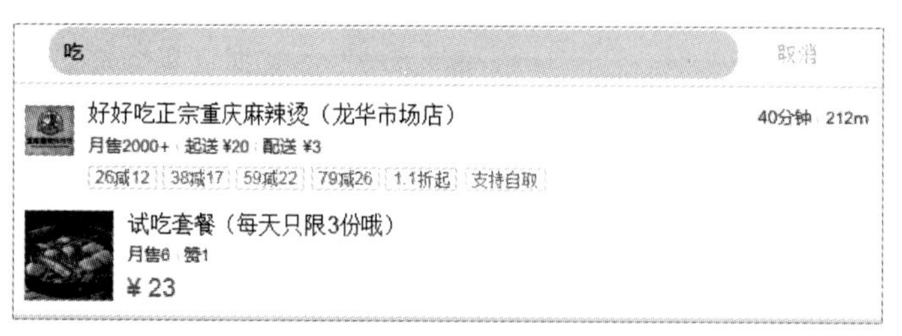

图 13-25　页面显示

观察页面上的数据显示，但却是正确的，如图 13-25 所示。

到这里可能有读者会想到，这不是跟前面的编码映射反爬一样吗？遇到这种情况，直接找出规律建立映射就可以了！但是其实这样做是行不通的。如果有疑问，可以来刷新一下当前页面，再次观察当前这个店铺的月售字段，刷新之后，显示如图 13-26 所示。

```
▼0: {searchResultType: 1, productSize: 1,…}
 ▶activityList: [{activityId: 0,…}, {activityId: 0,…}]
  adType: 0
  averagePriceTip: "人均 ¥&#xf008;&#xef4f;"
  chargeInfo: ""
  closingTips: ""
  deliveryTimeTip: "40分钟"
  deliveryType: 0
  distance: "&#xf4f8;&#xf008;&#xf4f8;m"
  favorite: 0
  id: "857684706165660"
 ▶labelInfoList: [{content: "26减12", contentColor: "#FF4A26", labelBackgroundColor: "", lat
 ▶logField: {poiTypeIconType: 0, RecommendType: 0, AverageDeliveryTime: 40, searchLogId: "3
  minPriceTip: "起送 ¥&#xf4f8;&#xe0c7;"
  monthSalesTip: "月售&#xf4f8;&#xe0c7;&#xe0c7;&#xe0c7;+"
  name: "好好吃正宗重庆麻辣烫（龙华市场店）"
  picUrl: "http://p1.meituan.net/business/c331e41b978fba6e9056ee6835edb3891221780.png@70w_7
  poiPromotionPic: ""
  poiTypeIcon: ""
 ▶productList: [{logField: {recommendType: 0}, monthSales: 0, monthSalesDecoded: "&#xef4f;",
  productSize: 1
```

图 13-26　刷新之后的结果

这时候会发现，同一个店铺的月售字段的编码变了，与之前不一样了。也就是说，这个编码每次的请求都是动态生成的，并不是一个固定的编码。如果继续采用之前的编码映像的方式，肯定是不行的。那么问题来了，应该如何应对这种情况呢？接下来，将讲解字体反爬。

字体反爬的大致原理是：网站开发者为了保护一些比较重要的数据，故自定义了很多种字体，每次请求的时候，随机对一个字体文件进行解析，比如数字 1、2、3 可以转换成宋体、姚体、楷体等。虽然字体在变，但是它的值是不会变化的，也就是说，对于 1、2、3，不管它们变成什么字体，但它们的值始终不变。网站正好利用了这一点，每次请求的时候，在网页源代码里面随机显示一个字体对应的编码，而不是真实的内容，在解析的时候，通过这个编码去与字体文件里面的编码进行匹配对应，再取出正确的结果。字体文件一般以 .woff 为后缀。

下面我们继续以分析美团网为例，在 Network 面板下，将筛选条件切换到 Font 栏，并刷新页面以查看变化，如图 13-27 所示。

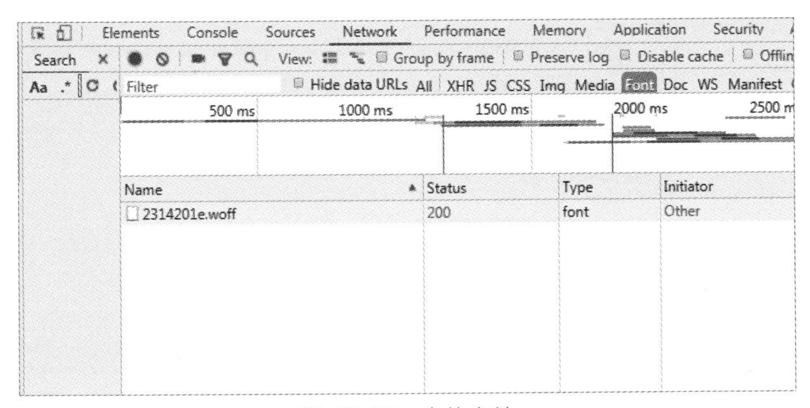

图 13-27　字体文件

可以看到，有一个 .woff 后缀的文件，点开它来查看响应内容是什么，如图 13-28 所示。

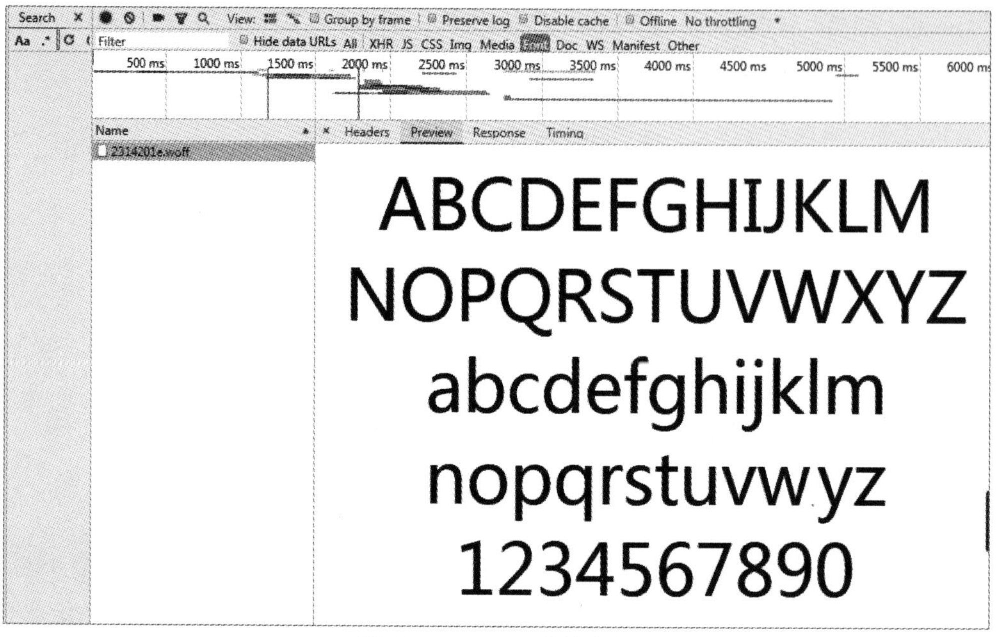

图 13-28 .woff 文件内容

这个就是我们需要的字体文件，里面包含了数字和字母信息，为了方便查看它的编码与具体内容，还需要下载一个工具 FontCreator。

FontCreator 是一个字体编辑设计软件，我们可以使用它设计自己的字体，在本节只是通过它来查看字体文件内容。下载并安装好 FontCreator 之后，还需要将上面我们分析得到的字体文件下载下来，如图 13-29 和图 13-30 所示，复制 Header 里面的请求链接到浏览器新窗口进行访问，浏览器会自动进行下载。

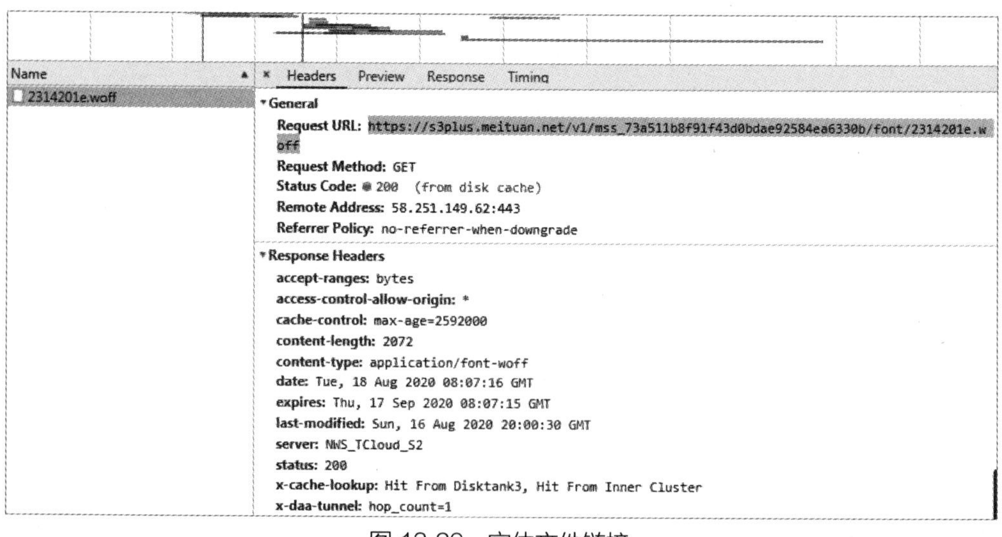

图 13-29 字体文件链接

图 13-30　下载字体文件

下载好字体文件之后，我们使用 FontCreator 工具将它打开，如图 13-31 所示，将会看到与它相关的详细内容。

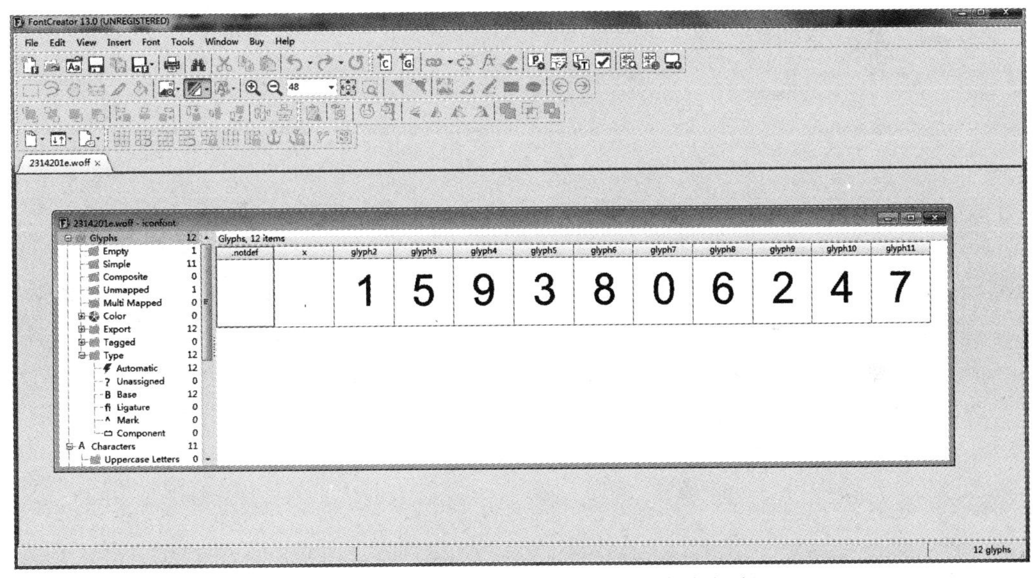

图 13-31　使用 FontCreator 打开字体文件

细心观察 0 ~ 9 的每一个数字，发现它们上面都有一个对应的码点，如图 13-32 所示，图中的数字 7 对应的码点为 glyph2。

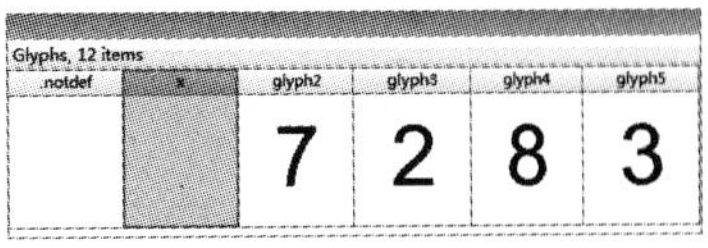

图 13-32　码点

通过反复的测试，发现美团字体是在变化的，每次刷新后得到的字体都是不同的。因此直接下载字体来硬解并不现实，所以要动态下载和分析字体文件。

13.4.3　代码实现

前面我们已经通过分析得到了一个结论：字体反爬会通过一个字体文件来对网页内容进行动态解析。针对这种反爬，应该如何应对并得到正确的结果呢？这里给出一种思路，相关的步骤如下。

步骤 1：请求抓包得到的接口地址，得到响应内容。

步骤 2：从网页源码中匹配出字体文件地址，将字体文件下载到本地。

步骤 3：对字体文件进行解析，得到一个键值对的结果，例如，{"glyph2":"1"}。

在 Python 中要解析字体文件，需要使用到 fontTools 这个库，通过 fontTools 库我们可以将字体文件解析成键值对格式，然后对需要解析的文本进行匹配，最终得出正确的内容。下面使用代码去实现，部分核心示例代码如图 13-33 所示。

```
解析字体文件
'''
def parse_Woff(self):
    try:
        font_filename=self.woff_url#
        font = TTFont(font_filename)
        glyfList = list(font['glyf'].keys())
        result = dict()
        for key in glyfList:
            # 剔除非数字的字体
            if key[0:3] == 'uni':
                # 循环判断坐标值是否与预设值一致
                for d in self.data.keys():
                    if self.data[d] == list(font['glyf'][key].coordinates):
                        val = "&#x" + key.lower().replace('uni', "") + ";"
                        result[val] = d
        return result
    except Exception as ex:
        print("解析字体文件出错")
'''
# 破解加密数据
return:解密后字符串
'''
def parse_string(self):
    try:
        parseDict=self.parse_Woff()
        for key in parseDict.keys():
            self.text = self.text.replace(key, parseDict[key])
        return self.text
    except Exception as ex:
        print("解密字符串失败，失败原因:",str(ex))
```

图 13-33　部分核心代码

由于本实例涉及代码较多，因布局等因素，读者如需参考完整源码，可通过本书附赠的源码列表获取相关代码。

13.5 新手实训

为了使读者加深理解本章所讲内容，这里通过一个小练习进行回顾，希望读者能够结合本章所学的内容动手去练一练。

安居客是一个房产信息在线服务平台，接下来本实例主要分析怎么爬取安居客的房源信息。使用浏览器打开安居客的网站首页，如图 13-34 所示。

图 13-34　安居客首页

在安居客网点的页面左侧选择【租房】选项，如图 13-35 所示，这里的任务是爬取信息标题、面积、地址、价格。

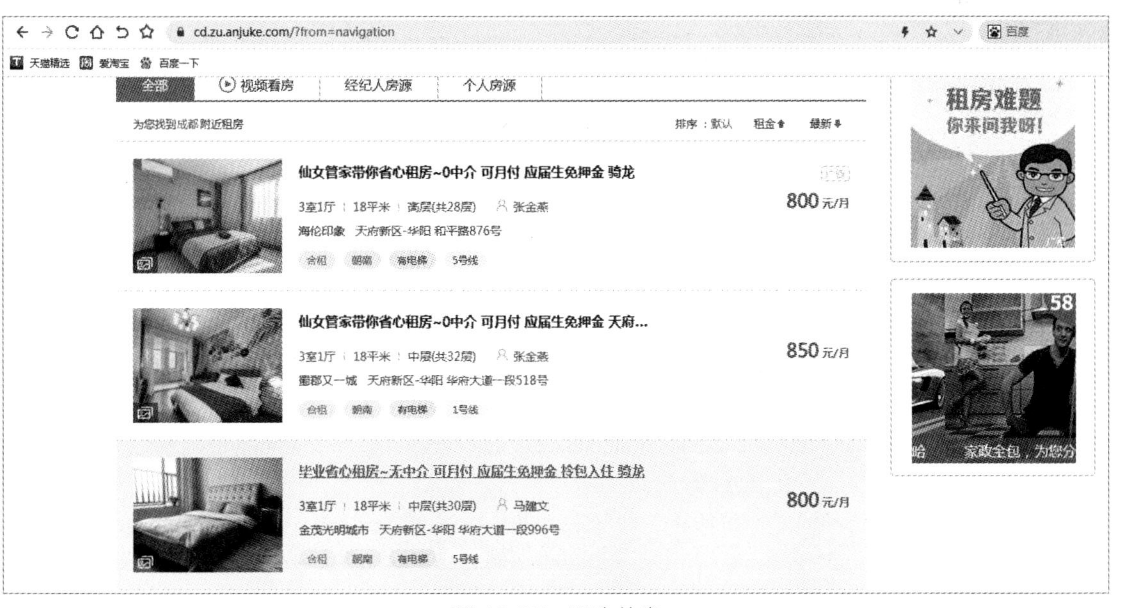

图 13-35　租房信息

打开浏览器开发者调试工具，刷新页面，观察请求，确认页面数据采用的是动态接口渲染还是数据直接在页面源代码里，如图 13-36 所示，并没有找到相关的接口有返回数据。

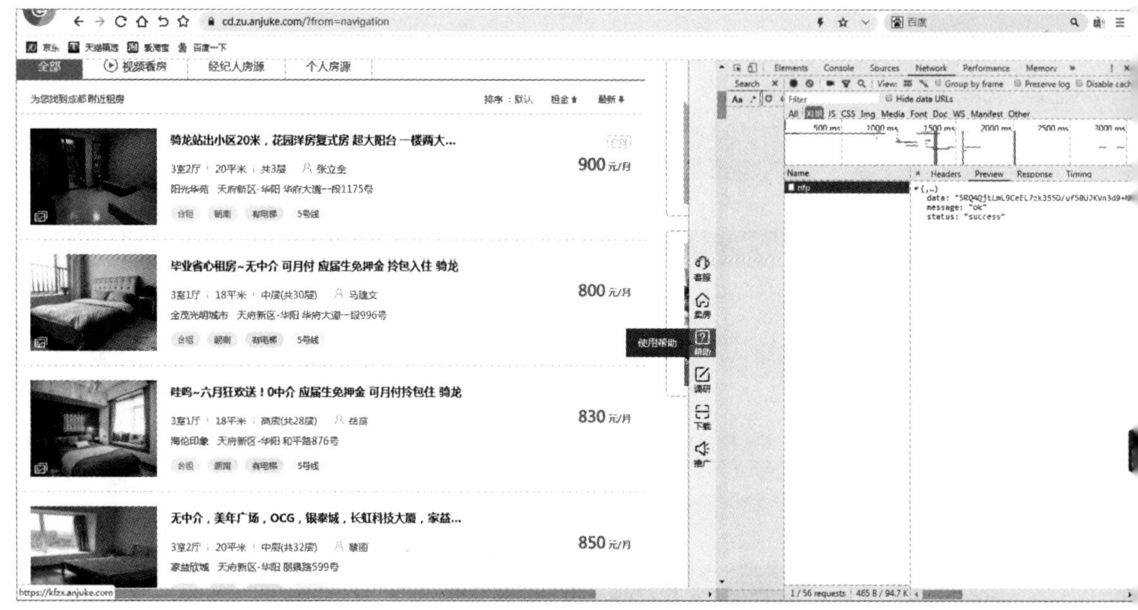

图 13-36　分析

既然没有找到接口有返回数据，那我们再试试直接在页面上右击以查看源代码，如图 13-37 所示，可以发现数据是直接在页面源代码里面的。

图 13-37　查看页面源代码

所以，如果要爬取该页面的数据，直接请求页面获取源代码，然后从中提取出数据即可，但是继续观察会发现，页面上有些字段的信息是处理过的特殊编码，且其他文字都是正常显示并不是乱码，如面积、楼层、价格等，如图 13-38 所示。

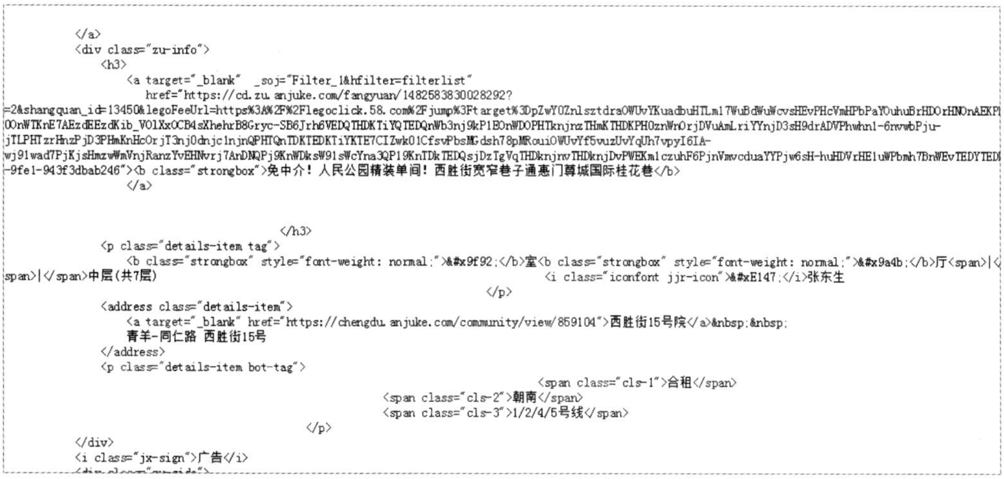

```
        </a>
        <div class="zu-info">
            <h3>
                <a target="_blank"  _soj="Filter_1&hfilter=filterlist"
                   href="https://cd.zu.anjuke.com/fangyuan/1482583830028292?
=2&shangquan_id=13450&legoFeeUrl=https%3A%2F%2Flegoclick.58.com%2Fjump%3Ftarget%3DpZwY0ZnlsztdraOWUvYKuadbuHTLm17WuBdWuWcvsHEvPHcVmHPbPaYOuhuBrHDOrHNOnAEKPl
OOnWTKnE7AEzdEEzdKib_VOlXxOCB4sXhehrB8Gryc-SB6Jrh6VEDQTHDKTiYQTEDQnWb3nj9kP1EOnWDOPHTknjnzTHmKTHDKPHOznWnOrjDVuAmLriYYnjD3sH9drADVPhwhn1-6nvwbPju-
jTLPHTzrHnzPjD3PHmKnHcOrjT3nj0dnjc1njnQPHTQnTDKTEDKTiYKTE7CIZwk01CfsvPbsMGdsh78pMRoui0WUvYf5vuzUvYqUh7vpyI6IA-
wj91wad7PjKjsHmzwWmVnjRanzYvEHNvrj7AnDNQPj9KnWDksW91sWcYna3QP19KnTDkTEDQsjDzTgVqTHDknjnvTHDknjDvPWEKm1czuhF6PjnVmvcduaYYPjw6sH-huHDVrHE1uWPbmh7BnWEvTEDYTEDl
-9fe1-943f3dbab246"><b class="strongbox">免中介！人民公园精装单间！西胜街宽窄巷子通惠门尊城国际桂花巷</b>
                </a>


                            </h3>
            <p class="details-item tag">
                <b class="strongbox" style="font-weight: normal;">&#x9f92;</b>室<b class="strongbox" style="font-weight: normal;">&#x9a4b;</b>厅<span>|</
span>|</span>中层(共7层)                                      <i class="iconfont jjr-icon">&#xE147;</i>张东生
                                                            </p>
            <address class="details-item">
                <a target="_blank" href="https://chengdu.anjuke.com/community/view/859104">西胜街15号院</a>  
                青羊-同仁路 西胜街15号
            </address>
            <p class="details-item bot-tag">
                                                          <span class="cls-1">合租</span>
                                         <span class="cls-2">朝南</span>
                                         <span class="cls-3">1/2/4/5号线</span>
                                  </p>
        </div>
        <i class="jx-sign">广告</i>
```

图 13-38　处理过的数据

很显然，这就是一个典型的文本混淆案例，那么如果要爬取这类数据，就需要做映像，才能正确获取真实数据。

通过前面的分析观察，已经发现了该网站使用了文本混淆保护数据，那么接下来我们看一下该如何爬取。爬取思路如下。

（1）通过网络请求库获取网页源代码。

（2）将相关的字段提取出来。

（3）建立映射关系，将 0 ~ 9 对应的编码给对应起来。

（4）获取真实数据并保存。

知晓了爬取思路，接下来就可以开始编写代码进行实现了，这里给出部分简单的提示代码，读者根据此提示完成该实例的练习。

```
import requests
import re

# 获取网页源代码
url='https://cd.zu.anjuke.com/?from=navigation'
res=requests.get(url)

# 部分映射
num_dic={
    "&#x9a4b":"0",
    "&#x9fa4":"1",
```

```
        "&#x9f64":"2",
        "&#x958f":"5",
        "&#x9e3a":"4",
    }
    # 提取价格列表
    pric_list=re.findall('<p><strong><b class="strongbox">([\s\S+]*?)
</b></strong> 元 / 月 </p>',res.text)
    # 通过映像字典获取真实数字
    for x in pric_list:
        for key in x.split(";"):
            if key:
                if key in num_dic:
                    print(num_dic[key])
```

13.6 新手问答

1. 在遇到有些有图片伪装反爬的网站时，使用requests网络请求库或urllib库去请求图片地址无法正确下载，下载下来的图片是损坏的，该怎么办？

答：如果暂时无法解决的情况下，可以采用 Selenium 工具以截图的方式截取指定元素保存成图片，然后再使用 OCR 工具进行识别提取。

2. OCR识别图片中的文本信息时，识别准确率较低，如何提高识别准确率？

答：造成识别率低的原因，可能是因为网站开发者将图片中的文本进行过字体或样式等特殊处理，所以导致了 OCR 的识别准确率不是很高。这里给读者提供一种思路，可以采用训练一个深度学习模型的方式进行识别提取。关于深度学习的相关内容，读者可以到网上自行了解。

本章小结

本章主要讲解了常见的几种文本混淆反爬原理与经过，针对图片伪装反爬，可以采用 OCR 工具识别提取图片中的文本信息。如果是 CSS 偏移反爬的话，需要根据 CSS 属性计算位置进行替换。接着如果遇到 SVG 映像反爬时，通过分析代码映像关系，即可达到获取真实数据的目的。除了本章中所讲的文本混淆反爬之外，还有许许多多类似的文本混淆反爬案例，比如字体映射等。

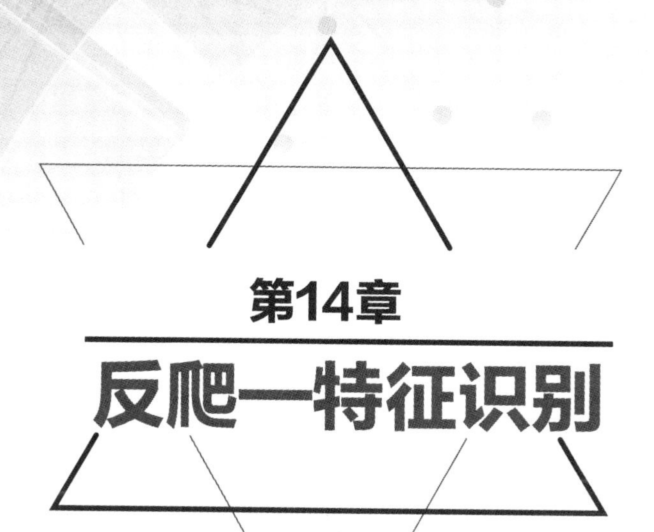

第14章

反爬—特征识别

本章导读

特征识别指的是通过客户端的特征、属性、用户行为等特点来区分正常用户和爬虫程序的手段。回顾前面的信息校验章节和文本混淆章节内容可以发现，信息校验主要是出现在网络请求阶段，在这个阶段主要是以预防为主，尽可能地拒绝非正常用户和爬虫程序访问。而文本混淆反爬主要出现在内容提取阶段，这个阶段主要是以保护数据为目的。

本章将要讲解的特征识别反爬虫，也是以预防爬虫为目的，直接从爬虫出现的源头就将其拦截掉，使其无法访问网站。

知识要点

通过对本章内容的学习，主要目的是希望读者能够根据实际情况轻松地绕过常见的特征识别反爬，本章相关知识点如下：

- 认识浏览器指纹
- 了解WebDriver驱动识别的原理
- 绕过WebDriver特征识别

14.1 浏览器指纹

浏览器指纹是指通过浏览器的各种信息，如系统字体、屏幕分辨率、浏览器插件、浏览器版本，无需 Cookie 等技术，就能近乎绝对地定位一个用户，就算使用浏览器的隐私窗口模式，也无法匿名。这是一个被动的识别方式。也就是说，理论上某用户访问了某一个网站，那么这个网站就能识别到该用户，虽然不知道这个用户是谁，但因为其有一个唯一的指纹，将来无论是广告投放、精准推送，还是其他一些关于隐私的事情，都非常方便。这在反爬虫技术中也比较常见，网站开发者通过它可以识别出爬虫程序并对其进行拦截。

14.1.1 浏览器指纹实现技术有哪些

按照实现技术来划分，浏览器指纹大致可以分为 5 种类型，分别是一般指纹、基本指纹、高级指纹、硬件指纹、综合指纹。

（1）一般指纹：主要指的是我们常见的 Session、Cookie、Evercookie、Flash Cookies。

（2）基本指纹：基本指纹是任何浏览器都具有的特征标识，比如硬件类型（Apple）、操作系统（Mac OS）、用户代理（User-agent）、系统字体、语言、屏幕分辨率、浏览器插件（Flash、Silverlight、Java 等）、浏览器扩展、浏览器设置（Do-Not-Track 等）、时区差（Browser GMT Offset）等众多信息。

（3）高级指纹：在 HTML5 之后出现的一些基于 HTML5 属性的指纹，例如，Canvas 指纹、AudioContext 指纹。

（4）硬件指纹：硬件指纹主要通过检测硬件模块获取信息，作为对基于软件的指纹的补充，主要的硬件模块有 GPU、摄像头、扬声器 / 麦克风、运动传感器、GPS、电池、CPU、网卡、蓝牙、BIOS 等。

（5）综合指纹：指的是将前面的几种类别的指纹进行综合利用，以达到提高客户端唯一性识别的准确性。

读者如果想查看自己的浏览器指纹，可以通过一些第三方工具进行获取，Browserprint 检测可能唯一的浏览器指纹，Panopticlick 工具可以查看浏览器的指纹。

14.1.2 防止浏览器指纹检测方法

如果在上网过程中不想被检测到浏览器指纹，也可以通过一些第三方的工具进行防止。

（1）如果是个人使用的话，推荐使用 Ghostery。

（2）如果使用的是谷歌或火狐浏览器的话，可以使用 uMatrix。

14.1.3 防客户端追踪措施

如需防止自己上网过程被追踪泄露隐私等问题，可通过使用隐身模式、禁用 WebRTC、禁用 Geolocation、限制 API 访问文件资源时序信息等手段防止客户端被追踪。如何禁用 Geolocation？方法如下。

打开 about:config，找到 geo.enabled 的值，设置其值为 false。Chrome 单击设置（Settings），从显示高级设置（Show advanced settings）上，找到隐私（Privacy）并且单击内容设置（Content settings）， 在窗口里找到定位（Location），并设置选项不允许任何网站追踪物理位置。

如果要禁用 WebRTC 功能，可以在浏览器地址栏打开 about:config，找到 media.peerconnection.enabled 的项，设置成 false。

在反爬虫开发中，几乎每个网站都或多或少地有用到浏览器指纹识别判断出是程序在访问网站还是正常的用户在访问。所以这里建议读者在实际的爬虫开发过程中，一定要尽可能地模拟得像真人用户在访问，减少被拦截的概率。

14.2 WebDriver驱动识别

前面在学习动态渲染页面爬取的时候，我们了解到，爬虫程序可以借助渲染工具从动态网页中提取数据。借助的其实是通过浏览器驱动（WebDriver）向浏览器发送相关指令执行任务的行为。也就是说，网站开发者可以根据客户端是否包含浏览器驱动这一特征，来区分正常用户和爬虫程序。

那么，网站开发者是如何做到检测出客户端是否包含浏览器驱动的呢？本小节将对这一部分的内容进行讲解和演示。

14.2.1 WebDriver识别示例

为了方便演示，这里在自己服务器上发布了一个简单的网页可供读者练习，里面用到了 WebDriver 检测。网页地址如下：

```
http://mxd.liuyanlin.cn
```

接下来，先通过正常的浏览器打开该网页地址，将会看到如图 14-1 所示的网页内容，我们的目标是要使用 WebDriver 爬取列表中的 MX 群名字、MX 家族详细介绍、版本、口号。

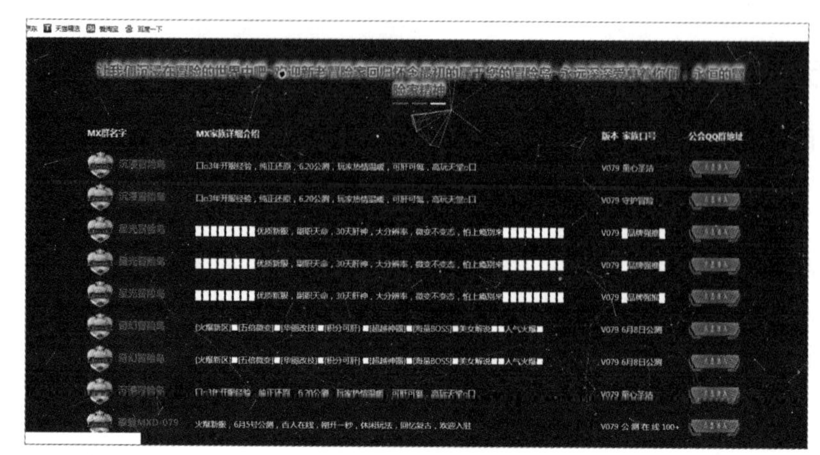

图 14-1　示例网页界面

从图 14-1 中可以看到，列表里面是有很多条数据的，下面我们用动态渲染工具 Selenium 去打开该网页，看看是否也会看到一样的显示结果。示例代码如下：

```
from selenium.webdriver import Chrome

driver = Chrome(executable_path="chromedriver.exe")
url="http://mxd.liuyanlin.cn/"
driver.get(url)
```

运行代码之后，将会看到如图 14-2 所示的显示结果。

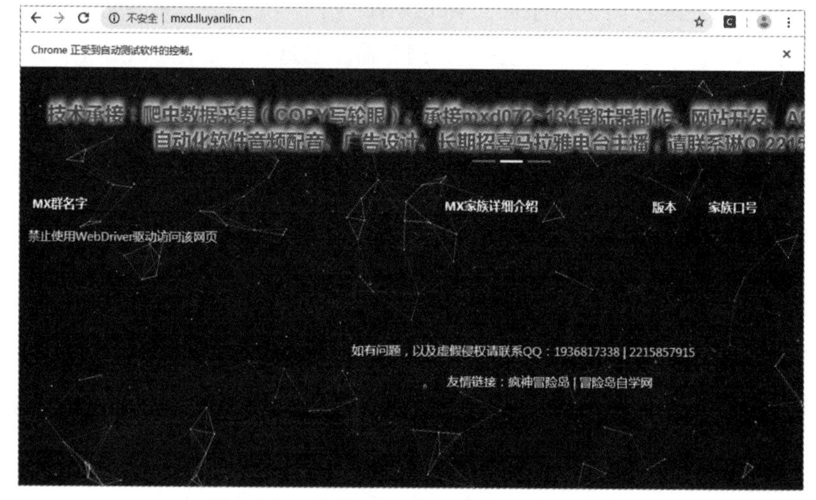

图 14-2　示例页面（WebDriver 打开）

很惊奇地发现，页面上列表里面居然没有一条数据，而且提示“禁止使用 WebDriver 驱动访问该网页”。这说明我们使用的 Selenium 是被网页检测拦截了的。那么遇到这种情况，该如何应对呢？这个问题将在本章后面的小节中进行讲解。

14.2.2　WebDriver识别原理

继续分析 14.2.1 节中提到的网页，看看到底是因为什么被网页检测到并拦截了，我们可以右击查看网页源代码，然后通过它的 JS 代码部分查找原因，如图 14-3 所示。

```
$(function(){
    window.onload = function() {
        //配置
        var config = {
            vx: 4,  //小球x轴速度,正为右，负为左
            vy: 4,  //小球y轴速度
            height: 2,  //小球高宽，其实为正方形，所以不宜太大
            width: 2,
            count: 200,     //点个数
            color: "121, 162, 185",     //点颜色
            stroke: "130,255,255",      //线条颜色
            dist: 6000,     //点吸附距离
            e_dist: 20000,  //鼠标吸附加速距离
            max_conn: 10    //点到点最大连接数
        }

        //调用
        CanvasParticle(config);
    }
    //

    if(window.navigator.webdriver == true){
        $("#data_list").html("禁止使用WebDriver驱动访问该网页")
    }else{
        var html_str=""
        $.getJSON("data.json", function(data) {
            $.each(data, function (index, item) {
               if(item.type=="1"){
```

图 14-3　网页中的 JS 代码

通过图 14-3 可以观察到，这里使用了一个 window.navigator.webdriver == true 的条件判断，原来这个方法使用了 Navigator 对象（window.navigator）的 webdriver 属性来判断客户端是否通过 WebDriver 驱动浏览器。如果检测到客户端的 webdriver 属性，则在列表中显示“禁止使用 WebDriver 驱动访问该网页”的提示内容，反之则显示正确的数据。

由于 Selenium 通过 WebDriver 驱动浏览器，客户端的 webdriver 属性存在，所以无法获得目标数据，平时我们在网上查询文章的时候，如果遇见类似“谷歌驱动检测”“Selenium 检测”等的文章，都是指 WebDriver 识别。

使用正常方式打开浏览器访问网页的时候，其 window.navigator.webdriver 应该等于 undefined，如果使用的是 WebDriver，值会变成 true，如图 14-4 所示，读者可以亲自动手试一试，打开任何一个网页，在开发者工具模式下，切换到 Console 面板，然后输入 window.navigator.webdriver，按【Enter】键，其输出的值为 undefined。

图 14-4　window.navigator.webdriver 值

反之，当我们在使用 Selenium 打开网页的时候，在 Console 下输入 window.navigator.webdriver，输出的结果则为 true，如图 14-5 所示。

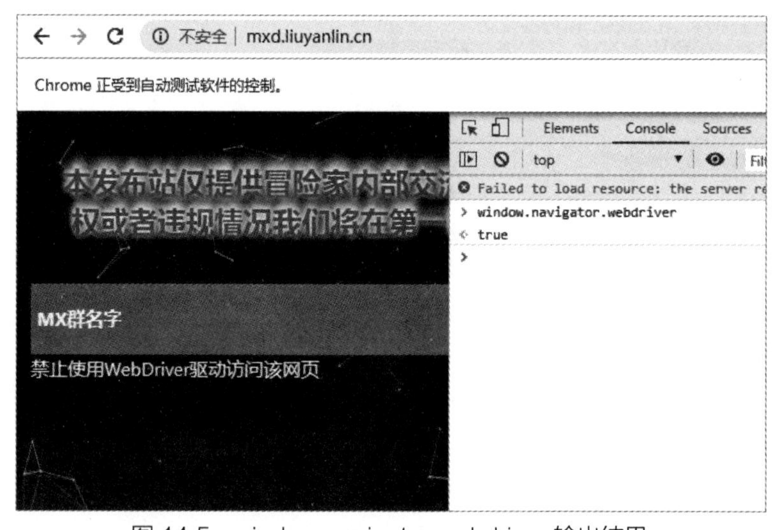

图 14-5　window.navigator.webdriver 输出结果

除此之外，还有一些其他的标志性的特征，网站开发者可以根据这些特征来识别真实用户和爬虫程序。相关的特征如下。

（1）__driver_evaluate

（2）__webdriver_evaluate

（3）__selenium_evaluate

（4）__fxdriver_evaluate

（5）__driver_unwrapped

（6）__webdriver_unwrapped

（7）__selenium_unwrapped

（8）__fxdriver_unwrapped

（9）_Selenium_IDE_Recorder

（10）_selenium

（11）calledSelenium

（12）_WEBDRIVER_ELEM_CACHE

（13）ChromeDriver

（14）driver-evaluate

（15）webdriver-evaluate

（16）selenium-evaluate

（17）webdriverCommand

（18）webdriver-evaluate-response

了解了这个特点之后，就可以在浏览器客户端 JS 中通过检测这些特征串来判断当前是否使用了 Selenium，并将检测结果附加到后续请求之中，这样服务端就能识别并拦截后续的请求。

14.2.3　如何绕过被识别

通过前面的学习已经找到了被拦截的原因，接下来我们需要想办法应对这种检测，以达到获取数据的目的。既然已经知道了是通过 window.navigator.webdriver 这个属性来判断的，那就从这个属性上入手，把它的值变成 undefined。Selenium 为我们提供了一个参数，可以实现这个目的，如下面的示例代码所示：

```
from selenium.webdriver import Chrome
from selenium.webdriver import ChromeOptions

option = ChromeOptions()
# 此句代码非常关键
option.add_experimental_option('excludeSwitches', ['enable-automation'])
driver = Chrome(options=option,executable_path="chromedriver.exe")
```

这里是以谷歌浏览器为例，在启动 Chromedriver 之前，为 Chrome 开启实验性功能参数 excludeSwitches，它的值为 ['enable-automation']。此时启动的 Chrome 窗口在右上角会弹出一个提示，不用管它，不要单击【停用】按钮。再次在开发者工具的 Console 选项卡中查询 window.navigator.webdriver，可以发现这个值已经自动变成 undefined 了，并且无论你打开新的网页、开启新的窗口还是单击链接进入其他页面，都不会让它变成 true，如图 14-6 所示。

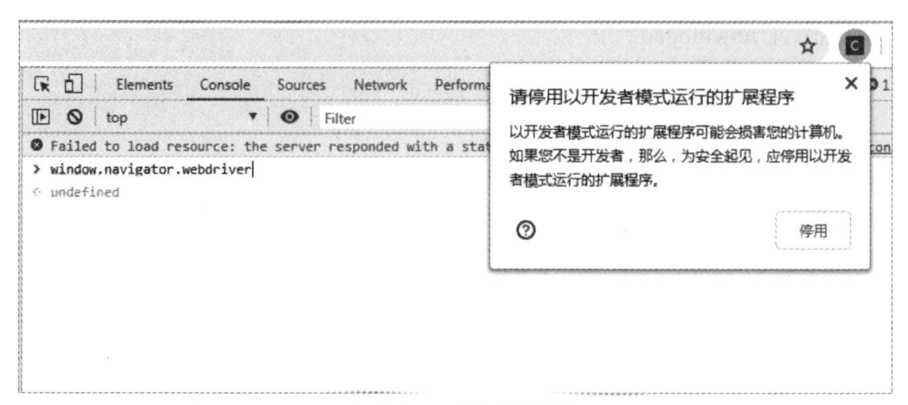

图 14-6　实验模式运行

在实现了将 window.navigator.webdriver 变为 undefined 之后，我们再使用 Selenium 打开 14.2.1 节中提到的练习网站，看看是否能够获得数据。示例代码如下：

```
from selenium.webdriver import Chrome
from selenium.webdriver import ChromeOptions

option = ChromeOptions()
# 此句代码是关键
option.add_experimental_option('excludeSwitches', ['enable-automation'])
driver = Chrome(options=option,executable_path="chromedriver.exe")
# 窗口最大化显示
driver.maximize_window()
url="http://mxd.liuyanlin.cn/"
driver.get(url)
```

运行代码之后，效果如图 14-7 所示。

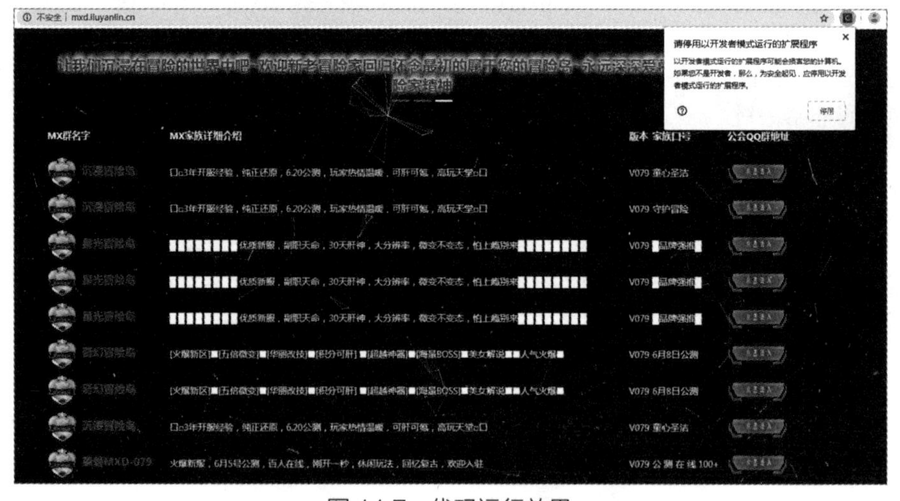

图 14-7　代码运行效果

完整的爬取数据代码如下：

```
from selenium.webdriver import Chrome
from selenium.webdriver import ChromeOptions

option = ChromeOptions()
option.add_experimental_option('excludeSwitches', ['enable-automation'])
driver = Chrome(options=option,executable_path="chromedriver.exe")
# driver.maximize_window()
url="http://mxd.liuyanlin.cn/"
driver.get(url)
html=driver.page_source
tr_list=driver.find_elements_by_xpath('//*[@id="data_list"]//tr')
# 循环输出每一条数据
for item in tr_list:
    data={}
    data["name"]=item.find_element_by_xpath("td[1]/span").text
    data["introduce"] = item.find_element_by_xpath("td[2]").text
    data["version"] = item.find_element_by_xpath("td[3]").text
    data["kouhao"] = item.find_element_by_xpath("td[4]").text
    print(data)
    print("----------------------------------------")
driver.quit()
```

运行代码之后，获取的数据如图 14-8 所示。

图 14-8　获取到的数据结果

在实际操作的时候，加上 excludeSwitches 参数开启实验性功能也许会无法生效，这是由于读者可能使用了最新版本的谷歌浏览器和驱动，需要将浏览器和驱动版本降到 76 版或 76 版以下，才会生效。

除此之外，还有一种方式可以绕过 navigator.webdriver 的检测。那就是使用中间人代理，mitmproxy 是一个开源的交互式 HTTPS 代理，客户端可以使用它提供的 API 来过滤掉网页 JS 中检测 navigator.webdriver 的代码。

14.3 使用mitmproxy

从前面我们了解到，Selenium 在运行的时候会暴露出一些预定义的 JS 变量（特征字符串），例如，window.navigator.webdriver 在非 Selenium 环境下其值为 undefined，而在 Selenium 环境下，其值为 true。同时也讲解了通过一种简单的方式进行绕过，在打开页面之前，启用浏览器的实验模式，将值改成了 undefined，也就达到了绕过检测的目的。这仅仅是针对一些比较简单的检测，稍微做得好一点的网站，除了会检测 navigator.webdriver 属性之外，还会检测其他的特征字符串，例如，__driver_evaluate、__webdriver_evaluate、__selenium_evaluate 等一系列的特征。那么针对这种检测特征较多的情况，我们该如何处理呢？如果继续采用 Selenium 的简单设置，就显得捉襟见肘了。这时候就不得不采用别的方式来进行应对。使用 mitmproxy 是一个很好的解决方案，本小节将对 mitmproxy 相关的知识点进行一个讲解。

14.3.1 认识mitmproxy

mitmproxy 是一个中间人代理工具，可以用来拦截、修改、保存 HTTP/HTTPS 请求。以命令行终端形式呈现，类似于 Chrome 浏览器开发者模式的可视化工具。中间人代理一般在客户端和服务器之间的网络中拦截、监听和篡改数据。用于中间人攻击的代理首先会像正常的代理一样转发请求，保障服务端与客户端的通信，其次，会适时地查看、记录其截获的数据，或篡改数据，引发服务端或客户端特定的行为。

不同于 fiddler 或 Charles 等抓包工具，mitmproxy 不仅可以截获请求，帮助开发者查看、分析，更可以通过自定义脚本进行二次开发。举例来说，利用 fiddler 可以过滤出浏览器对某个特定 URL 的请求，并查看、分析其数据，但实现不了高度定制化的需求，类似于“截获浏览器对该 URL 的请求，将返回内容置空，并将真实的返回内容存到某个数据库，出现异常时发出邮件通知”。mitmproxy 是基于 Python 开发的开源工具，最重要的是它提供了 Python API，这样就可以通过载入自定义 Python 脚本，轻松实现使用 Python 代码来控制请求和响应。这是其他工具所不能做到的。

但 mitmproxy 并不会真的对无辜的人发起中间人攻击，由于 mitmproxy 工作在 HTTP 层，而当前 HTTPS 的普及让客户端拥有了检测并规避中间人攻击的能力，所以要让 mitmproxy 能够正常工作，必须要让客户端（APP 或浏览器）主动信任 mitmproxy 的 SSL 证书，或忽略证书异常。

在爬虫领域中，mitmproxy 作为代理可以拦截、存储爬虫获取到的数据，或修改数据调整爬虫的行为。

14.3.2　工作原理

mitmproxy 就是一个中间人代理工具，其实它的工作原理并不难理解，其原理如图 14-9 所示。

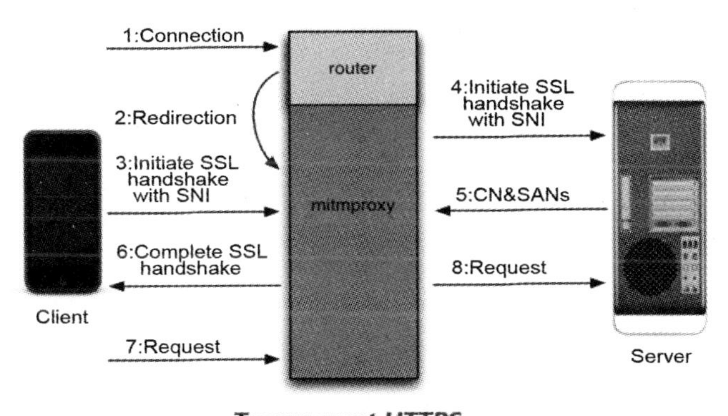

图 14-9　mitmproxy 原理

mitmproxy 的原理大致分为了 8 个流程，每个流程相关的含义如下所示。

（1）客户端发起一个到 mitmproxy 的连接，并且发出 HTTP CONNECT 请求。

（2）mitmproxy 作出响应（200），模拟已经建立了 CONNECT 通信管道。

（3）客户端确信它正在和远端服务器会话，然后启动 SSL 连接。在 SSL 连接中指明了它正在连接的主机名（SNI）。

（4）mitmproxy 连接服务器，然后使用客户端发出的 SNI 指示的主机名建立 SSL 连接。

（5）服务器以匹配的 SSL 证书作出响应，这个 SSL 证书里包含生成的拦截证书所必需的通用名（CN）和服务器备用名（SAN）。

（6）mitmproxy 生成拦截证书，然后继续与第（3）步暂停的客户端 SSL 握手。

（7）客户端通过已经建立的 SSL 连接发送请求。

（8）mitmproxy 通过第（4）步建立的 SSL 连接传递这个请求给服务器。

14.3.3　使用mitmproxy绕过驱动检测

以点评网的手机端网页为例，它能够有效检测并屏蔽 Selenium 的网站应用，如果是正常的浏览器操作，能够有效地通过验证，但如果是使用 Selenium 就会被识别，即便滑动验证码正确，也会被提示“请求异常，拒绝操作”，无法通过验证，如图 14-10 和图 14-11 所示。点评网地址为：https://m.dianping.com。

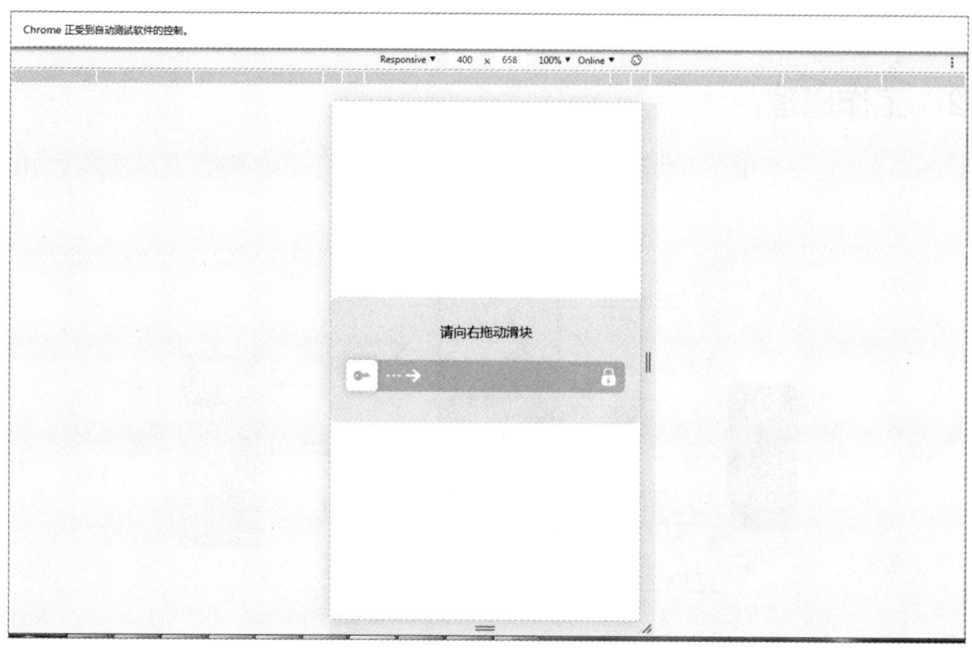

图 14-10 点评滑动验证码界面

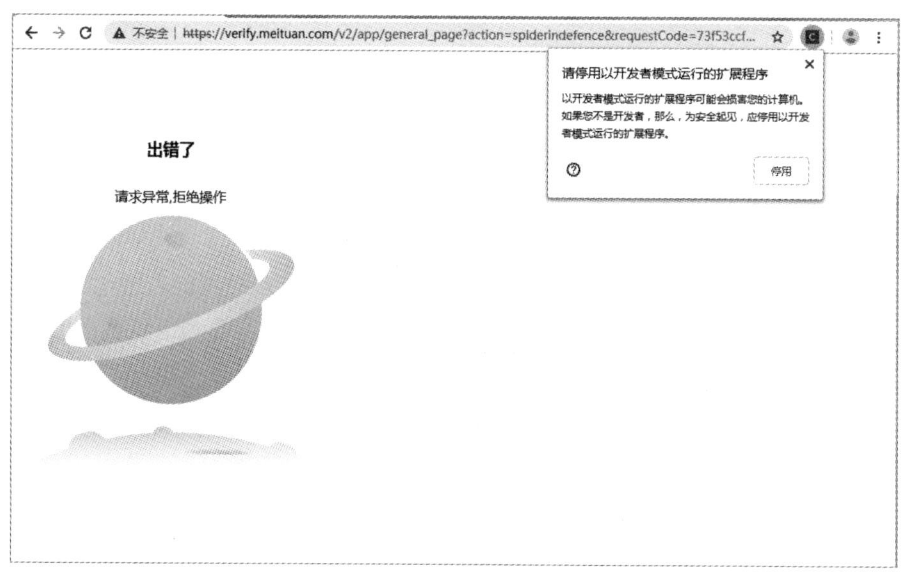

图 14-11 验证失败

接下来，我们分析它的 JS 代码，如图 14-12 所示。

通过分析 JS 代码可以看到，它检测了 webdriver、_Selenium_IDE_Recorder、_selenium、calledSelenium 等 Selenium 的特征串。提交验证码的时候抓包请求可以看到一个 _token 参数（很长），

如图 14-13 所示。Selenium 检测结果应该就包含在该参数里，服务端借以判断“请求异常，拒绝操作”。

```
                    n = "ww";
                    break;
                case _0x5986("0x34c"):
                    n = _0x5986("0x34f");
                    break;
                case _0x5986("0x61"):
                    n = "nj";
                    break;
                default:
                    n = "ot"
                }
                return n
            } catch (x) {
                return "abnormal"
            }
        }() || ((x = document).documentElement && qe(x[_0x5986("0x47")], _0x5986("0x141")) ? "dw"
        0 < Pe(_0x5986("0x142")[_0x5986("0x3c")](","), Ke(n))[_0x5986("0x42")] ? "de" : (t = docu
        0 < Pe(Le("webdriver,_Selenium_IDE_Recorder,_selenium,calledSelenium"), Ke(t))[_0x5986("0
    } catch (x) {
        return window[_0x5986("0x10d")][_0x5986("0x10e")][_0x5986("0x112")](window[_0x5986("0x15
        ""
    }
    var x, n, t, e, r
}() || "",
broP: function() {
    var x = window.navigator
      , n = [];
    try {
        var t = x[_0x5986("0x350")]
          , e = void 0;
        for (e in t)
            if (t[_0x5986("0xf")](e)) {
                var r = t[e][_0x5986("0x29")] || "";
                n[_0x5986("0x24")](r)
```

图 14-12　分析 JS 代码

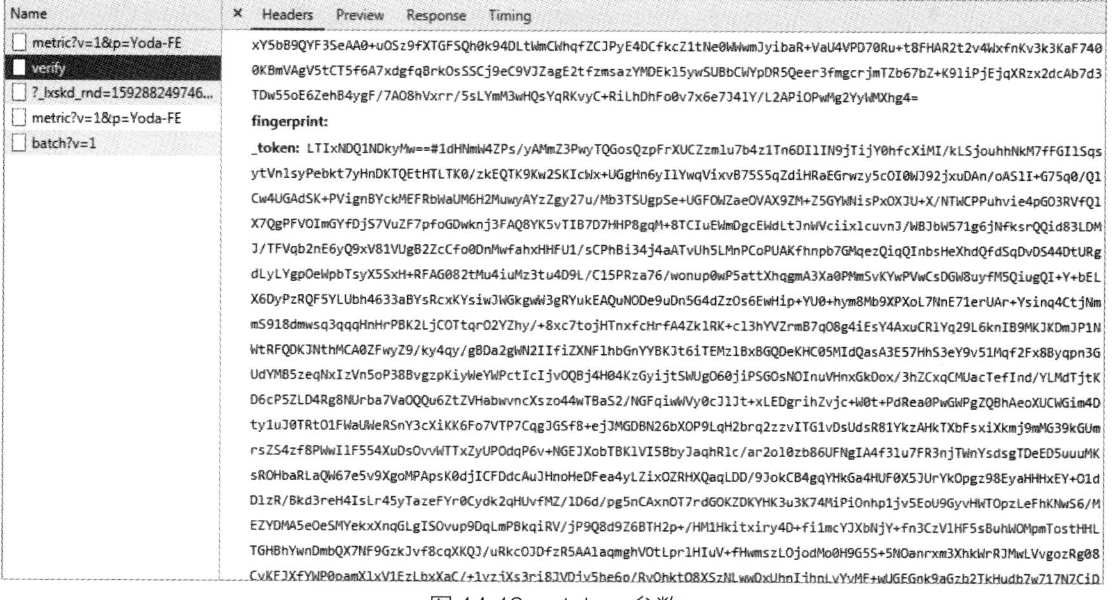

图 14-13　_token 参数

现在开始进入正题，如何突破网站的这种屏蔽呢？我们已经知道了屏蔽的原理，只要能够隐藏这些特征串就可以了。但是还不能直接删除这些属性，因为这样可能会导致 Selenium 不能正常工作了。我们可以使用中间人代理 mitmproxy 方式去实现它，其中 mitmproxy 的安装和配置可以参考第 1 章中的内容。

这里我们要将 slider.4e683f681b.js 这个文件中的特征字符串给过滤掉（或替换掉，比如替换成根本不存在的特征串），让它无法正常工作，从而达到让客户端脚本检测不到 Selenium 的效果。相关的步骤如下。

步骤 1：新建一个 modify_response.py 的文件，输入代码如下。

```
from mitmproxy import ctx

def response(flow):
    """
修改应答数据
    """
    if '/js/slider.' in flow.request.url:
        # 屏蔽 selenium 检测
        for webdriver_key in ['webdriver', '__driver_evaluate',
                     '__webdriver_evaluate', '__selenium_evaluate',
                     '__fxdriver_evaluate', '__driver_unwrapped',
                     '__webdriver_unwrapped',
                     '__selenium_unwrapped', '__fxdriver_unwrapped',
                     '_Selenium_IDE_Recorder', '_selenium',
                     'calledSelenium', '_WEBDRIVER_ELEM_CACHE',
                     'ChromeDriverw', 'driver-evaluate',
                     'webdriver-evaluate', 'selenium-evaluate',
                     'webdriverCommand',
                     'webdriver-evaluate-response',
                     '__webdriverFunc', '__webdriver_script_fn',
                     '__$webdriverAsyncExecutor',
                     '__lastWatirAlert', '__lastWatirConfirm',
                     '__lastWatirPrompt', '$chrome_asyncScriptInfo',
                     '$cdc_asdjflasutopfhvcZLmcfl_']:
            ctx.log.info('Remove "{}" from {}.'.format(webdriver_key,
                    flow.request.url))
        flow.response.text = flow.response.text.replace('"{}"
                    '.format(webdriver_key), '"NO-SUCH-ATTR"')
        flow.response.text = flow.response.text.replace('t.webdriver',
                                                   'false')
        flow.response.text = flow.response.text.replace('ChromeDriver',
                                                   '')
```

步骤 2：将 modify_response.py 文件放入 mitmproxy 可执行文件的目录下，如图 14-14 所示。

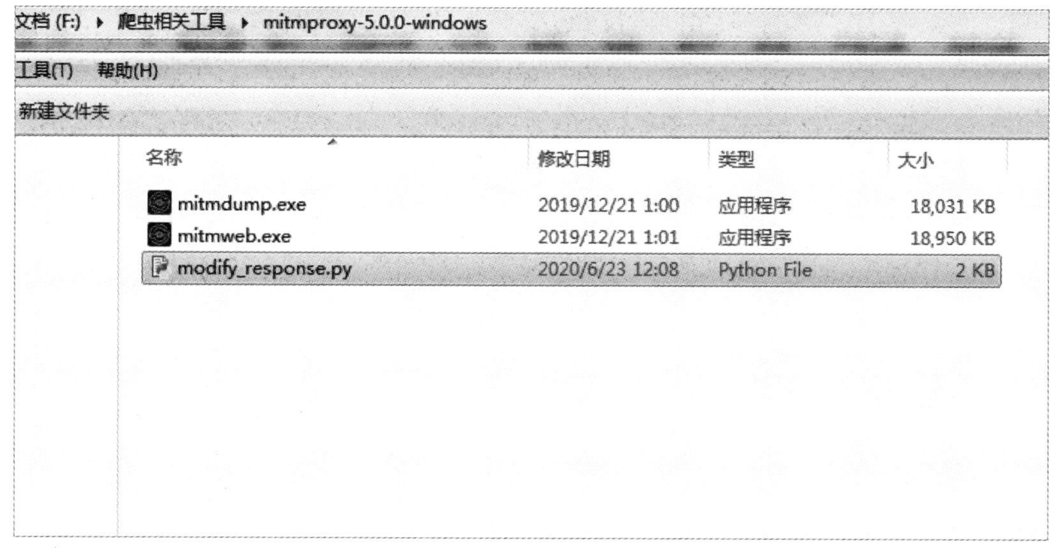

图 14-14　mitmproxy 目录

步骤 3：在 mitmproxy 当前目录打开命令行窗口，输入以下命令运行 mitmproxy。

```
mitmdump.exe -s modify_response.py
```

运行命令之后，将会出现如图 14-15 所示的内容，默认启动的是 8080 端口。

```
F:\爬虫相关工具\mitmproxy-5.0.0-windows>mitmdump.exe -s modify_response.py
Loading script modify_response.py
Proxy server listening at http://*:8080
```

图 14-15　监听端口

步骤 4：在 Selenium 中使用该代理（mitmproxy 默认监听 127.0.0.1:8080）访问目标网站，mitmproxy 将过滤 JS 代码中的特征字符串，代码如下。

```
from selenium.webdriver import Chrome
from selenium.webdriver import ChromeOptions
import time

PROXY = "http://127.0.0.1:8080"
option = ChromeOptions()
mobile_emulation = {"deviceName":"iPhone 6"}
option.add_experimental_option("mobileEmulation", mobile_emulation)
option.add_experimental_option('excludeSwitches', ['enable-
                                automation'])
# ______________________ 代理参数 ____________________________
desired_capabilities = option.to_capabilities()
desired_capabilities['acceptSslCerts'] = True
desired_capabilities['acceptInsecureCerts'] = True
```

```
desired_capabilities['proxy'] = {
    "httpProxy": PROXY,
    "ftpProxy": PROXY,
    "sslProxy": PROXY,
    "noProxy": None,
    "proxyType": "MANUAL",
    "class": "org.openqa.selenium.Proxy",
    "autodetect": False,
}
driver=Chrome(options=option,executable_path="chromedriver.exe",
desired_capabilities=desired_capabilities)
time.sleep(2)
driver.get("http://m.dianping.com")
```

运行代码之后，将会打开点评网的页面，重复刷新多次之后，将会出现滑动验证码页面，此时去观察命令行中的显示，如图 14-16 所示。

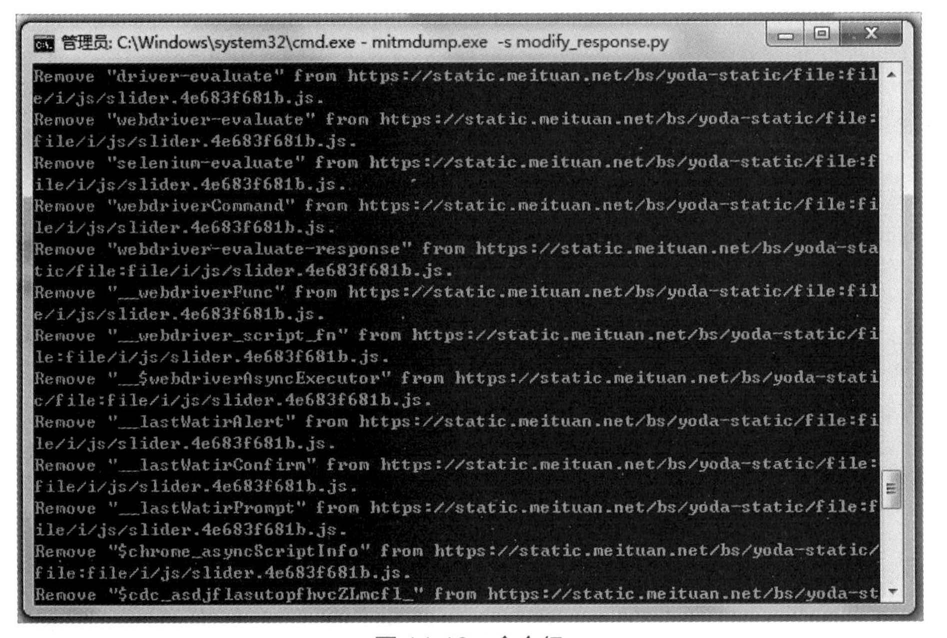

图 14-16　命令行

从图 14-16 中可以看到，已经过滤掉了我们在 modify_response.py 文件中设置的特征字符串。

```
['webdriver', '__driver_evaluate',
                 '__webdriver_evaluate', '__selenium_evaluate',
                 '__fxdriver_evaluate', '__driver_unwrapped',
                 '__webdriver_unwrapped',
                 '__selenium_unwrapped', '__fxdriver_unwrapped',
                 '_Selenium_IDE_Recorder', '_selenium',
```

```
                'calledSelenium', '_WEBDRIVER_ELEM_CACHE',
                'ChromeDriverw', 'driver-evaluate',
                'webdriver-evaluate', 'selenium-evaluate',
                'webdriverCommand',
                'webdriver-evaluate-response',
                '__webdriverFunc', '__webdriver_script_fn',
                '__$webdriverAsyncExecutor',
                '__lastWatirAlert', '__lastWatirConfirm',
                '__lastWatirPrompt', '$chrome_asyncScriptInfo',
                '$cdc_asdjflasutopfhvcZLmcfl_']
```

此时再去拖动滑动验证码，即可成功通过验证。验证码通过验证之后，在 Selenium 环境下就可以正常访问页面获取数据，如图 14-17 所示。

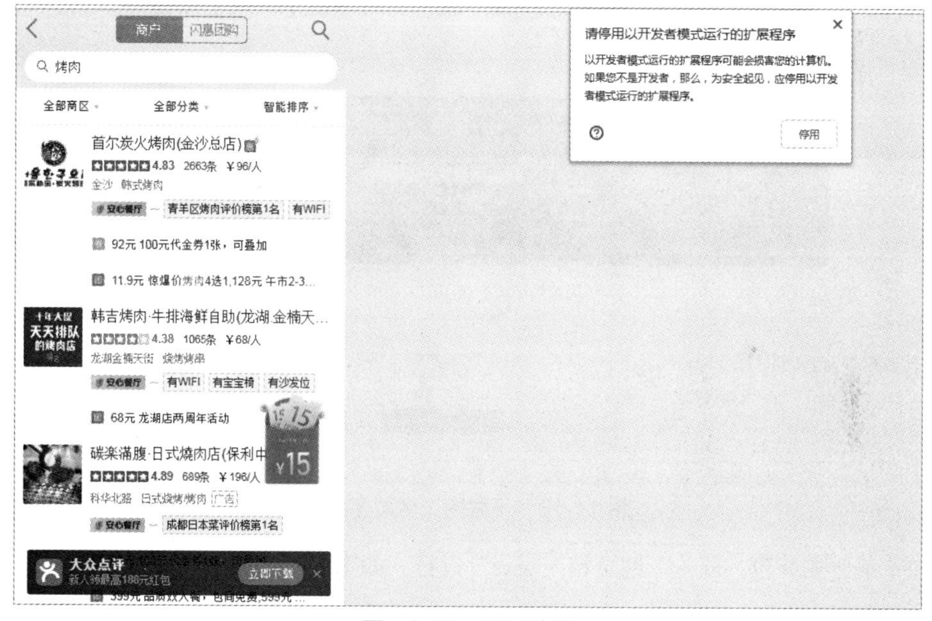

图 14-17　通过验证

mitmproxy 的功能十分强大，除了可以用它在爬虫领域中绕过驱动检测之外，还可以使用它进行 JS 注入等攻击，有兴趣的读者如果想了解更多的内容，可以查阅它的官方文档进行了解。

14.4 网页精灵

除了前面提到的两种方式可以绕过特征识别之外，还有很多其他的方式，比如下面要介绍的网页精灵，可到其官方网站进行下载。网页精灵是一款国内自主研发的 web+android 自动化测试框架，内置 Chrome+IE 双内核；中文编写脚本，通俗易懂，使用方便，快速入门；支持 JavaScript 脚本语言，文件读写、截图找图、鼠标键盘操作等扩展函数。

网页精灵与我们常用的 Selenium 最大的区别是，Selenium 是通过操作浏览器驱动来对浏览器发送各种指令进行交互，故而由于浏览器驱动拥有很多的独有特征，所以会被网站给检测拦截掉。而网页精灵则是直接调用浏览器内核相关的 API，以达到与浏览器交互的目的。通过这种方式，它最大的优势在于，没有那些烦人的特征。因此，使用网页精灵几乎可以达到绕过有驱动特征检测的所有网站。下面将对网页精灵进行一个简单的介绍。

14.4.1 安装网页精灵

在使用网页精灵前，需要安装一个客户端软件，我们编写代码和运行都需要在该客户端下进行，相关的安装步骤如下。

步骤 1：打开网页精灵的首页，找到客户端下载，然后单击【下载】按钮，如图 14-18 所示。

图 14-18　下载网页精灵客户端

步骤 2：解压安装包，双击“网页精灵 .exe”运行，如图 14-19 所示。

cef.pak	2020/3/14 22:30	PAK 文件	2,734 KB
cef_100_percent.pak	2020/3/14 22:30	PAK 文件	642 KB
cef_200_percent.pak	2020/3/14 22:30	PAK 文件	793 KB
cef_extensions.pak	2020/3/14 22:30	PAK 文件	1,679 KB
chrome_elf.dll	2020/3/14 22:30	应用程序扩展	804 KB
d3dcompiler_47.dll	2020/3/14 22:30	应用程序扩展	3,573 KB
devtools_resources.pak	2020/3/14 22:30	PAK 文件	6,281 KB
editJS.exe	2020/6/17 8:37	应用程序	499 KB
icudtl.dat	2020/3/14 22:30	DAT 文件	10,183 KB
libcef.dll	2020/3/14 22:30	应用程序扩展	97,172 KB
libcurl.dll	2018/6/29 12:11	应用程序扩展	1,396 KB
libxl.dll	2020/6/9 5:18	应用程序扩展	6,540 KB
natives_blob.bin	2020/3/14 22:30	BIN 文件	1 KB
opencv_world430.dll	2020/5/27 16:13	应用程序扩展	21,801 KB
snapshot_blob.bin	2020/3/14 22:30	BIN 文件	235 KB
v8_context_snapshot.bin	2020/3/14 22:30	BIN 文件	545 KB
WebSpirit.exe	2020/8/7 16:09	应用程序	4,572 KB
wget.exe	2009/4/25 23:03	应用程序	392 KB
网页精灵.exe	2020/7/28 17:32	应用程序	3,798 KB

图 14-19　运行网页精灵

启动网页精灵之后，出现如图 14-20 所示的界面，则表示可正常使用。

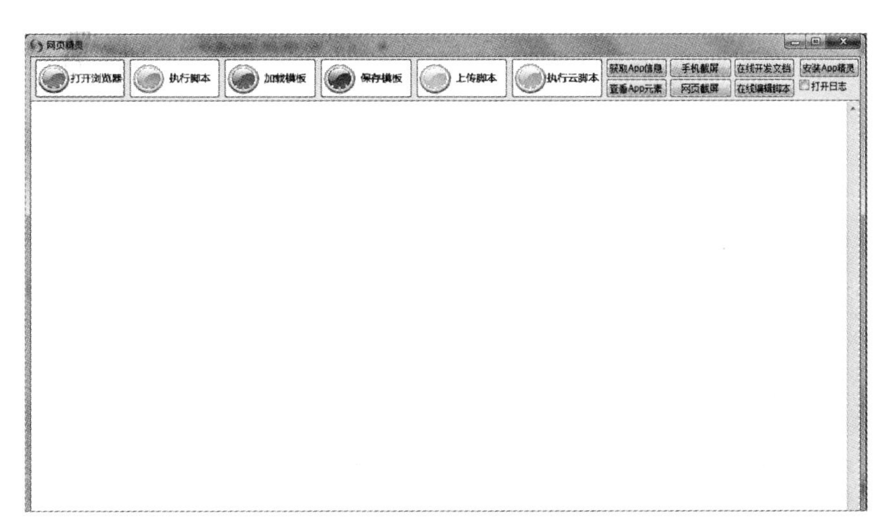

图 14-20　网页精灵界面

14.4.2　网页精灵的简单使用

网页精灵使用中文进行编程且封装集成度高，内置了很多种常用的功能，极其简单。我们无需具备多少编程基础，就能动手实现一个爬虫数据采集器或群控聊天机器人等，所以非常适合一些尤其是零基础的读者拿来操作。

在开始编写代码之前，我们需要先单击界面上的【在线编辑脚本】按钮，这时会弹出一个输入框，要求输入客户密钥，官方给的密钥为“CACAADAFBGDBFI”，输入之后单击【确定】按钮即可，如图 14-21 所示。

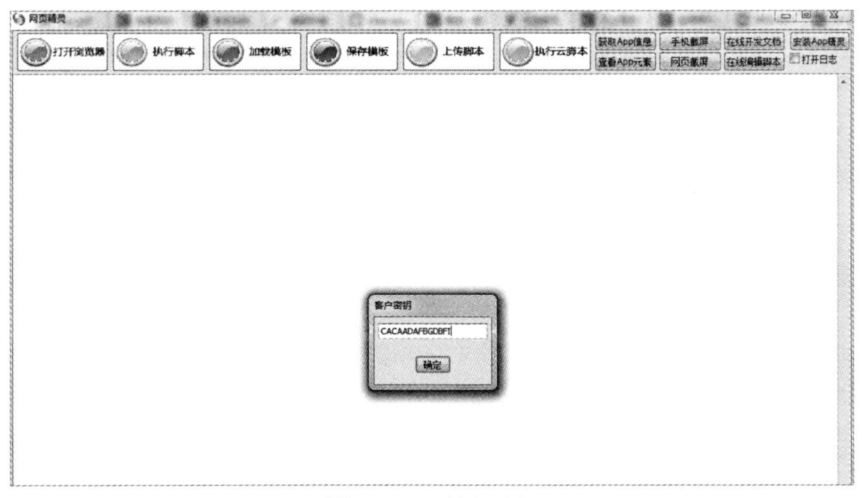

图 14-21　输入秘钥

输入密钥之后，会出现如图 14-22 所示面板，在黑色的编辑区域内即可编辑相关的脚本代码。

图 14-22　网页精灵代码编辑区

下面演示使用网页精灵采集京东手机价格及其参数，在代码编辑区编辑代码，相关的示例代码如下。

```
_后台操作
_打开网址 jd.com
_id 点击元素 key
_输入文本 手机
_按【Enter】键
_随机延迟 2000、2000
<script>
    async function getData()
    {
        var str;
        var price, link, para;
        var preSelector = "#J_goodsList > ul > li:nth-child(";
        // 获取一页的价格
        for (var j = 1; j < 60; j++)
        {
            var success = true;
            try{
                // 价格
              price = document.querySelector(preSelector + j + ")
                      > div > div.p-price > strong > i").outerText;
```

```
            // 参数
    para = document.querySelector(preSelector + j + ")
            > div > div.p-name.p-name-type-2 > a > em").outerText;

            // 链接
link = document.querySelector(preSelector + j + ")
        > div > div.p-name.p-name-type-2 > a").getAttribute("href");
            }catch(e){
                console.log("error");
                success = false;
            }
            // 拼接
            if(success)

                str += price + "\n" + para + "\n" + link + "\n" + "\n";
        }
        return str;
    }
    async function main()
    {
        var nextPage = "#J_bottomPage > span.p-num > a.pn-next > em";
        var filePath = "\\JSData\\ 京东采集手机数据 .txt";
        // 清空数据
        StringPipeFile(filePath, "w", "");
        // 爬取页面
        for(var i = 0; i < 50; i++)
        {
            // 下滑加载
            console.log(" 准备下滑 ");
            for(var j = 0; j < 15; j++)
            {
                await Sleep(100);
                RollMouse(-100);
            }
            var data = await getData();
            // 写入文本
            StringPipeFile(filePath, "a", data);
            // 下一页
            document.querySelector(nextPage).click();
        }

    }
```

```
    main();
</script>
_随机延迟 200000 300000
```

如图 14-23 所示，在代码编辑区编辑完代码之后，单击工具栏顶部的【执行脚本】按钮运行代码，代码运行会启动一个浏览器窗口，显示打开的 URL 相关的信息。

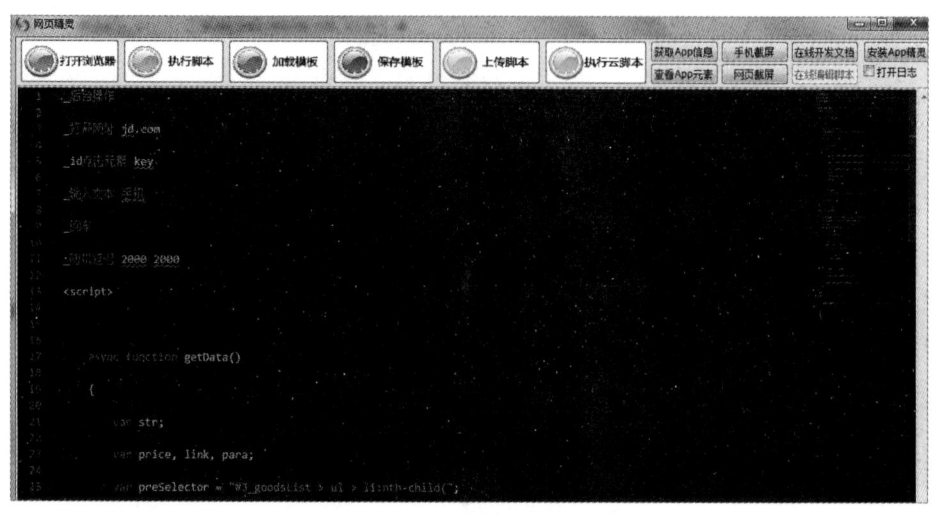

图 14-23 编辑运行代码

运行代码之后，程序会自动进行数据采集，如图 14-24 所示。

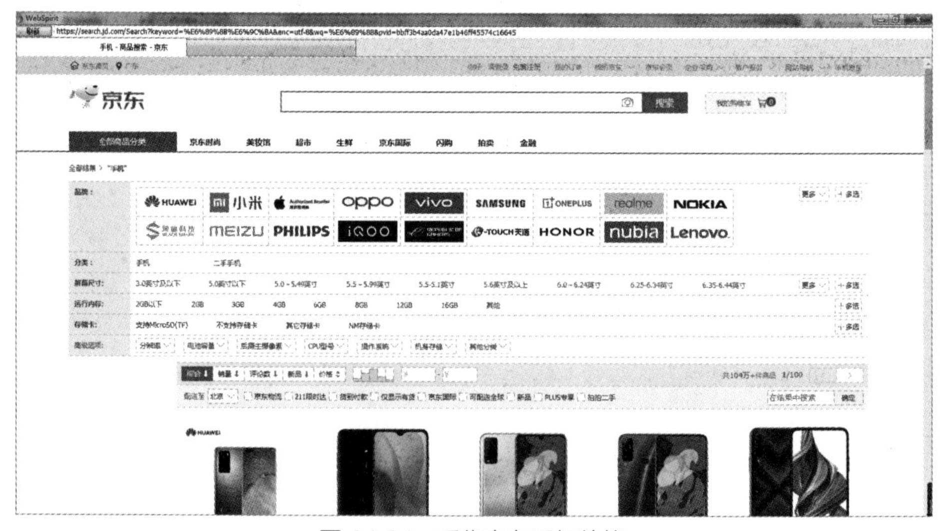

图 14-24 采集京东手机价格

限于网页精灵官方存在商业方面的某些问题，这里不会讲解网页精灵相关的具体语法内容，介绍此工具的主要目的是对本章主题内容驱动特征识别的绕过的一个扩展介绍，读者如果有兴趣，可以前往官网查看帮助文档进行学习。

14.5 新手实训

为了使读者加深理解，这里布置了一个小练习，希望读者能够结合本章所学的知识点熟练地应对常见的特征识别类反爬。

本任务目标为绕过知乎注册页面的驱动检测反爬，使用浏览器打开知乎的注册页之后，如图 14-25 所示。

在 Network 下简单地分析测试发现，有两个 js 文件包含了如图 14-26 所示的内容，由此证明它是检测了 webdriver 的身份，并且对其进行了相应的处理。

图 14-25　知乎账号注册页

```
init.js
main.zswsdid.98ac2bfded358...
zap.js
analytics.js
main.signflow.6b33a687bed1...

        t = e.getContext("webgl") || e.getContext("experimental-webgl")
    } catch (e) {}
    return t || (t = null),
    t
}
, W = [{
    key: "userAgent",
    getData: function(e) {
        e(navigator.userAgent)
    }
}, {
    key: "webdriver",
    getData: function(e, t) {
        e(null == navigator.webdriver ? t.NOT_AVAILABLE : navigator.webd
    }
}, {
    key: "language",
    getData: function(e, t) {
        e(navigator.language || navigator.userLanguage || navigator.brow
    }
}, {
    key: "colorDepth",
    getData: function(e, t) {
        e(window.screen.colorDepth || t.NOT_AVAILABLE)
    }
}, {
    key: "deviceMemory",
    getData: function(e, t) {
        e(navigator.deviceMemory || t.NOT_AVAILABLE)
```

图 14-26　js 文件

下面，我们需对其进行绕过检测，首先测试启动实验功能性参数是否能绕过，在 Selenium 启动时，传入 excludeSwitches 参数，代码如下：

```
from selenium.webdriver import Chrome
from selenium.webdriver.chrome.options import Options


options = Options()
options.binary_location = "xy_tools\\Chrome-bin\\chrome.exe"
options.add_experimental_option('excludeSwitches', ['enable-automation'])
options.add_argument('--incognito')
options.add_argument('disable-infobars')
```

```
options.add_argument('log-level=3')
driver = Chrome(options=options, executable_path="xy_tools\\
                chromedriver.exe")
url="https://www.zhihu.com/signin?next=%2F"
driver.get(url)
```

运行代码，打开页面，在浏览器控制台输入 window.navigator.webdriver 进行观察，如图 14-27 所示，输出的结果为 undefined。

图 14-27　输出结果

初步可以看到，已经隐藏了 Selenium 的基本特征，理论上，我们应该就可以进行正常登录了，为了验证，手动在 Selenium 当前窗口下输入账号信息进行注册或登录，若是可以正常登录，则表示已经成功绕过了检测。正常登录进知乎的页面如图 14-28 所示。

图 14-28　页面登录成功

至此，已经达到了本任务的目的，接下来，读者可在此基础上进行扩展练习。

14.6 新手问答

1. 在使用mitmproxy过程中出现如图14-29所示的错误提示，该怎么处理？

```
127.0.0.1:50201: GET https://hm.baidu.com/hm.gif?hca=4C2D15903922CF7E&cc=1&ck=18
cl=24-bit&ds=375x667&vl=667&ep=21548%2C21548&et=3&ja=0&ln=zh-cn&lo=0&lt=15928865
20&rnd=1085424437&si=233c7ef5b9b2d3d59090b5fc510a19ce&su=https%3A%2F%2Fm.dianpin
g.com%2F&v=1.2.74&lv=2&sn=58536&r=0&ww=375
                << 200 OK 43b
127.0.0.1:50201: CONNECT hm.baidu.com:443
 << Error in HTTP connection: TcpDisconnect("(10053, 'WSAECONNABORTED')")
127.0.0.1:50201: clientdisconnect
127.0.0.1:50604: CONNECT www.googleapis.com:443
 << Cannot establish TLS with www.googleapis.com:443 (sni: www.googleapis.com):
TlsException("SSL handshake error: SysCallError(10054, 'WSAECONNRESET')")
127.0.0.1:50604: clientdisconnect
```

图 14-29　错误提示

答：出现这种情况，主要是因为没有配置 SSL 证书，可以参考第 1 章中的安装部分，配置 SSL 证书。

2. 在使用WebDriver进行网页爬取的时候，在未启用无头模式之前，可以正常访问，但是开启无头模式之后，就无法正常获取数据，这种情况该如何处理？

答：可以在 WebDriver 启动之前，在参数中将 User-Agent 等能够识别客户端的特征给携带上。

本章小结

本章主要讲解了针对特征识别相关的内容，在章节开始部分简述了一些关于浏览器指纹的理论知识，接着讲解了 WebDriver 被检测的原理，同时针对如何应对 WebDriver 问题，选择性地介绍了使用 mitmproxy 中间代理人工具和网页精灵可以达到绕过被检测的目的。最后通过一个简单的练习，来巩固本章节所讲内容。

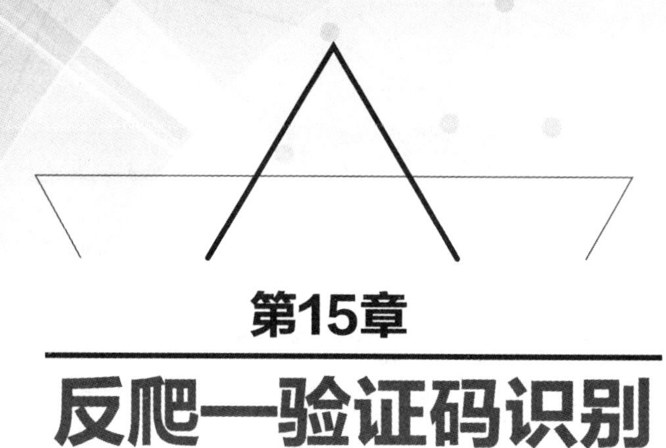

第15章 反爬—验证码识别

本章导读

目前，许多网站采取各种各样的措施来反爬虫，其中一个措施便是使用验证码。随着技术的发展，验证码的花样越来越多。验证码最初是由几个数字组合的简单图形，后来加入了英文字母和数字混合等。现在这种交互式验证码越来越多，如极验滑动验证码需要滑动拼合滑块才可以完成验证，点触验证码需要完全点击正确结果才可以完成验证，另外还有滑动宫格验证码、计算题验证码等。

验证码越来越复杂，爬虫工作也就越来越难。由于验证码类型众多，本书选择性地讲解几种出现频率较高、较常见的验证码，本章涉及的验证码有普通图形验证码、极验滑动验证码、滑动拼图验证码，这些验证码识别的方式和思路各有不同，了解这几个验证码的识别方式之后，我们可以举一反三，用类似的方法识别其他类型验证码。

知识要点

通过对本章的学习，希望读者能够掌握以下知识技能：

- 了解普通图形验证码的识别流程
- 掌握极验滑动验证码的处理方法
- 掌握极验滑动拼图验证码的处理方法

15.1 普通图形验证码

我们首先来认识一种最简单的验证码，即图形验证码，这种验证码出现最早，现在也很常见，它由数字或字母混合组成，一般来说长度都是 4 位，如图 15-1 所示。

还有一种稍微复杂一点的图形验证码，就是加了干扰线、噪点，使人工都难以识别，如图 15-2 所示。

图 15-1　知乎登录验证码

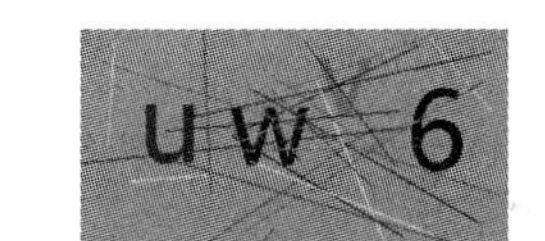

图 15-2　复杂图形验证码

15.1.1 识别图形验证码的解决方案

图形验证码是所有验证码里面最简单的一种，但是图形验证码又分为一般图形验证码和复杂图形验证码，一般的图形验证码都是由简单的数字或字母组成，基本没有什么干扰线或噪点、字体扭曲等现象。针对这种类型的验证码，采用 Python 的 OCR 识别库，即可提取出验证码中的文本信息。反之，如果是复杂图形验证码，如图 15-2 所示的验证码，就需要采用另外的方式进行应对了，例如，训练 CNN 卷积模型识别或采用第三方的打码平台进行识别。

15.1.2 OCR识别图形验证码

接下来，我们来看看如何使用 OCR 去识别这种验证码。其实在第 13 章文本混淆章节中，就有用到过 OCR 识别，它使用起来比较简单。示例代码如下：

```
import pytesseract
from PIL import Image
```

```
def distinguish_img(img_path):
    text=pytesseract.image_to_string(Image.open(img_path),lang="eng",
                                    config="-psm 7")
    print(text)

distinguish_img("code.png")
```

将验证码图片保存到本地，然后调用 Python 的 pytesseract 去识别提取，但是读者需要注意的是，OCR 只适合识别字体比较正常且背景无太多干扰线等条件的简单图形验证码。

15.1.3 采用第三方打码平台识别

识别图形验证码还有另外一种方式，就是采用第三方付费的打码平台，使用这些平台可以识别一些比较复杂的验证码，如超级鹰，其价格相对便宜，又比较稳定，准确率也比较高。注册账号之后，获取相关的密钥，参照稳定编写代码即可，例如以下示例代码：

```
import requests
from hashlib import md5

''' 超级鹰验证码识别 '''
class Chaojiying_Client(object):

    def __init__(self, username, password, soft_id):
        self.username = username
        self.password = md5(password.encode('utf8')).hexdigest()
        self.soft_id = soft_id
        self.base_params = {
            'user': self.username,
            'pass2': self.password,
            'softid': self.soft_id,
        }
        self.headers = {
            'Connection': 'Keep-Alive',
            'User-Agent': 'Mozilla/4.0 (compatible; MSIE 8.0; Windows
                                        NT 5.1; Trident/4.0)',
        }

    def PostPic(self, im, codetype):
        """
        im: 图片字节
        codetype: 题目类型 参考 http://www.chaojiying.com/price.html
        """
```

```
        params = {
            'codetype': codetype,
        }
        params.update(self.base_params)
        files = {'userfile': ('ccc.jpg', im)}
        # print(files)
        r = requests.post('http://upload.chaojiying.net/Upload/
                          Processing.php',
                          data=params, files=files, headers=self.headers)
        return r.json()

    def ReportError(self, im_id):
        """
        im_id: 报错题目的图片 ID
        """
        params = {
            'id': im_id,
        }
        params.update(self.base_params)
        r = requests.post('http://upload.chaojiying.net/Upload/
                          ReportError.php',
                          data=params, headers=self.headers)
        return r.json()
# 传入用户名密钥等信息
chaojiying = Chaojiying_Client('JIN888', '6524+6wqfw222', '903900')
# 读取要识别的验证码图片
im = open('code_img/11111.png', 'rb').read()
code_data = chaojiying.PostPic(im, 4005)
code = code_data["pic_str"] if code_data["err_str"] == "OK" else "-"
print(code)
```

15.2 滑动验证码

前面我们已经简单地讲解了普通数字或字母验证码的处理方法，但是实际中所看到的验证码往往是五花八门的，目的就是防止爬虫爬取。就比如淘宝的登录验证码，它跟我们前面讲到的验证码并不一样，它是通过鼠标单击滑动到指定位置进行验证，淘宝的登录验证码如图 15-3 所示。

图 15-3 淘宝滑动验证码

可以看到，当进入淘宝首页选择账号登录方式的时候，输入用户名和密码，它就会出现一个滑动验证的验证码方式，我们需要使用鼠标单击滑动按钮，滑动到最右边才能通过验证，成功登录。

那么对于这种方式的验证码，我们该如何使用程序处理并成功登录呢？可能已经有读者想到了，使用我们前面所讲的 Selenium 去模拟浏览器的行为，模拟拖动以实现登录即可。接下来我们将讲解如何使用 Selenium 去模拟这个拖动的操作。

15.2.1 分析思路

下面就将以实际操作来讲解如何通过 Selenium 模拟拖动滑动验证码，实现登录，大概可以分为 4 个步骤来完成。

（1）分析观察并判断验证码在什么时候出现。

（2）确定滑块拖动的位置。

（3）用鼠标模拟拖动验证码。

（4）检验本次操作是否成功。

15.2.2 使用Selenium实现模拟淘宝登录的拖动验证

接着我们针对 15.2.1 节的这 4 个步骤，一步步地去实现淘宝验证码的破解。相关步骤如下。

步骤 1：判断验证码在什么时候出现。这里通过反复的测试，发现它是在输完用户名获取到输入密码的焦点之后就会出现。

步骤 2：确定滑块拖动的位置。打开谷歌浏览器，按【F12】键进入调试模式，经分析发现，滑块拖到最右边的位置大概为 258px 左右，如图 15-4 所示。

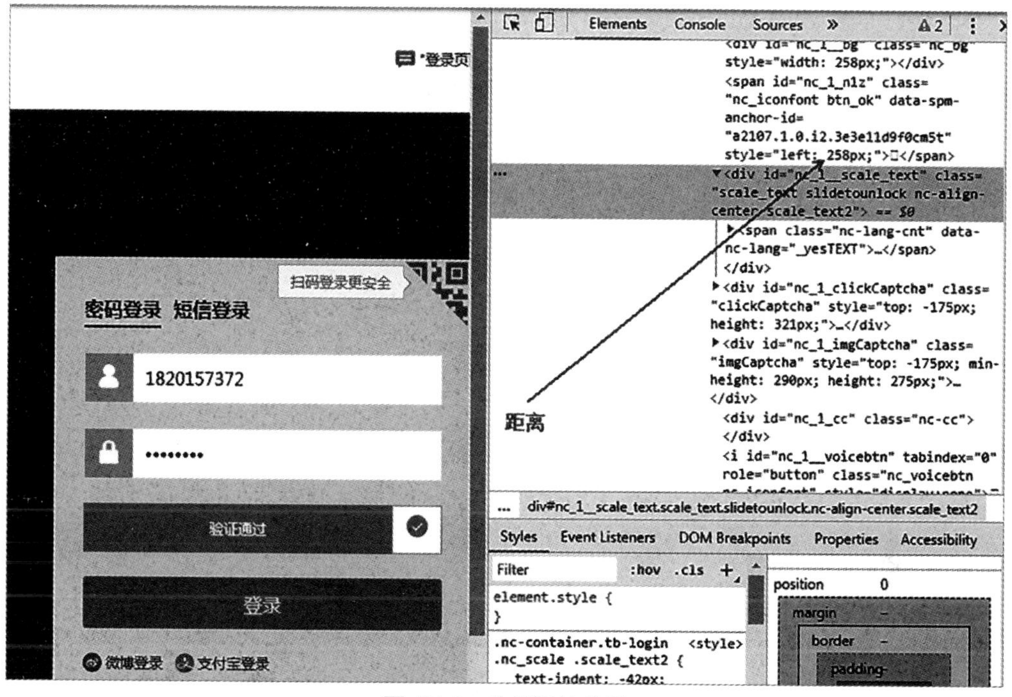

图 15-4 分析滑块位置

观察发现，滑块拖满后，id="nc_1__bg" 的 div 元素宽将会变成 260px，id="nc_1_n1z" 的 span 元素的 left 属性将会变成 258px，由此判断，我们只需要拖动到 258px 的位置就可以了。

步骤 3：手动使用代码模拟拖动，相关的示例代码如下。这段代码的意思是，首先我们使用 driver 打开淘宝首页进入到登录页面，然后定位到用户名和密码并进行输出，最后通过 ActionChains() 方法去定义了一个事件，并定位到需要拖动的 id="nc_1__scale_text" 这个元素，再通过 move_by_offset() 方法拖动到指定位置。

```
from selenium.webdriver import Chrome
from selenium.webdriver import ChromeOptions
import time
from selenium.webdriver.common.action_chains import ActionChains

option = ChromeOptions()
option.add_experimental_option('excludeSwitches', ['enable-automation'])
driver = Chrome(options=option,executable_path="chromedriver.exe")
driver.maximize_window()
url="https://login.taobao.com/member/login.jhtml"
driver.get(url)
action = ActionChains(driver)
time.sleep(3)
# 定位用户名输入填充用户名
```

```
TPL_username_1=driver.find_element_by_id('fm-login-id')
TPL_username_1.send_keys(" 改成自己的账号 ")
# 定位密码输入填充密码
TPL_password_1=driver.find_element_by_id("fm-login-password")
TPL_password_1.send_keys(" 改成自己的密码 ")
# 暂停 2 秒之后获取要拖动的元素，然后向右拖动到 260px 的位置
time.sleep(2)
element = driver.find_element_by_xpath('//*[@id="nc_1_n1z"]')
                                          # 需要滑动的元素
action.click_and_hold(element).perform()# 按鼠标左键不放
action.move_by_offset(260, 0)   # 需要滑动的坐标
action.release().perform()   # 释放鼠标
# 定位单击登录按钮
driver.find_element_by_xpath('//*[@id="login-form"]/div[4]/button').click()
time.sleep(20)
```

这里需要注意的是，淘宝登录是有检测浏览器驱动的，所以这里需要携带上 excludeSwitches 参数，将值变为 undefined，绕过 WebDriver 驱动检测。运行代码之后，将会成功登录，如图 15-5 所示。

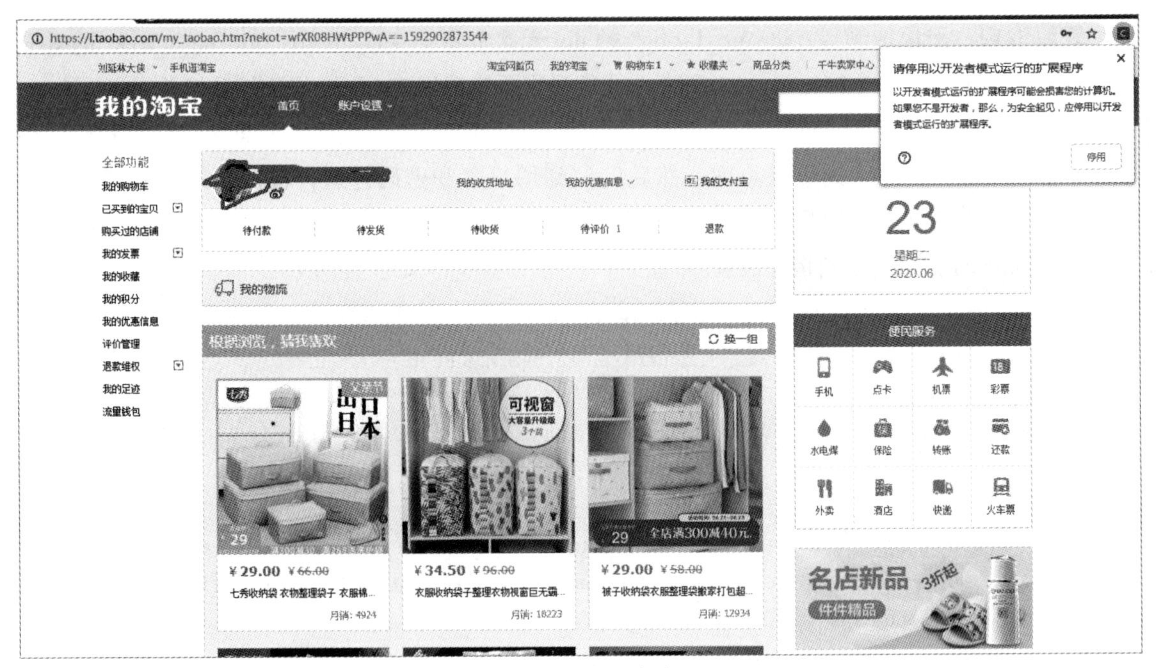

图 15-5　登录淘宝

大致原理就是，通过分析找到滑块需要拖动的位置，然后采用 Selenium 等工具模拟人工拖动到指定的位置，即可通过验证。

15.3 滑动拼图验证码

接下来，我们再来看另外一种验证码——滑动拼图验证码。这种验证码和前面的滑动验证类似，不同的是它在前面加上了一个拼接图像缺口，如图 15-6 所示。这种验证码需要滑动方块去拼接填充缺口，在正确位置填充好之后，才会验证通过。

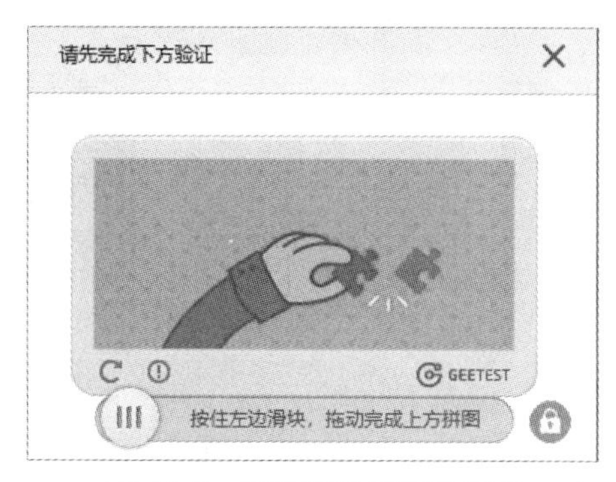

图 15-6　极验滑动拼图验证码

15.3.1 分析思路

对于这种验证码，通过浏览器下的元素审查发现，它其实主要是由两张图片组成的，首先是一张完整的图片，其次是一张有缺口的图片。所以如果想要识别它，首先把这两张图片都保存下来，如图 15-7 所示的两张图片。然后再通过像素对两张残缺的图片拼接计算距离，计算好距离之后，再来实现模拟拖动到指定位置。

图 15-7　验证码图片

15.3.2 使用代码实现滑动

根据以上分析思路，接下来我们以国家企业信用信息公示系统查询企业的验证码为例，步骤如下。

步骤 1： 首先打开国家企业信用信息公示系统，在搜索框中输入一个企业名称，然后单击【查询】按钮，这时候就会弹出验证码，以输入一个企业名称“阿百腾”为例，如图 15-8 所示，弹出了和

图 15-7 一样的验证码。

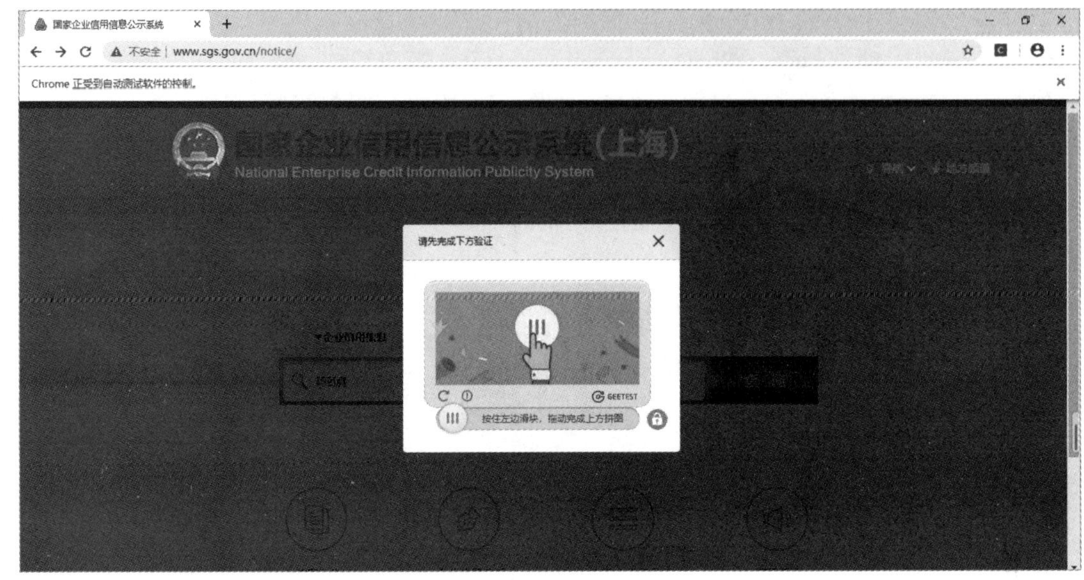

图 15-8　弹出验证码

步骤 2：按【F12】键进入到开发工具调试模式进行元素审查，分析验证码图片和滑动按钮等元素信息，如图 15-9 所示。

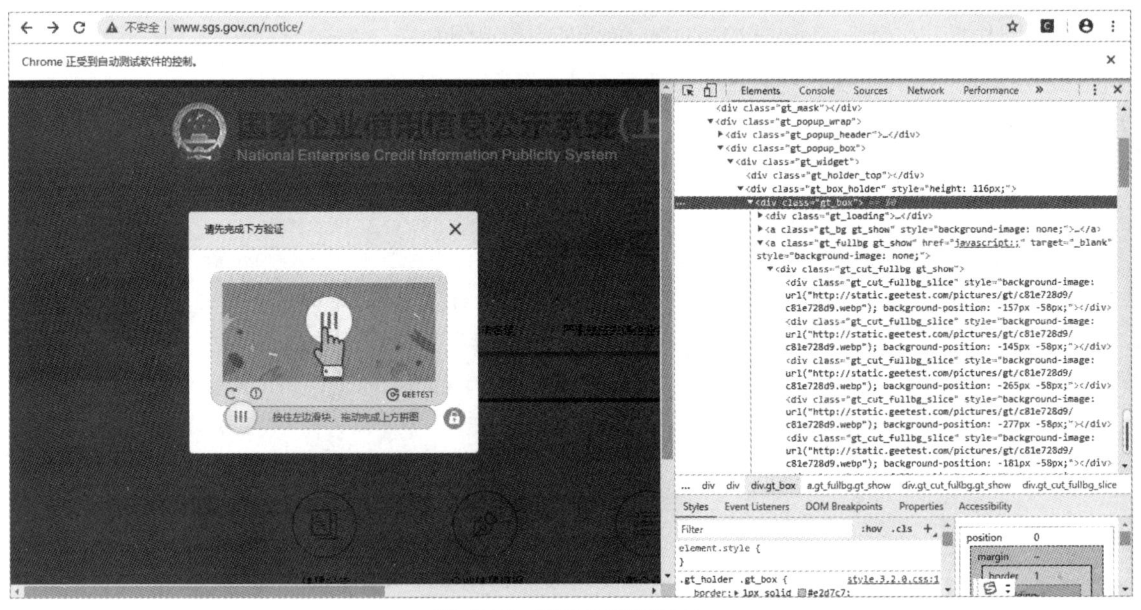

图 15-9　审查验证码图片

步骤 3：动手编写代码，相关示例代码如下。

```
import random
```

```
import time, re
from selenium import webdriver
from selenium.common.exceptions import TimeoutException
from selenium.webdriver.common.by import By
from selenium.webdriver.support.wait import WebDriverWait
from selenium.webdriver.support import expected_conditions as EC
from selenium.webdriver.common.action_chains import ActionChains
from PIL import Image
import requests
from io import BytesIO

class Vincent(object):
    def __init__(self):
        chrome_option = webdriver.ChromeOptions()

        self.driver = webdriver.Chrome(chrome_options=chrome_option)
        self.driver.set_window_size(1440, 900)
    # 模拟输入“阿百腾”为查询条件，然后单击弹出验证码
    def visit_index(self):
        self.driver.get("http://www.sgs.gov.cn/notice/")

        self.driver.find_element_by_id("keyword").send_keys('阿百腾')
        WebDriverWait(self.driver, 10, 0.5).until(EC.element_to_be_
                    clickable((By.ID, 'buttonSearch')))
        reg_element = self.driver.find_element_by_id("buttonSearch")
        reg_element.click()

        WebDriverWait(self.driver, 10, 0.5).until(
            EC.element_to_be_clickable((By.XPATH, '//div[@class="gt_
                                    slider_knob gt_show"]')))

        # 进入模拟拖动流程
        self.analog_drag()
    # 拖动
    def analog_drag(self):
        # 鼠标移动到拖动按钮，显示出拖动图片
        element = self.driver.find_element_by_xpath('//div[@class="gt_
                                              slider_knob gt_show"]')
        ActionChains(self.driver).move_to_element(element).perform()
        time.sleep(3)

        # 刷新一下极验图片
```

```
element = self.driver.find_element_by_xpath('//a[@class="gt_
                                          refresh_button"]')
element.click()
time.sleep(1)

# 获取图片地址和位置坐标列表
cut_image_url, cut_location = self.get_image_url('//div[@
                                    class="gt_cut_bg_slice"]')
full_image_url, full_location = self.get_image_url('//div[@
                                 class="gt_cut_fullbg_slice"]')

# 根据坐标拼接图片
cut_image = self.mosaic_image(cut_image_url, cut_location)
full_image = self.mosaic_image(full_image_url, full_location)

# 保存图片方便查看
cut_image.save("cut.jpg")
full_image.save("full.jpg")

# 根据两个图片计算距离
distance = self.get_offset_distance(cut_image, full_image)

# 开始移动
self.start_move(distance)

# 如果出现错误
try:
    WebDriverWait(self.driver, 5, 0.5).until(
        EC.element_to_be_clickable((By.XPATH, '//div[@class=
                                  "gt_ajax_tip gt_error"]')))
    print("验证失败")
    return
except TimeoutException as e:
    pass

# 判断是否验证成功
s = self.driver.find_elements_by_xpath('//*[@id="wrap1"]/
    div[3]/div/div/p')
if len(s) == 0:
    print("滑动解锁失败，继续尝试")
    self.analog_drag()
else:
```

```
            print(" 滑动解锁成功 ")
            time.sleep(1)
            ss=self.driver.find_element_by_xpath('//*[@id="wrap1"]/
               div[3]/div/'div/div[2]').get_attribute("onclick")
            print(ss)
            ss=self.driver.find_element_by_xpath('//*[@id="wrap1"]/
               div[3]/div/div/div[2]').click()

    # 获取图片和位置列表
    def get_image_url(self, xpath):
        link = re.compile('background-image: url\("(.*?)"\);
                           background-position: (.*?)px (.*?)px;')
        elements = self.driver.find_elements_by_xpath(xpath)
        image_url = None
        location = list()
        for element in elements:
            style = element.get_attribute("style")
            groups = link.search(style)
            url = groups[1]
            x_pos = groups[2]
            y_pos = groups[3]
            location.append((int(x_pos), int(y_pos)))
            image_url = url
        return image_url, location

    # 拼接图片
    def mosaic_image(self, image_url, location):
        resq = requests.get(image_url)
        file = BytesIO(resq.content)
        img = Image.open(file)
        image_upper_lst = []
        image_down_lst = []
        for pos in location:
            if pos[1] == 0:
                # y 值 ==0 的图片属于上半部分，高度 58
                image_upper_lst.append(img.crop((abs(pos[0]), 0,
                                       abs(pos[0]) + 10, 58)))
            else:
                # y 值 ==58 的图片属于下半部分
                image_down_lst.append(img.crop((abs(pos[0]), 58,
                                      abs(pos[0]) + 10, img.height)))
```

```
        x_offset = 0
        # 创建一张画布，x_offset 主要为新画布使用
        new_img = Image.new("RGB", (260, img.height))
        for img in image_upper_lst:
            new_img.paste(img, (x_offset, 58))
            x_offset += img.width

        x_offset = 0
        for img in image_down_lst:
            new_img.paste(img, (x_offset, 0))
            x_offset += img.width

        return new_img

    # 判断颜色是否相近
    def is_similar_color(self, x_pixel, y_pixel):
        for i, pixel in enumerate(x_pixel):
            if abs(y_pixel[i] - pixel) > 50:
                return False
        return True

    # 计算距离
    def get_offset_distance(self, cut_image, full_image):
        for x in range(cut_image.width):
            for y in range(cut_image.height):
                cpx = cut_image.getpixel((x, y))
                fpx = full_image.getpixel((x, y))
                if not self.is_similar_color(cpx, fpx):
                    img = cut_image.crop((x, y, x + 50, y + 40))
                    # 保存一下计算出来位置的图片，看看是不是缺口部分
                    img.save("1.jpg")
                    return x

    # 开始移动
    def start_move(self, distance):
        element = self.driver.find_element_by_xpath('//div[@class="gt_
                slider_knob gt_show"]')

        # 这里就是根据移动进行调试，计算出来的位置不是百分百准确，会加上一点偏移
        distance -= element.size.get('width') / 2
        distance += 15
```

```
        # 按下鼠标左键
        ActionChains(self.driver).click_and_hold(element).perform()
        time.sleep(0.5)
        while distance > 0:
            if distance > 10:
                # 如果距离大于 10，就让它移动快一点
                span = random.randint(5, 8)
            else:
                # 快到缺口了，就移动慢一点
                span = random.randint(2, 3)
            ActionChains(self.driver).move_by_offset(span, 0).perform()
            distance -= span
            time.sleep(random.randint(10, 50) / 100)

        ActionChains(self.driver).move_by_offset(distance, 1).perform()
        ActionChains(self.driver).release(on_element=element).perform()

if __name__ == "__main__":
    h = Vincent()
    h.visit_index()
```

这里的代码可能有点多，读者阅读起来可能会比较困难，届时可以参考本书附赠的源码。

15.3.3 运行测试

下面运行代码测试，看看有没有通过验证进入查询出结果的页面，运行结果如图 15-10 所示，可以看到，已经成功地通过了验证，进入了之前输入的企业查询结果页面。

图 15-10　运行代码测试

15.4 新手实训

下面我们通过一个小练习来对本章内容进行回顾，这里以登录东方航空网为例，使用程序模拟人工拖动通过验证码认证。

使用浏览器打开中国东方航空网站的首页，如图 15-11 所示，选择会员密码登录方式，然后在文本输入框里面输入登录名和密码，单击【登录】按钮。

图 15-11　东方航空网登录页面

当单击【登录】按钮之后，会出现一个滑动验证码，如图 15-12 所示。

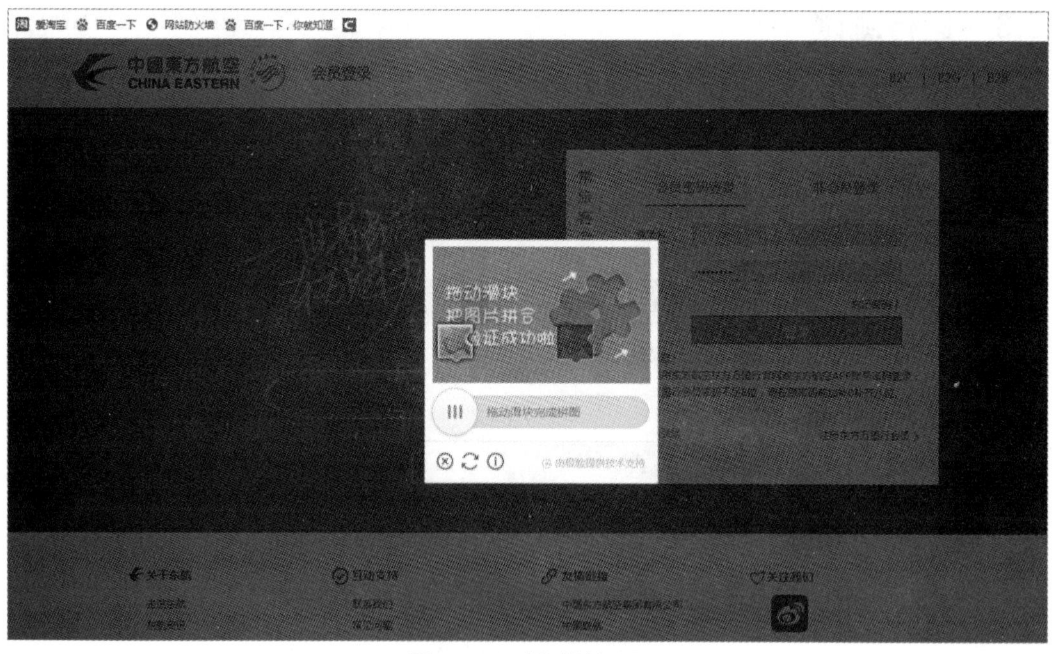

图 15-12　滑动验证码

我们首先需要得到完整的图片，如图 15-13 所示，通过分析，页面源代码中有两个 canvas 标签，第一个 canvas 标签表示有缺口的图片，第二个 canvas 标签表示没有缺口的完整图片。

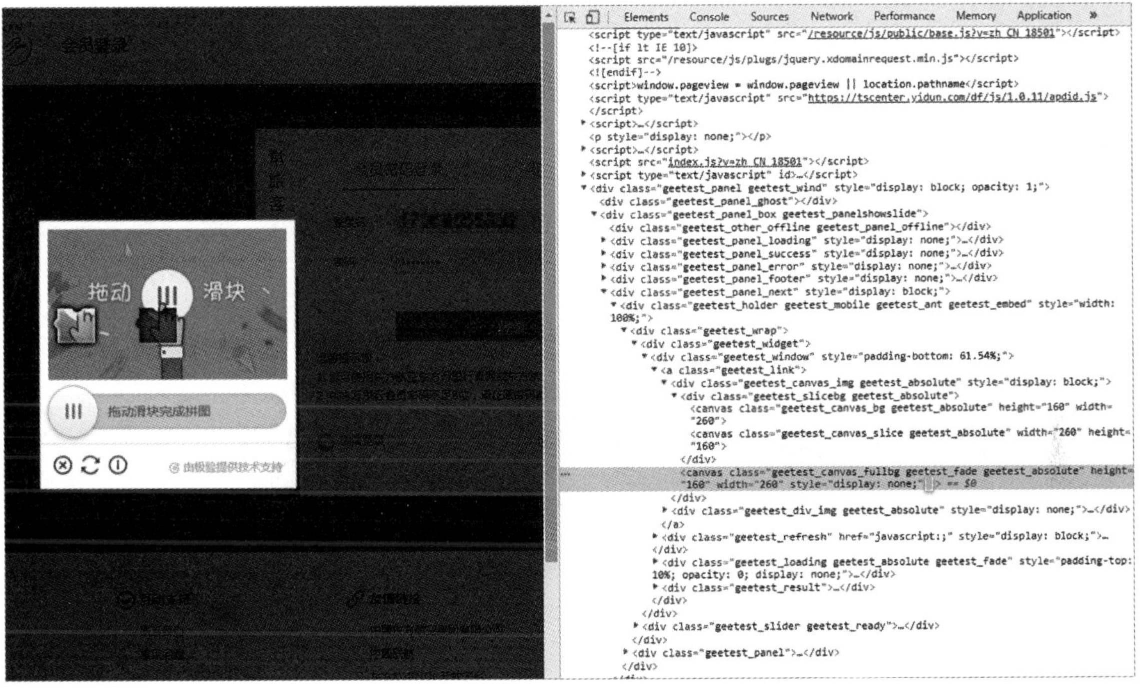

图 15-13 canvas 标签

仔细观察第二个 canvas 标签，它有一个属性“display: none;”，这个属性表示不在页面上显示，如图 15-14 所示。

```
▼<div class="geetest_slicebg geetest_absolute">
    <canvas class="geetest_canvas_bg geetest_absolute" height="160" width=
    "260">
    <canvas class="geetest_canvas_slice geetest_absolute" width="260" height=
    "160">
  </div>
  <canvas class="geetest_canvas_fullbg geetest_fade geetest_absolute" height=
  "160" width="260" style="display: none;"> == $0
</div>
<div class="geetest_div_img geetest_absolute" style="display: none;">…</div>
```

图 15-14 display 属性

我们将上面这个属性删除，删除之后，将会出现完整的无缺口背景图，如图 15-15 所示，将这个无缺口背景图保存下来。

我们通过人工进行手动分析，确认可以通过特定的方式，对此验证码的完整背景图和带缺口的图片都获取到的时候，接下来就需要使用代码进行模拟实现这个过程了，大概可以分为以下几个步骤。

图 15-15　去掉 display 之后的效果

步骤 1：使用 Selenium 打开网站，并完成输入账号和密码，单击登录按钮，使之出现验证码。

步骤 2：将验证码中带缺口的图片和无缺口完整的图片保存在本地。

步骤 3：将两张图片通过像素转换后对比，计算出缺口位置。

步骤 4：使用 Selenium 模拟人工拖动元素到指定缺口位置。

由于本实例代码较多，为了易于阅读参考，这里将不会展示代码，读者在阅读本章的时候，可搭配着本书所附赠的源码资源进行学习。

15.5 新手问答

1. 可不可以绕过这个验证码实现登录？

答：可以的，前面章节中也讲过，使用 requests 或 urllib 库的时候可以携带 headers，所以我们只需要在 header 中带上 cookies，就可以不用输入验证码和用户名登录了，但是这样有个缺点，即要考虑安全问题和需要定期手动去更新 cookies，所以不到万不得已不建议使用 cookies。

2. 使用pytesseract识别验证码中遇到异常“pytesseract.pytesseract.TesseractNotFoundError: tesseract is not installed or it's not in your path”，该怎么处理？

答：出现这种问题一般是“Tesseract-OCR”版本或环境的问题，重新从网上找到相应的“Tesseract-OCR”下载安装（寻找对应版本），安装后的默认文件路径为（这里使用的是 Windows

版本）“C:\Program Files (x86)\Tesseract-OCR\”，然后将源码中的“tesseract_cmd = 'tesseract'”更改为“tesseract_cmd = r'C:\Program Files (x86)\Tesseract-OCR\tesseract.exe”，再次运行脚本即可。

3. 在进行一般的图形验证码识别时，验证码图片一定需要预处理二值化吗？

答：这个不一定，要根据实际情况来分析，如果验证码图片比较简单，没有噪点、干扰线之类，就可以不用处理，直接识别。

本章小结

本章挑选了目前市面上比较常见的几种验证码，讲解了如何去识别破解的思路。例如，普通图形验证码的识别、滑动验证码的模拟拖动登录淘宝、滑动拼图验证。通过这些示例，我们可以借鉴其中的解决问题的思路去反爬其他类型的验证码。

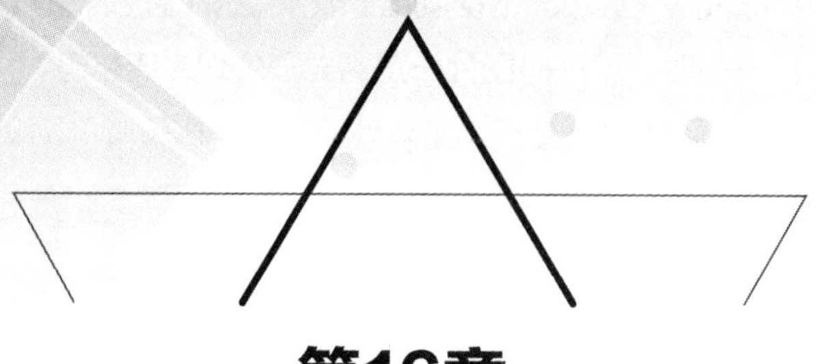

第16章

反爬—APP数据抓取

本章导读

前面所讲解的内容都是通过各种手段爬取网页上的数据，但是，随着移动互联网的高速发展，越来越多的企业开发了属于自己的移动端应用程序，也就是我们常说的APP，并且还把主要数据和服务都放在了APP端。所以，当我们遇到要爬取的目标在网页端没有完整地提供相关服务和数据时，如果想要去爬取它的数据，就只能去分析APP来对其进行爬虫程序的编写，以达到获取数据的目的。

在本章中，我们将通过一些实战案例来进行讲解，如何巧妙地运用一些方法从APP端获取数据或对其进行自动化操作等。

知识要点

通过本章内容的学习，主要希望读者能够具备抓取APP数据的能力，本章主要知识点如下：

- APP抓包与分析
- APP反编译获得源码
- APP自动化操作

16.1 APP的抓包分析

在网页端分析网络请求的时候，可以直接通过浏览器自带的开发者工具去进行分析，那么要对APP进行网络请求分析，继续使用浏览器肯定是不行的。所以这时候就需要借助一些另外的工具来解决这个问题，如 Fiddler、Charles 等。

16.1.1 Fiddler抓包工具

Fiddler 是位于客户端和服务器端的 HTTP 代理，也是目前最常用的 HTTP 抓包工具之一。它能够记录客户端和服务器之间的所有 HTTP 请求，可以针对特定的 HTTP 请求，进行分析、设置断点、调试、修改请求头或服务器返回的数据等，功能非常强大，是爬虫界抓包调试的一大利器。

既然是代理，也就是说客户端的所有请求都要先经过 Fiddler，然后转发到相应的服务器，反之，服务器端的所有响应，也都会先经过 Fiddler，然后发送到客户端。基于这个原因，Fiddler 支持所有可以设置 HTTP 代理为 127.0.0.1:8888 的浏览器和应用程序。

要使用这个工具，我们首先得安装它。Fiddler 官网下载地址为：

```
https://www.telerik.com/download/fiddler
```

下载安装完成之后，还需准备一部安卓或苹果手机，并确保手机和电脑处于同一个局域网下，做好这些准备之后，我们就可以进行接下来的操作了。

16.1.2 Fiddler设置

Fiddler 安装好之后，我们还需要对它进行一个简单的配置，才能够抓取到 APP 的请求，相关的配置步骤如下。

步骤 1：找到自己的 Fiddler 安装位置，双击 Fiddler.exe 文件进行启动，启动之后，界面如图 16-1 所示。

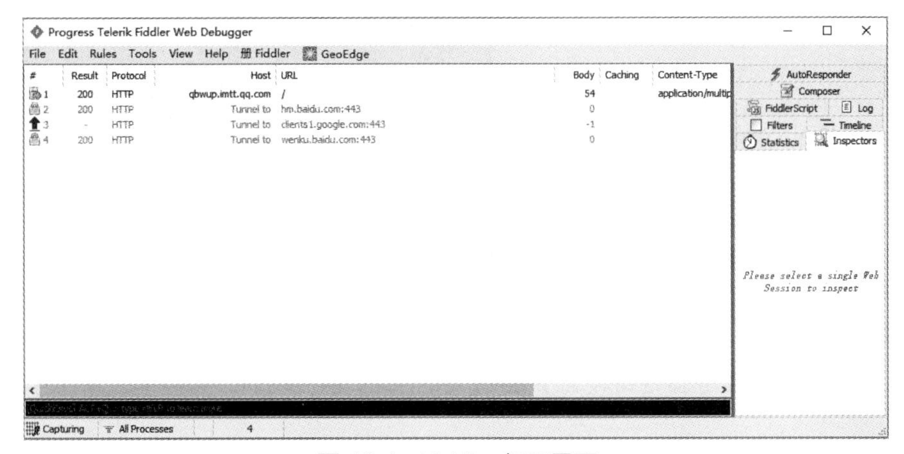

图 16-1　Fiddler 打开界面

步骤 2：在顶部菜单栏中选择【Tools】→【Options】命令，如图 16-2 所示，打开如图 16-3 所示的对话框。选中【Capture HTTPS CONNECTs】和【Decrypt HTTPS traffic】复选框。如果电脑是通过 WiFi 远程连接过来的，则在下拉列表框中选择【from remote clients only】选项。

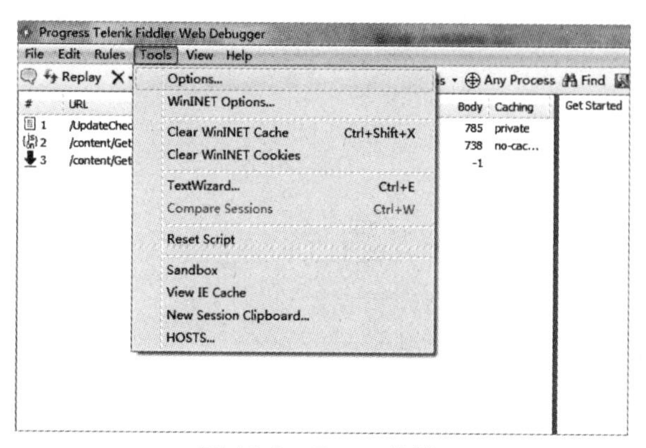

图 16-2　Tools 菜单

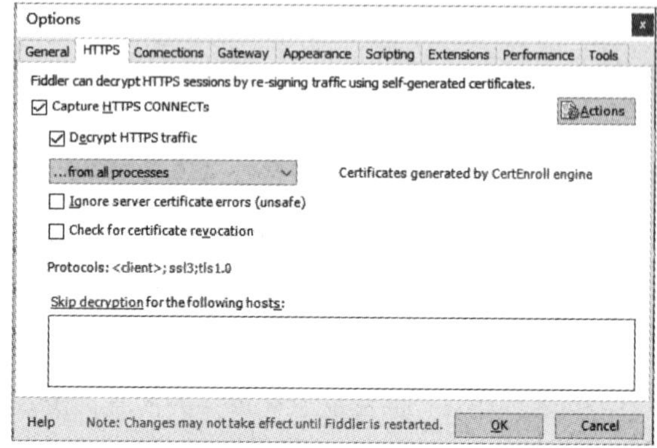

图 16-3　步骤 2 演示

步骤 3：如果要监听的程序访问 HTTPS 站点使用的是不可信的证书，还需要选中下面的【Ignore server certificate errors】复选框。监听端口默认是 8888，可以把它设置成任何想要的端口，选中【Allow remote computers to connect】复选框。为了减少干扰，可以取消选中【Act as system proxy on startup】复选框，如图 16-4 所示。

步骤 4：设置手机端。在前面将 Fiddler 的基本设置配置好以后，还需要对手机进行设置，最终才能进行抓包。查看电脑的 IP 地址，确保手机和电脑在同一个局域网内，如图 16-5 所示。

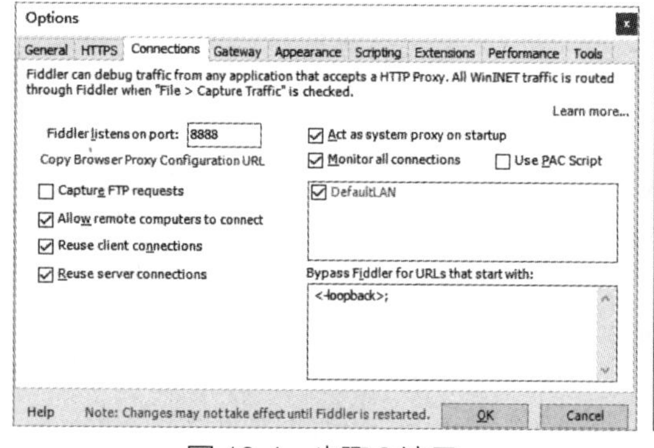

图 16-4　步骤 3 演示

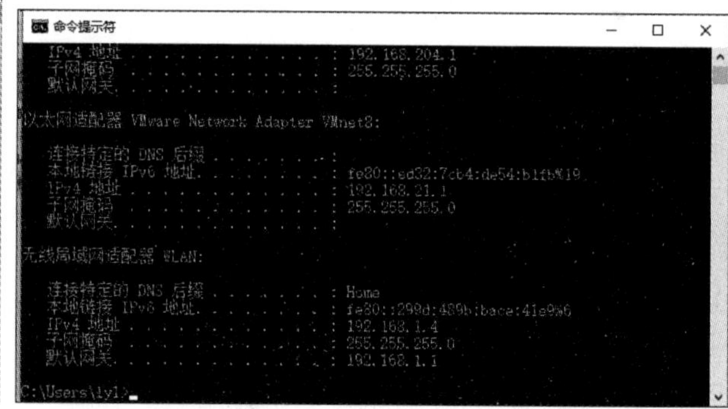

图 16-5　查看本机 IP

步骤 5：在手机端打开浏览器，在地址栏中输入代理服务器的 IP 和端口，会看到一个 Fiddler 提供的页面，然后单击下载证书安装，如图 16-6 所示。

步骤 6：以手机 VIVO x23 为例，找到设置并进入 WiFi 管理页面，选择已连接的 WiFi，单击 WiFi 名称，在接下来显示的页面中找到【手动代理】按钮，单击开启，并将代理服务器主机名设为 PC 的 IP，代理服务器端口设为 Fiddler 上配置的端口 8888，然后单击【保存】按钮，如图 16-7 所示。

图 16-6　安装证书

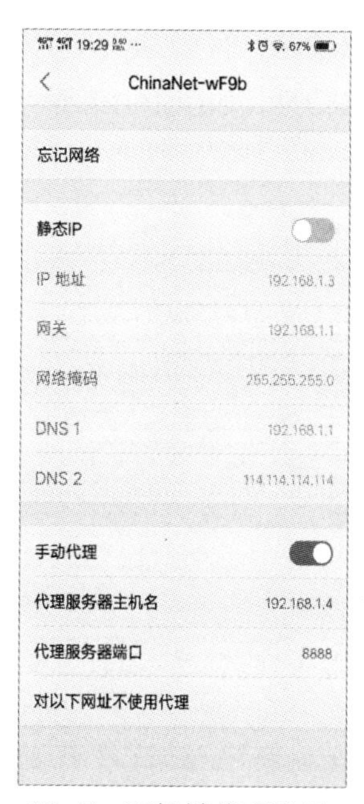

16-7　手机端代理设置

苹果手机上的配置其实跟 Android 手机大致是一样的，可能会有细微的差别，但是都一样要进入 WiFi 设置里面去设置，找到手动代理，并修改代理主机和端口，具体操作这里不再赘述。

16.1.3　使用Fiddler抓包猎聘APP测试

前面已经将 Fiddler 和手机设置好了，下面来通过一个实例看看如何抓包分析，以猎聘网 APP 为例，步骤如下。

步骤 1：手机上安装好猎聘 APP，启动界面如图 16-8 所示。

步骤 2：随便选择一条招聘信息点击进入详情，然后观察 PC 端的 Fiddler 界面变化，这时候将会发现 Fiddler 里面出现了很多请求条目，与前面所用的谷歌浏览器开发者工具看到的差不多。然后点击这些请求名称，就能看到它的关于请求的详细信息了，如请求的 Header、请求类型、参数、服务器所响应的数据等。

步骤 3：点击其中一条信息进入详细页面，然后从 Fiddler 中去分析找到这个请求，获取这条招聘信息的内容，具体如图 16-9 所示。从图中可以看到，Fiddler 左边出现了很多请求条目，在其中找到含有猎聘网域名的请求，逐个去点击查看，最终找到了关于选中的招聘信息详情的请

图 16-8　猎聘 APP 首页

求。点击请求，右边 JSON 下便出现了它返回的数据。这是个 JSON 数据，里面包含了当前招聘信息的详细信息，如图 16-10 所示。

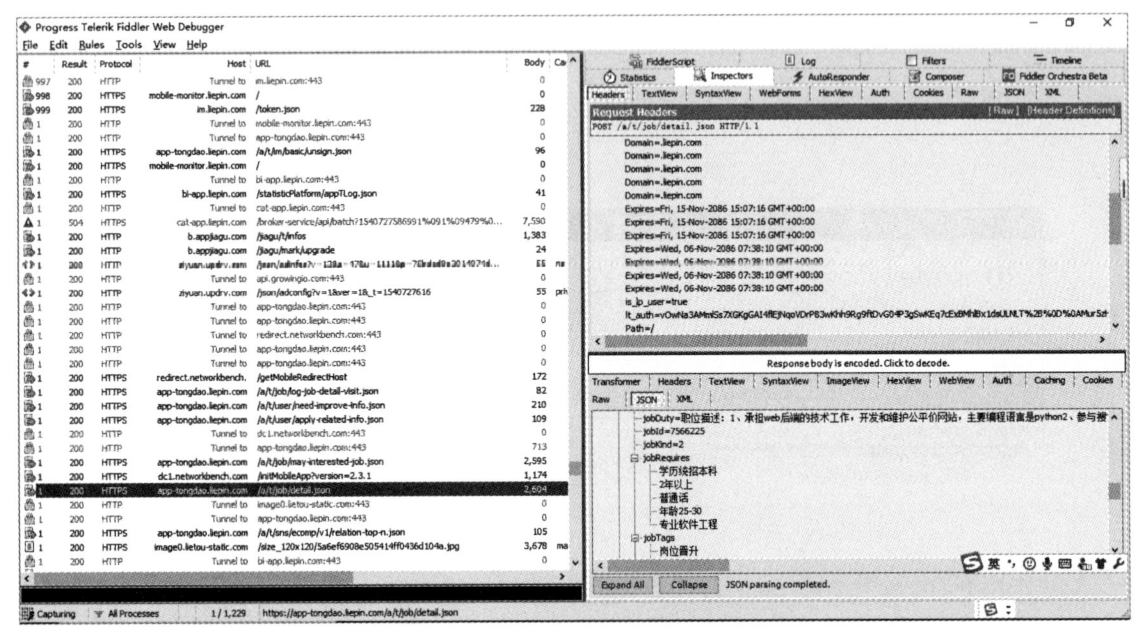

图 16-9　找到的招聘信息请求

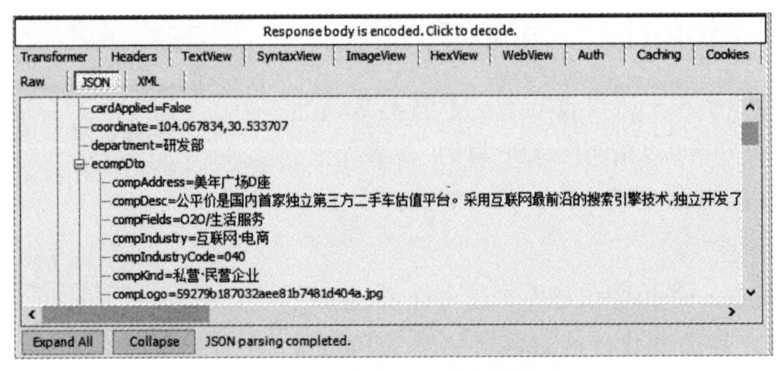

图 16-10　请求里面的详情信息

通过前面的步骤，我们成功地分析到了想要的请求接口，拿到这些接口之后，就可以使用 Python 的 requests、urllib3 等网络请求库去模拟 APP 请求抓取数据了。同样也会遇到在请求过程中有些参数是加密的及需要进行破解的情况，在后面的内容中将进行进一步的讲解。

16.1.4　Charles抓包工具

Charles 是一款优秀的抓包修改工具，比起 Fiddler 工具，Charles 具有界面简单直观、易于上手、数据请求控制容易、修改简单、抓取数据开始或暂停方便等优势。

16.1.5　Charles设置

在使用 Charles 之前，需要先对其进行安装和配置，其官网下载地址为：

https://www.charlesproxy.com/download/

在安装好 Charles 之后，需要注册。由于 Charles 是收费的，如果不注册的话，每次使用 30 分钟工具就会自动关闭。虽然可以通过一些手段进行破解免费使用，但是这里建议读者进行注册使用正版。打开 Charles 界面，如图 16-11 所示，接下来要对其进行配置，相关的步骤如下。

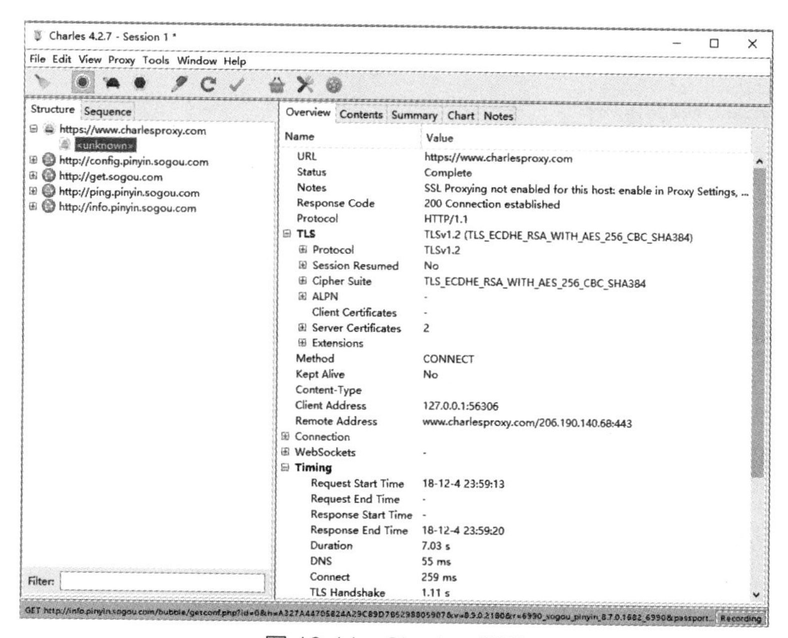

图 16-11　Charles 界面

步骤 1：在菜单栏中选择【Help】→【SSL Proxying】→【Install Charles Root Certificate】命令，如图 16-12 所示。

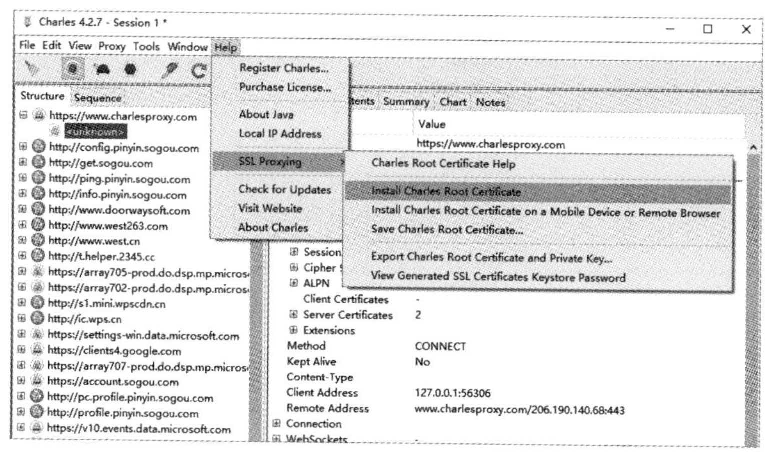

图 16-12　Help 选项

接下来会弹出安装证书的页面，如图 16-13 所示。

步骤 2：单击【安装证书】按钮，就会打开证书导入向导，如图 16-14 所示。直接单击【下一步】按钮，此时需要选择证书存储区域，单击第二个选项【将所有的证书放入下列存储】，然后单击【浏览】按钮，从中选择证书存储位置为【受信任的根证书颁发机构】，如图 16-15 所示。最后单击【确定】按钮进入下一步，完成安装。

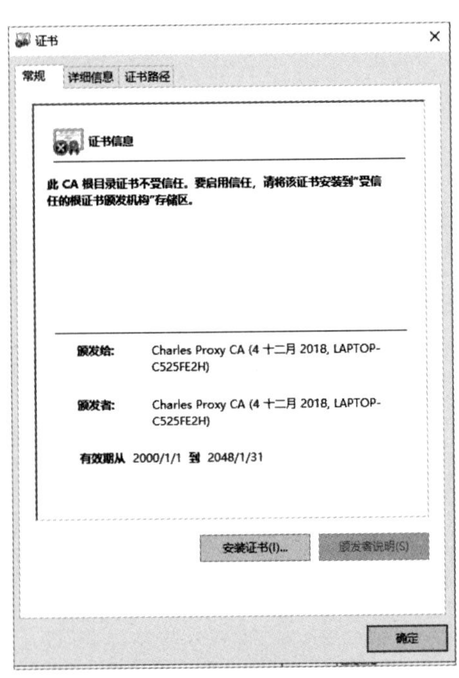

图 16-13　证书安装界面

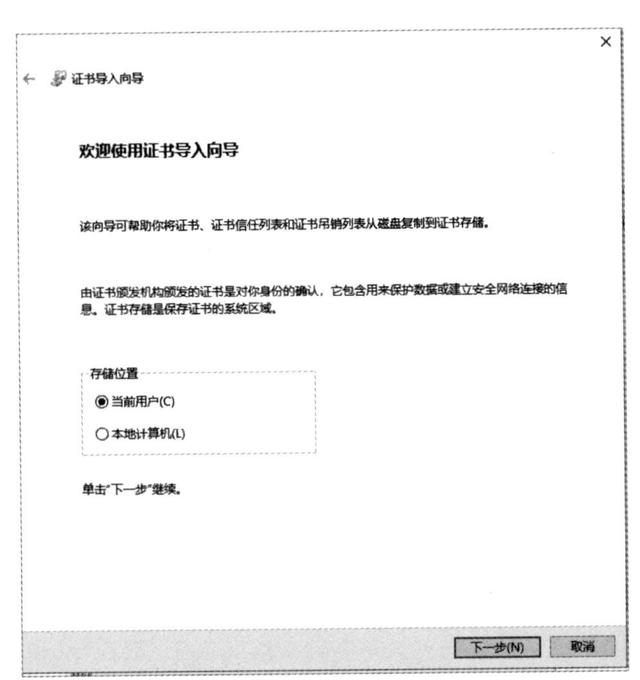

图 16-14　导入向导

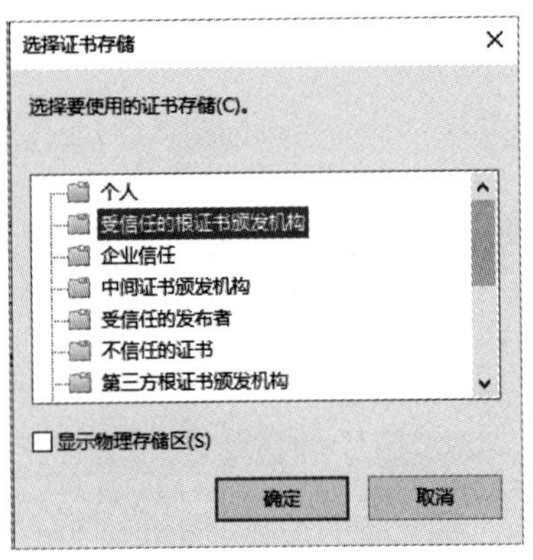

图 16-15　选择存储

步骤 3：设置手机端。在手机系统中，同样需要设置代理为 Charles。接下来，还是以安卓手机 VIVO x23 为例，看看如何去设置。

在设置手机之前，首先查看电脑的 Charles 代理是否开启，具体操作是单击【Proxy Settings】，打开代理设置页面，确保当前的 HTTP 代理是开启的，如图 16-16 所示。这里的代理端口为 8888，也可以自行修改。

步骤 4：接下来将手机和电脑连在同一个局域网下，例如，当前电脑的 IP 为 192.168.17.224，那么首先设置手机的代理为 192.168.17.224:8888，如图 16-17 所示。

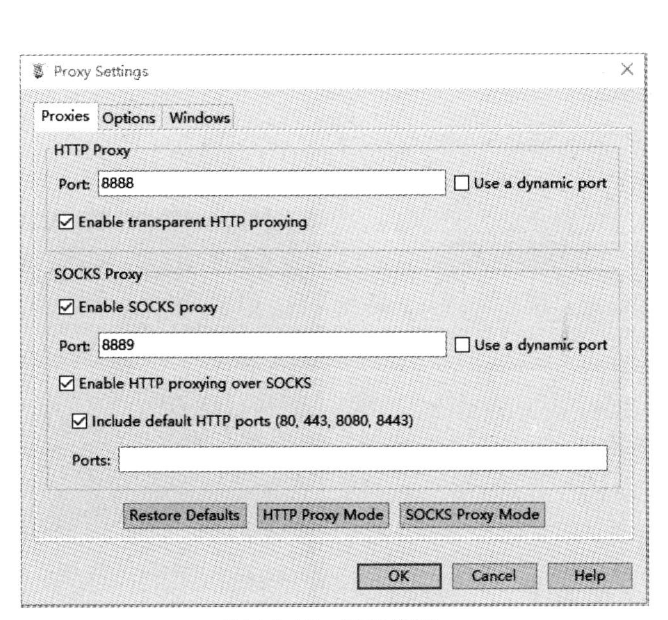

图 16-16　设置代理

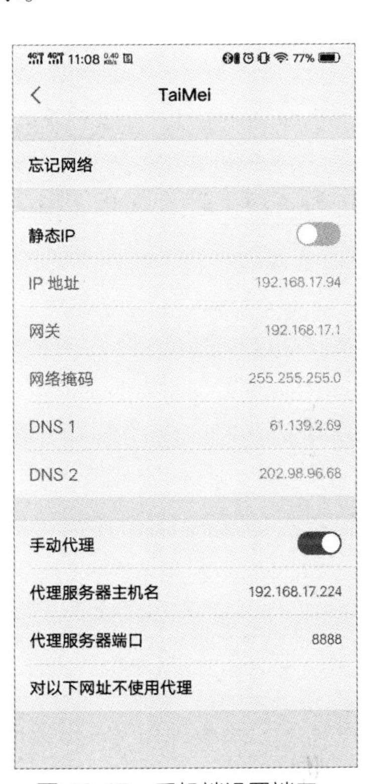

图 16-17　手机端设置端口

步骤 5：设置完毕后，电脑上会出现一个提示窗口，询问是否信任此设备，如图 16-18 所示。

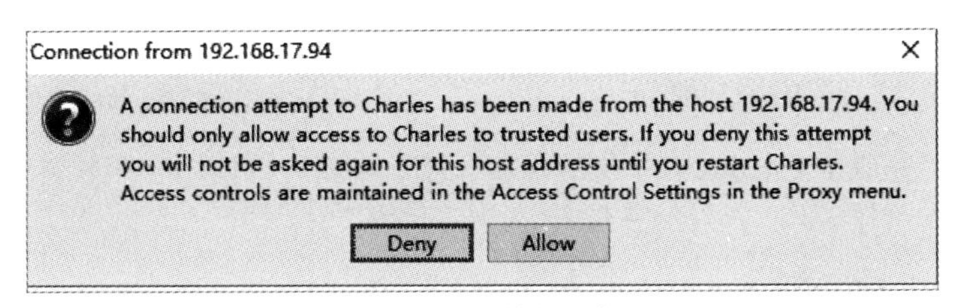

图 16-18　信任设备

此时单击【Allow】按钮即可，这样手机和 PC 就连在同一个局域网内了，而且设置了 Charles 的代理，即 Charles 可以抓取到流经 APP 的数据包了。

步骤 6：接下来再安装 Charles 的 HTTPS 证书。选择【Help】→【SSL Proxying】→【Install Charles Root Certificate on a Mobile Device or Remote Browser】命令，如图 16-19 所示。

此时会看到如图 16-20 所示的提示内容，单击【确定】按钮。

它提示我们在手机上设置好 Charles 的代理（前面已经设置好了），然后在手机浏览器中打开 chls.pro/ssl 下载证书，如图 16-21 所示。

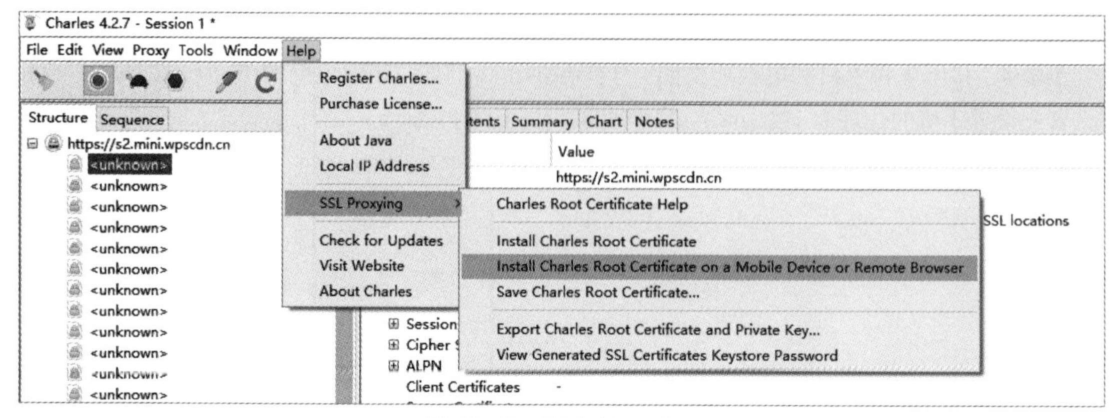

图 16-19　SSL Proxying

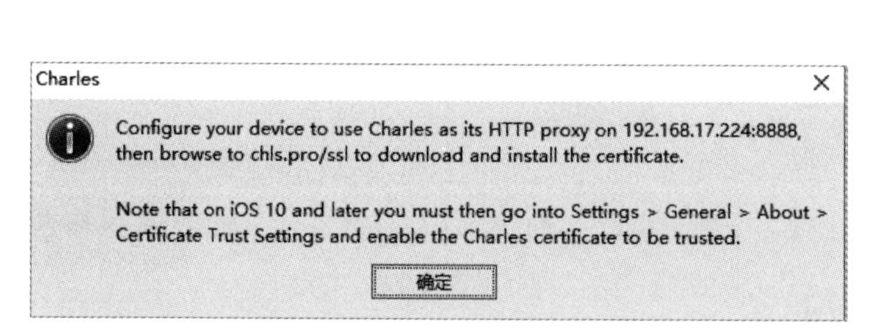

图 16-20　提示

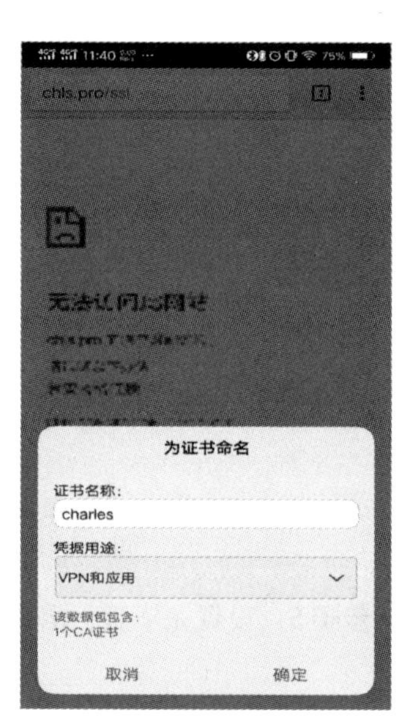

图 16-21　手机安装证书

至此，我们已经完成了 Charles 和手机的配置，接下来就可以使用它抓取 APP 的请求了。

16.1.6　Charles抓包

前面，已经完成了 Charles 的配置，这里将演示如何使用它进行抓包分析。初始状态下 Charles 的运行界面如图 16-22 所示。Charles 抓包相关的步骤如下。

步骤 1：Charles 会一直监听计算机和手机发生的网络数据包，捕获到的数据包就会显示在左侧，随着时间的推移，捕获的数据包越来越多，左侧列表的内容也会越来越多。

可以看到图 16-22 中显示了 Charles 抓取到的请求站点，单击任意一个条目，便可以查看对应请求的详细信息，其中包括 Request Response 内容。

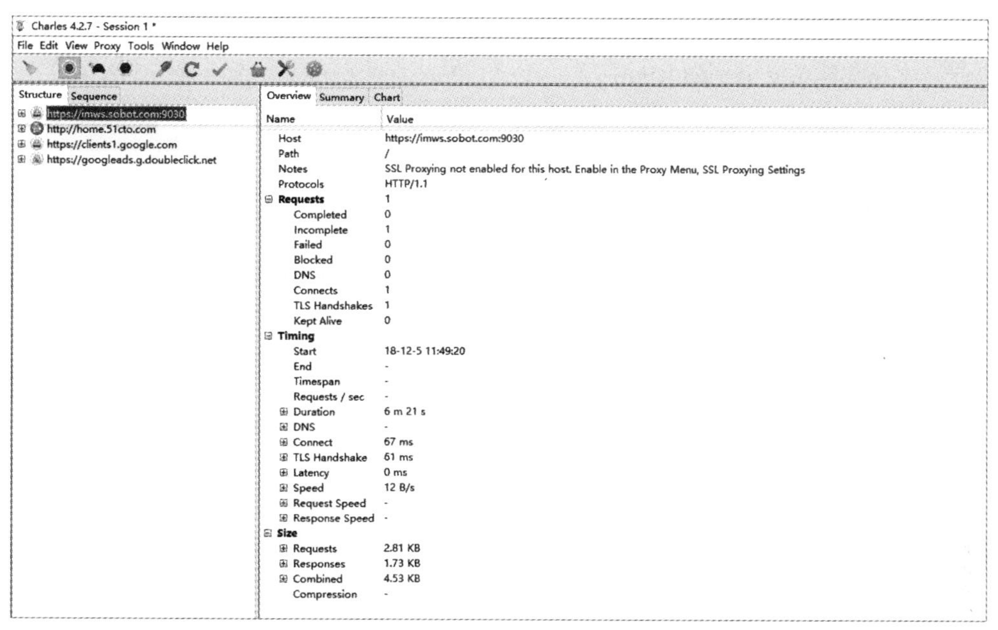

图 16-22　Charles 初始界面

接下来清空 Charles 的抓取结果，单击左侧的扫帚形图标，即可清空当前捕获到的所有请求，然后单击第二个【监听】图标，确保监听按钮是打开的，如图 16-23 所示，这表示 Charles 正在监听 APP 的网络数据流。

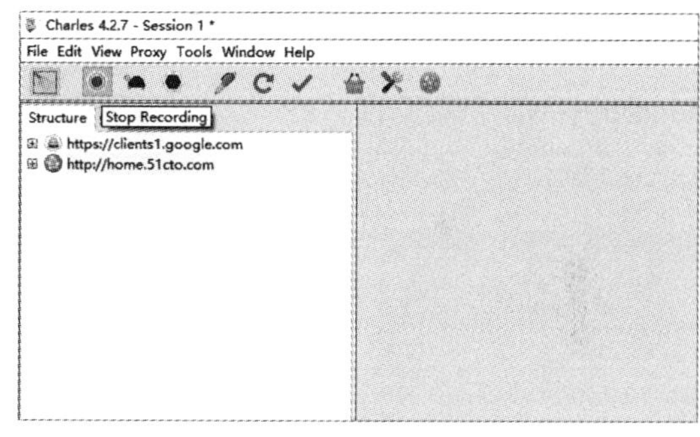

图 16-23　监听请求

步骤 2：这时打开手机淘宝 APP，注意一定要确保提前设置好 Charles 的代理并配置好 CA 证书，否则会没有效果，打开任意一个商品，如图 16-24 所示。

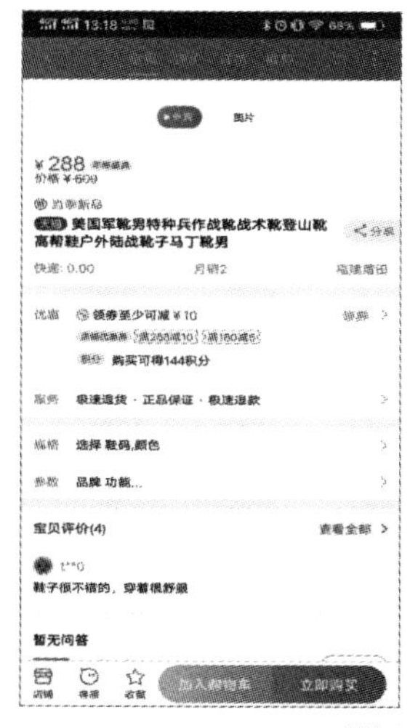

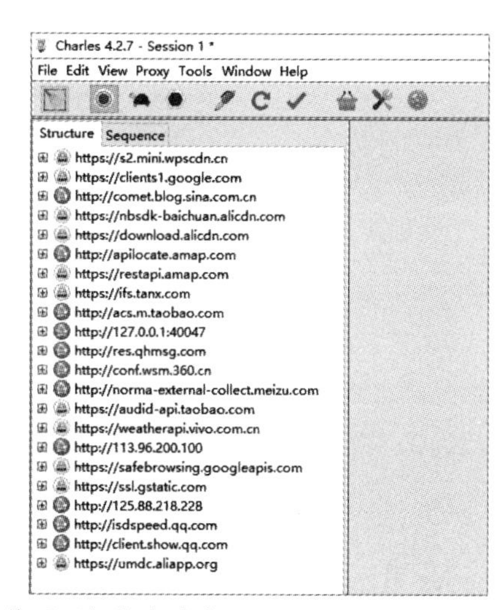

图 16-24　监听手机淘宝请求

步骤 3：这时候会发现 Charles 里面获取不到 HTTPS 的数据，接着还是进入 Charles，如图 16-25 所示，在顶部菜单栏中选择【Proxy】→【SSL Proxying Settings】命令进行设置。

步骤 4：如图 16-26 所示，选中【Enable SSL Proxying】复选框和下面【Location】面板中的【*:443】复选框，然后单击【OK】按钮保存设置。

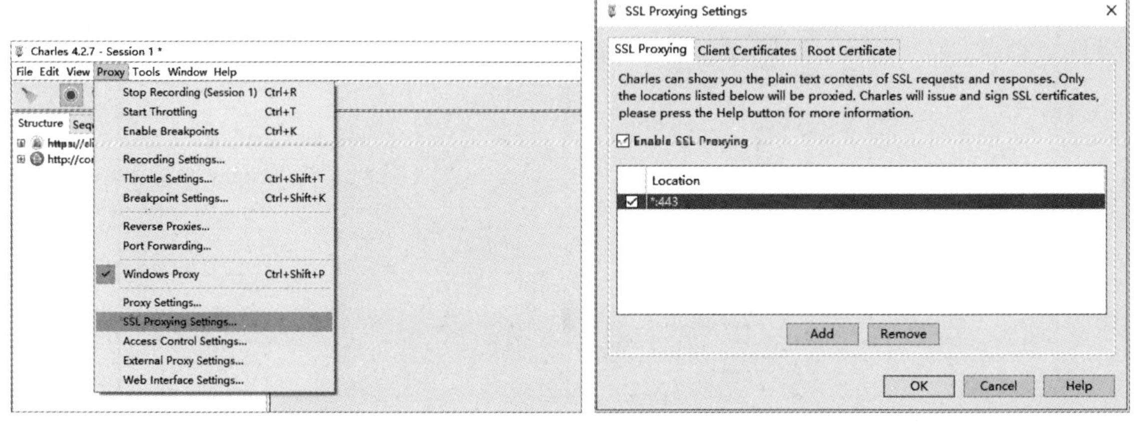

图 16-25　设置 SSL　　　　图 16-26　SSL 设置端口

步骤 5：设置完成后，它就可以监听 HTTPS 请求的信息了，为了方便演示，下面还是以前面 Fiddler 中的示例猎聘网 APP 为例。随便选择一条招聘信息点击进去，如图 16-27 所示。

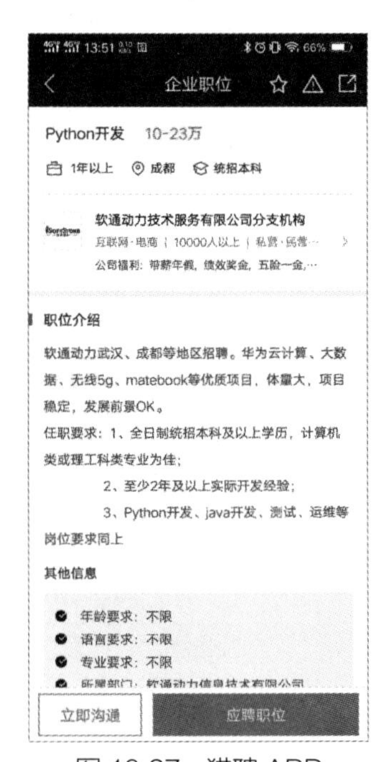

图 16-27　猎聘 APP

再次查看 Charles 里面，HTTPS 请求已经不是灰色的了，说明可以拿到 HTTPS 的请求了。为了验证其正确性，我们单击查看其中一个条目的详情信息。切换到【Contents】选项卡，这时我们发现一些 JSON 数据，核对一下结果，结果有 commentData 字段，其内容和我们在 APP 中看到的招聘内容一致，如图 16-28 所示。

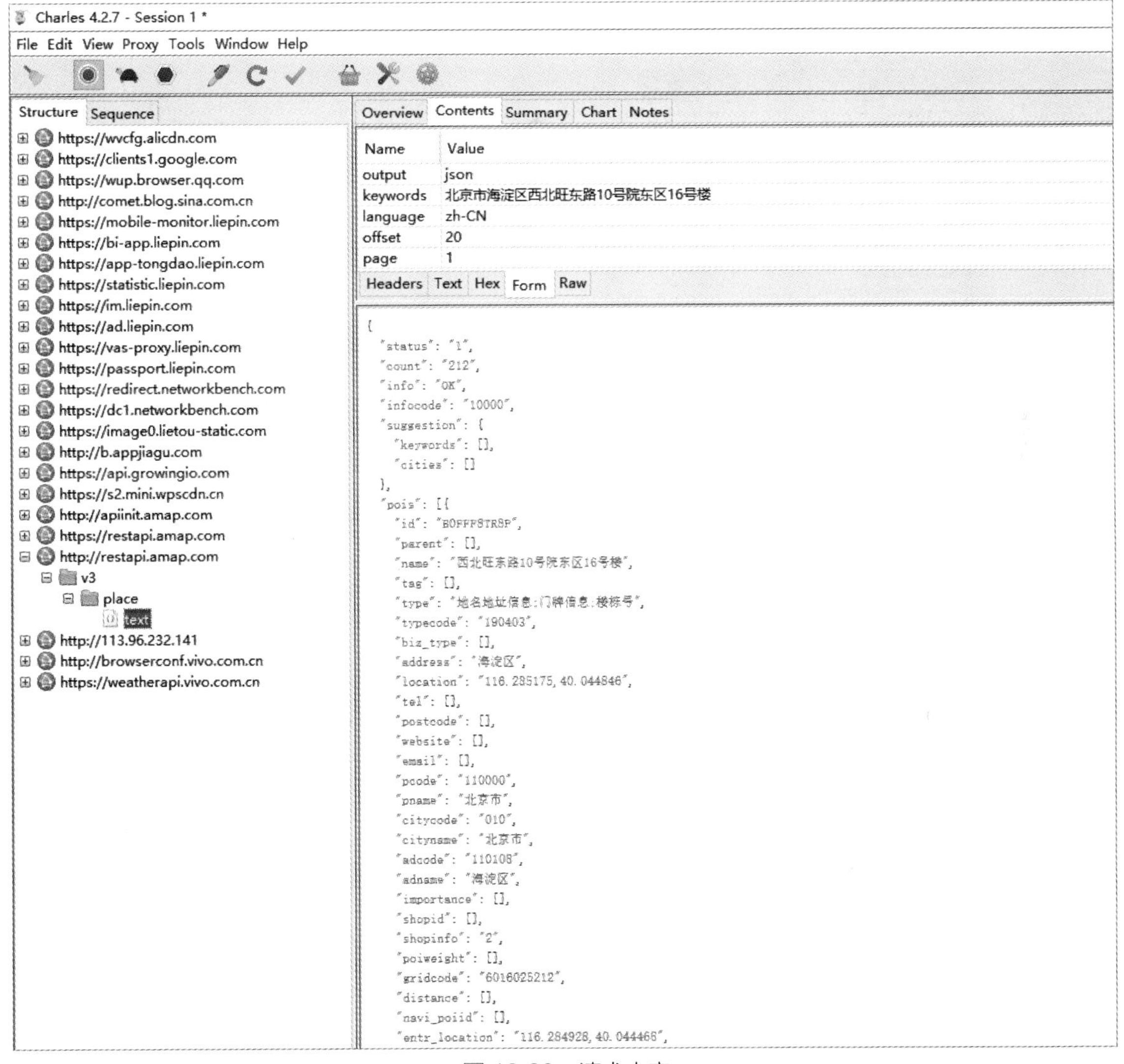

图 16-28　请求内容

16.1.7　Charles分析

通过前面的抓包已经抓到了一个请求，现在分析一下这个请求和响应的详细信息。首先可以回到【Overview】选项卡，上方显示了请求的接口 URL，接着是响应状态 Status Code、请求方式 Method 等，如图 16-29 所示。

这个结果和原本在 Web 端用浏览器开发者工具内捕获到的结果形式是类似的。接下来选择【Contents】选项卡，查看该请求和响应的详情信息，如图 16-30 所示。

上半部分显示的是 Request 的信息，下半部分显示的是 Response 的信息。比如针对 Request，我们切换到【Headers】选项卡，即可看到该 Request 的 Headers 信息，针对 Response，我们切换到【JSON text】选项卡，即可看到该 Response 的 Body 信息，并且该内容已经被格式化。

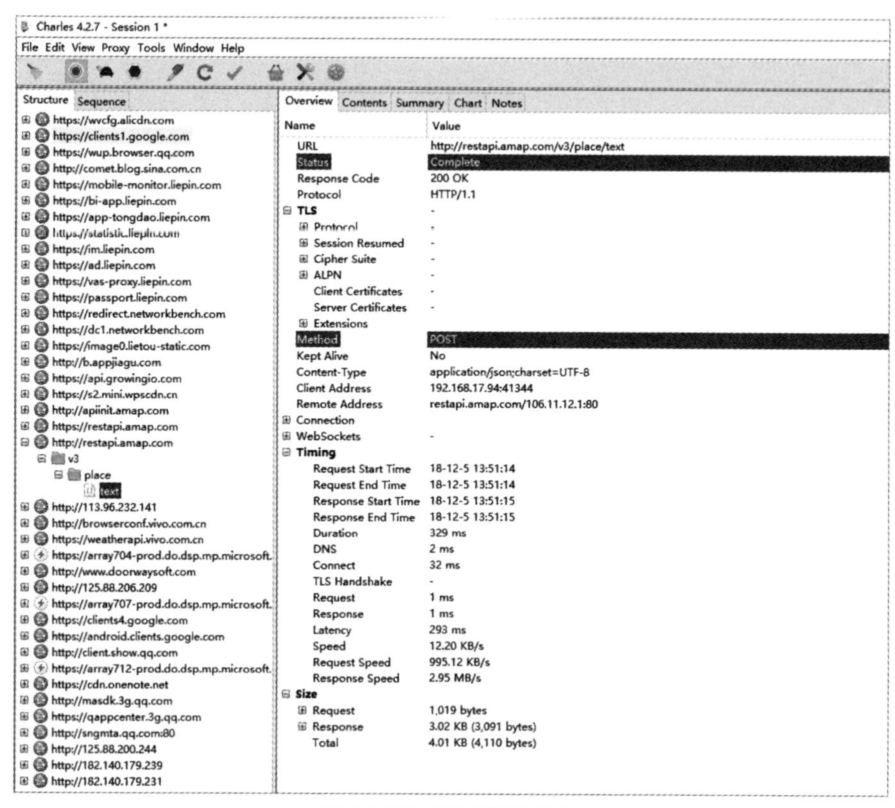

图 16-29　请求详情信息

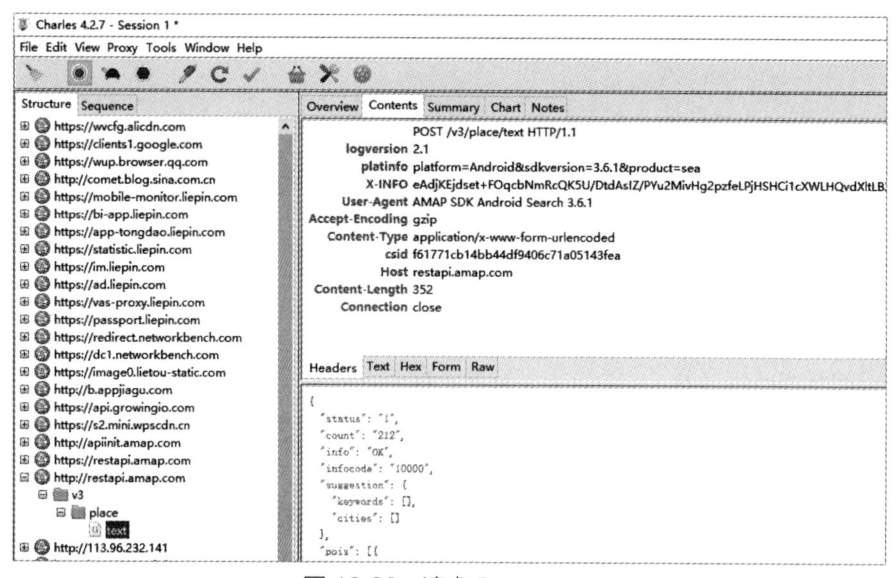

图 16-30　请求 Response

由于这个请求是 POST 请求，我们还需要关心 POST 的表单信息，切换到【Form】选项卡即可查看，如图 16-31 所示。

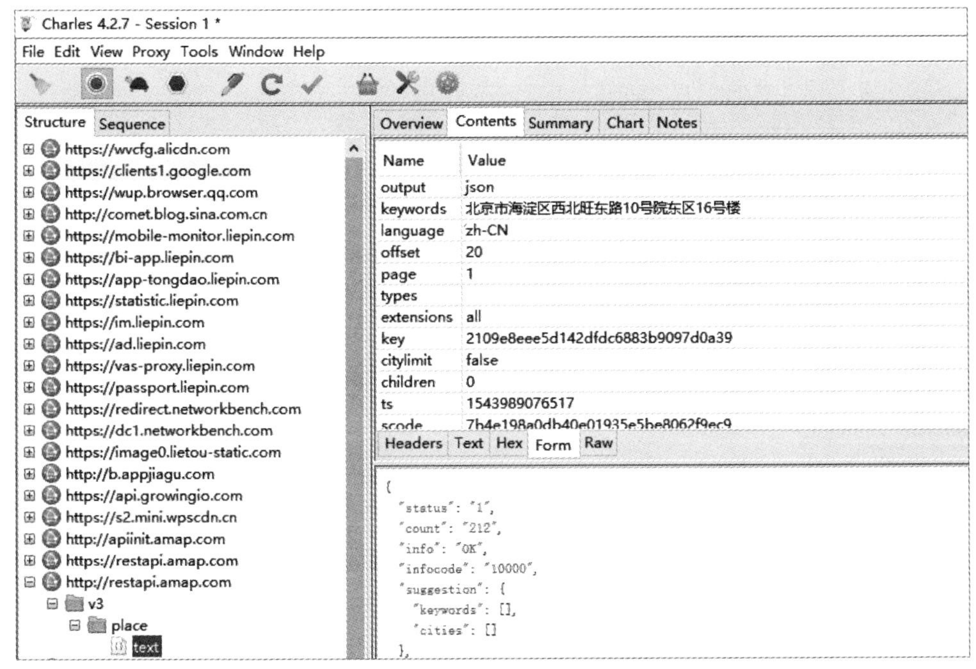

图 16-31 请求 Form

这样就成功抓取了 APP 中接口的请求和响应，并且可以查看 Response 返回的 JSON 数据。至于其他 APP，我们同样可以使用这样的方式来分析。如果可以直接分析得到请求的 URL 和参数的规律，直接用程序模拟即可批量抓取。

16.1.8 Charles重发

Charles 还有一个强大的功能，它可以将捕获到的请求加以修改并发送修改后的请求。单击上方的修改按钮，左侧列表就会多出一个以编辑图标为开头的链接，这就代表此链接对应的请求正在被修改，如图 16-32 所示。

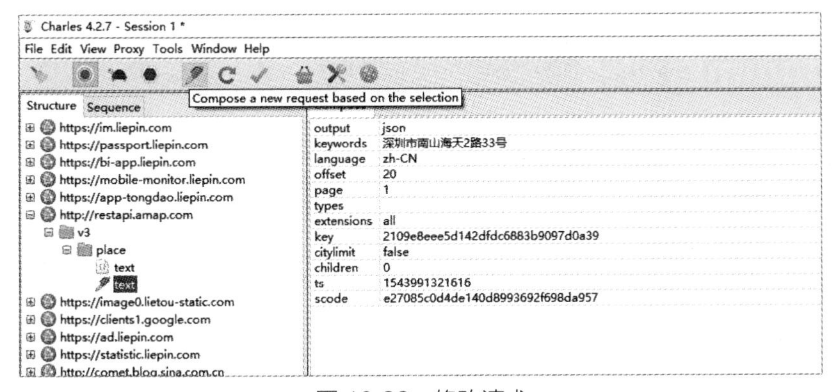

图 16-32 修改请求

我们可以将 Form 中的某个字段移除，比如这里将 citylimit 字段移除，然后单击【Remove】按钮。这时我们已经对原来请求携带的 Form Data 做了修改，然后单击下方的【Execute】按钮，即可执行修改后的请求，如图 16-33 所示。

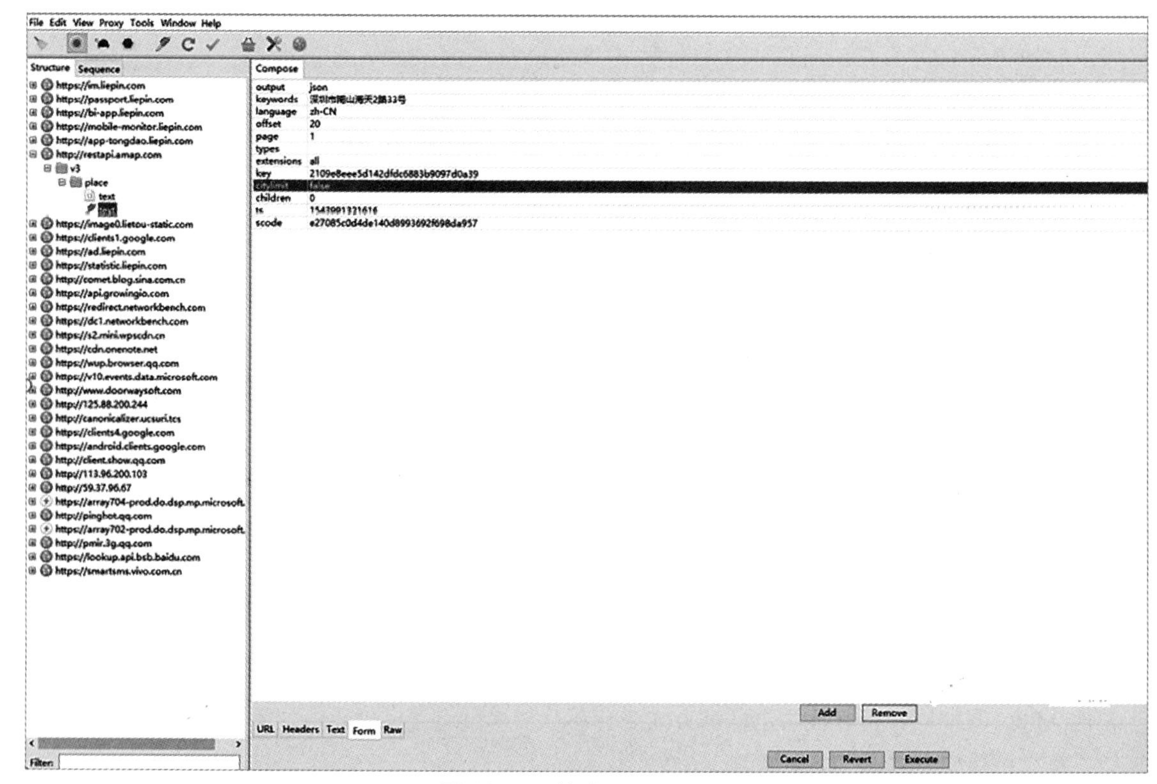

图 16-33　修改 Form Data

有了这个功能，我们就可以方便地使用 Charles 来做调试，通过修改参数、接口等来测试不同请求的响应状态，就可以知道哪些参数是必要的，哪些是不必要的，以及参数分别有什么规律，最后得到一个最简单的接口和参数形式，以供程序模拟调用使用。

16.2 Appium自动化

Appium 是移动端的自动化测试工具，类似于第 12 章所讲的 Selenium，利用它可以驱动 Android、iOS 设备完成自动化测试，比如模拟点击、滑动、输入等操作。在爬虫中，主要是利用它模拟人工操作进入 APP 获取数据，其缺点是效率低下且浪费系统资源。其官方网址为：

http://appium.io/

尽管使用它爬取效率低下，但是有时候在无法破解抓包得到的加密参数时，暂时采用它进行爬取数据，也不失为一个好办法。

16.2.1　安装Appium

安装 Appium 有两种方式，一种是直接下载安装包 Appium Desktop 来安装，另一种是通过 Node.js 来安装，下面我们介绍一下这两种安装方式。

（1）Appium Desktop。Appium Desktop 支持全平台的安装，我们可以直接从 GitHub 的 Releases 里面下载安装，这里推荐下载 1.9.0 的版本，这个版本比较稳定，下载界面如图 16-34 所示。

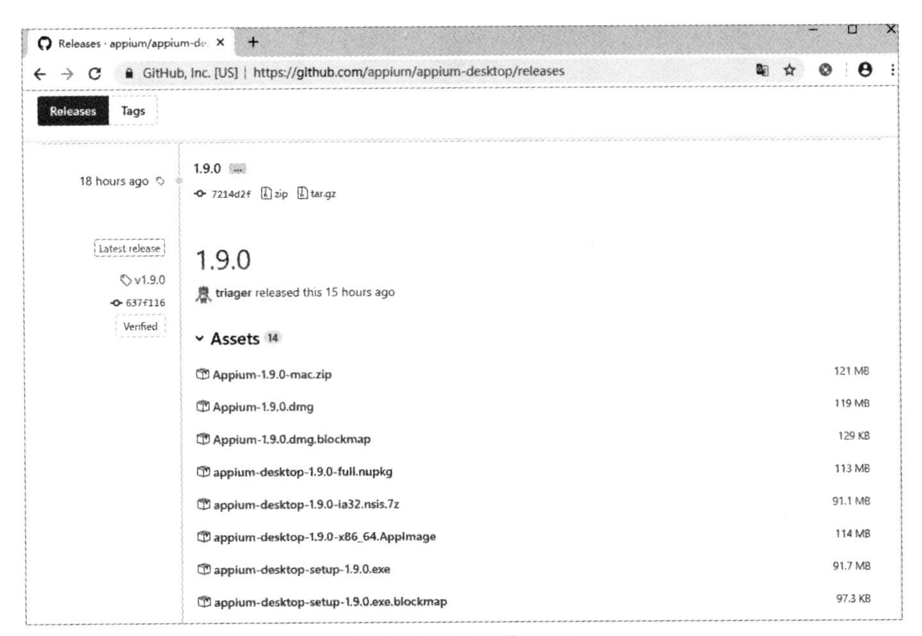

图 16-34　下载页面

Windows 平台可以下载 exe 安装包 appium-desktop-setup-1.9.0.exe，Mac 平台可以下载 dmg 安装包，如 appium-desktop-1.9.0.dmg，Linux 平台可以选择下载源码，但是这里推荐用 Node.js 安装方式。

安装完成后桌面将会出现 Appium 的图标，双击并运行，看到的页面如图 16-35 所示，如果出现此页面，则证明安装成功。

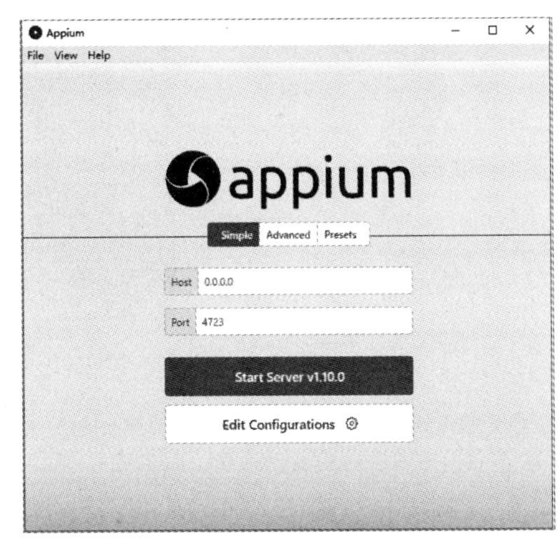

图 16-35　启动界面

（2）Node.js 安装方式。首先需要安装 Node.js，Node.js 的安装可到官网进行下载。安装完成之后就可以使用 npm 命令了。接下来使用 npm 命令进行全局安装 Appium，耐心等待命令执行完成即可，这样就成功安装了 Appium。

```
npm install -g appium
```

16.2.2 Android开发环境配置

如果要使用 Android 设备做 APP 抓取的话，还需要下载和配置 Android SDK，这里推荐直接安装 Android Studio，其下载地址为 http://www.android-studio.org/index.php。下载后单击安装包进行安装，关于安装时的选项按默认即可。安装完成后，打开初始界面，如图 16-36 所示。

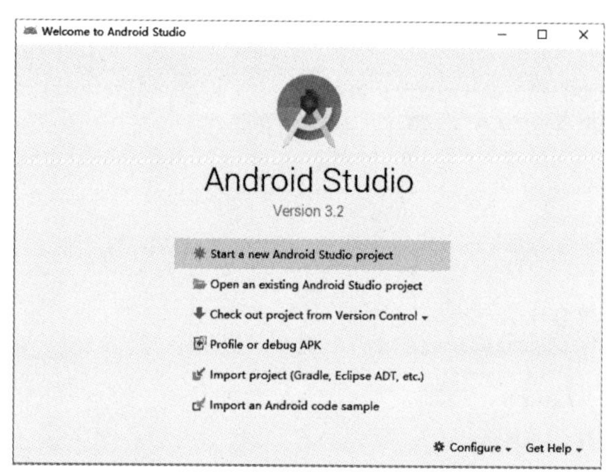

图 16-36　Android Studio 初始界面

单击【Start a new Android Studio project】按钮创建一个新项目，接下来一直单击【Next】按钮完成创建。进入项目主界面，如图 16-37 所示。

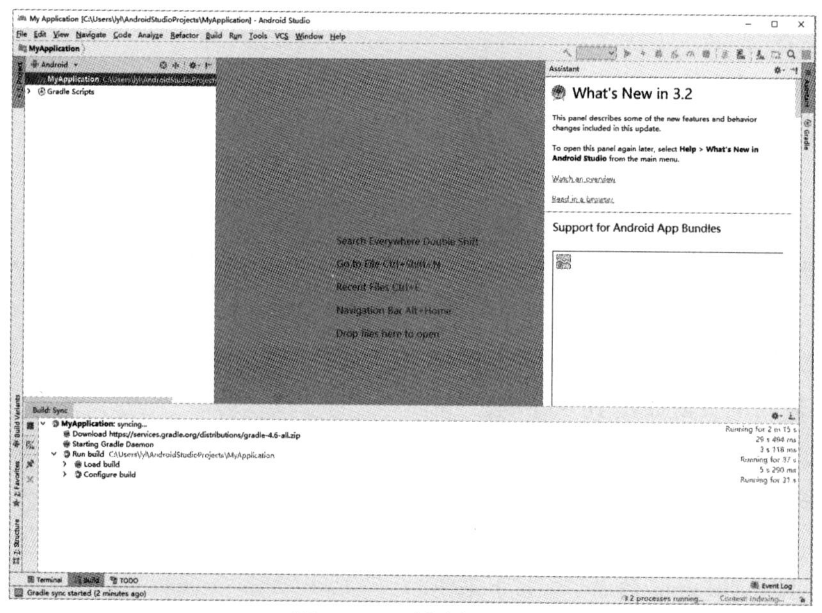

图 16-37　创建新项目

然后，我们还需要下载 Android SDK。选择【File】→【Settings】命令，打开首选项里面的【Android SDK】设置页面，选中要安装的 SDK 版本，单击【OK】按钮即可下载和安装所选中的

SDK 版本，如图 16-38 所示。

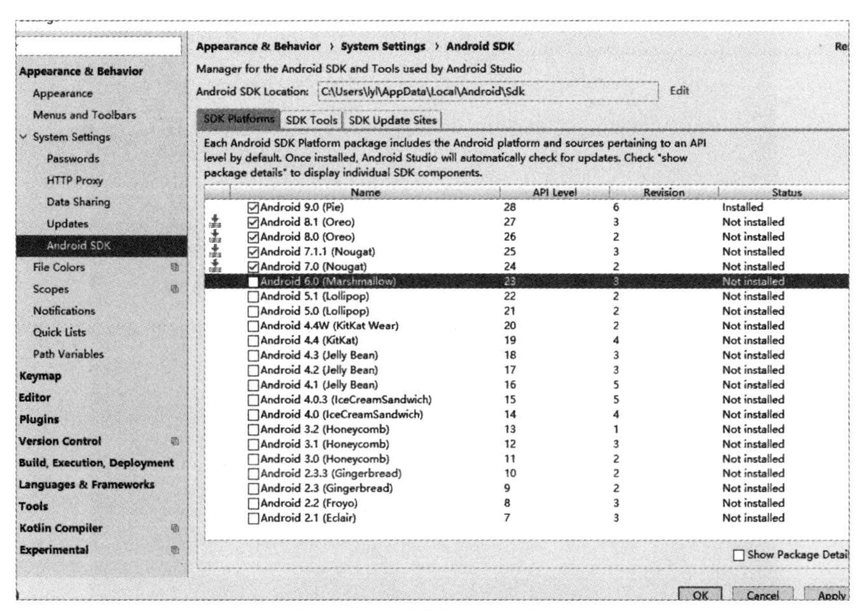

图 16-38　选择 SDK 版本

另外，还需要配置一下环境变量，添加 ANDROID_HOME 为 Android SDK 所在路径，然后再添加 SDK 文件夹下的 tools 和 platform-tools 文件夹到 PATH 中。

16.2.3　启动APP

Appium 启动 APP 的方式有两种：一种是用 Appium 内置的驱动器来打开 APP，另一种是利用 Python 程序实现此操作，下面我们分别进行说明。首先打开 Appium，启动界面如图 16-39 所示。

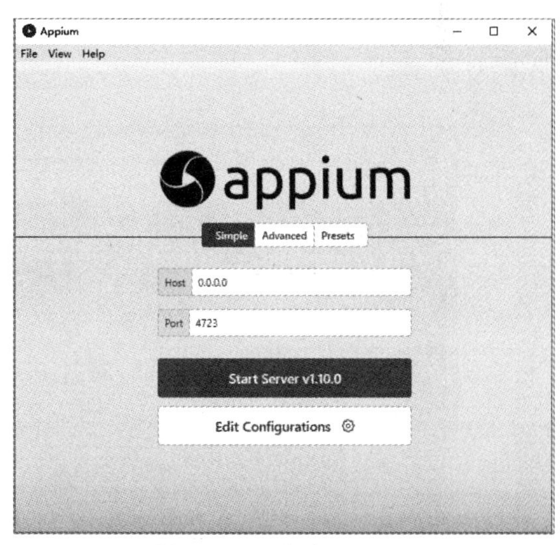

图 16-39　启动 Appium

直接单击【Start Server v1.10.0】按钮即可启动 Appium 的服务，相当于开启了一个 Appium 服务器。我们可以通过 Appium 内置的驱动或 Python 代码向 Appium 的服务器发送一系列操作指令，Appium 就会根据不同的指令对移动设备进行驱动，完成不同的动作。启动后运行界面如图 16-40 所示。

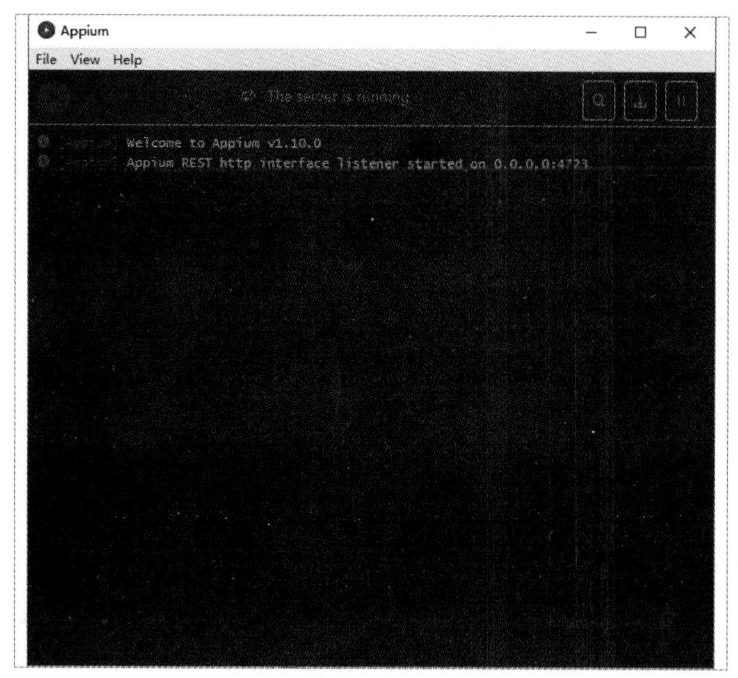

图 16-40　Appium 服务器界面

Appium 运行之后正在监听 4723 端口，可以向此端口对应的服务接口发送操作指令，此页面就会显示这个过程的操作日志。

将 Android 手机通过数据线与运行 Appium 的计算机相连，同时打开 USB 调试功能，确保计算机可以连接到手机。

接下来，用 Appium 内置的驱动来打开 APP。单击 Appium 中的【Start Inspectos Session】，如图 16-41 所示。

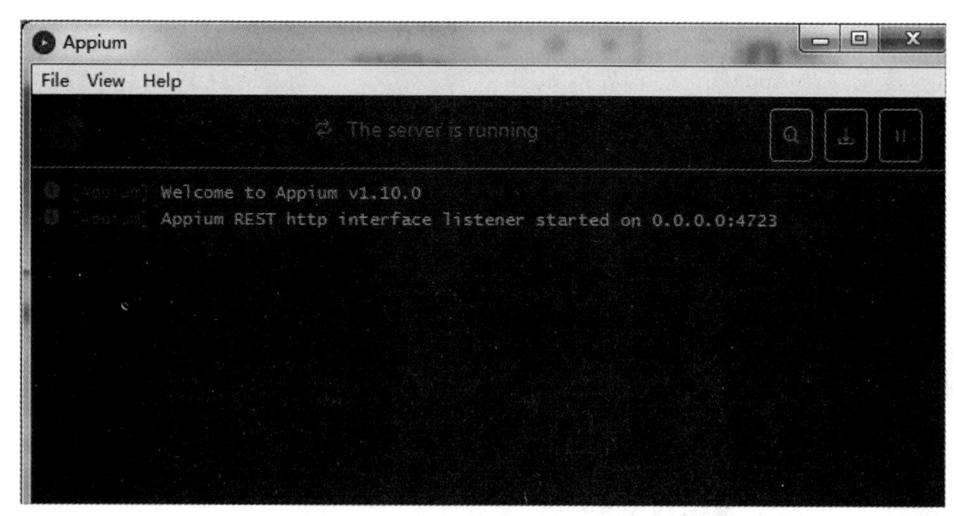

图 16-41　Start Inspectos Session

这时会出现一个配置页面，如图 16-42 所示。

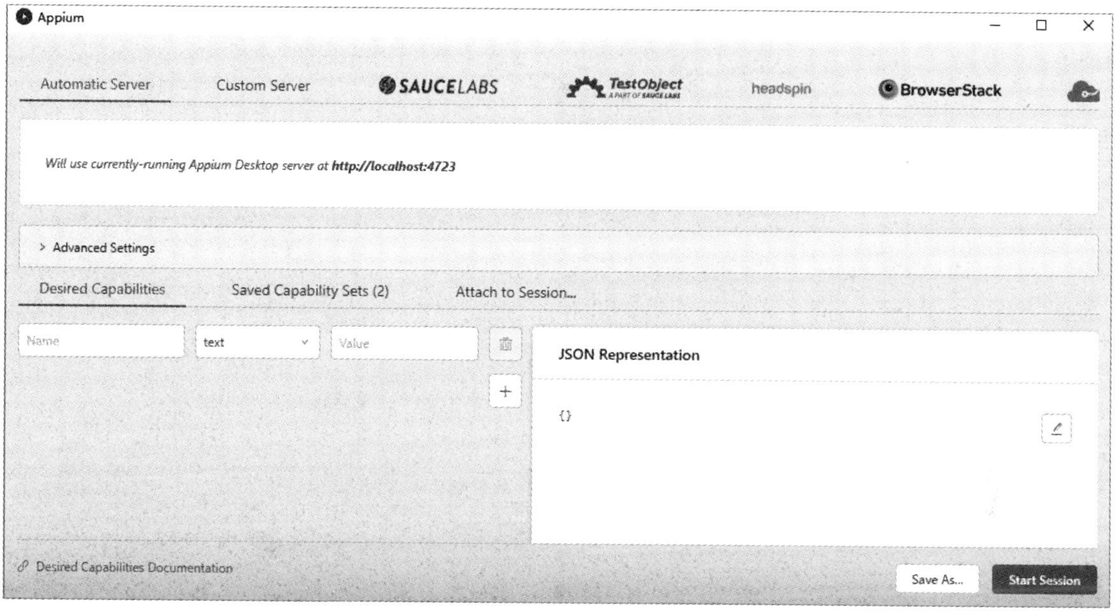

图 16-42　会话启动后的界面

需要配置启动 APP 时的 Desired Capabilities 参数，它们分别是 platformName、deviceName、appPackage、appActivity。

（1）platformName：它是平台名称，需要区分 Android 或 iOS，此处填 Android。

（2）deviceName：它是设备名称，此处是手机的具体类型（比如这里的 VIVO x23）。

（3）appPackage：它是 APP 程序包名（如大众点评 APP 的包名为 com.dianping.v1）。

（4）appActivity：它是入口 Activity 名（如大众点评的入口 Activity 名为 com.dianping.main.guide.SplashScreenActivity）。

接下来，为了能更形象化地讲解本节相关知识，下面将以大众点评 APP 为例，实现使用 Appium 控制手机并启动大众点评来实现模拟登录。相关步骤如下。

步骤 1：前面我们已经进入了会话界面，现在需要做的就是添加参数，这里以大众点评为例，参数信息如下，效果如图 16-43 所示。

```
{
  "platformName": "Android",
  "deviceName": "vivo x23",
  "appPackage": "com.dianping.v1",
  "appActivity": "com.dianping.main.guide.SplashScreenActivity"
}
```

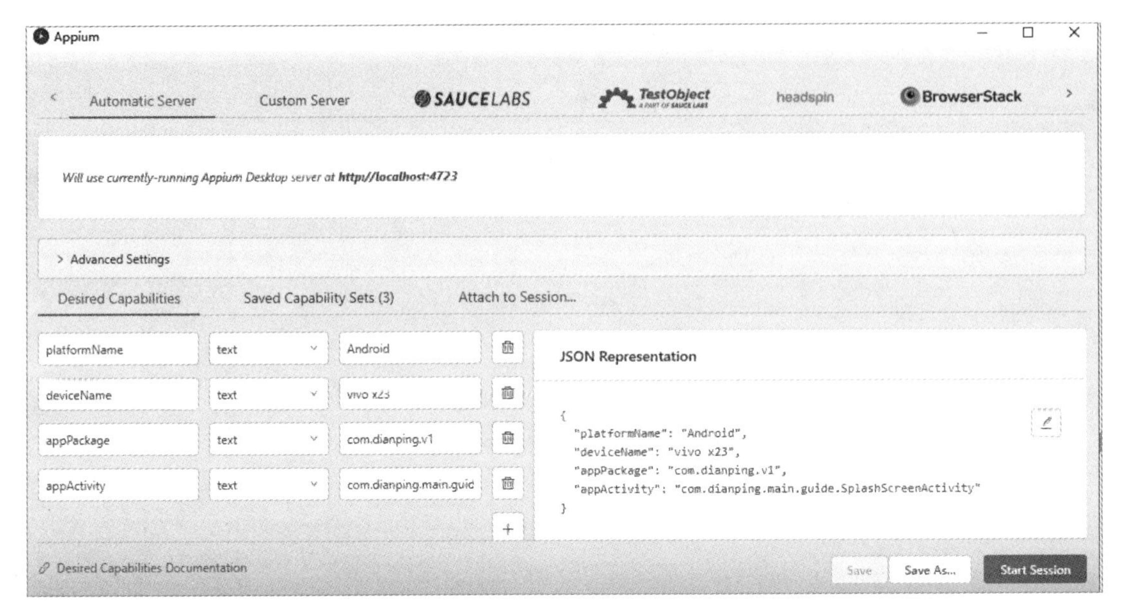

图 16-43　参数配置

步骤 2：参数设置完成后，单击右下角的【Start Session】按钮，即可启动 Android 手机上的大众点评 APP 并进入启动页面。同时计算机上会弹出一个调试窗口，从这个窗口我们可以预览当前手机页面，并可以查看页面的源码，如图 16-44 所示。

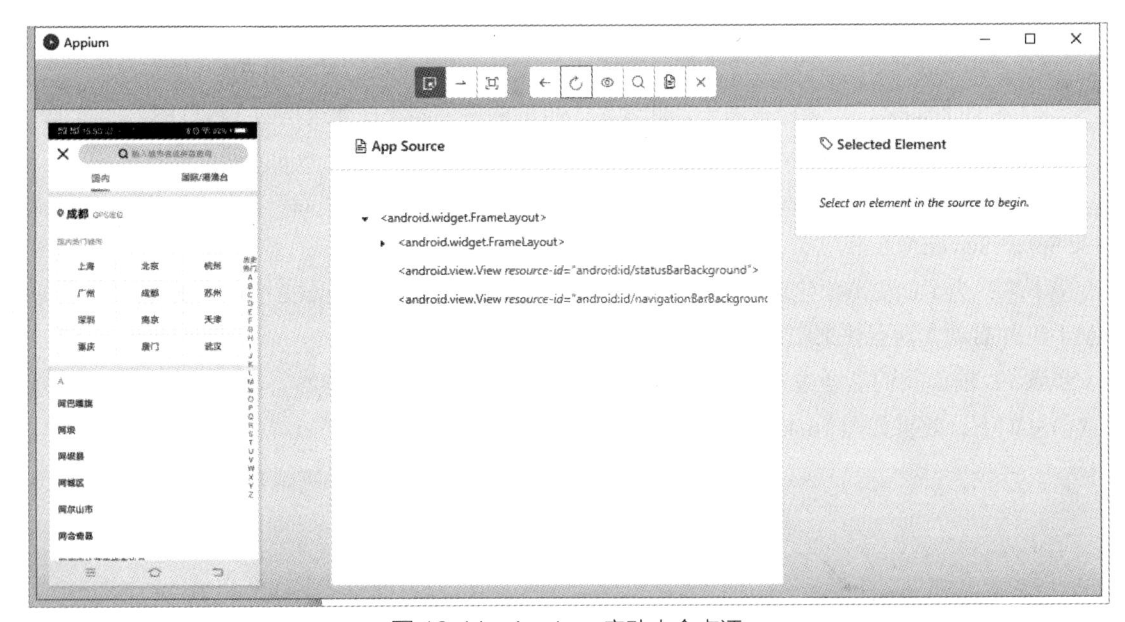

图 16-44　Appium 启动大众点评

步骤 3：在左栏中单击屏幕的某个元素，如这里选择【成都】这个地址，它就会高亮显示，这时中间栏就显示了当前选中的按钮对应的源代码，右栏则显示了该元素的基本信息，如元素的 id、class、text 等，以及可以执行的操作，如 Tap、Send Keys、Clear 等，如图 16-45 所示。

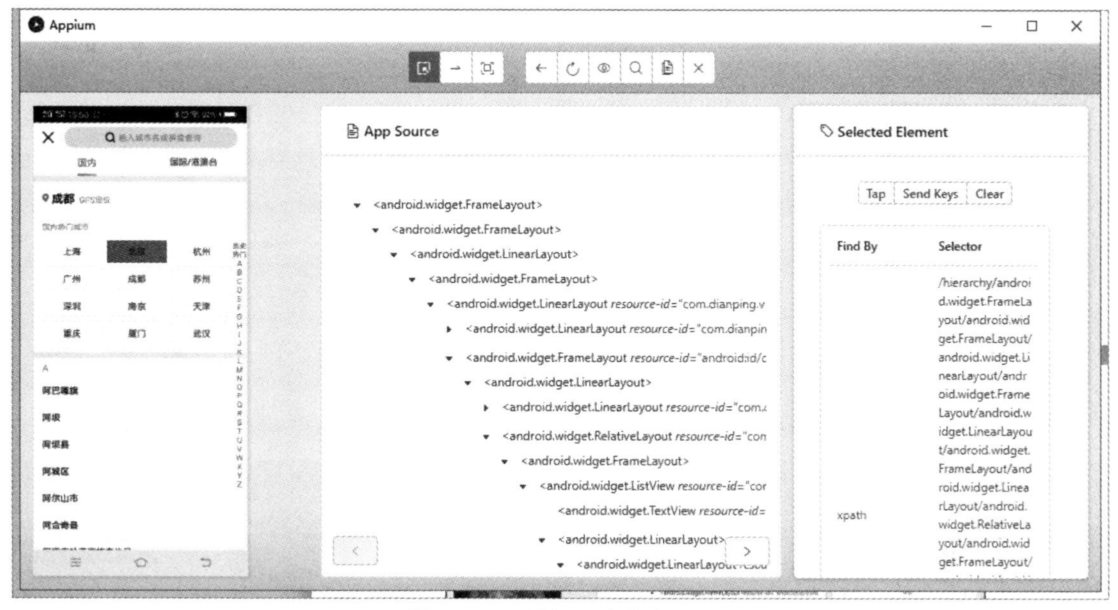

图 16-45 选择元素高亮显示

步骤 4：单击中间栏最上方的第 3 个录制按钮，Appium 会开始录制操作动作。这时我们在窗口中操作 APP 的行为都会被记录下来，【Recorder】面板可以自动生成对应语言的代码。例如，我们选择【成都】这个地址，使它高亮显示以后，然后在右边的【Selected Element】面板中单击【Tap】按钮，即模拟了按钮单击功能，这时手机和窗口的 APP 都会跳转到大众点评的主界面，同时中间栏会显示此动作对应的代码，如图 16-46 所示。

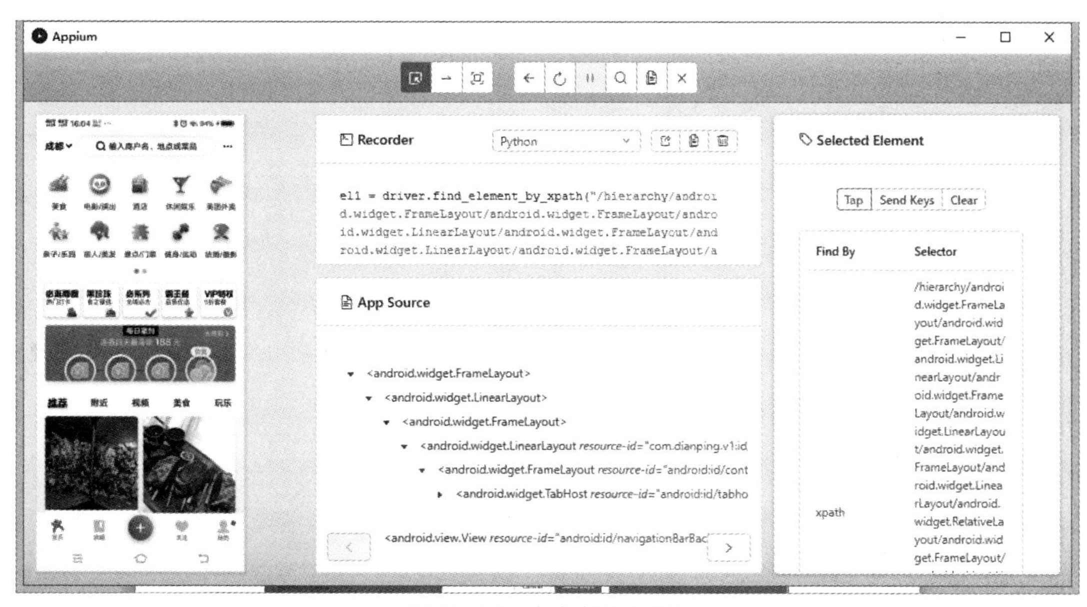

图 16-46 大众点评主界面

步骤 5：在底部菜单中【我的】高亮显示后，单击【Tap】按钮页面跳转到【我的】页面，如

图 16-47 所示，我们可以在此页面单击不同的动作按钮，即可实现对 APP 的控制，同时 Recorder 部分也可以生成对应的 Python 代码。

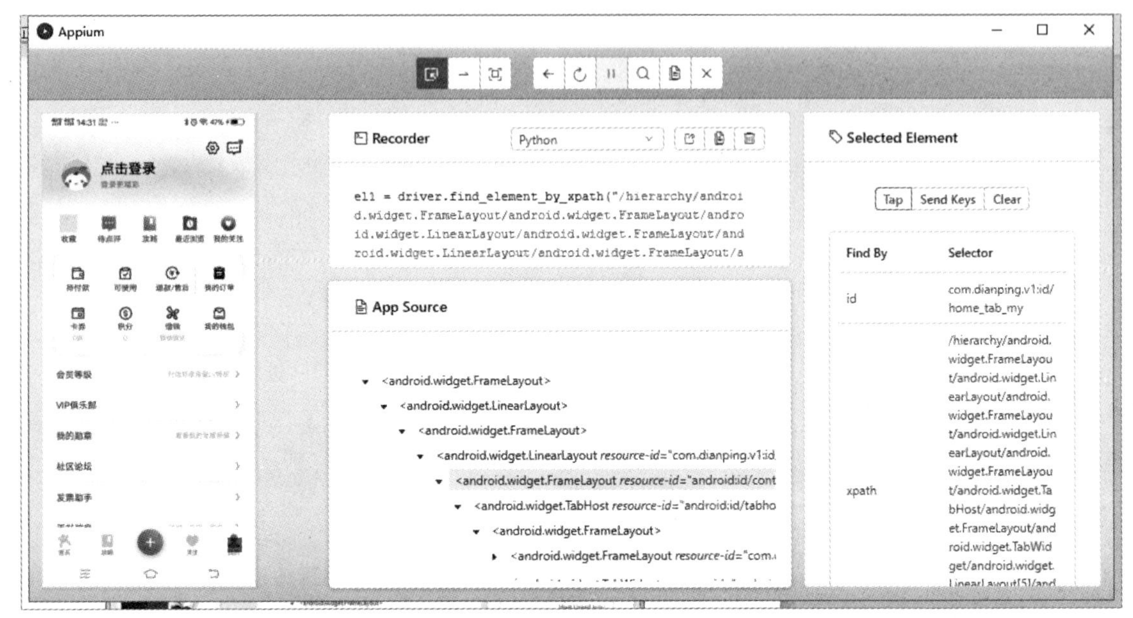

图 16-47　跳转到【我的】页面

步骤 6：单击页面上方的【点击登录】，然后单击【Tap】按钮进行页面跳转，如图 16-48 所示。跳转之后将会进入大众点评的登录页面，如图 16-49 所示。

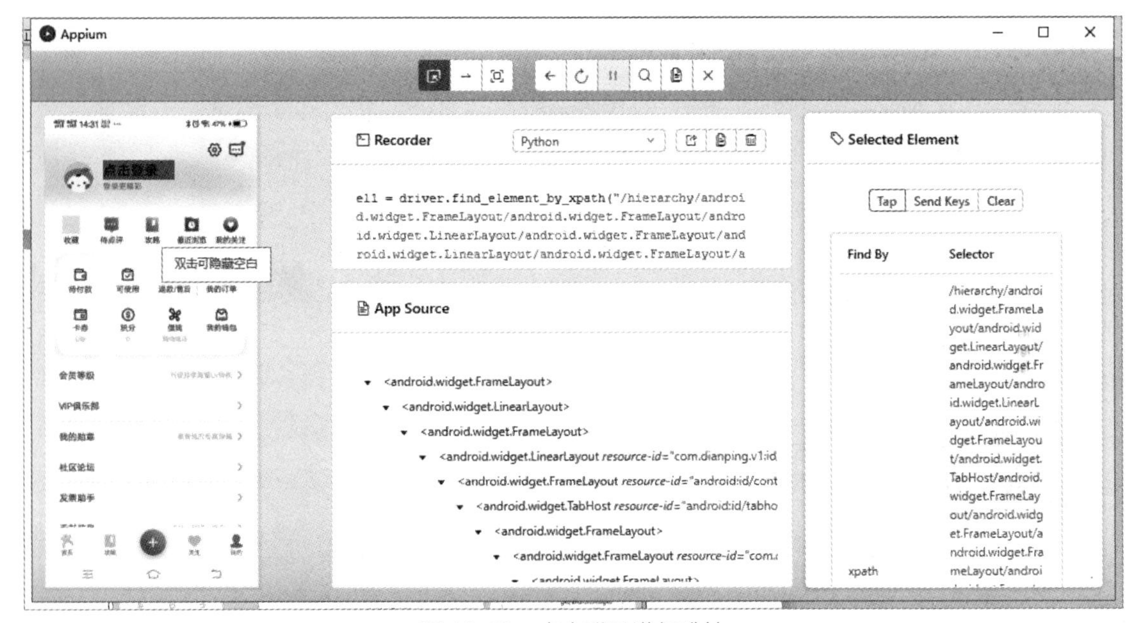

图 16-48　点击登录进行跳转

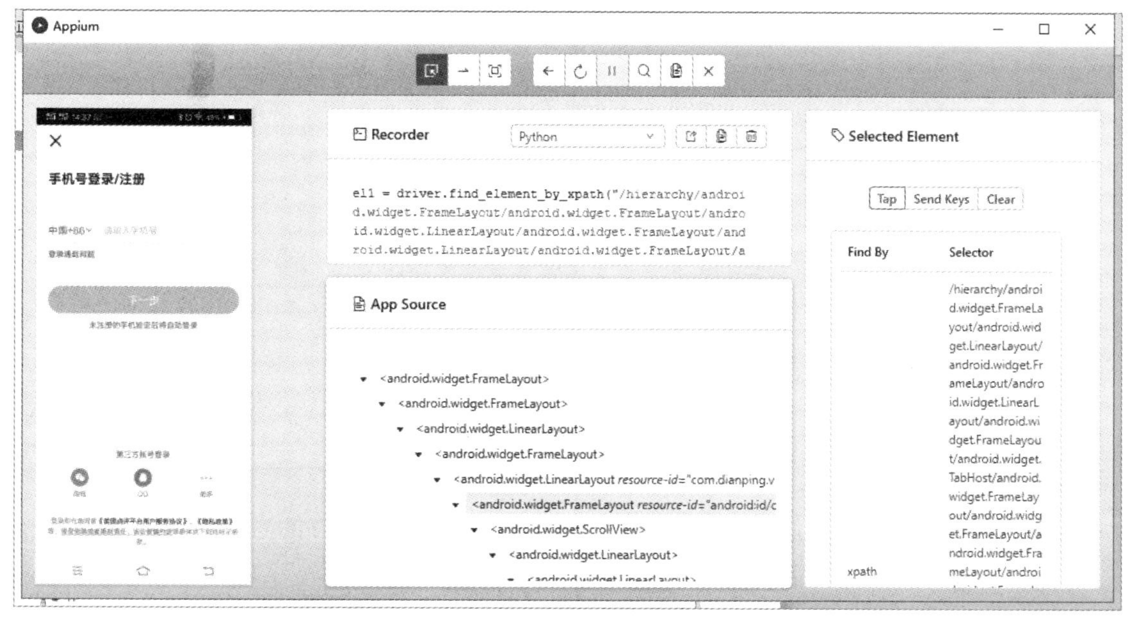

图 16-49　登录页面

步骤 7：跳转到登录页面后，可以看到默认是通过手机号进行登录的，所以需要填写手机号，这里使用鼠标选中手机号的输入框，使之高亮显示，然后单击右边面板中的【Send Keys】按钮，这时候会弹出一个输入框，直接输入已经注册好了的手机号，如图 16-50 所示。填写完手机号之后，单击弹出框右下角的【Send Keys】按钮进行填充操作。填充完手机号后，单击【下一步】按钮，然后单击【Tap】按钮进行跳转，如图 16-51 所示。

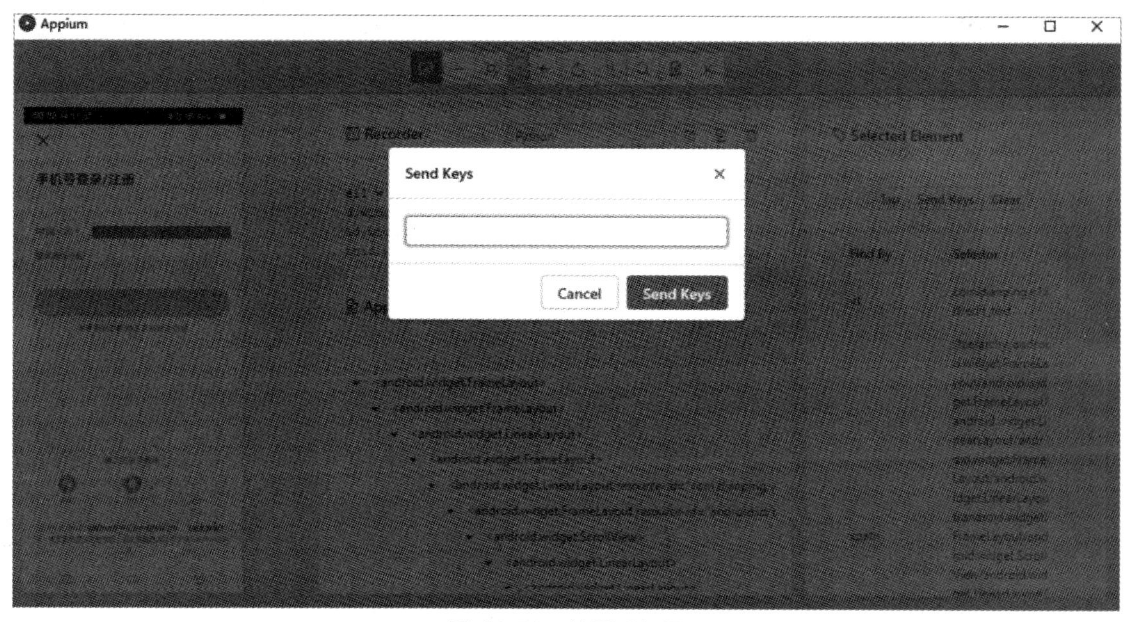

图 16-50　填写手机号

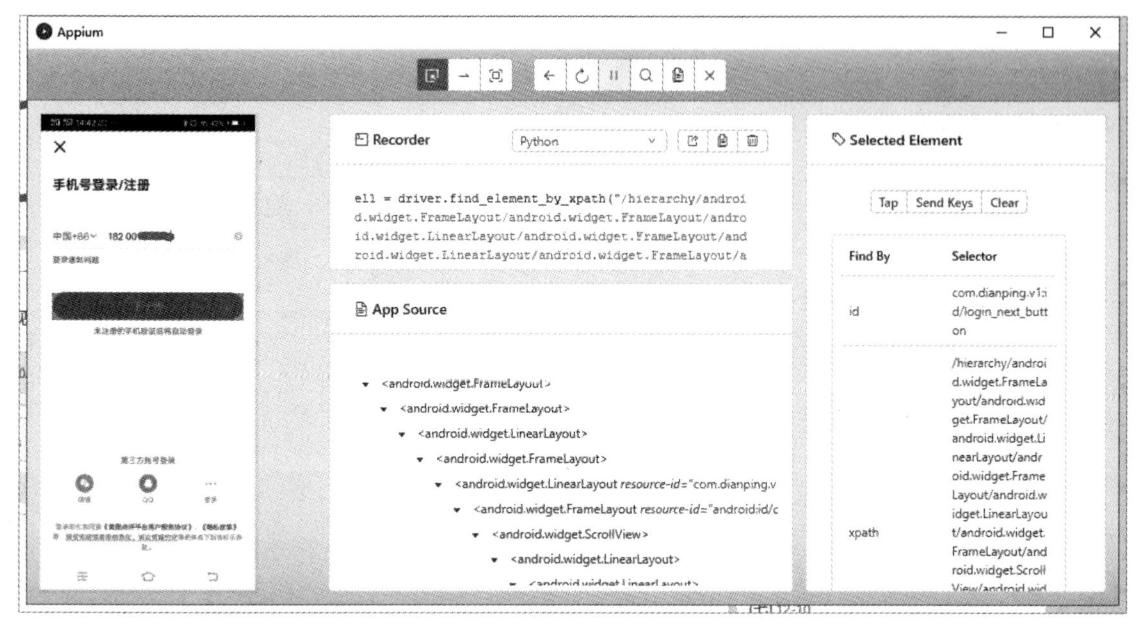

图 16-51　点击下一步进行跳转

步骤 8：跳转到下一步之后如图 16-52 所示，可以发现，登录有两种方式，一种是通过验证码，另外一种是使用密码登录，这里选择密码，然后单击【Tap】按钮进行跳转。

步骤 9：进入密码输入模式后，如图 16-53 所示，由于安全保护原因，这里会隐藏页面元素，弹出输入密码的输入框，直接输入密码并单击【Send Keys】按钮完成填充。

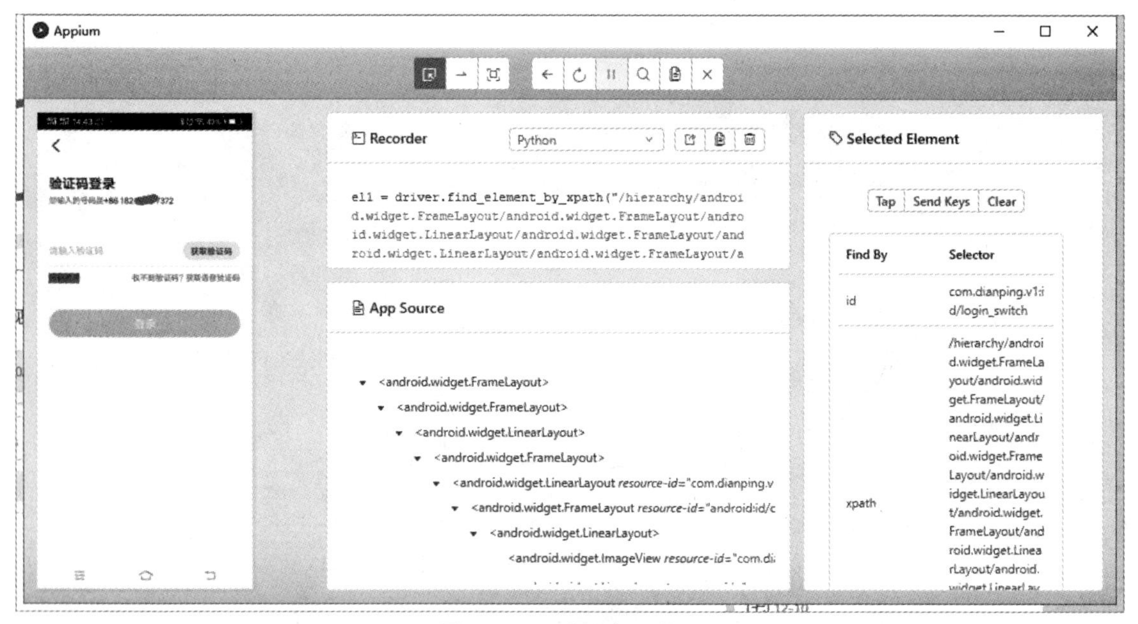

图 16-52　选择密码登录

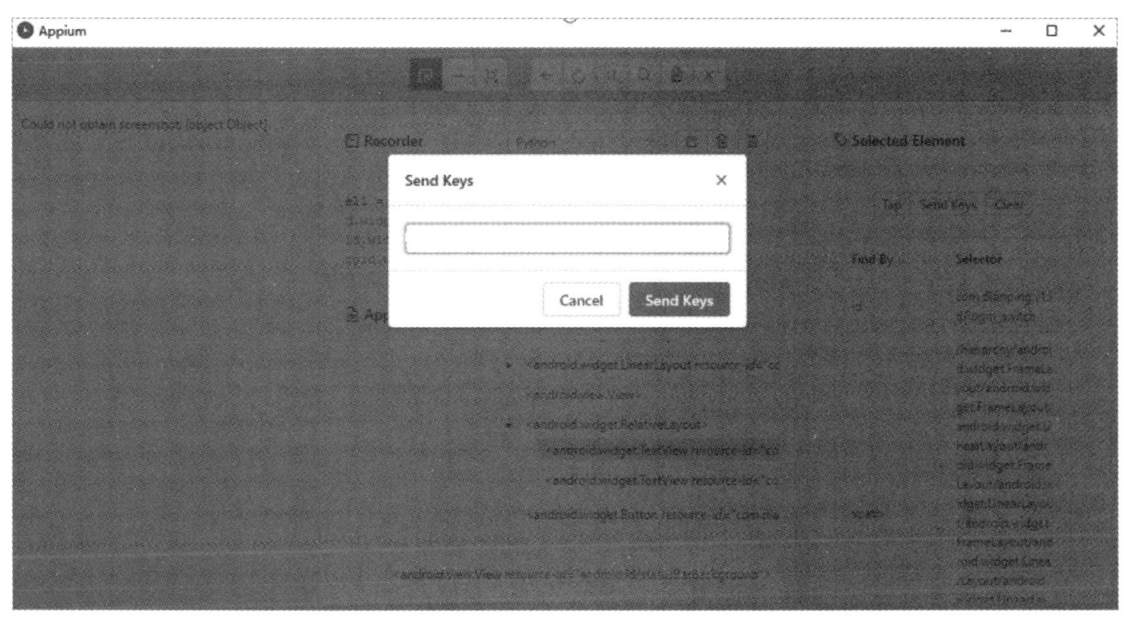

图 16-53　密码输入

步骤 10：这里输入密码之后，由于页面元素已经被隐藏了，这时候需要到 App Source 下面的代码中去找，如图 16-54 高亮处所示，找到 id 为 login_button 的元素并选中，然后单击【Tap】按钮进行登录页面跳转。跳转之后即完成了本节的目标，成功登录了大众点评网，如图 16-55 所示。

图 16-54　登录按钮选择

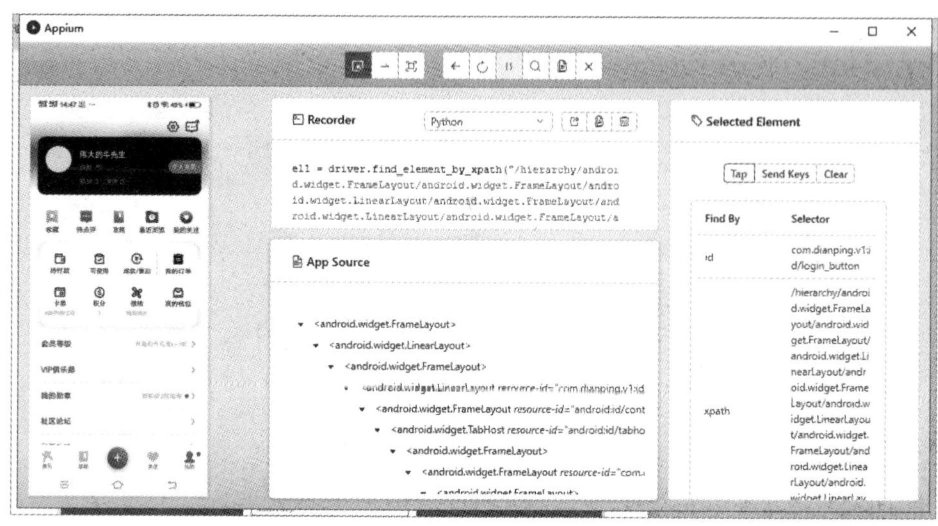

图 16-55　登录成功后的页面

16.2.4　appPackage和appActivity参数获取方法

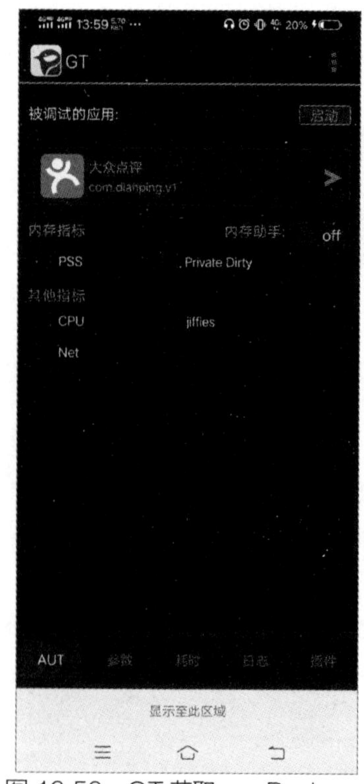

图 16-56　GT 获取 appPackage

前面我们使用 Appium 连接并启动大众点评 APP 进行模拟登录，其中有两个特别重要的参数值 appPackage 和 appActivity，我们该如何获取它们呢?

1. appPackage的获取方法

可以在腾讯应用宝中下载 GT 工具获取，如图 16-56 所示，打开 GT 工具之后，选中任意一款 APP，即可查看该 APP 的包名信息。

2. appActivity获取

这里以大众点评 APP 为例，相关的步骤如下。

步骤 1：在计算机端打开命令行窗口，在命令窗口中输入以下命令，如图 16-57 所示。

```
adb logcat>D:/log.log
```

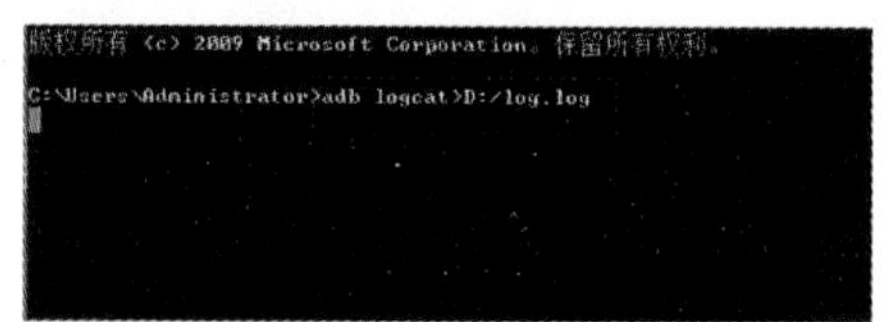

图 16-57　输入命令

步骤 2：启动手机上的大众点评 APP，进入应用界面，如图 16-58 所示。

步骤 3：按下计算机上的【Ctrl+C】快捷键，如图 16-59 所示。

步骤 4：经过步骤 3 的操作之后，将会在 D 盘目录下生成一个如图 16-60 所示的 log.log 文件。

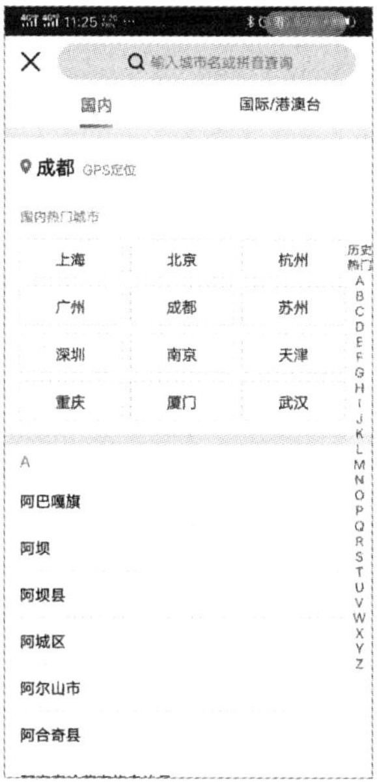

图 16-59　停止 adb

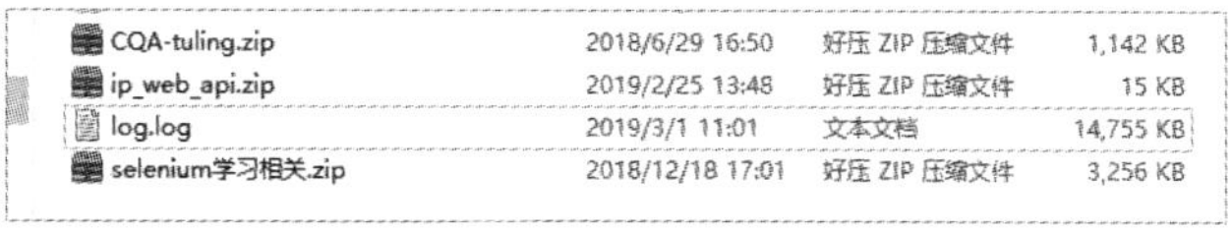

图 16-58　大众点评 APP 页面

CQA-tuling.zip	2018/6/29 16:50	好压 ZIP 压缩文件	1,142 KB
ip_web_api.zip	2019/2/25 13:48	好压 ZIP 压缩文件	15 KB
log.log	2019/3/1 11:01	文本文档	14,755 KB
selenium学习相关.zip	2018/12/18 17:01	好压 ZIP 压缩文件	3,256 KB

图 16-60　生成的 log.log 文件

步骤 5：通过抓取到 log 的日志，找到相应 activity 的应用程序。如图 16-61 所示，这里通过筛选找到了需要的 appActivity。

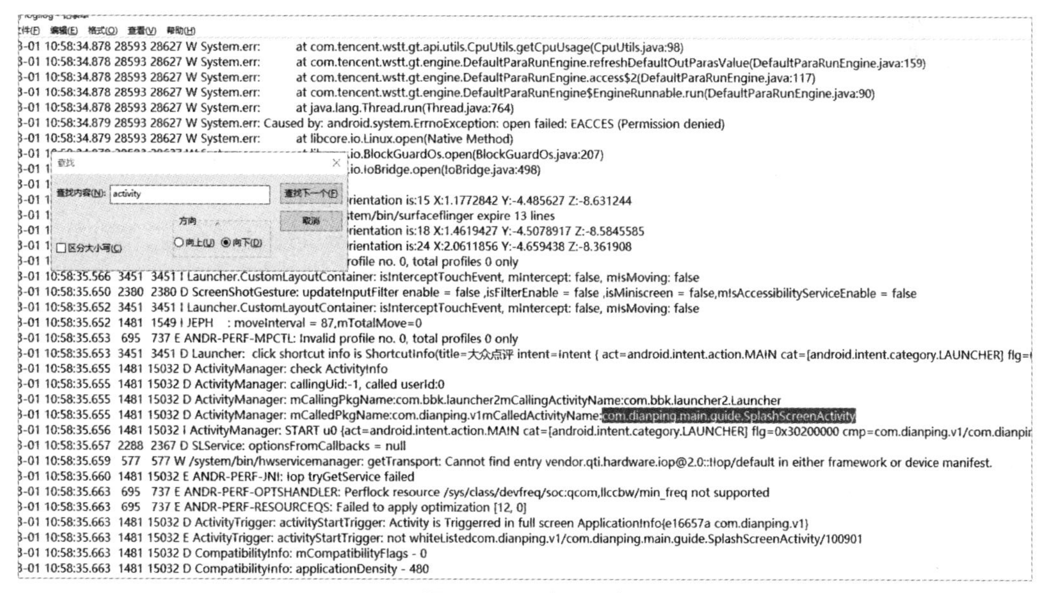

图 16-61　分析日志

除了通过这种比较原始的方式获取这两个参数之外，还有另外的一些比较简单的方式获取，比如使用安卓修改大师之类的工具进行一键获取。

16.3 APK安装包反编译

有时候，我们在通过抓包分析 APP 接口时，遇到有些请求参数或返回的数据加密方式无法破解，这时候就需要采用反编译 APP 获取源码分析相关的参数加密算法了。本节将对这一部分的知识点进行一个大概的讲解。

16.3.1 准备工作

在开始本节内容之前，需要确保计算机上已经配置好了 JDK 1.8 版本的环境。如有不清楚怎么配置的，可以参考第 1 章中的 JDK 环境配置相关的内容。除此之外，还需要用到以下工具。

（1）apktool：作用是资源文件获取，可以提取出图片文件和布局文件使用查看 。

（2）dex2jar：作用是将 APK 反编译成 Java 源码（classes.dex 转化成 jar 文件）。

（3）jd-gui：作用是查看 APK 中 classes.dex 转化成的 jar 文件，即源码文件。

将下载好的工具放在指定目录，然后进行解压，如图 16-62 所示。

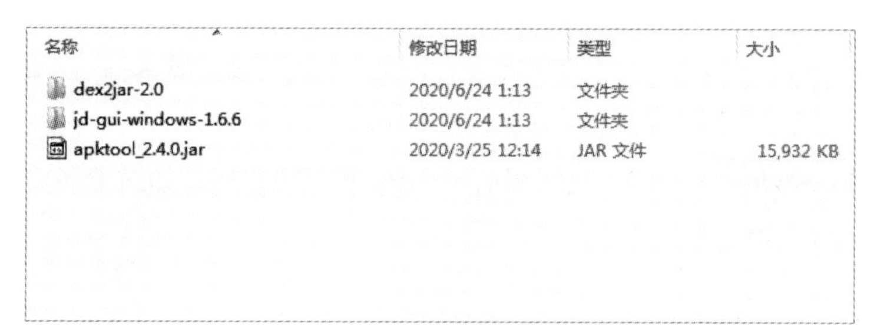

图 16-62　相关工具

16.3.2 反编译得到源码

确保环境和所需工具准备好之后，接下来就可以开始反编译 APP 获取源码了，这里以天天语音 APP 为例，如图 16-63 所示。

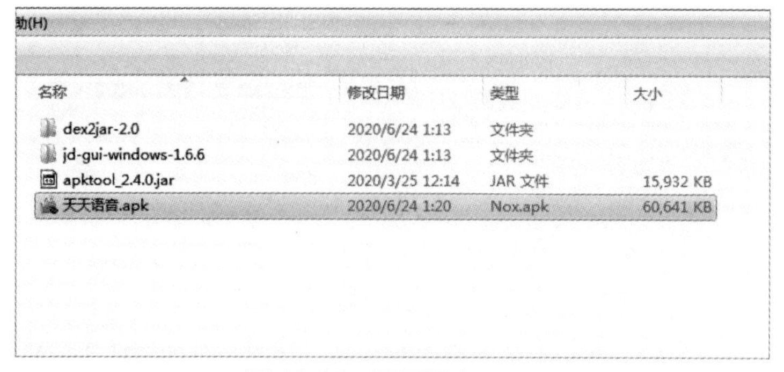

图 16-63　天天语音 APP

对天天语音 APP 进行反编译，相关的步骤如下。

步骤 1：将 APK 安装包的后缀名改为 .zip 格式，然后使用解压工具解压，如图 16-64 所示。

名称	修改日期	类型	大小
dex2jar-2.0	2020/6/24 1:13	文件夹	
jd-gui-windows-1.6.6	2020/6/24 1:13	文件夹	
天天语音	2020/6/24 14:41	文件夹	
apktool_2.4.0.jar	2020/3/25 12:14	JAR 文件	15,932 KB
天天语音.zip	2020/6/24 1:20	ZIP 文件	60,641 KB

图 16-64　解压 APP

步骤 2：进入解压之后的目录，找到名为 classes.dex 的文件，将该文件复制到解压之后的 dex2jar-2.0 目录下，如图 16-65 与图 16-66 所示。

名称	修改日期	类型	大小
assets	2020/6/24 14:41	文件夹	
kotlin	2020/6/24 14:41	文件夹	
kotlinx	2020/6/24 14:41	文件夹	
lib	2020/6/24 14:41	文件夹	
META-INF	2020/6/24 14:41	文件夹	
okhttp3	2020/6/24 14:41	文件夹	
res	2020/6/24 14:41	文件夹	
AndroidManifest.xml	2020/6/24 14:41	Heinote.xmlfile	38 KB
androidsupportmultidexversion.txt	2020/6/24 14:41	文本文档	1 KB
classes.dex	2020/6/24 14:41	DEX 文件	6,767 KB
classes2.dex	2020/6/24 14:41	DEX 文件	5,944 KB
resources.arsc	2020/6/24 14:41	ARSC 文件	1,202 KB

图 16-65　classes.dex 文件

名称	修改日期	类型	大小
lib	2020/6/24 1:13	文件夹	
classes.dex	2020/6/24 14:41	DEX 文件	6,767 KB
classes-error.zip	2020/6/19 13:31	ZIP 文件	2 KB
d2j_invoke.bat	2014/10/27 17:32	Windows 批处理...	1 KB
d2j_invoke.sh	2014/10/27 17:32	Shell Script	2 KB
d2j-baksmali.bat	2014/10/27 17:32	Windows 批处理...	1 KB
d2j-baksmali.sh	2014/10/27 17:32	Shell Script	2 KB
d2j-dex2jar.bat	2014/10/27 17:32	Windows 批处理...	1 KB
d2j-dex2jar.sh	2014/10/27 17:32	Shell Script	2 KB
d2j-dex2smali.bat	2014/10/27 17:32	Windows 批处理...	1 KB
d2j-dex2smali.sh	2014/10/27 17:32	Shell Script	2 KB
d2j-dex-recompute-checksum.bat	2014/10/27 17:32	Windows 批处理...	1 KB
d2j-dex-recompute-checksum.sh	2014/10/27 17:32	Shell Script	2 KB

图 16-66　dex2jar-2.0 目录

步骤 3：在 dex2jar-2.0 当前目录下打开命令行窗口并且输入以下内容：

```
d2j-dex2jar.bat classes.dex
```

如图 16-67 所示，进行反编译，需耐心等待片刻。

图 16-67　反编译

步骤 4：反编译完成之后，将会在当前目录下生成一个 classes-dex2jar.jar 文件，这个就是它的源码文件，如图 16-68 所示。

名称	修改日期	类型	大小
lib	2020/6/24 1:13	文件夹	
classes.dex	2020/6/24 14:41	DEX 文件	6,767 KB
classes-dex2jar.jar	2020/6/24 14:48	JAR 文件	7,545 KB
classes-error.zip	2020/6/24 14:48	ZIP 文件	78 KB
d2j_invoke.bat	2014/10/27 17:32	Windows 批处理...	1 KB
d2j_invoke.sh	2014/10/27 17:32	Shell Script	2 KB
d2j-baksmali.bat	2014/10/27 17:32	Windows 批处理...	1 KB
d2j-baksmali.sh	2014/10/27 17:32	Shell Script	2 KB
d2j-dex2jar.bat	2014/10/27 17:32	Windows 批处理...	1 KB
d2j-dex2jar.sh	2014/10/27 17:32	Shell Script	2 KB
d2j-dex2smali.bat	2014/10/27 17:32	Windows 批处理...	1 KB
d2j-dex2smali.sh	2014/10/27 17:32	Shell Script	2 KB
d2j-dex-recompute-checksum.bat	2014/10/27 17:32	Windows 批处理...	1 KB
d2j-dex-recompute-checksum.sh	2014/10/27 17:32	Shell Script	2 KB
d2j-jar2dex.bat	2014/10/27 17:32	Windows 批处理...	1 KB
d2j-jar2dex.sh	2014/10/27 17:32	Shell Script	2 KB
d2j-jar2jasmin.bat	2014/10/27 17:32	Windows 批处理...	1 KB
d2j-jar2jasmin.sh	2014/10/27 17:32	Shell Script	2 KB

图 16-68　反编译得到的源码文件

步骤 5：使用 jd-gui-windows-1.6.6 目录下的 jd-gui.exe 工具打开前面得到的 classes-dex2jar.jar 文件，如图 16-69 所示。

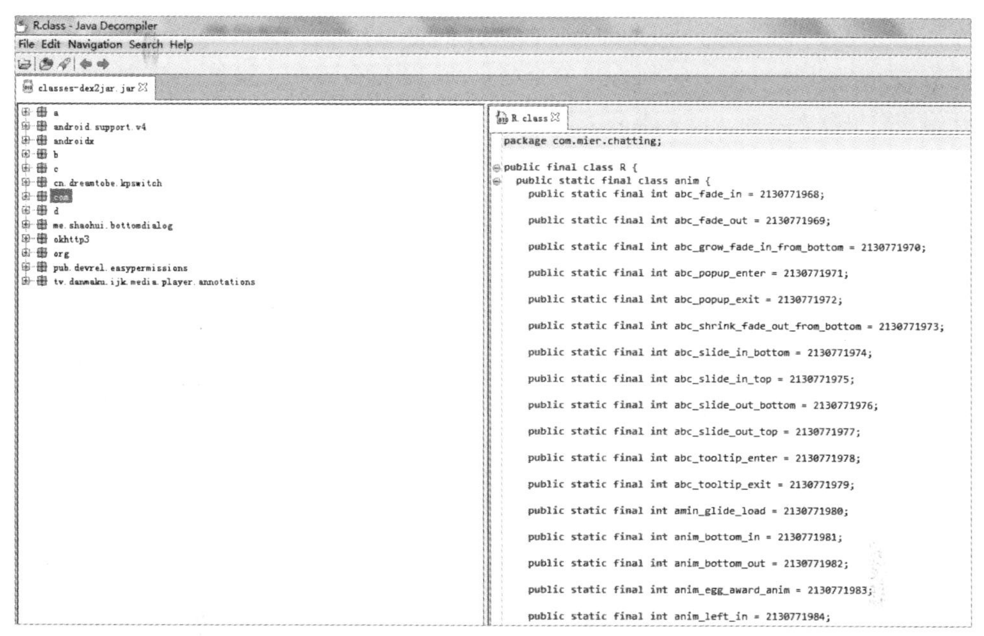

图 16-69 APP 源码

至此，我们便得到了该 APP 的源码，在有了源码的基础上，可先通过抓包工具进行抓包，查找目标数据接口，然后根据接口名字在反编译得到的源码里面进行全文搜索定位，找到对应的接口代码，分析相关的加密参数算法，然后使用 Python 还原出算法。此部分知识点，需要读者具备一定的 Java 基础，由于反编译别人的 APP 存在相关法律风险等，所以这里对于 APP 反编译这块内容只是简单介绍一下方法，不做具体的演示。

16.4 APK反编译知识补充

有时候，我们在使用前面的方法反编译 APP 时，并没有得到真正的源码，反编译出来只有很少的一两个文件，那这么长时间的辛苦不就白费了吗？所以这时候催生了很多的加固技术，如腾讯云加固、360 加固等。通过这些加固技术可以在一定程度上对源码进行保护。如果需要对这类 APP 进行反编译的话，就需要对其进行脱壳处理。具体的脱壳处理方法本书不做讲解，这里点到为止，有兴趣的读者可以自行去了解。

16.5 新手实训

为了使读者加深理解本章节内容，这里布置了一个小练习，通过使用 Appium 实现一款直播间自动刷屏机器人。

本任务目标是实现一个喜马拉雅 APP 直播间自动刷屏的机器人，如图 16-70 所示。

在开始编写机器人之前，需要准备的工具有夜神模拟器、Appium 环境，并且在夜神模拟器中安装好喜马拉雅 APP，如图 16-71 所示。

图 16-70 直播间机器人

图 16-71 夜神模拟器

读者如果不想使用模拟器，也可以使用自己的真机进行尝试，这里使用模拟器仅是为了方便演示，同时也建议读者在能使用模拟器的情况下就尽量使用模拟器。接下来启动 Appium 服务，如图 16-72 所示。

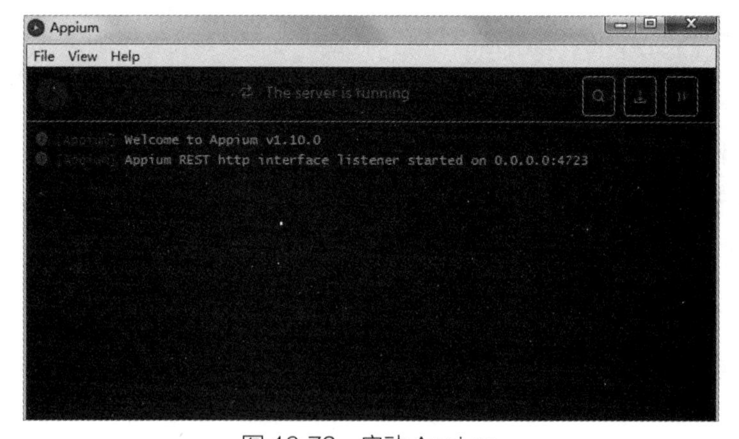

图 16-72 启动 Appium

在环境准备完成之后，还需要借助 GT 工具和 adb 工具分析得出以下参数值：

```
'platformName': 'Android',
'deviceName': '127.0.0.1:62001',
```

```
    'appPackage': 'com.ximalaya.ting.android',
    'appActivity': 'com.ximalaya.ting.android.host.activity.WelComeActivity',
    'noReset':'true',
    'unicodeKeyboard':'true',
    'resetKeyboard':'true'
```

得到参数值之后，便可动手编写代码，这里可以借助 Appium 的录制功能对每一步操作自动生成代码，单击右上角的放大镜图标，打开 Appium 的可视化操作界面，并且在 Desired Capabilities 里面输入前面得到的参数，如图 16-73 所示。

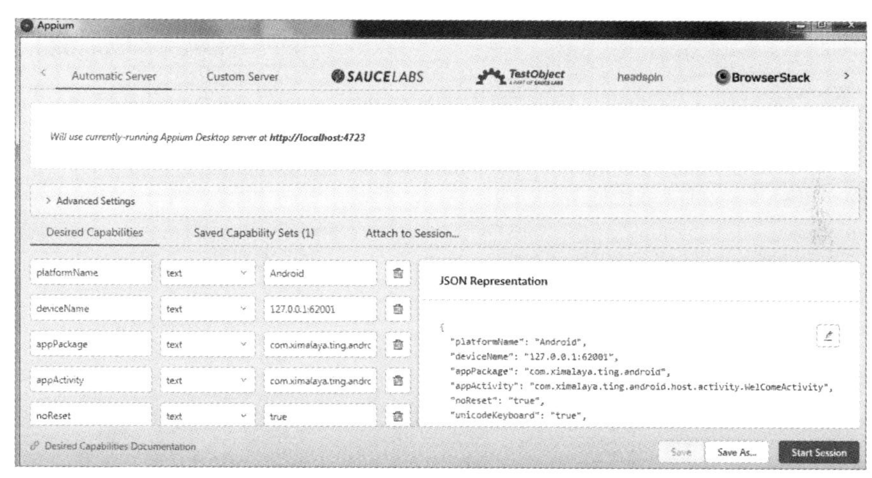

图 16-73　Desired Capabilities

输入参数之后，单击【Start Session】按钮，将会出现如图 16-74 所示的界面。

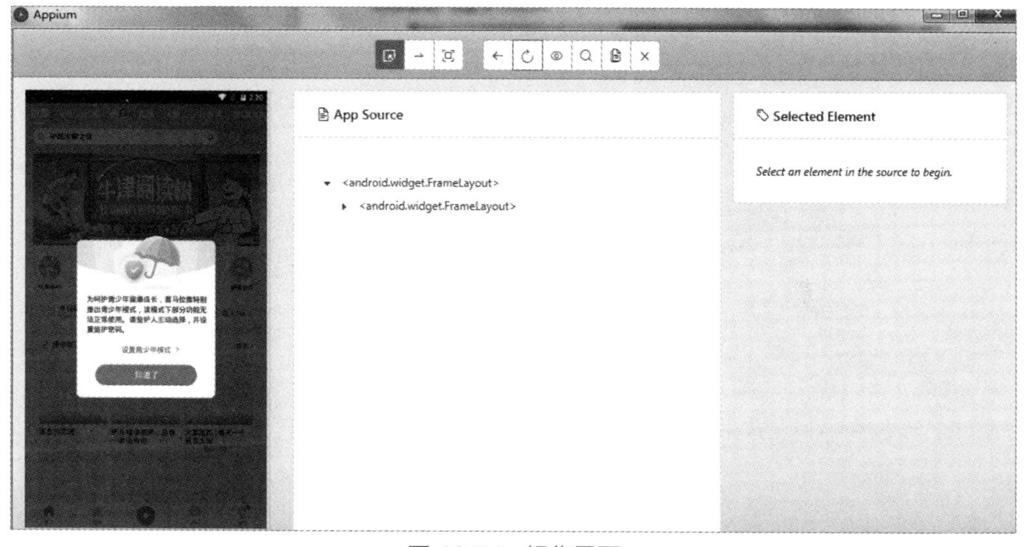

图 16-74　操作界面

待 APP 成功启动之后，单击如图 16-75 所示的录制按钮进行录制，然后再参考 16.2 节的方法单击各个步骤，最终会得到从进入 APP 再到直播间发送文字的代码。

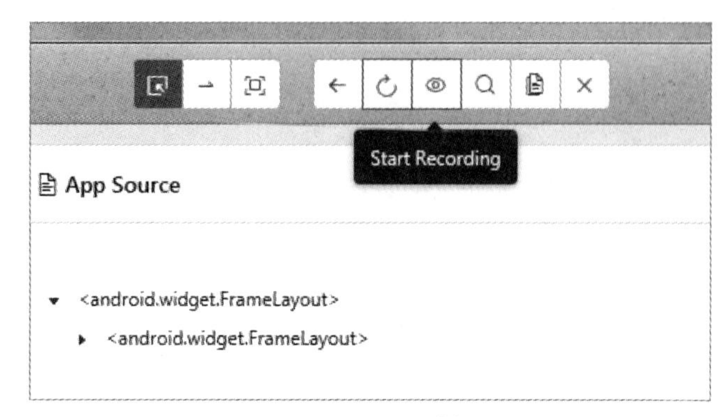

图 16-75　录制

得到录制后的代码，我们将其复制出来，放到自己的 py 文件中，稍微加上一点逻辑处理，比如异常捕获等，最终完整的参考代码如下：

```
from selenium import webdriver as webdriver1
import time
import re
from threading import Thread
import requests
from appium import webdriver
import random

def appium_servet():
    # 启动 appium
    server = "http://localhost:4723/wd/hub"
    desired_caps = {
        'platformName': 'Android',
        'deviceName': '127.0.0.1:62001',
        'appPackage': 'com.ximalaya.ting.android',
        'appActivity': 'com.ximalaya.ting.android.host.activity.
                        WelComeActivity',
        'noReset': 'true',
        'unicodeKeyboard': 'true',
        'resetKeyboard': 'true',
        'udid': '127.0.0.1:62001'
    }
    driver = webdriver.Remote(server, desired_caps)
    time.sleep(10)

    #
```

```
    while True:
        try:
            # 关闭弹窗广告
            el_close = driver.find_element_by_accessibility_id("关闭")
            el_close.click()
        except Exception as ex:
            break

    while True:
        try:
            # 关闭青少年弹窗提醒
            el_sn = driver.find_element_by_id("com.ximalaya.ting.
android:id/host_btn_know")
            el_sn.click()
            break
        except Exception as ex:
            break
    # 进入直播间
    el1 = driver.find_element_by_id("com.ximalaya.ting.android:id/
main_play_icon_img")
    el1.click()
    time.sleep(4)

    # 单击消息对话框
    el_send_btn = driver.find_element_by_id("com.ximalaya.ting.
                  android:id/live_send")
    el_send_btn.click()
    time.sleep(1)
    # 发送信息
    def send_msg(msg):
        el3_send_msg = driver.find_element_by_id("com.ximalaya.ting.
                       android:id/comment_body")
        el3_send_msg.send_keys(msg)
        el4_send_btn2 = driver.find_element_by_accessibility_id("发送")
        el4_send_btn2.click()
        time.sleep(1)
    time.sleep(5)
    while True:
        try:
            send_msg("欢迎可爱的小朋友进入，鼓掌")
            time.sleep(random.randint(20, 30))
```

```
        except Exception as ex:
            time.sleep(random.randint(30, 50))

if __name__ == '__main__':
    appium_servet()
```

到此，一个完整的自动刷屏机器人就完成了，最终的运行效果是会在直播间定时自动发送指定的内容。

16.6 新手问答

1. 在计算机上打开 Fiddler 用于查看手机端的请求，但总是被计算机来来往往的请求干扰，如何只查看 Android 上的请求而不被干扰呢？

答：单击 Fiddler 左下角的【Capturing】按钮，它其实是选择【File】→【Capture Traffic】命令的快捷方式，可以控制是否把 Fiddler 注册为计算机系统代理。当左下角显示【Capturing】时，Capture Traffic 是打开的，此时 IE 的 Internet 选项下【连接】的局域网设置中，代理服务器是选中的，否则是没有选中的。

2. 测试过程中需要访问测试服务器，打开 Fiddler，在计算机的etc目录下修改 hosts 文件，却不能生效，为什么呢？

答：Fiddler 启动时，修改 hosts 文件的时候是无效的，需要重启 Fiddler 才能生效。

3. 为什么用Charles不能抓到Socket和HTTPS的数据呢？

答：首先，Charles 是不支持抓取 Socket 数据的。如果抓不到 HTTPS 的数据的话，请查看是不是没有选中 SSL 功能（Proxy - Proxy Settings - SSL 设置）。

本章小结

本章主要讲解了通过常见的几种方式获取 APP 端的数据，例如，使用 Fiddler 和 Charles 两个抓包工具抓包分析指定 APP 的接口，以达到获取数据的目的。紧接着又讲解了一个自动化框架 Appium，通过 Appium 可以编写脚本程序实现控制 APP 执行指定的任务。最后讲解了对 APP 进行简单的反编译获取源码，获取到源码之后，便可以逆向分析出抓包得到的接口中需要传递的一些加密参数。在本章结尾的时候，作者演示了一个简单的实训项目——实现一个直播间场控机器人，便于读者在学习的时候提升学习兴趣。

实战篇

本篇是综合讲解Python爬虫与反爬虫项目的实战应用篇，在本篇中，将结合之前几篇中所讲解的内容，选择性地挑选了几个实战案例向读者一一分析解读，涉及的实战项目有：土地市场网——地块公示、纽约工商网、携程旅行火车票票价、智联招聘数据采集。同时在本篇结尾简单地介绍一些爬虫领域相关的法律法规。

第17章 项目实战

本章导读

通过前面的学习，相信读者已经具备了编写爬虫的能力，比如通过抓包工具或浏览器自带的开发者工具抓包分析出XHR接口，然后使用Python的网络请求库urllib3或requests库直接请求接口获取数据。针对静态网页渲染的数据，可以通过URL请求获得网页源代码，然后使用正则re、XPath等模块从中提取想要的数据。再难一点的话，遇到JS动态渲染的页面，使用Selenium去渲染，然后获取数据。紧接着在反爬篇内容中了解到了一些常见的反爬技术及应对方案，如文本混淆、特征识别、验证码应对等。

同时针对APP端，也简单学习了使用相关工具去抓包分析接口和使用Appium模拟登录抓取数据、对APP进行反编译等。接下来本章将对前面所学的这些知识点进行一个总结，带入到实战中去，通过几个综合实战练习来看看如何在实际的爬虫中应用。本章所涉及的一些案例及源代码仅作为读者个人学习的目的，切勿用于商业用途。

知识要点

通过本章内容的学习，希望读者能够掌握一些爬取思路和一些问题的解决办法，并对前面所学章节内容能够加深理解。相关的知识点如下：

- 土地市场网——地块公示
- 纽约工商网数据采集
- 智联招聘数据采集
- 携程旅行火车票票价数据采集

17.1 土地市场网——地块公示

本小节的主要目标是爬取中国土地市场网——地块公示模块的所有公告信息。爬取字段范围为列表所有字段及其详情页里面的正文内容，如图 17-1 和图 17-2 所示。

图 17-1　列表页

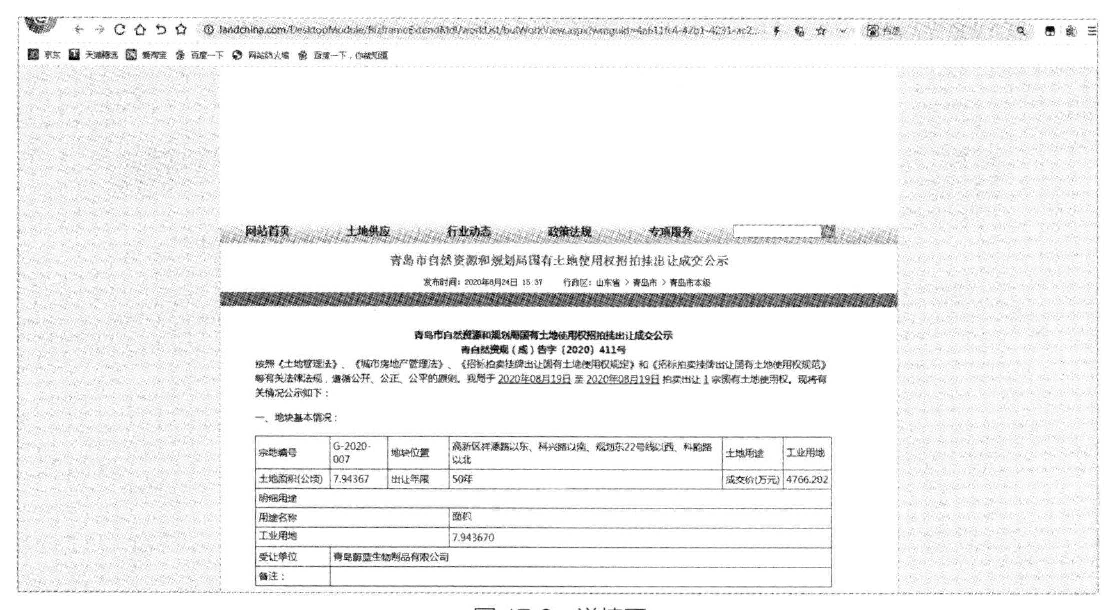

图 17-2　详情页

17.1.1　分析网站

在了解了要爬取的任务之后，接下来需要去分析采用什么样的方式能够获取正确的数据。打开中国土地市场网官网，选择【土地供应】选项卡，然后单击【地块公示】模块。

如果是通过链接访问中国土地市场网的【地块公示】模块时，会首先出现一个验证码页面，如图 17-3 所示，说明该网站为了阻止爬虫访问，故意设置了一个验证码的反爬。

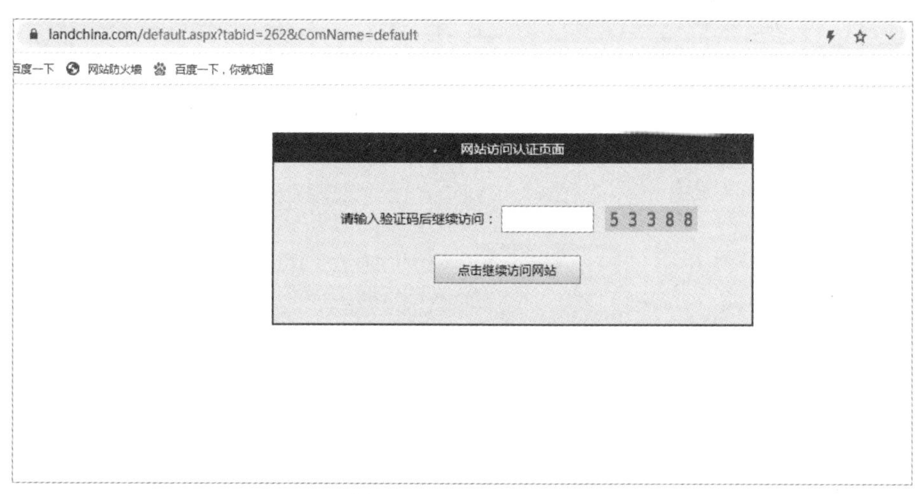

图 17-3　验证码页面

观察该验证码，可以看到，这个验证码其实是一个特别简单的纯数字验证码且背景比较干净，基本没有干扰线或噪点，也许可以直接采用 Python 的 OCR 识别库识别。继续分析，输入正确的验证码，单击【点击继续访问网站】按钮，通过验证之后，将会跳转到列表页面，如图 17-4 所示。

图 17-4　列表页面

在列表页面顶部有很多的筛选条件，可以根据筛选条件查询匹配到相关的数据，由于我们的目的是要爬取该模块下的所有数据，按照常规的思维，肯定要先看一下这个模块的总数据量大概有多少，方便做一个整体的预估。将鼠标滑动到页面底部，如图 17-5 所示。

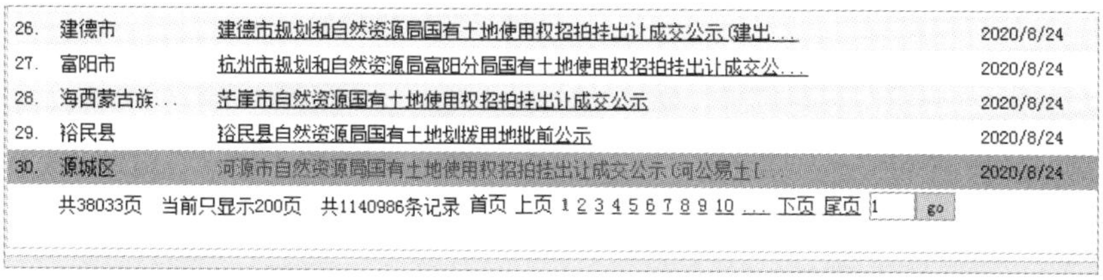

26.	建德市	建德市规划和自然资源局国有土地使用权招拍挂出让成交公示(建出...	2020/8/24
27.	富阳市	杭州市规划和自然资源局富阳分局国有土地使用权招拍挂出让成交公...	2020/8/24
28.	海西蒙古族...	茫崖市自然资源国有土地使用权招拍挂出让成交公示	2020/8/24
29.	裕民县	裕民县自然资源局国有土地划拨用地批前公示	2020/8/24
30.	源城区	河源市自然资源局国有土地使用权招拍挂出让成交公示(河公易土[...	2020/8/24

共38033页　当前只显示200页　共1140986条记录　首页 上页 1 2 3 4 5 6 7 8 9 10 ... 下页 尾页 1 go

图 17-5　总数据量

通过图 17-5 可以看出，总数据量大概有 110 多万，共 38 000 多页，但是它限制了只显示 200 页。也就是说，我们在写爬虫程序时要思考一下爬取的策略，比如通过时间段切分，将每个时间段的查询结果控制在 200 页内。

继续分析，打开浏览器开发者调试模式，如图 17-6 所示，不断地刷新网页观察，寻找是否有 XHR 接口有返回列表相关的数据。

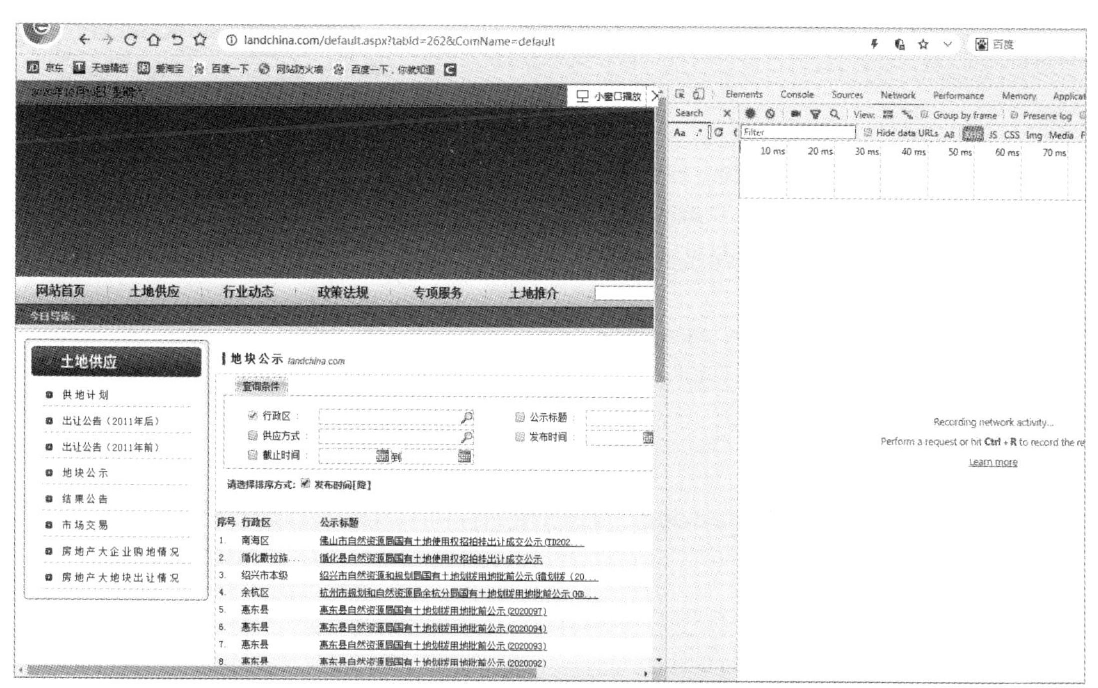

图 17-6　刷新页面观察是否有 XHR

通过反复观察，可以确定列表数据并没有通过 XHR 接口返回，既然不是从 XHR 接口出的数据，那么应该就是在网页源码里面。为了验证这个猜测，将【Network】下的条目切换到【Doc】下，如图 17-7 所示，这时候发现有一个名称为 default.aspx 的请求，单击该请求，虽然看到的是一些乱码的文字，但是基本可以确定就是我们需要的信息。

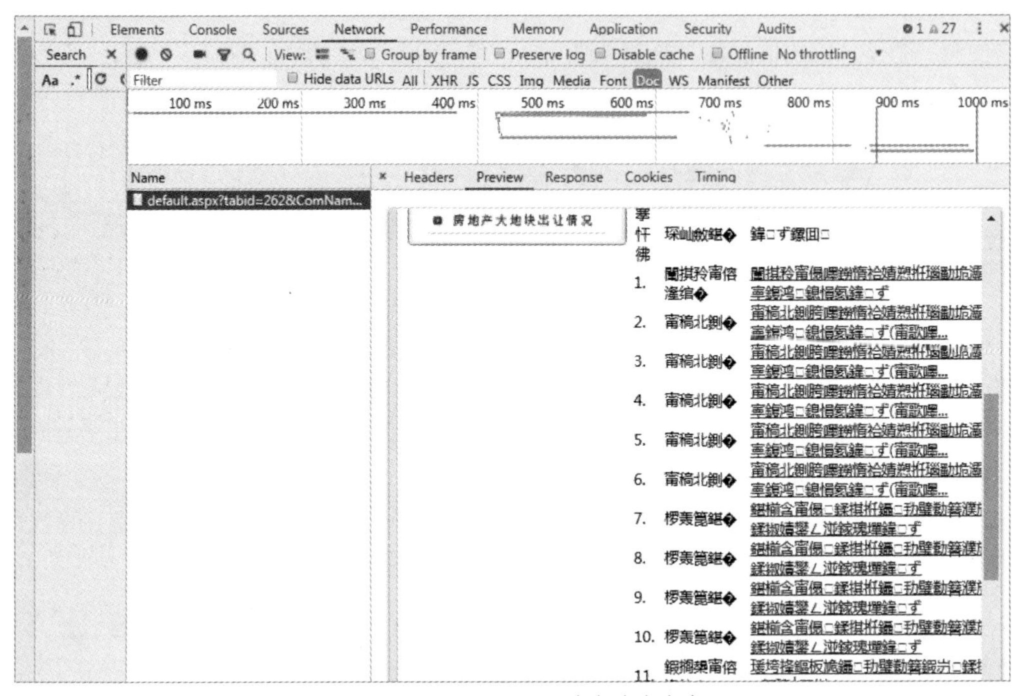

图 17-7　default.aspx 请求响应内容

响应结果为什么会是乱码？右击页面查看网页源代码，从网页源代码头部可以看到，该页面编码格式为 gb2312，如图 17-8 所示。由于浏览器 Network 下面默认为 utf-8 编码格式，所以在前面步骤里面看到的为乱码。但是如果是在页面上右击查看网页源代码，则是正常显示的，如图 17-9 所示。

```
view-source:landchina.com/default.aspx?tabid=262&C
京东 天猫精选 爱淘宝 百度一下 网站防火墙 百度一下，你就知道
1
2
3  <!DOCTYPE HTML PUBLIC "-//W3C//DTD HTML 4.0 Transitional//EN" >
4  <HTML>
5      <HEAD>
6          <title>
7              中国土地市场网-土地市场|土地信息|土地公告|土地出让公告公示
8          </title>
9              <meta http-equiv="X-UA-Compatible" content="IE=5" >
10         <META http-equiv="Content-Type" content="text/html; charset=gb2312">
11         <meta content="土地市场|土地信息|土地公告|土地出让公告公示" name=keywords>
12         <meta content="Microsoft Visual Studio .NET 7.1" name="GENERATOR">
13         <meta content="C#" name="CODE_LANGUAGE">
14         <meta content="JavaScript" name="vs_defaultClientScript">
15         <meta content="http://schemas.microsoft.com/intellisense/ie5" name="vs_targetSchema">
16         <LINK href="Styles/global.css?aa=2" type="text/css" rel="stylesheet">
17
18         <script language="javascript" id="clientEventHandlersJS">
19 <!--
```

图 17-8　编码格式

图 17-9　正常显示的数据

确定了我们需要的数据是在网页源代码中之后，理论上来说就可以直接通过 Python 的网络请求库进行请求获取列表数据，下面用 Postman 工具进行测试，如图 17-10 所示。

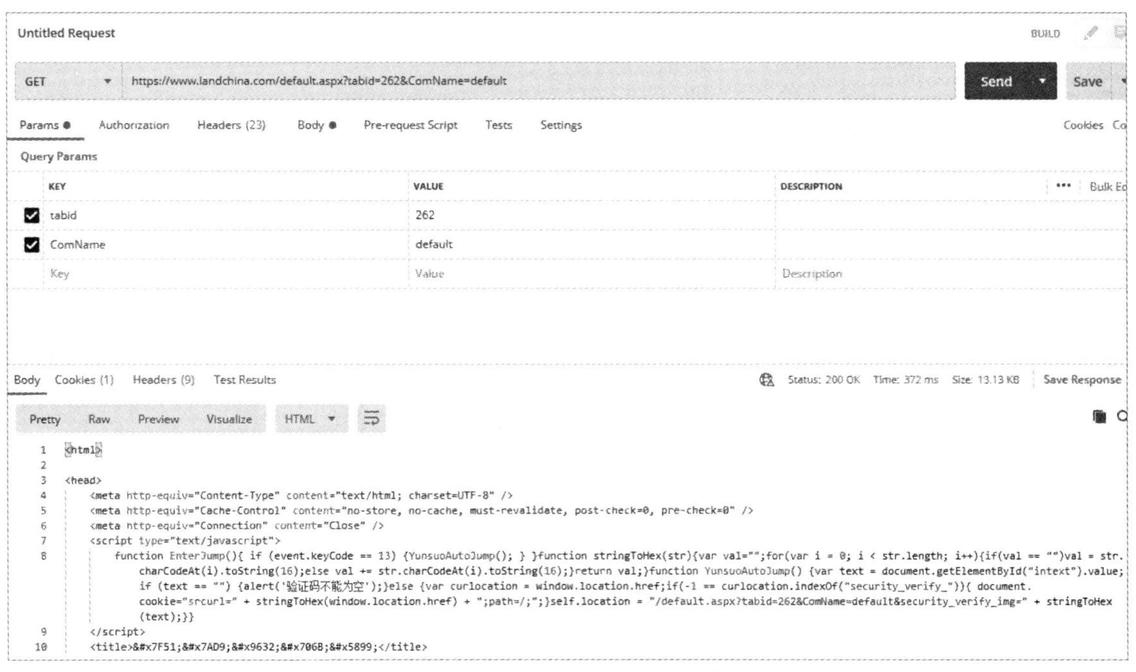

图 17-10　Postman 中的请求

在 Postman 中请求的时候，发现返回的是验证码页面的源码，并不是列表页的源码，这说明该页面肯定还做了 Header 信息的反爬验证，我们继续在浏览器上查看该请求的请求头信息，如图 17-11 所示。

图 17-11 Header 信息

下面在 Postman 中携带上这些参数，再次进行请求测试，可以发现这次请求之后的返回结果正确了，如图 17-12 所示。

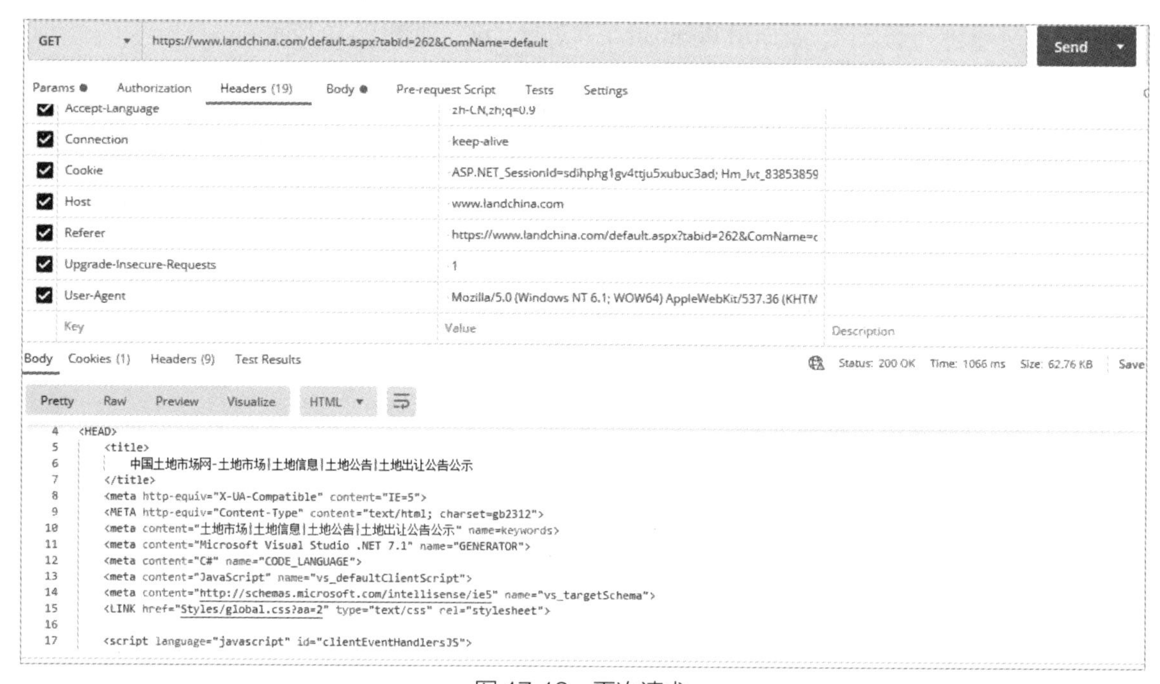

图 17-12 再次请求

当带上 Header 请求之后，能够正常获取数据，那说明网站服务端对 Header 里面的一些参数肯定是有验证的。继续测试，使用排除法排除一些常规参数之后，剩下的就只有 cookies 参数了。接着反复地清空浏览器缓存，进行测试，最终得出一个结果。

cookie 里面的 security_session_verify 和 security_session_high_verify 参数值会有一个有效期，每

次输入验证码之后，它都会生成一个新的值。换句话说，我们要想获取这个数据，就得每次输入验证码，生成一个 cookie 值，将这个 cookie 添加到 Header 请求头里面，可以在一定时间段内反复地获取数据，当 cookie 的有效期过期之后，则需要重新输入验证码生成新的 cookie 值。

分析完列表页之后，下面再来分析详情页面。随便点击一条信息进入详情，然后打开开发者调试模式，刷新页面，如图 17-13 所示。

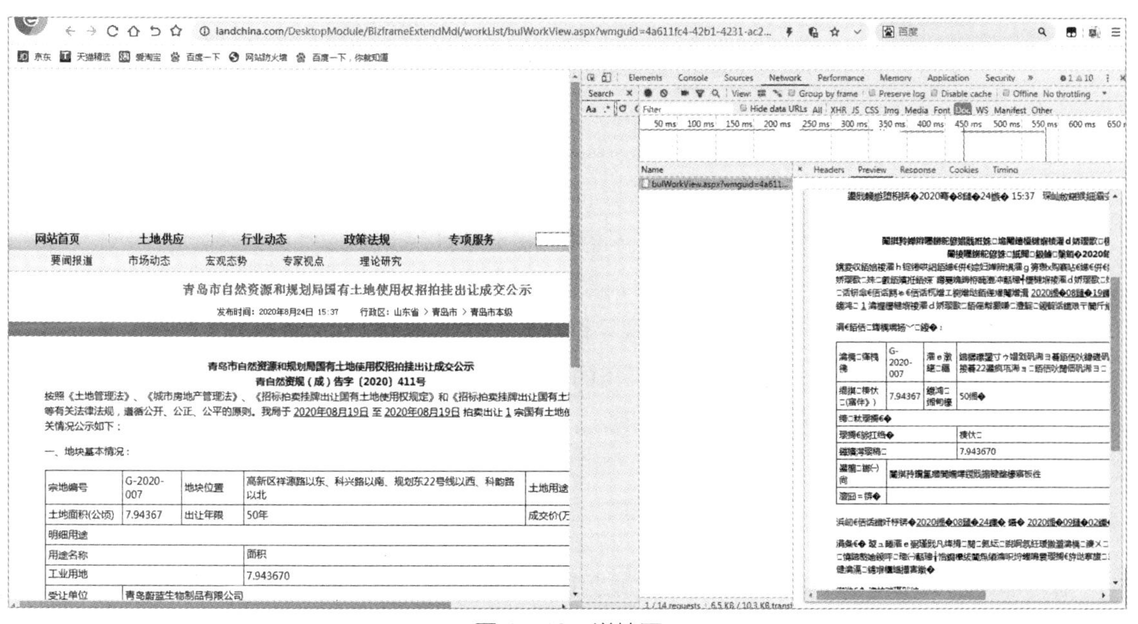

图 17-13　详情页

可以看到，详情页面的数据也是直接返回在页面源码中的，同样也是乱码。为了保险起见，我们采用右击页面查看网页源代码的方式来确认是否是因为编码原因造成的乱码。结果出乎意料的是，正文内容部分很多文字都是乱码的，但是除去正文内容之外，其他部分的文字显示却是正常的，这也就是所谓的局部乱码，这就基本可以排除是因为编码造成的原因了。这里可以回顾一下前面反爬篇文本混淆反爬章节的内容，可以怀疑它是不是使用了字体加密反爬。为了验证这个猜想，在 Network 面板下切换到 Font 条件，再次刷新页面，如图 17-14 所示。

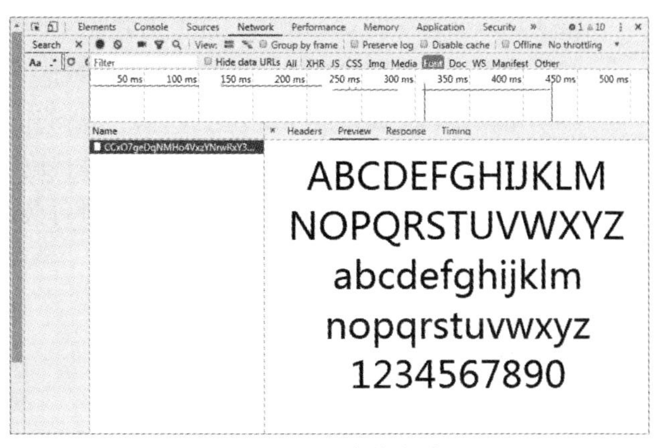

图 17-14　字体文件

果不其然，还是字体文件的问题。我们在页面上右击查看源代码以继续找出问题，发现如图 17-15 所示的代码。

```
<head>
    <title>
        青岛市自然资源和规划局国有土地使用权招拍挂出让成交公示
    </title>
    <meta content="青岛市自然资源和规划局国有土地使用权招拍挂出让成交公示" name="keywords">
    <meta content="Microsoft Visual Studio .NET 7.1" name="GENERATOR">
    <meta content="C#" name="CODE_LANGUAGE">
    <meta content="JavaScript" name="vs_defaultClientScript">
    <meta content="http://schemas.microsoft.com/intellisense/ie5" name="vs_targetSchema">
    <link href="../../../Styles/global.css" type="text/css" rel="stylesheet">

    <style type="text/css">
        @font-face {
            font-family: 'my_webfont';
        src:  url('../../../styles/fonts/CCx07geDqNMHo4VxzYNrwRxY30kQYQ4K.eot?fdipzone');
        src:  url('../../../styles/fonts/CCx07geDqNMHo4VxzYNrwRxY30kQYQ4K.eot?fdipzone#iefix') format('embedded-opentype'),
        url('../../../styles/fonts/CCx07geDqNMHo4VxzYNrwRxY30kQYQ4K.ttf?fdipzone') format('truetype'),
        url('../../../styles/fonts/CCx07geDqNMHo4VxzYNrwRxY30kQYQ4K.woff?fdipzone') format('woff'),
        url('../../../styles/fonts/CCx07geDqNMHo4VxzYNrwRxY30kQYQ4K.svg?fdipzone#my_webfont') format('svg');

            font-weight: normal;
            font-style: normal;
```

图 17-15　字体文件信息

从页面头部信息中，我们发现了很多与字体文件相关的信息，那说明这个网站确实是有字体反爬的。

我们在分析的过程中会反复地刷新页面，有时候可能会报 500 错误，且出现一直打不开页面的状态。经过作者测试，该网站会封 IP，持续一段时间刷新频率在 1.5 秒内，网站则会封禁 IP24 小时以上。综合前面的所有分析结果，我们得出的最终结论是该网站利用了 IP 反爬、验证码反爬、Header 信息校验反爬、字体反爬。

17.1.2　代码实现

通过前面的观察分析之后，我们已经大概掌握了该网站的反爬机制，下面的内容将讲解通过代码去实现这个需求。由于本案例涉及的代码可能较多，这里仅给出步骤中涉及的部分核心代码，读者如需完整代码，可以通过本书附赠的学习资源获取。其中爬取思路如下。

（1）使用 Selenium 过滤掉验证码，并将过滤掉验证码之后得到的 cookie 值存储到一个文件。

（2）读取文件中的 cookie 值，携带到请求头里爬取列表数据。

（3）根据列表中的详情链接爬取详情页面数据。

（4）解析详情页面字体问题，并保存转码后的正常内容到本地。

了解了爬取思路之后，接下来开始进行具体代码的编写，由于该网站数据量较大，且为了爬虫的健壮性，这里建议将任务进行拆分，按日期进行条件查询，并提前生成爬取任务。这里为什么要进行拆分，是因为从分析流程中得知，在查询数据时，最多只能显示 200 页，为了尽可能地不漏爬数据，需要将每次查询结果控制在 200 页以内，经过计算和观察得知，如果日期按天进行查询，每次查询结果会在 100 页以内，所以可以从当前日期倒推出 2020 年的每一天的日期，然后生成一张如图 17-16 所示的任务表存储在数据库。

开始事务　文本 ▾　筛选　排序　导入　导出

fdate	is_p	count_num
2020-8-19~2020-8-19	true	532
2020-8-18~2020-8-18	true	668
2020-8-17~2020-8-17	true	618
2020-8-16~2020-8-16	true	0
2020-8-15~2020-8-15	true	0
2020-8-14~2020-8-14	true	0
2020-8-13~2020-8-13	true	0

图 17-16　任务列表

每次获取一个任务日期进行爬取，爬取成功，则修改该任务的状态为 true。同样，我们在获取到列表数据之后，也可以先通过建一张表，将每个日期查询出的结果和每页中提取到的详情链接先保存进去，如图 17-17 所示。

开始事务　文本 ▾　筛选　排序　导入　导出

编号	行政区	详情链接	公示标题	公示发布日期	详情是否已采集	采集时间范围	优先级	唯一标识
1	额敏县	DesktopMod	额敏县自然资	2020/8/19	是	2020-8-19~2020-8-19	(Null)	195beb5f-1107-48da-93fd-c47099e6f70b
2	疏勒县	DesktopMod	疏勒县自然资	2020/8/19	是	2020-8-19~2020-8-19	(Null)	05944b8f-beff-481c-882d-03547d4fbc7b
3	疏勒县	DesktopMod	疏勒县自然资	2020/8/19	是	2020-8-19~2020-8-19	(Null)	a87958dc-75f7-43ae-937b-d5a0e3ac37fb
4	望城县	DesktopMod	长沙市自然资	2020/8/19	是	2020-8-19~2020-8-19	(Null)	269f3f9a-3ede-4090-b879-a7eb299fe793
5	望城县	DesktopMod	长沙市自然资	2020/8/19	是	2020-8-19~2020-8-19	(Null)	f5dc0dcb-ff8c-4065-9838-d31b7c4a4386
6	望城县	DesktopMod	长沙市自然资	2020/8/19	是	2020-8-19~2020-8-19	(Null)	ef7d4b70-ce73-45dc-a927-d4b47a56fb6d
7	望城县	DesktopMod	长沙市自然资	2020/8/19	是	2020-8-19~2020-8-19	(Null)	d7dc0949-e2b6-45d6-8c72-38941e794b26
8	望城县	DesktopMod	长沙市自然资	2020/8/19	是	2020-8-19~2020-8-19	(Null)	8425785f-0a38-434a-ae81-8fe43aba84a7
9	望城县	DesktopMod	长沙市自然资	2020/8/19	是	2020-8-19~2020-8-19	(Null)	d7002a42-d6fc-449b-b9a6-96539eb606a1
10	望城县	DesktopMod	长沙市自然资	2020/8/19	是	2020-8-19~2020-8-19	(Null)	c7b4d540-46c5-454f-bcbf-b7fed89cd9cb
11	望城县	DesktopMod	长沙市自然资	2020/8/19	是	2020-8-19~2020-8-19	(Null)	6a05db4c-4161-4046-b5a5-350f969eda86
12	望城县	DesktopMod	长沙市自然资	2020/8/19	是	2020-8-19~2020-8-19	(Null)	7ea3fd58-322d-4504-89e4-bddca9bb6b2f
13	望城县	DesktopMod	长沙市自然资	2020/8/19	是	2020-8-19~2020-8-19	(Null)	a4fb9ab2-6563-41cd-80c7-ef93e07ea6c7
14	望城县	DesktopMod	长沙市自然资	2020/8/19	是	2020-8-19~2020-8-19	(Null)	8a62a944-aed6-4d8d-a1f5-abdd8c48442a
15	望城县	DesktopMod	长沙市自然资	2020/8/19	是	2020-8-19~2020-8-19	(Null)	3fdb1d70-3962-4281-82c9-823a2ee73e08
16	望城县	DesktopMod	长沙市自然资	2020/8/19	是	2020-8-19~2020-8-19	(Null)	5d13738c-9808-4954-b22d-3c02f3585051
17	望城县	DesktopMod	长沙市自然资	2020/8/19	是	2020-8-19~2020-8-19	(Null)	eb15245f-43e3-4b0f-86c1-e7608732eff2
18	望城县	DesktopMod	长沙市自然资	2020/8/19	是	2020-8-19~2020-8-19	(Null)	df276ce4-5694-427f-8dd2-c21ffe619092
19	望城县	DesktopMod	长沙市自然资	2020/8/19	是	2020-8-19~2020-8-19	(Null)	98f0ecf7-1bfb-4c03-9d37-c3f29ed2f246
20	望城县	DesktopMod	长沙市自然资	2020/8/19	是	2020-8-19~2020-8-19	(Null)	dfb4863c-4f0e-4aae-a0bc-dd0d1f867a32
21	望城县	DesktopMod	长沙市自然资	2020/8/19	是	2020-8-19~2020-8-19	(Null)	41ec5d8f-dbbc-47ea-9149-a5fc9972af6f
22	望城县	DesktopMod	长沙市自然资	2020/8/19	是	2020-8-19~2020-8-19	(Null)	1ed3cd03-942f-4845-8ccb-d98c1c93b239
23	望城县	DesktopMod	长沙市自然资	2020/8/19	是	2020-8-19~2020-8-19	(Null)	fc9a5a16-9b1b-4d25-a916-31e3c87203a2
24	望城县	DesktopMod	长沙市自然资	2020/8/19	是	2020-8-19~2020-8-19	(Null)	9b9828a6-ca65-430f-b006-c5a5f04d84f7
25	望城县	DesktopMod	长沙市自然资	2020/8/19	是	2020-8-19~2020-8-19	(Null)	dadc63e8-cce6-496f-a290-47adf68e72f5

图 17-17　列表数据

这样的话，当爬取详情数据的时候，每次从数据库取出一条列表信息，从里面拿出详情链接进行请求，请求成功，则修改该条信息的状态为已爬，通过这种方式的话，可以达到避免少爬数据及重复爬数据的目的。同时如果数据库是放在云服务器，开启了远程访问的话，还可以利用它实现一个多机分布式爬取。

确定了爬取的策略之后，接下来开始动手实现代码，相关的代码实现核心步骤如下。

步骤 1：生成日期任务列表存储在 MySQL 数据库中，由于日期较多，不方便都在本书中直接体现，这里象征性地只写几个日期，代码如下所示。

```
from comm.mysql_comm import PymysqlPool
date_list=['2020-08-20','2020-08-19','2020-08-18','2020-08-17',
        '2020-08-16','2020-08-15','2020-08-14','2020-08-13']

mysql = PymysqlPool()
for x in date_list:
    item={}
    d = x.split("-")
    s_date = d[0] + "-" + d[1].replace("0", "") + '-' + d[2].replace("0", "")+
            "~" + d[0] + "-" + d[1].replace("0","") + '-' + d[2].
            replace("0", "")
    item["fdate"]=s_date
    item["is_p"]="false"
    print(item)
    sql = "INSERT INTO tb_task({}) VALUES (%s,%s)".format(",".
        join(list(item.keys())))
```

```
        mysql.insertMany(sql, [list(item.values())])
    mysql.dispose()
```

步骤 2：使用 Selenium 访问一个列表或详情页过滤掉验证码，并得到 cookie。从前面的分析得知，在访问页面时，需要先输入验证码且通过验证之后，才能正确显示列表或详情页面的内容。也就是说，我们要想获得数据就得先通过验证码。由于此验证码是一个简单的纯数字图形验证码，我们直接将验证码图片下载到本地，然后使用 Python 自带的 OCR 库进行识别，将识别得到的验证码模拟人工填充即可。在下载验证码图片的过程中需要注意，此验证码是一个 Base 64 编码格式的字符串，不是常规的 PNG 或 JPG 图片，如图 17-18 所示。

```
Elements  Console  Sources  Network  Performance  Memory  Application  Security  Audits
<html>
 ▸<head>…</head>
 ▾<body onkeypress="EnterJump()">
    <br>
    <br>
  ▾<div style="margin: 0 auto; width: 515px; height: 200px; border: 2px solid #134f7c; background: #e7eff2; font-family: 
   微软雅黑">
      <div style="text-align: center; color: white; height: 30px; font-size: 14px; background: #074773; line-height:30px">
      网站访问认证页面</div>
      <br>
      <br>
    ▾<div style="text-align: center; font-size: 14px;">
      ▾<table class="c1">
        ▾<tbody>
          ▾<tr>
              <td style="width: 168px; font-size: 14px;">请 8 8 8 2 3 问: </td>
            ▸<td style="width: 30px; text-align: left;">…< 100 × 27 pixels
            ▾<td style="letter-spacing: 4; text-align: cen… ; margin-left: 8px;">
                <img class="verifyimg" alt="verify_img" src="data:image/bmp;base64,Qk3aH…c0tLS5ubm3Nzc0tLS5ubm3Nzc0tLS"> == $
              </td>
            </tr>
          ▸<tr>…</tr>
          </tbody>
        </table>
      </div>
    </div>
  </body>
  <!--2020-08-28 16:19:22-->
</html>
```

图 17-18　Base 64

要保存这种类型的验证码，需要先从网页源代码中匹配出这串 Base 64 编码字，然后使用 Python 的 Base 64 库进行解码转换，保存成 PNG 格式，示例代码如下：

```
''' 下载验证码图片 '''
def download_code_img(html_text):
    v_p = '<img class="verifyimg" alt="verify_img" src="
            ([\s\S+]*?)">'
    img_base64 = re.findall(v_p, html_text)
    # 图片要存储的路径
    img_name = "code_img/" + str(uuid.uuid4()) + ".png"
    if img_base64:
        imgdata = base64.b64decode(img_base64[0].replace("data:image/
                                                bmp;base64,", ""))
        with open(img_name, "wb")as f:
            f.write(imgdata)
    return img_name
```

得到验证码图片后，使用 OCR 识别出数字，然后再用 Selenium 进行填充确认，验证码如果通过验证，则从响应结果中提取出 Cookie 中的 security_session_verify 和 security_session_high_verify 参数的值，并存储到文本文件中。完整的通过验证码获取 cookie 值代码如图 17-19 和图 17-20 所示。

```
'''刷新Cookies'''
def RefreshCookies():
    options = Options()
    options.binary_location = "xy_tools\\Chrome-bin\\chrome.exe"
    options.add_experimental_option('excludeSwitches', ['enable-automation'])
    options.add_argument('--incognito')
    options.add_argument('disable-infobars')
    options.add_argument('log-level=3')
    options.add_argument('--headless')
    user_agent = 'Mozilla/5.0 (Windows NT 6.1; WOW64) AppleWebKit/537.36 (KHTML, like Gecko)' \
                 ' Chrome/75.0.3770.100 Safari/%s' \
                 '' % (str(random.randint(35, 45)) + "." + str(random.randint(35, 45)))
    options.add_argument('user-agent=%s' % (user_agent))
    driver = Chrome(options=options, executable_path="xy_tools\\chromedriver.exe")
    driver.get('https://www.landchina.com/DesktopModule/BizframeExtendMdl/workList/bulWorkView.aspx'
               '?wmguid=4a611fc4-42b1-4231-ac26-8d25b002dc2b&recorderguid=15880&sitePath=')
    # 验证码解决
    def yz_code():
        # 循环本判，直到验证码正确通过验证，才跳出循环
        while True:
            html_text = driver.page_source
            print(re.findall('alt="verify_img" src="data:image/bmp',html_text))
            if re.findall("网站防火墙", html_text) or re.findall('alt="verify_img" src="data:image/bmp',html_text):
                img_name = download_code_img(html_text)
                # 识别验证码图片
                code = pytesseract.image_to_string(Image.open(img_name), lang="eng", config="-psm 7")
                driver.find_element_by_id('intext').send_keys(code)
                time.sleep(1)
                driver.find_element_by_xpath('/html/body/div/div[2]/table/tbody/tr[2]/td/input').click()
                time.sleep(2)
                os.remove(img_name)
            else:
                break
```

图 17-19　代码片段 1

```
        while True:
            html_text = driver.page_source
            print(re.findall('alt="verify_img" src="data:image/bmp',html_text))
            if re.findall("网站防火墙", html_text) or re.findall('alt="verify_img" src="data:image/bmp',html_text):
                img_name = download_code_img(html_text)
                # 识别验证码图片
                code = pytesseract.image_to_string(Image.open(img_name), lang="eng", config="-psm 7")
                driver.find_element_by_id('intext').send_keys(code)
                time.sleep(1)
                driver.find_element_by_xpath('/html/body/div/div[2]/table/tbody/tr[2]/td/input').click()
                time.sleep(2)
                os.remove(img_name)
            else:
                break
    yz_code()
    time.sleep(2)
    security_session_verify = driver.get_cookie('security_session_verify')["value"]
    security_session_high_verify = driver.get_cookie('security_session_high_verify')["value"]
    if security_session_verify and security_session_high_verify:
        print(security_session_verify)
        print(security_session_high_verify)
        with open("cookies","w",encoding="utf-8")as f:
            f.write(security_session_verify+";"+security_session_high_verify)
        driver.quit()
```

图 17-20　代码片段 2

步骤 3：爬取列表信息，由于前面已经得到了 cookie 值，所以这一步骤里面，直接读取文件中的 cookie 值使用即可，鉴于代码布局的问题，不合适在书中进行显示，故这里通过图片的方式进行展示，核心代码部分如图 17-21 所示。

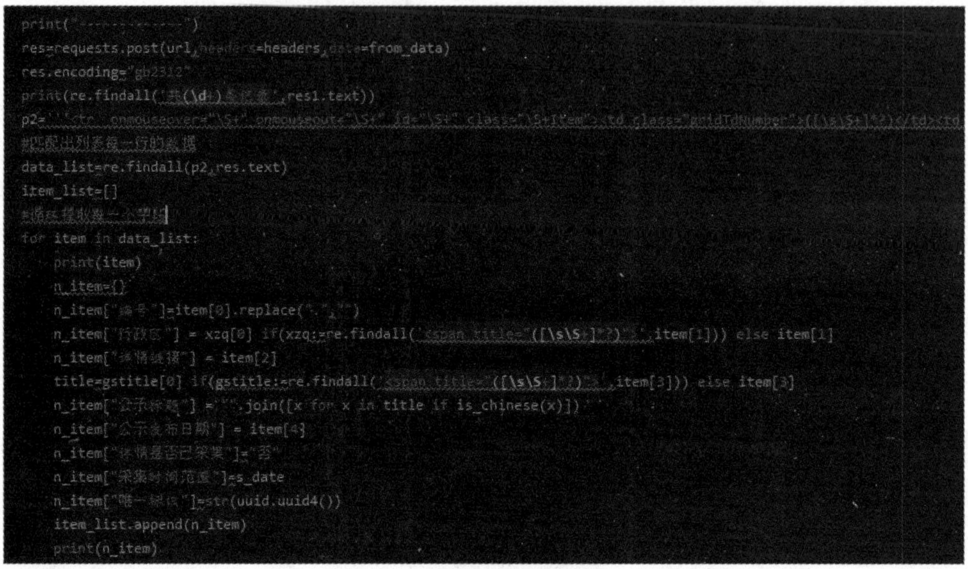

```
print("------------")
res=requests.post(url,headers=headers,data=from_data)
res.encoding="gb2312"
print(re.findall('共(\d+)条记录',res1.text))
p2='''<tr  onmouseover="\S+" onmouseout="\S+" id="\S+" class="\S+Item"><td class="gridTdNumber">([\s\S+]*?)</td><td
#匹配出列表每一行的数据
data_list=re.findall(p2,res.text)
item_list=[]
#[illegible]
for item in data_list:
    print(item)
    n_item={}
    n_item["编号"]=item[0].replace(".","")
    n_item["行政区"] = xzq[0] if(xzq:=re.findall('<span title="([\s\S+]*?)"',item[1])) else item[1]
    n_item["详情链接"] = item[2]
    title=gstitle[0] if(gstitle:=re.findall('<span title="([\s\S+]*?)"',item[3])) else item[3]
    n_item["公示标题"] = "".join([x for x in title if is_chinese(x)])
    n_item["公示发布日期"] = item[4]
    n_item["详情是否已采集"]="否"
    n_item["采集时间范围"]=s_date
    n_item["唯一标识"]=str(uuid.uuid4())
    item_list.append(n_item)
    print(n_item)
```

图 17-21　获取列表数据

步骤 4：爬取详情数据，详情页由于涉及字体反爬，所以这里需要先对字体文件进行分析处理，整理得到一个如图 17-22 所示的字体映射关系文件。

图 17-22　字体映射关系

接着，动态下载字体文件进行解析，如图 17-23 和图 17-24 所示。

对本实例完整的代码有兴趣的读者，可参考本书赠送的源码资源进行学习。

```
字体文件
ram 详情链接URL
ram html_text 详情页面源码

download_woff(url, html_text,headers):
try:
    woff = re.search(r"url\('(.*?\.woff\?fdipzone)'\) format", html_text)
    if woff:
        font_url = urljoin(url, woff.group(1))
        font_filename = "font_file\\" + re.search(r'fonts/(.*?)\?fdipzone', font_url).group(1)
        if not os.path.exists(font_filename):
            print('下载字体文件', font_url)
            response = requests.get(font_url, headers=headers, timeout=20)
            if response.status_code == 200:
                with open(font_filename, 'wb') as f:
                    f.write(response.content)
                return font_filename
        else:
            print('字体文件已存在', font_filename)
            # os.remove(font_filename)
            return font_filename
    else:
        print('找不到字体文件url')
except Exception as e:
    print('连接异常，重试', e.args)
```

图 17-23　下载字体文件

```
字体，返回正确的网页内容

parse_font(text, font_filename):
new_text = ''
font = TTFont(font_filename)
for each in text:
    each_unicode = each.encode('unicode_escape').decode('utf8').upper().replace(r'\U', 'uni')
    glyf = font['glyf'].glyphs.get(each_unicode)
    if glyf:
        content = glyf.data
        each_md5 = md5(content).hexdigest()
        for key, value in font_md5_list_dict.items():
            if each_md5 == value:
                each = key
    new_text += each
return new_text
```

图 17-24　解析字体返回正确的网页内容

17.1.3 实例总结

本实例爬取的目标网站涉及的知识点比较多，如验证码、字体反爬、Headers 信息校验、IP 反爬等，同时通过由浅入深的爬取思路来引导读者进行一个综合性的练习。相信读者在练习完本实例之后，加深对本书前面所讲的一些知识点的理解程度，能够更上一层楼。

17.2 纽约工商数据采集

本实例任务主要是根据指定的行业类别采集纽约工商网上面的公司信息，例如，公司名称、注册地址、电话号码等。

17.2.1 分析网站

纽约工商网地址为：https://appext20.dos.ny.gov/corp_public/CORPSEARCH.ENTITY_SEARCH_ENTRY，在浏览器中打开，如图 17-25 所示。

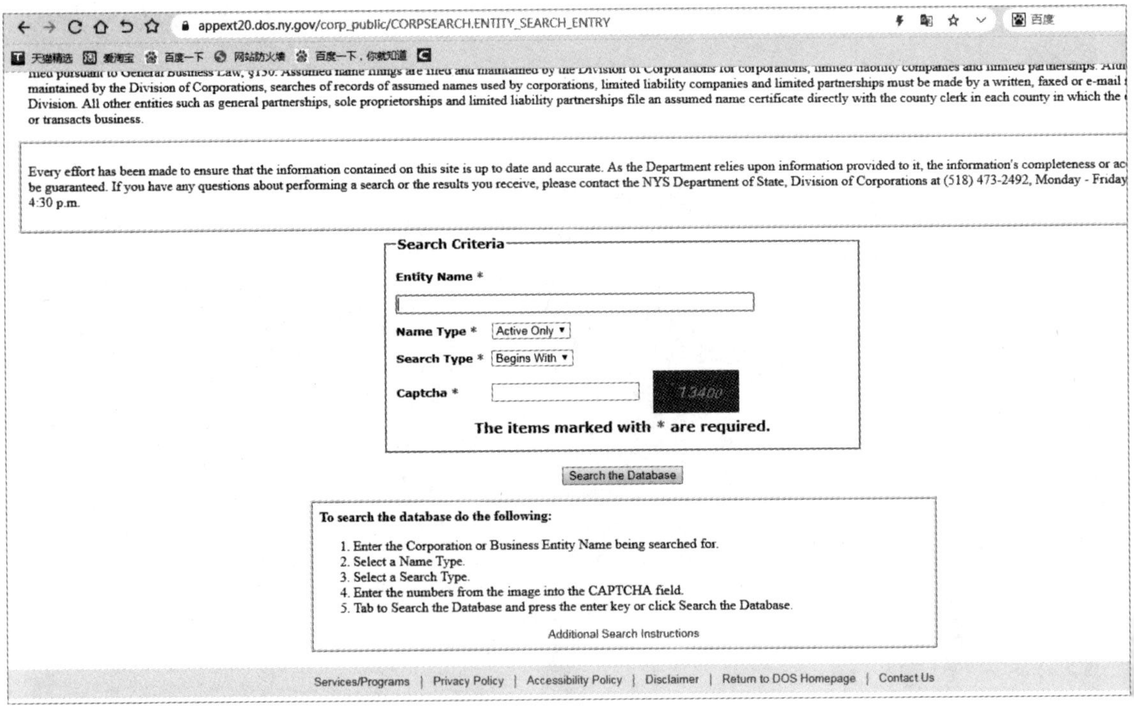

图 17-25 纽约工商网页面

接着，在查询条件中，输入衣服的英文单词“clothes”和其他相应的条件，如图 17-26 所示。

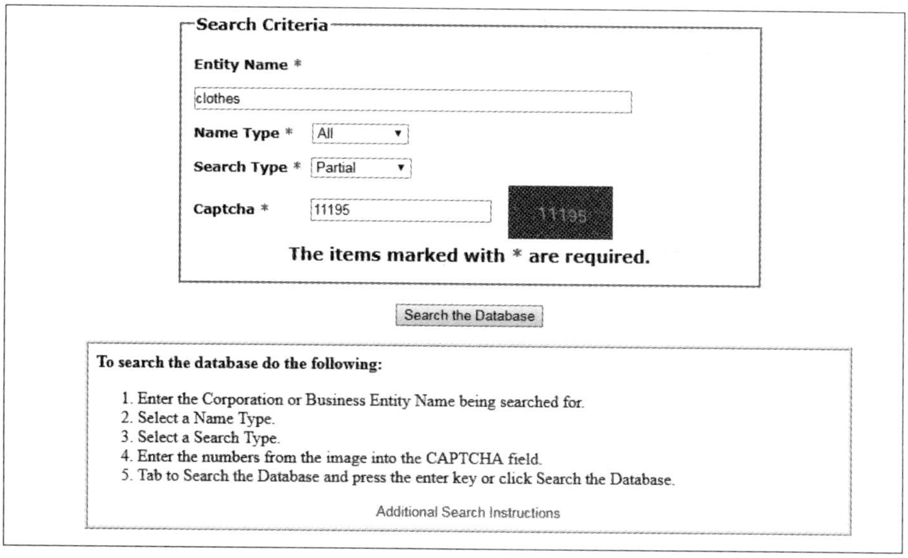

Search Criteria

Entity Name *

clothes

Name Type * All

Search Type * Partial

Captcha * 11195 11195

The items marked with * are required.

Search the Database

To search the database do the following:

1. Enter the Corporation or Business Entity Name being searched for.
2. Select a Name Type.
3. Select a Search Type.
4. Enter the numbers from the image into the CAPTCHA field.
5. Tab to Search the Database and press the enter key or click Search the Database.

Additional Search Instructions

图 17-26 输入查询条件

单击【Search the Database】按钮之后，会显示查询结果列表，该列表有很多页数据，如图 17-27 所示。

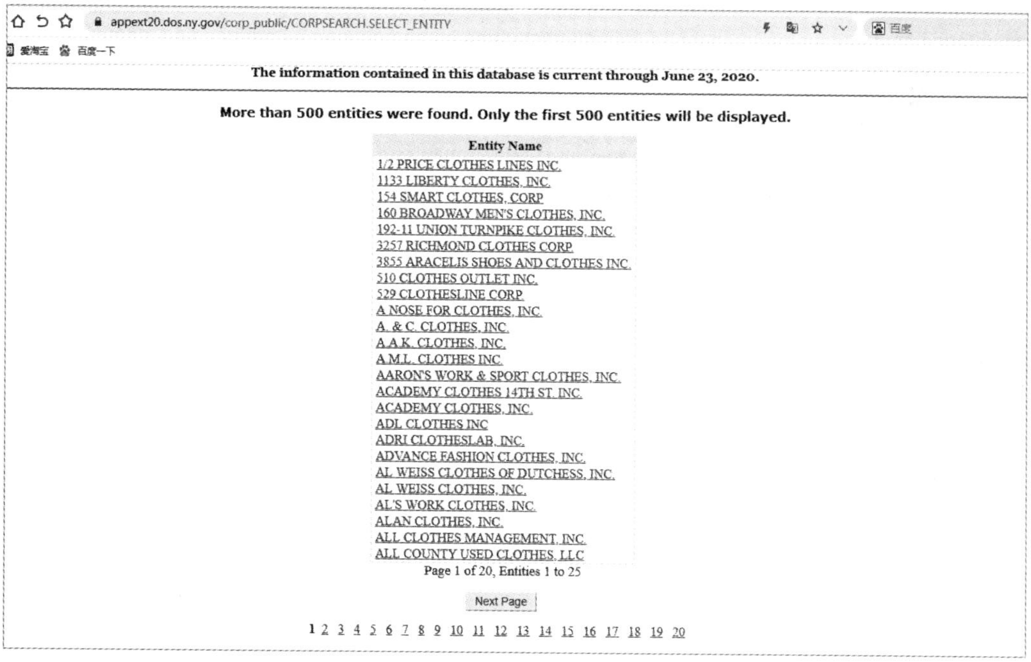

appext20.dos.ny.gov/corp_public/CORPSEARCH.SELECT_ENTITY

The information contained in this database is current through June 23, 2020.

More than 500 entities were found. Only the first 500 entities will be displayed.

Entity Name
1/2 PRICE CLOTHES LINES INC.
1133 LIBERTY CLOTHES, INC.
154 SMART CLOTHES, CORP
160 BROADWAY MEN'S CLOTHES, INC.
192-11 UNION TURNPIKE CLOTHES, INC.
3257 RICHMOND CLOTHES CORP
3855 ARACELIS SHOES AND CLOTHES INC.
510 CLOTHES OUTLET INC.
529 CLOTHESLINE CORP
A NOSE FOR CLOTHES, INC.
A. & C. CLOTHES, INC.
A.A.K. CLOTHES, INC.
A.M.L. CLOTHES INC.
AARON'S WORK & SPORT CLOTHES, INC.
ACADEMY CLOTHES 14TH ST. INC.
ACADEMY CLOTHES, INC.
ADL CLOTHES INC
ADRI CLOTHESLAB, INC.
ADVANCE FASHION CLOTHES, INC.
AL WEISS CLOTHES OF DUTCHESS, INC.
AL WEISS CLOTHES, INC.
AL'S WORK CLOTHES, INC.
ALAN CLOTHES, INC.
ALL CLOTHES MANAGEMENT, INC.
ALL COUNTY USED CLOTHES, LLC

Page 1 of 20, Entities 1 to 25

Next Page

1 2 3 4 5 6 7 8 9 10 11 12 13 14 15 16 17 18 19 20

图 17-27 查询结果列表

我们的目标是要抓取详情页的数据，如图 17-28 所示。

NYS Department of State
Division of Corporations
Entity Information

The information contained in this database is current through June 23, 2020.

Selected Entity Name: 1/2 PRICE CLOTHES LINES INC.

Selected Entity Status Information

Current Entity Name: 1/2 PRICE CLOTHES LINES INC.
DOS ID #: 1905518
Initial DOS Filing Date: MARCH 21, 1995
County: BRONX
Jurisdiction: NEW YORK
Entity Type: DOMESTIC BUSINESS CORPORATION
Current Entity Status: INACTIVE - Dissolution by Proclamation / Annulment of Authority (Dec 27, 2000)

Information to reinstate a corporation that has been dissolved by proclamation or annulment of authority by proclamation is available on the New York State Department of Taxation and Finance website at www.tax.ny.gov keyword TR-194.1 or by telephone at (518) 485-6027

Selected Entity Address Information

DOS Process (Address to which DOS will mail process if accepted on behalf of the entity)
1/2 PRICE CLOTHES LINES INC.
106 EAST 170TH STREET
BRONX, NEW YORK, 10452
Registered Agent
NONE

图 17-28　详情页数据

清楚了任务需求之后，就需要分析一下它的数据是否使用了动态渲染，还是数据直接就在 HTML 源码里面的。直接单击鼠标右键查看页面源代码，可以发现它的数据在页面源代码中已经有了，如图 17-29 所示。

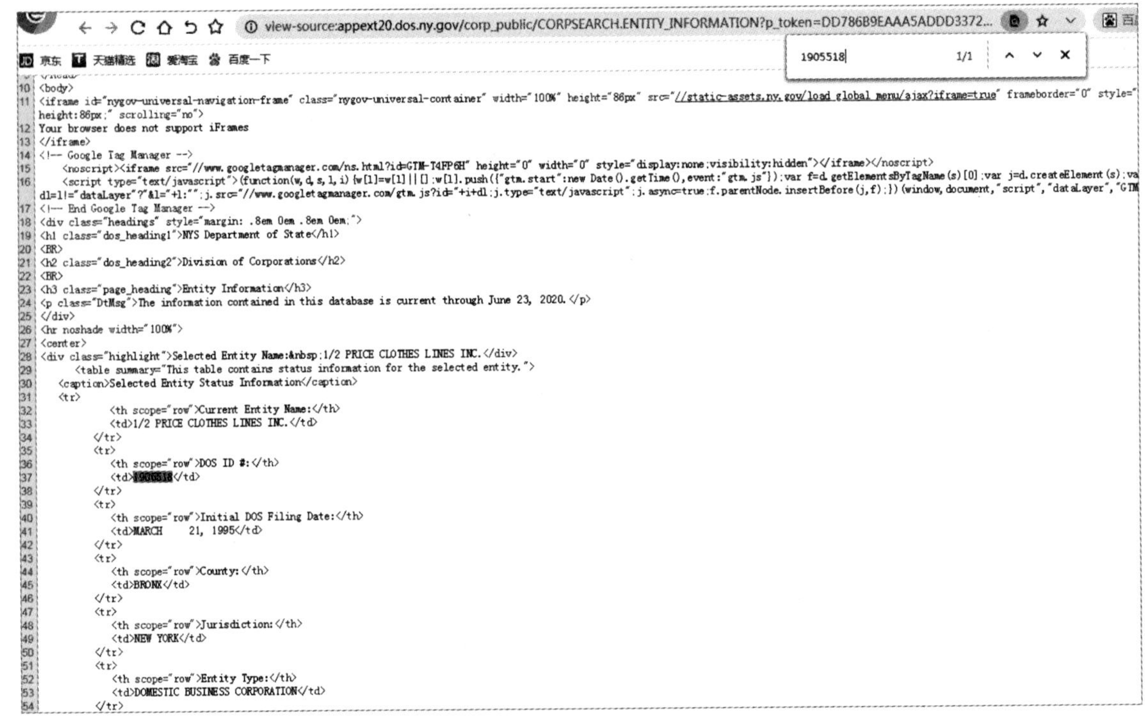


```
10 <body>
11 <iframe id="nygov-universal-navigation-frame" class="nygov-universal-container" width="100%" height="86px" src="//static-assets.ny.gov/load_global_menu/ajax?iframe=true" frameborder="0" style="
   height:86px;" scrolling="no">
12 Your browser does not support iFrames
13 </iframe>
14 <!-- Google Tag Manager -->
15     <noscript><iframe src="//www.googletagmanager.com/ns.html?id=GTM-T4FP6H" height="0" width="0" style="display:none;visibility:hidden"></iframe></noscript>
16     <script type="text/javascript">(function(w,d,s,l,i){w[l]=w[l]||[];w[l].push({"gtm.start":new Date().getTime(),event:"gtm.js"});var f=d.getElementsByTagName(s)[0];var j=d.createElement(s);va
   dl=l!="dataLayer"?"&l="+l:"";j.src="//www.googletagmanager.com/gtm.js?id="+i+dl;j.type="text/javascript";j.async=true;f.parentNode.insertBefore(j,f);})(window,document,"script","dataLayer","GTM
17 <!-- End Google Tag Manager -->
18 <div class="headings" style="margin: .8em 0em .8em 0em;">
19 <h1 class="dos_heading1">NYS Department of State</h1>
20 <BR>
21 <h2 class="dos_heading2">Division of Corporations</h2>
22 <BR>
23 <h3 class="page_heading">Entity Information</h3>
24 <p class="DtMsg">The information contained in this database is current through June 23, 2020.</p>
25 </div>
26 <hr noshade width="100%">
27 <center>
28 <div class="highlight">Selected Entity Name: 1/2 PRICE CLOTHES LINES INC.</div>
29       <table summary="This table contains status information for the selected entity.">
30    <caption>Selected Entity Status Information</caption>
31    <tr>
32            <th scope="row">Current Entity Name:</th>
33            <td>1/2 PRICE CLOTHES LINES INC.</td>
34         </tr>
35         <tr>
36            <th scope="row">DOS ID #:</th>
37            <td>1905518</td>
38         </tr>
39         <tr>
40            <th scope="row">Initial DOS Filing Date:</th>
41            <td>MARCH     21, 1995</td>
42         </tr>
43         <tr>
44            <th scope="row">County:</th>
45            <td>BRONX</td>
46         </tr>
47         <tr>
48            <th scope="row">Jurisdiction:</th>
49            <td>NEW YORK</td>
50         </tr>
51         <tr>
52            <th scope="row">Entity Type:</th>
53            <td>DOMESTIC BUSINESS CORPORATION</td>
54         </tr>
```

图 17-29　查看页面源代码

返回列表页面，接着分析，查看页面源代码，发现列表页面源代码里也包含了数据。为了更加准确地判断，打开浏览器开发者工具，然后刷新当前页面，观察 XHR 选项，如图 17-30 所示。

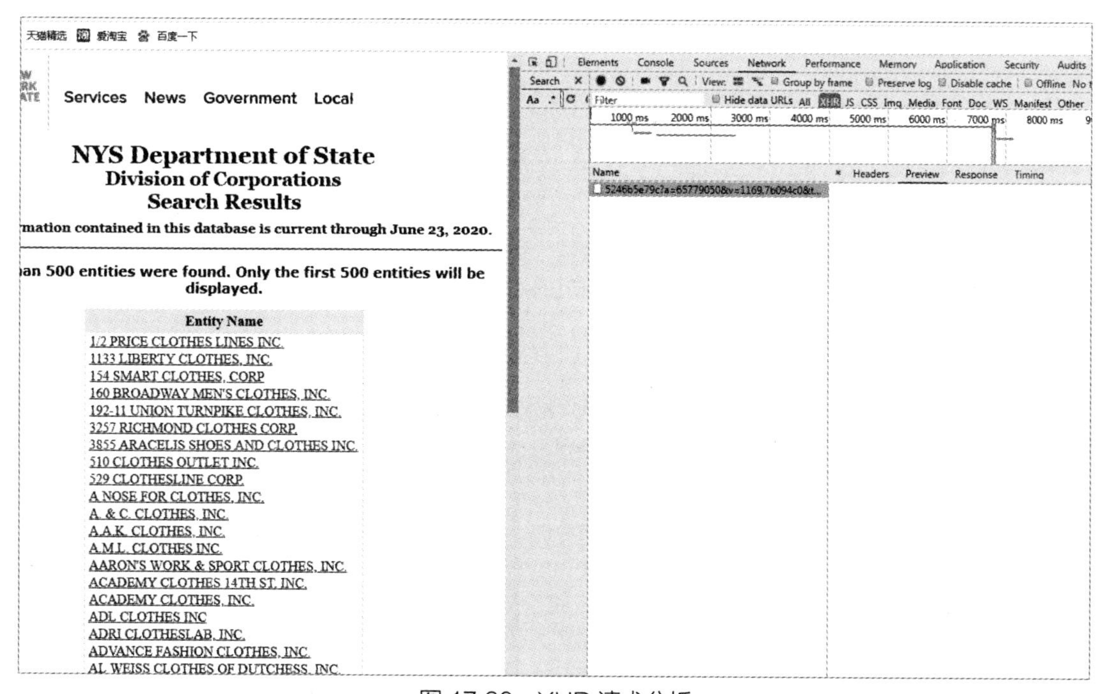

图 17-30　XHR 请求分析

发现并没有相关的 XHR 请求有返回页面上显示的相关数据，所以现在基本确定了，这个网站的数据使用的是静态网页数据。继续分析可以得出两个主要结论，该网站的数据，每一页的访问都是有一个时间限制，比如，隔十几分钟之后，就会提示需要重新输入要查询的类别和验证码，才能继续访问。

17.2.2　编写代码爬取

在清楚了爬取的需求之后，接下来我们需要编写代码实现，爬取的流程大概分为 4 个步骤，相关的步骤如下。

步骤 1：在搜索页面模拟输入搜索类别名称，再将截图验证码保存为图片，并且传送给打码平台进行识别，将识别到的验证码填入，然后单击【搜索】按钮进行跳转。

步骤 2：依次翻页，提取每一页的链接。

步骤 3：根据提取到的链接，进入到详情页面获取数据。

步骤 4：保存数据。

在开始编写代码之前，需要做一些准备，例如，确保电脑上的 Selenium 环境配置正确，在超级鹰打码平台注册账号，注册完成打码平台的账号之后，可以找到平台提供的如下所示的代码，用于识别验证码。

```
import time
import random
import requests
from hashlib import md5

''' 超级鹰验证码识别封装 '''
class Chaojiying_Client(object):

    def __init__(self, username, password, soft_id):
        self.username = username
        self.password = md5(password.encode('utf8')).hexdigest()
        self.soft_id = soft_id
        self.base_params = {
            'user': self.username,
            'pass2': self.password,
            'softid': self.soft_id,
        }
        self.headers = {
            'Connection': 'Keep-Alive',
            'User-Agent': 'Mozilla/4.0 (compatible; MSIE 8.0; Windows
                                        NT 5.1; Trident/4.0)',
        }

    def PostPic(self, im, codetype):
        """
        im: 图片字节
        codetype: 题目类型 参考 http://www.chaojiying.com/price.html
        """
        params = {
            'codetype': codetype,
        }
        params.update(self.base_params)
        files = {'userfile': ('ccc.jpg', im)}
        # print(files)
        r = requests.post('http://upload.chaojiying.net/Upload/
                          Processing.php',
                          data=params, files=files, headers=self.headers)
        return r.json()

    def ReportError(self, im_id):
        """
        im_id: 报错题目的图片 ID
```

```
        """
        params = {
            'id': im_id,
        }
        params.update(self.base_params)
        r = requests.post('http://upload.chaojiying.net/Upload/
                           ReportError.php',
                          data=params, headers=self.headers)
        return r.json()
```

下面开始进行爬虫代码的编写，步骤如下。

步骤 1：新建一个爬虫类，且实现在搜索页面模拟输入搜索类别名称，然后截图验证码保存为图片，并且传送给打码平台进行识别，将识别到的验证码填入，并单击【搜索】按钮进行跳转。

```
from selenium import webdriver
from selenium.webdriver.chrome.options import Options
'''
爬取纽约工商网公司信息数据
'''
class NiuyueSpider():

    def __init__(self,category):
        self.options = Options()
        self.category=category
        self.num=str(float(random.randint(500,600)))
        self.options.add_argument("user-agent=Mozilla/5.0 (Windows
             NT 10.0; WOW64)"
             " AppleWebKit/{}"
             " (KHTML, like Gecko) Chrome/69.0.3497.100 Safari/{}"
             "".format(self.num,self.num))
        self.driver = webdriver.Chrome(executable_path="chromedriver.
                                         exe")
        self.driver.set_page_load_timeout(30)

    '''
        步骤 1
        逻辑：在搜索页面，模拟输入搜索类别名称，然后截图验证码保存为图片，
        并且传送给打码平台进行识别，将识别到的验证码填入，单击【搜索】按钮进行跳转
        @:param category 要查询的公司类别名称，例如：clothes
    '''
    def search_category(self):
        try:
```

```
        self.driver.get('https://appext20.dos.ny.gov/corp_public/'
                        'CORPSEARCH.ENTITY_SEARCH_ENTRY')
        # 第一个页面控制
        self.driver.find_element_by_id("p_entity_name").send_
                                                keys(self.category)
        time.sleep(1)
        self.driver.find_element_by_xpath('//*[@id="p_name_type"]/
                                          option[2]').click()
        time.sleep(0.3)
        self.driver.find_element_by_xpath('//*[@id="p_search_type"]/
                                          option[3]').click()
        time.sleep(0.5)
        # 下载验证码图片
        img_url=self.driver.find_element_by_xpath('/html/body/
                center/form/div/fieldset''/img').get_attribute('src')
        print(img_url)
        r = requests.get(img_url)
        # 将获取到的图片二进制流写入本地文件
        with open('code.png', 'wb') as f:
            f.write(r.content)
        # 暂停几秒进行验证码识别
        time.sleep(2)
        # 获取验证码识别字符串
        def get_code_str():
            chaojiying = Chaojiying_Client('JIN888', '654+6wqfw',
                                           '903900')
            im = open('code.png', 'rb').read()
            code_data = chaojiying.PostPic(im, 4005)
            code = code_data["pic_str"]
        if code_data["err_str"] == "OK" else "-"
            return code
        code_str = get_code_str()
        print("-------你的验证码为：",code_str)
        self.driver.find_element_by_id("p_captcha")\.send_keys
            (code_str if code_str != "-" else get_code_str())
        time.sleep(random.randint(1, 3))
        # 单击搜索按钮
        self.driver.find_element_by_xpath('/html/body/center/
                                          form/input').click()
    except Exception as ex:
        self.driver.refresh()
```

步骤 2：依次翻页，提取每一页的链接。

```
    '''
        步骤 2
        依次翻页，提取每一页的链接
    '''
    def page_extract_link(self,pag_num):
        try:
            # 如果等于第一页就不用
            if pag_num == 1:
                time.sleep(2)
                tr_list = self.driver.find_elements_by_xpath('/html/
                          body/center/table/tbody/tr/td/a')
                url_list = [td.get_attribute("href") for td in tr_list]
                return url_list
            else:
                self.driver.find_element_by_xpath('/html/body/center/
                                a[{}]'.format(str(pag_num))).click()
                time.sleep(2)
                tr_list = self.driver.find_elements_by_xpath('/html/
                                    body/center/table/tbody/tr/td/a')
                url_list = [td.get_attribute("href") for td in tr_list]
                time.sleep(5)
                return url_list
        except Exception as ex:
            self.driver.refresh()
            tr_list = self.driver.find_elements_by_xpath('/html/body/
                      center/table/tbody/tr/td/a')
            url_list = [td.get_attribute("href") for td in tr_list]
            return url_list
```

步骤 3：根据提取到的链接获取详情数据。

```
    '''
        步骤 3
        获取详情数据
    '''
    def get_details_data(self,url):
        try:
            self.driver.get(url)
            time.sleep(2)
            self.driver.execute_script('window.stop()')
            data=[self.driver.find_element_by_xpath('/html/body/
```

```
                    center/table[1]/tbody/tr[{}]/td'
''.format(str(x))).text for x in range(1,8)]
                data.append(self.driver.find_element_by_xpath('//*[@
                            id="tblAddr"]/tbody/tr[2]/td').text)
                print(data)
                return data
            except Exception as ex:
                print("-------- 详情异常 ")
                self.driver.refresh()
                time.sleep(2)
                data = [self.driver.find_element_by_xpath('/html/body/
                      center/table[1]/tbody/tr[{}]/td'
''.format(str(x))).text for x in range(1, 8)]
                data.append(self.driver.find_element_by_xpath('//*[@
                            id="tblAddr"]/tbody/tr[2]/td').text)
                return data
```

步骤 4：保存数据到 CSV 文件。

```
'''
        保存数据
'''
def save_data(self,data_list):
        with open('data.csv', 'a+', encoding='utf-8', newline='') as f:
            writer = csv.writer(f)
            writer.writerows(data_list)
```

最后按照步骤顺序调用相关的方法传入参数即可，完整的实例代码见本书附赠的源码。

17.2.3 实例总结

本实例主要涉及了使用 Selenium 动态渲染工具渲染页面达到获取数据的目的，且通过 Selenium 截取验证码图片传递给打码平台。通过该实例可使读者增加对 Selenium 的使用印象。

17.3 携程旅行火车票票价数据采集

本实例的任务是：以出发地城市、抵达地城市、出行日期为查询条件，采集携程网上的火车票数据。携程网地址为 https://www.ctrip.com/，使用浏览器打开携程旅行的官网，如图 17-31 所示。

图 17-31　携程首页

我们需要采集的信息为，通过查询后出现在列表中的车次相关的信息和票价信息，如图 17-32 所示。

图 17-32　查询结果

17.3.1　分析网站

在清楚了任务之后，接下来开始进行网站分析。打开浏览器开发者调试模式，将请求筛选条件切换到 XHR，如图 17-33 所示。

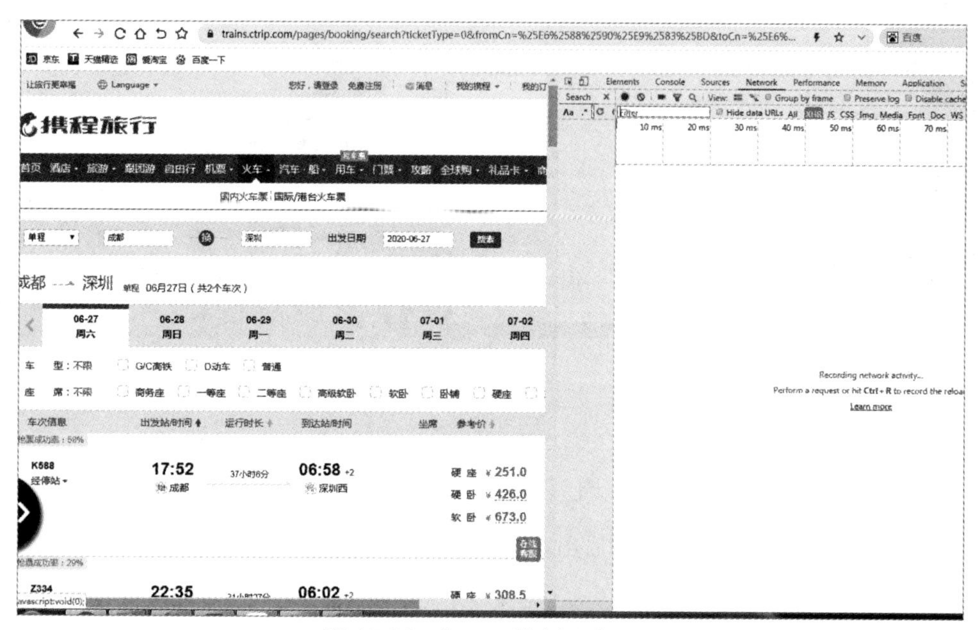

图 17-33　打开开发者调试工具

此时，按【F5】键刷新一下当前页面，这步主要是为了观察页面上的数据是否通过接口返回，刷新之后，将会出现如图 17-34 所示的很多请求条目信息。

Name	Status	Type	Initiator	Size	Time	Waterfall
h	200	xhr	rms.js?v=20200...	140 B	142 ms	
getNotice	200	xhr	vue-resource.js:...	237 B	42 ms	
searchTrainList	200	xhr	vue-resource.js:...	837 B	59 ms	
flightLowerRecommend?depart...	200	xhr	vue-resource.js:...	485 B	224 ms	
getTransferList?departureStatio...	200	xhr	vue-resource.js:...	2.7 KB	66 ms	
getGrabTrainRateInfo	200	xhr	vue-resource.js:...	434 B	55 ms	
d	200	xhr	d.min.SRC.8d3f...	254 B	44 ms	

图 17-34　请求条目信息

通过观察发现，有一个名为 searchTrainList 的请求很可疑，我们对它进行单击，查看它的返回内容，如图 17-35 所示。

图 17-35　searchTrainList 请求响应内容

可以看到，该请求返回的内容中，刚好有我们需要的数据，所以在后面，直接请求该地址就可以获取我们想要的数据。找到了接口后接着继续分析，如果要调用该接口需要传递哪些参数且参数是否加密，切换到请求的 Headers 选项，如图 17-36 所示。

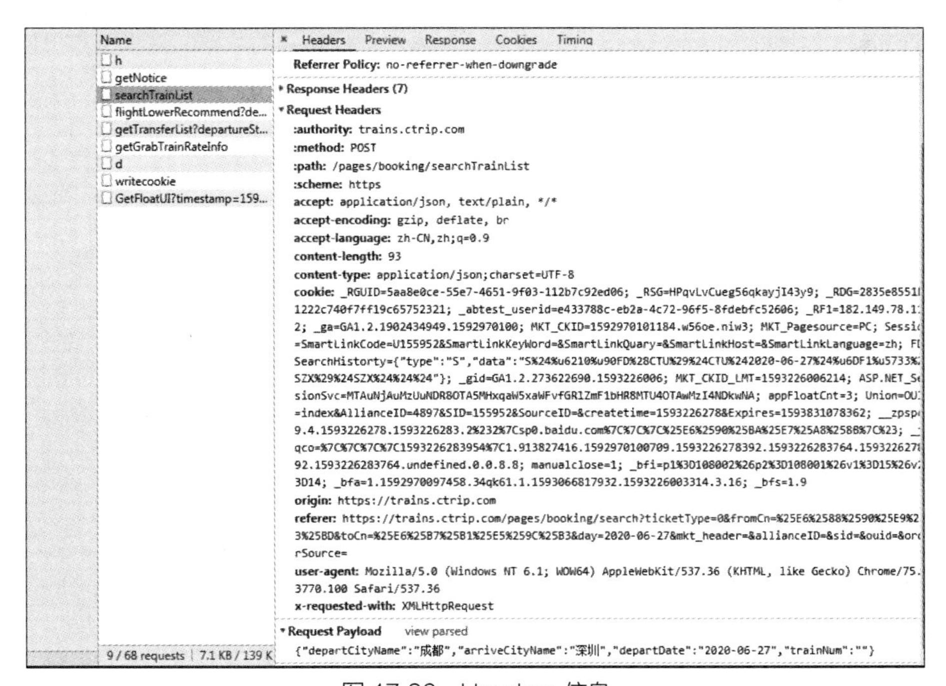

图 17-36　Headers 信息

从图 17-36 中可以看出，在访问请求时提交了一个 JSON 格式的参数，其内容为：

```
{"departCityName":" 成都 ","arriveCityName":" 上海 ","departDate":"2020-
06-27","trainNum":""}
```

很明显，接口错误传递的参数并没有什么加密参数之类的，接下来为了验证我们的想法，用 Postman 工具进行测试，看看是否能够正常返回数据，如图 17-37 所示。

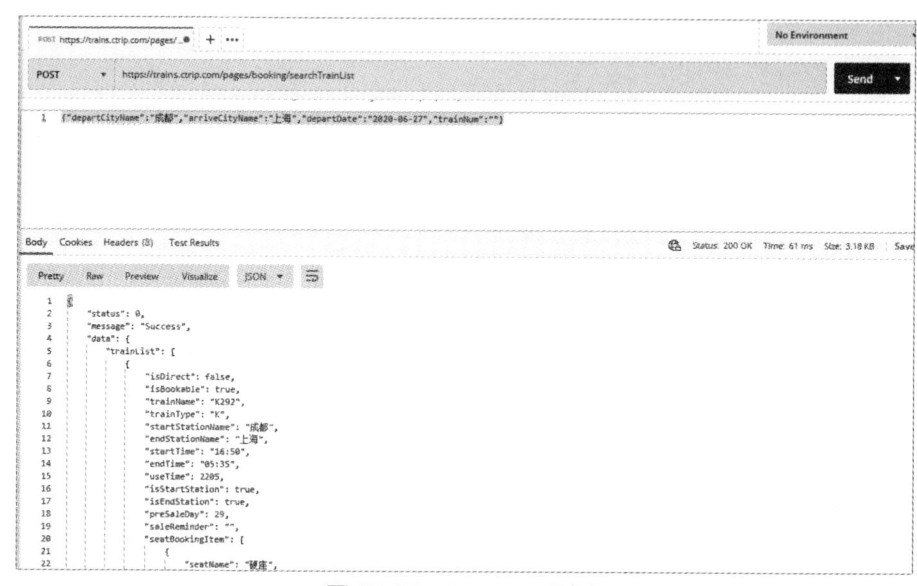

图 17-37　Postman 测试

使用 Postman 工具进行测试之后，发现可以正常返回我们需要的数据，这里基本可以确定编写代码构造相关参数访问该接口就可以获取数据。

17.3.2　编写代码爬取

通过前面的分析，已经找到了爬取数据的相关规律，接下来就需要编写 Python 代码来模拟这个过程，以达到实现任务的目的。参考示例部分代码如下：

```
import requests

url="https://trains.ctrip.com/pages/booking/searchTrainList"
headers={
    "origin":"https://trains.ctrip.com",
    "content-type":"application/json;charset=UTF-8",
    "user-agent":"Mozilla/5.0 (Windows NT 6.1; WOW64)"
                 " AppleWebKit/537.36 (KHTML, like Gecko)"
                 " Chrome/75.0.3770.100 Safari/537.36",
    "x-requested-with":"XMLHttpRequest",
    "accept":"application/json, text/plain, */*"
```

```
}
json_data={"departCityName":" 成都 ","arriveCityName":" 上海 ",
          "departDate":"2020-06-27","trainNum":""}
resp=requests.post(url,headers=headers,json=json_data)
print(resp.json())
```

这段代码非常简单，在实际使用数据过程中，可能会加入一些其他的逻辑，例如，提取需要的字段，保存数据或为了稳定性爬取添加代理 IP 等。这里主要是以获取数据为目的，所以未加入其他业务逻辑相关的代码。

17.3.3　实例总结

本实例主要是了解爬取一个网站的思路，在接到一个任务之后，首先对网站进行分析，优先分析数据是否通过 XHR 接口进行加载，如果是则先通过接口测试工具进行测试验证。测试可以正常返回数据之后，再使用 Python 编写代码实现。

17.4　智联招聘数据采集

本小节的主要目标是使用 Selenium + mitmproxy 采集智联招聘网上的招聘信息，采集范围为：通过地区 + 行业 + 类别搜索出来得到的每一页数据。

使用浏览器打开智联招聘的搜索页面，如图 17-38 所示。

图 17-38　智联招聘搜索页

17.4.1 分析网站

在明确了我们的任务之后，接下来开始分析网站，打开浏览器开发者调试模式，并且将请求筛选条件切换到 XHR，如图 17-39 所示。

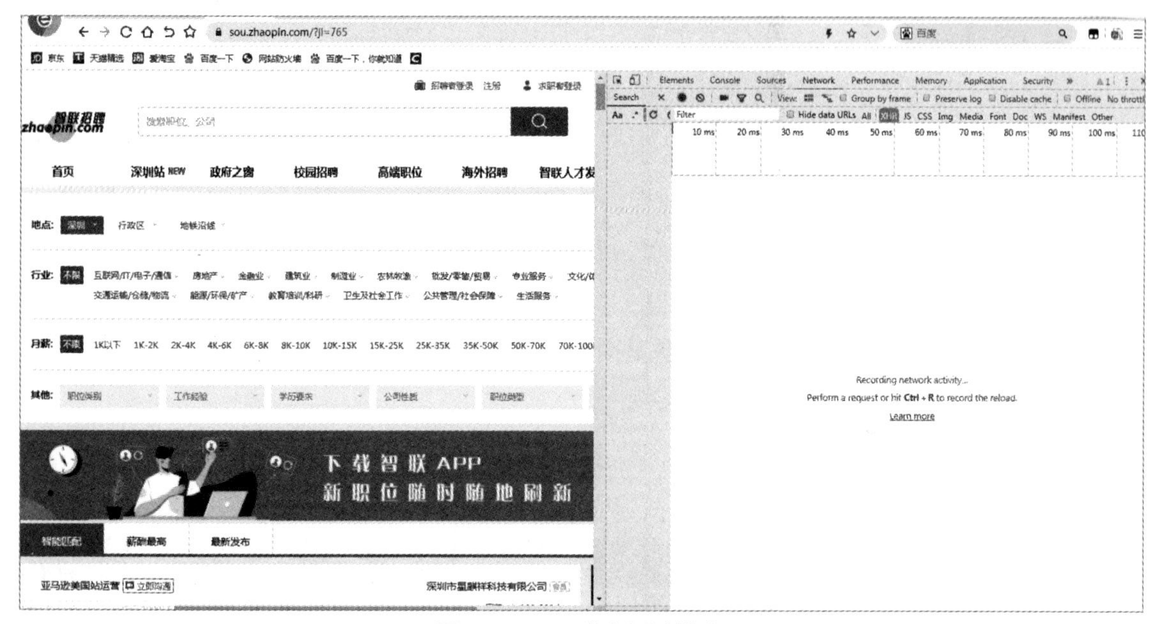

图 17-39 开发者调试模式

选择一个地名、行业和类别，如图 17-40 所示，选择完查询条件之后，它会自动发送请求进行查询，得出页面结果。

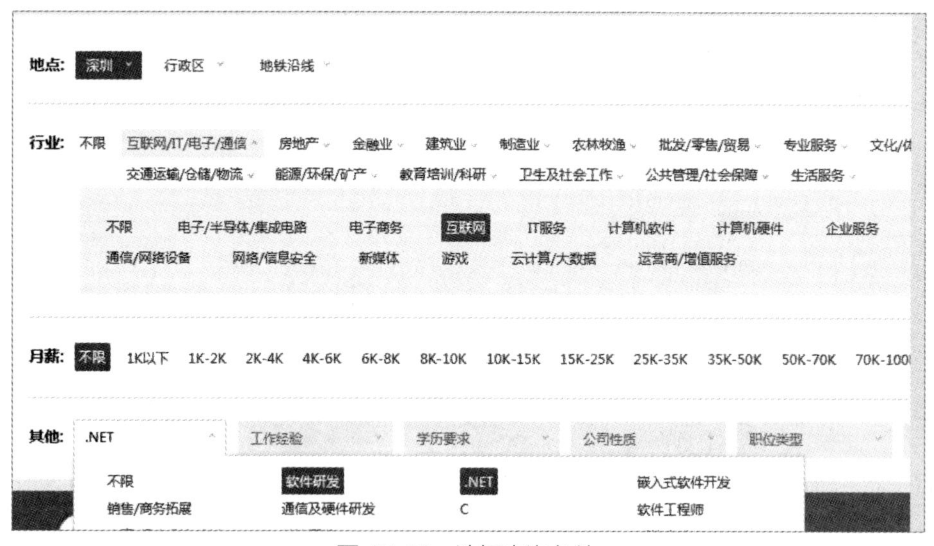

图 17-40 选择查询条件

此时，观察右边【Network】下的条目，通过分析观察找到了一个 sou 开头的请求，返回了该列表的查询数据，如图 17-41 所示。

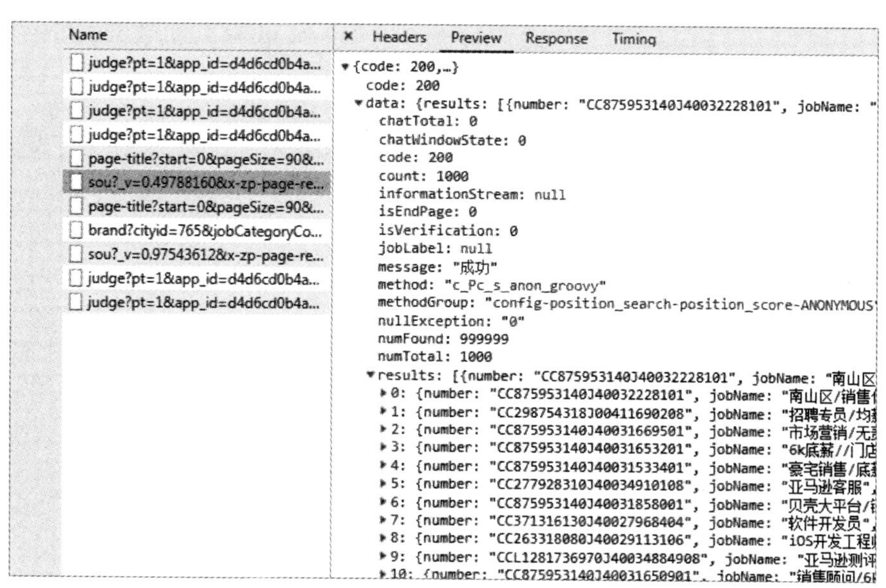

图 17-41 sou 请求

分析该请求中返回的字段信息，刚好里面有我们需要的字段，如图 17-42 所示。也就是说要爬取该页面数据，直接请求此接口即可。

图 17-42 字段信息

要请求该接口，肯定需要传递一些相关的参数，切换到请求的 headers 界面，如图 17-43 所示，可以看到里面提交了很多参数。

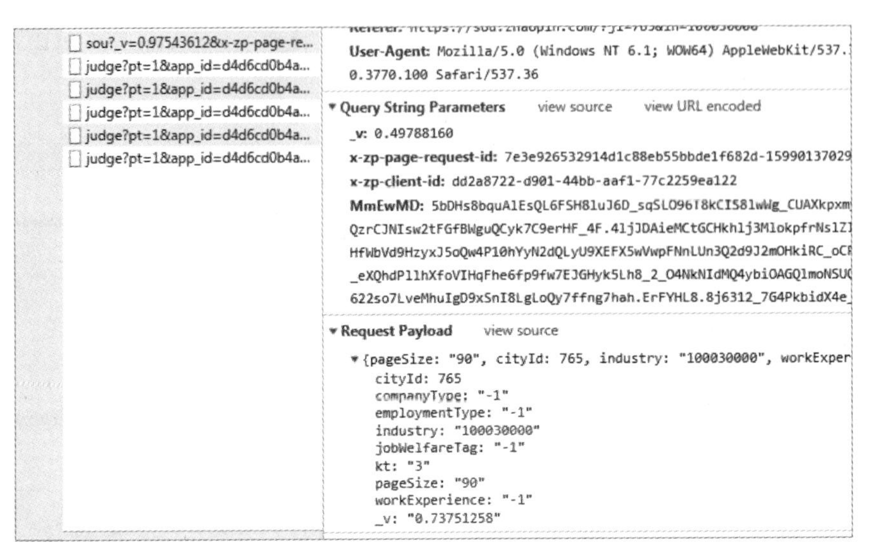

图 17-43　请求参数

从参数中了解到，有一部分参数是加密的，下面我们再使用 Postman 测试一下是否能够获取该接口的数据，如图 17-44 所示。

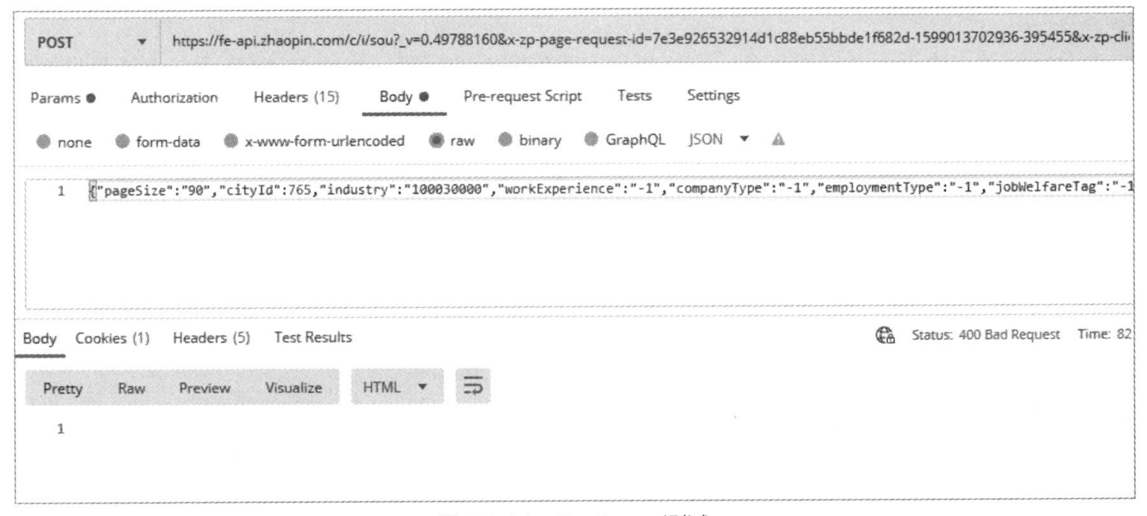

图 17-44　Postman 测试

使用 Postman 工具测试之后，并没有返回相关的数据，接着我们再利用谷歌浏览器的 Replay XHR 功能测试一下，如图 17-45 所示。

同样，也没有返回数据，说明每次在请求该接口的时候，它的加密参数都是新生成的，且只能用一次。因此可以确定接口是返回了我们需要的字段数据，接下来就可以开始进行下面的步骤。

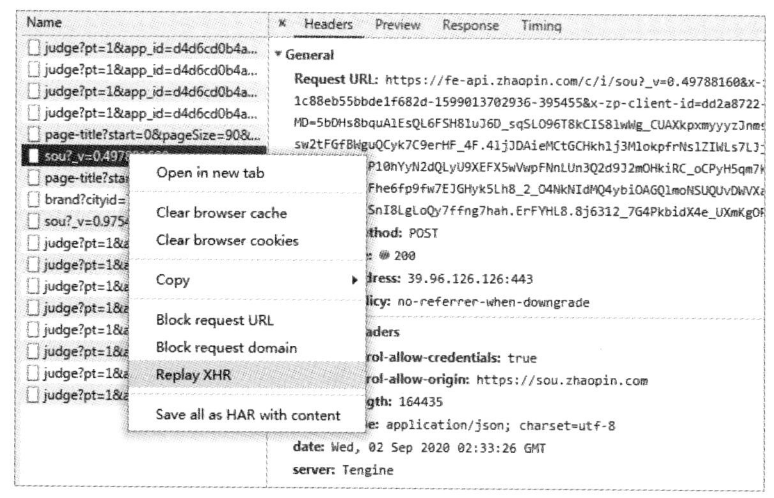

图 17-45　Replay XHR

17.4.2　编写代码爬取

前面已经了解了智联招聘的大致情况，接下来我们需要编写代码进行爬取。本小节开头部分已经提到了使用 Selenium 和 mitmproxy 进行爬取，至于为何要采用 mitmproxy 的方式，这里简单地解释一下，本小节主要目标是希望读者能够加深对 mitmproxy 的印象，所以这里通过使用 mitmproxy 来拦截请求，达到获取数据的目的。相关的步骤如下。

步骤 1：新建一个脚本文件，例如，笔者这里取名为 zhilian_zhaopin.py，在里面输入以下代码。

```
from mitmproxy import ctx
import json

'''
    使用中间代理人对智联请求和响应进行拦截修改

'''
def response(flow):
    if flow.request.url.startswith("https://fe-api.zhaopin.com/c/i/
                                    sou?at="):
        response = flow.response.get_text()

        print("----------------------")
        data_list=json.loads(flow.response.get_text())["data"]["results"]
        for item in data_list:
            print(item)
            with open("zhilianzhaopin_list/"+item["city"]["display"]+
                      ".csv","a+",encoding="utf-8")as f:
```

```
            f.write(str(item)+"\n")
    flow.response.set_text(json.dumps(response))
    ctx.log.info('modify limitCount')
```

步骤 2：将此脚本文件复制到 mitmproxy 的安装目录下，如图 17-46 所示。

新建文件夹

名称	修改日期	类型	大小
work	2020/7/16 11:20	文件夹	
zhilianzhaopin_list	2020/8/2 16:41	文件夹	
ceair_modify_response.py	2020/6/29 15:18	Python File	1 KB
data	2020/7/4 10:41	文件	76 KB
donghan.py	2020/6/29 14:03	Python File	1 KB
meituan.py	2020/7/23 13:31	Python File	2 KB
mitmdump.exe	2019/12/21 1:00	应用程序	18,031 KB
mitmweb.exe	2019/12/21 1:01	应用程序	18,950 KB
modify_response.py	2020/6/23 12:08	Python File	2 KB
mxd.py	2020/7/3 16:07	Python File	1 KB
test.csv	2020/7/23 13:31	XLS 工作表	61 KB
tlephone.py	2020/7/4 22:41	Python File	2 KB
zhilian_zhaopin.py	2020/8/2 13:23	Python File	2 KB

图 17-46　mitmproxy 目录

步骤 3：在当前目录下打开 cmd 命令行窗口，然后在里面输入以下命令并按【Enter】键，启动 mitmdump.exe 之后，如图 17-47 所示。

```
mitmdump.exe  -s zhilian_zhaopin.py
```

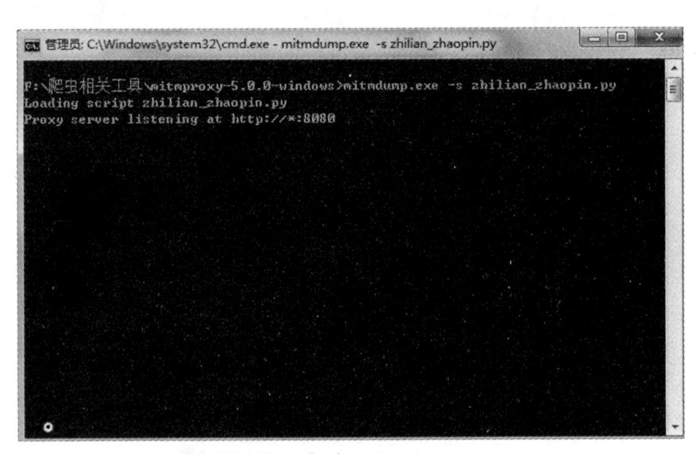

图 17-47　启动 mitmdump.exe

步骤 4：设置浏览器代理为 127.0.0.1:8080，如图 17-48 所示。

步骤 5：下面我们使用浏览器刷新一下智联页面，再次查看 cmd 命令行，则可以看到，已经拦截到了该接口相关的数据。

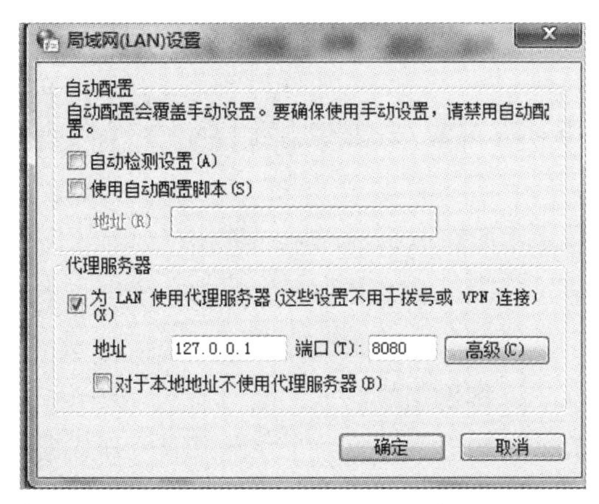

图 17-48　设置代理

步骤 6：使用 Selenium 打开智联招聘网页模拟单击地区、行业，实现自动刷新，每次刷新即可通过 mitmproxy 拦截请求获取响应数据。部分实例代码如图 17-49 所示。

```
while True:
    redis_conn = redis.Redis(host='127.0.0.1', port=6379)
    search_data = json.loads(item) if (
        item := redis_conn.lpop("zhilian_page_url").decode("utf-8").replace("'", '"')) else None
    if search_data:
        print(search_data)
        driver.get(search_data["url"])
        time.sleep(2)
        try:
            # 关掉提示
            driver.find_element_by_xpath('/html/body/div[2]/div/div/button').click()
        except Exception as ex:
            pass
        driver.refresh()
        time.sleep(2)
        try:
            title = driver.find_element_by_xpath('//*[@id="listItemPile"]/div[3]/div/img').get_attribute('title')
            print(title)
        except Exception as ex:
            time.sleep(1)
            print("--------------------")
            # 获取招聘信息详情URL
            p = '<a\shref="https://jobs.zhaopin.com/([\s\S]+?)"\stitle=\S'
            url_list = ["https://jobs.zhaopin.com/" + x for x in re.findall(p, driver.page_source)]
            # 将详情页url存入Redis中
            for d_url in url_list:
                redis_conn.lpush("details_url", d_url)
            print(url_list)
    else:
        driver.quit()
        break
```

图 17-49　部分核心代码

读者如需完整的实例代码，可前往本书附赠的资源获取相关源码。

17.4.3　实例总结

本实例主要是通过一个简单的实例进行讲解，使读者回顾一下前面章节所学习的中间代理人工具 mitmproxy 的使用。通过 mitmproxy 无需破解接口的加密参数，便可以获取接口数据。

附录 A　爬虫法律法规

虽然我们可以通过各种技术手段获取目标网站的数据，但是还需要了解获取数据时的一些潜在的法律风险。以下是笔者通过从人民检察院公开发布的文章中收集整理得到的一些资料，有兴趣的读者可以多了解一下。

网络爬虫（Web Crawler），又称网络蜘蛛或网络机器人，是一种按照一定规则自动抓取互联网信息的程序。在大数据时代，网络爬虫已成为互联网抓取公开数据的常用工具之一，可以实现对文本、图片、音频、视频等互联网信息的海量抓取。网络爬虫相关诉讼纠纷引发了学界在私法层面对大数据权益属性、权益分配的诸多法律争议，以及在公法层面对网络爬虫刑法规制路径的诸多探讨。对网络爬虫的刑法规制既影响到当前数据产业的资源利用和技术创新，也影响到国家决策层对数据行业的政策制定。因此，以何种标准、何种路径来确定网络爬虫的入罪范畴，是当前我国数字经济发展亟须解决的难题。

1. 网络爬虫的危害性

网络爬虫虽然具有技术中立性，但在目前的数据产业中仍涉及多重法律风险，主要体现在以下几方面。

（1）技术风险：抓取太快或太频繁易导致 ICP（网络内容服务商）网站拥堵，影响服务器正常运行甚至导致服务器瘫痪，或者重复抓取相同文件易耗费服务器资源等。因此产生了一些协议来缓和网络爬虫的抓取行为，告知搜索引擎所允许和禁止抓取的范围。当前，“爬虫协议”成为国内外互联网行业普遍遵循的技术规范。

（2）法益侵害风险：抓取 ICP 网站管理后台等内部数据，易侵犯个人信息、商业秘密等数据信息安全。美国公众舆论研究协会的研究报告指出，网络爬虫的数据抓取行为对数据所有权、数据管理、数据收集权、隐私保护及其他数据保护提出了政策挑战。这主要表现在以下几个方面。

①政府使用网络爬虫抓取个人数据侵害公民宪法权利。由于网络爬虫可以轻松抓取显示网络用户政治、宗教和其他观点的数据信息，一些国外政府机构已经采用网络爬虫来收集网络论坛、个人博客、Twitter、Facebook 和 Tumblr 等社交网站或 Craigslist 等公告板的数据，甚至从集会团体的网站收集数据来确定集会者的数量，并识别、追踪特定集会者等。这些行为都可能侵犯公民受宪法保护的言论自由、结社自由甚至隐私权等。

②数据公司或研究机构使用网络爬虫抓取用户个人数据，侵犯了用户的隐私权、信息权等。不少数据企业从个人博客、社交媒体网站、论坛，以及其他用户可以谈论、公开其身份或偏好的网站收集大量用户数据信息，但很少有规则来说明可以抓取什么，何时何地抓取及如何存储、利用所抓取的用户数据。

2. 网络爬虫入罪的判断标准

网络爬虫入罪的关键在于访问、抓取数据行为是否获得许可、授权，“未经授权”或“超越授权”访问、抓取数据可能侵犯网络安全或各类数据安全。网络爬虫客观上有突破数据保护措施的行为，行为人主观上有突破数据保护措施的故意，这是网络爬虫入罪的基本标准。

（1）不法判断：未经授权或超越授权。未经授权是指网络爬虫根本就没有获得数据网站的授权机制许可；超越授权是指网络爬虫超越了被授权范围访问、获取数据，包括平行越权、垂直越权。其中，平行越权是指一个网络用户越权访问了另一个网络用户才能访问的资源；垂直越权是指低权限角色的用户获得了高权限角色所具备的权限，典型的是黑客通过修改 Cookie 或参数中隐藏的标志位，从普通用户权限提升到管理员权限。

但是，对于未经授权或超越授权不能仅作形式判断。如果单纯依据强行突破账号登录系统来进行入罪判断，易导致技术授权和规范授权的判断分歧。不能简单地以是否需要账号登录来判断网络爬虫是否“未经授权”。对此，还必须结合被抓取的数据类型来进行实质违法性判断，考察网络爬虫抓取数据行为对法益的侵害或威胁是否达到实质可罚的程度。

（2）责任判断：具有访问、抓取数据的恶意。网络爬虫的入罪判断除了考察客观不法外，还必须对主观罪责进行判断，即考察主观上是否具有突破网络安全、数据安全保护措施并访问、获取相关数据的故意。网络爬虫可分为善意的网络爬虫和恶意的网络爬虫。善意的网络爬虫会遵守 Robots 协议，能够增加网站的曝光度，给数据网站带来流量；而恶意爬虫则无视 Robots 协议，甚至采取破解措施对数据网站中某些深层次的、不愿意公开的数据随意抓取，导致网站服务器过载或崩溃，影响计算机信息系统的正常运行。显然，恶意网络爬虫认识到突破数据网站技术措施的行为违背了权利人的保护意愿，仍基于自由意志而选择继续爬取数据，足以证明其具有犯罪故意。

在我国现有法律框架下，“白帽子”侵入网站并抓取数据行为的合法性备受争议，易被认定为非法获取计算机信息系统数据罪。“白帽子”通常不会破坏他人计算机信息系统，而是出于探索、实验新技术等主观目的，甚至出于善意，希望帮助他人发现和改善系统缺陷和漏洞，以提高计算机和网络系统的安全性能。虽然“白帽子”所使用的测试软件通常具有自动缓存数据的功能，但依行业惯例，抓取数据的行为是安全漏洞检测必经的步骤，对于那些存在事先授权、事后认可、行业默契认可的“白帽子”抓取数据行为，因缺乏法益侵害性和主观罪过，应依照国际惯例和国内行业规则，作为保护网络安全的正当化事由予以出罪。

3. 网络爬虫入罪的具体路径

从技术原理来看，网络爬虫抓取数据涉及对计算机信息系统的访问进入、对特定类型数据的抓取、对所获取数据的使用 3 个阶段。因此，网络爬虫的入罪路径必须结合其具体行为进行情景化分析。

（1）非法侵入行为可构成非法侵入计算机信息系统罪。网络爬虫进入数据网站是访问、抓取数据的前提。但如果未经授权进入涉及国家安全和国家秘密的政府内网、国防建设、尖端科学技术领域的计算机信息系统，则可构成非法侵入计算机信息系统罪。这取决于被侵入的计算机信息系统的性质及访问是否被授权。

（2）非法抓取数据可能构成多种犯罪。随着数据表征权利客体的多样化，网络爬虫未经授权或超越授权抓取数据行为，依据被抓取数据所表征的不同法益，可构成不同罪名。

①抓取“可识别性”个人数据，可构成侵犯公民个人信息罪。在大数据时代，多数公民的个人信息都是以电子数据的形式存储于计算机信息系统或网络之中，易被网络爬虫抓取。个人信息区别于普通数据的最大特征在于其与信息主体存在某种关联性、专属性，能识别特定个人，具有侵犯信息自决权的隐忧。根据我国刑法第二百五十三条第三款规定，窃取或以其他方法非法获取公民个人信息的，构成侵犯公民个人信息罪。

②抓取“创造性”数据可构成侵犯知识产权的犯罪。由于数据与知识产权的“无形财产”具有天然契合性，都卸下了物质载体这一“枷锁”，以数字代码形式储存、利用、传输，因而几乎所有的网络知识产权都可以被网络爬虫抓取。然而，网络知识产权具有不同于一般数据的典型特征——创造性，其价值主要在于维护所有权人的专有控制力及排他性处分、使用收益权能。未经权利人许可、授权，而非法复制、下载等，可构成侵犯知识产权犯罪。如网络爬虫抓取在线小说行为可构成侵犯著作权罪。此外，通过网络爬虫抓取商业秘密的行为也可构成侵犯商业秘密罪。

③抓取普通数据，可构成非法获取计算机信息系统数据罪。根据刑法第二百八十五条第二款的规定，违反国家规定，侵入前款规定以外的计算机信息系统或采用其他技术手段，获取该计算机信息系统中存储、处理或传输的数据的行为，构成非法获取计算机信息系统数据罪。

4. 非法破坏计算机信息系统或数据，可构成破坏计算机信息系统罪

网络爬虫的技术风险还包括造成被爬取数据的网站拥堵，甚至系统崩溃，以及对被爬取的数据进行破坏等。如果网络爬虫侵入计算机信息系统后，对计算机信息系统进行破坏、对数据进行破坏，或者对计算机信息系统安全措施进行暴力破解，甚至将爬虫技术滥用为网络攻击方式等，都可能构成破坏计算机信息系统罪。

综上，网络爬虫作为数据资源获取和利用的重要手段，其技术中立更多的是一种理念，现实生活中的技术通常都是行为的工具，通过技术实施的竞争行为与技术本身的中立性不能简单画等号。技术中立有利于技术创新，但技术创新仍有其法律边界。基于数据的流动性、共享性，对数据的开放程度及其公共秩序的构建，成为当前我国规制网络爬虫的基点。

本资料来源于正义网官网。

附录 B 实验环境的搭建方法及说明

在本书某些章节中，笔者在进行对应知识点讲解并演示时，所用到的一些网址为笔者自己搭建的测试网页。考虑到读者在阅读到本书的时候，可能会因为某些原因无法访问笔者搭建的网页，从而导致读者无法进行练习，所以这里笔者将教读者如何在自己的计算机本地搭建实验环境。

1. 准备工作

（1）首先通过本书提供的资源下载渠道，找到搭建实验环境的网页源码文件夹，来获取网页源码文件，目录结构如图 B-1 所示。本书章节提到的笔者自己搭建的网页源码文件均在该目录下。

名称	修改日期	类型	大小
css	2021/5/2 23:33	文件夹	
fonts	2021/5/2 23:33	文件夹	
img	2021/5/2 23:33	文件夹	
js	2021/5/2 23:33	文件夹	
layui	2021/5/2 23:33	文件夹	
static	2021/5/2 23:33	文件夹	
.project	2020/10/13 16:29	PROJECT 文件	1 KB
cookie_test.html	2020/10/13 16:29	Chrome HTML D...	2 KB
data.json	2020/10/13 16:29	JSON 文件	12 KB
index.html	2020/10/13 16:43	Chrome HTML D...	6 KB
index3.html	2020/10/13 16:28	Chrome HTML D...	2 KB
ip_test.html	2020/10/13 16:28	Chrome HTML D...	2 KB
mxd_deq2.html	2020/10/13 16:29	Chrome HTML D...	205 KB
mxd_zhuce2.html	2020/10/13 16:25	Chrome HTML D...	2 KB
recharge.html	2020/10/13 16:25	Chrome HTML D...	2 KB
robots.txt	2020/10/13 16:29	文本文档	1 KB
root.txt	2020/10/13 16:29	文本文档	1 KB
xm2.html	2019/11/16 12:03	Chrome HTML D...	5 KB
xpath_test.html	2020/10/13 16:29	Chrome HTML D...	2 KB
xpath_test2.html	2020/10/13 16:28	Chrome HTML D...	2 KB

图 B-1 网页源码目录

（2）使用浏览器前往 http://nginx.org 地址，根据自身计算机系统实际情况下载一个 Nginx 服务器执行程序，由于笔者的电脑为 Windows 7 系统，所以这里下载解压后的 Nginx 如图 B-2 所示。

（3）解压之后可以看到该目录下有很多子文件夹和一个 nginx.exe 的程序，说明此项准备工作正确。

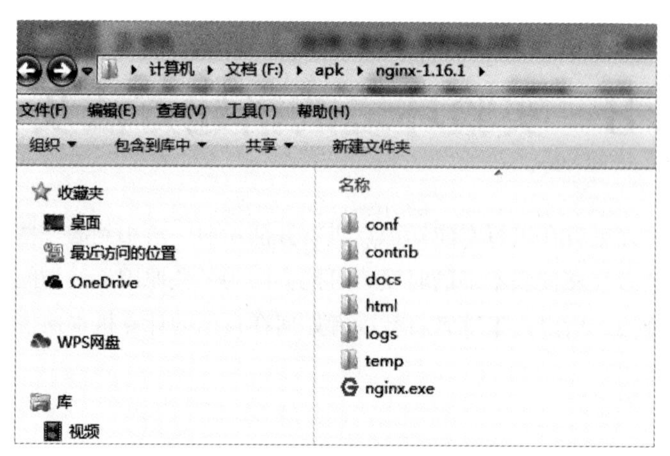

图 B-2　下载好的 Nginx 解压目录

2. 配置Nginx实现网页访问

（1）修改 Nginx 的配置文件，其配置文件在下载解压好的 Nginx 目录的 conf 子文件夹内，如图 B-3 所示，找到名为 nginx.conf 的文件。

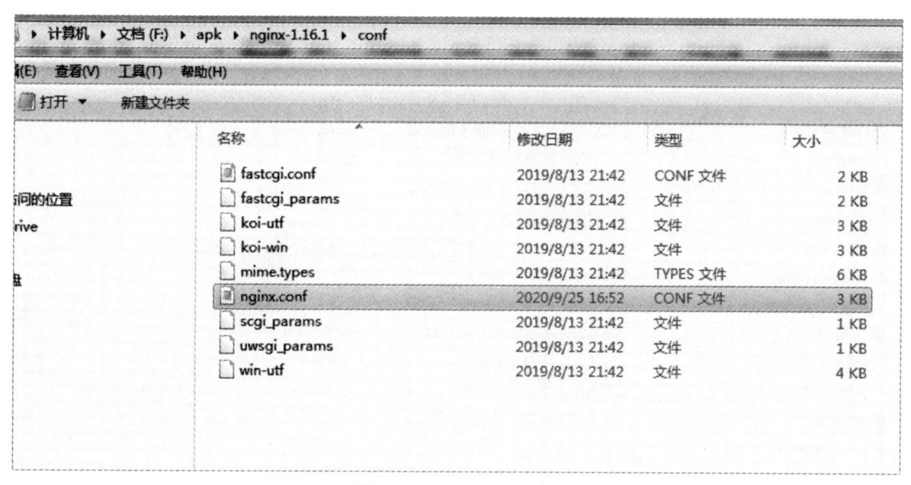

图 B-3　nginx.conf

（2）双击打开该文件进入到编辑模式，找到如图 B-4 所示的地方，修改 root 路径为我们需要配置的网页目录路径。

（3）修改保存后，回到 Nginx 的根目录下找到 nginx.exe 程序文件并双击运行。然后在浏览器地址栏中输入以下地址进行测试是否配置成功：

http://127.0.0.1/xpath_test.html

注：在自己本机搭建的网站，可以使用 127.0.0.1 或者 localhost 来访问，因为 127.0.0.1 和 localhost 都是代表本机的 IP 地址。

```
*F:\apk\nginx-1.16.1\conf\nginx.conf - Notepad++ [Administrator]
文件(F) 编辑(E) 搜索(S) 视图(V) 编码(N) 语言(L) 设置(T) 工具(O) 宏(M) 运行(R) 插件(P) 窗口(W) ?
nginx.conf

16
17  http {
18      include       mime.types;
19      default_type  application/octet-stream;
20
21      #log_format  main  '$remote_addr - $remote_user [$time_local] "$request" '
22      #                  '$status $body_bytes_sent "$http_referer" '
23      #                  '"$http_user_agent" "$http_x_forwarded_for"';
24
25      #access_log  logs/access.log  main;
26
27      sendfile        on;
28      #tcp_nopush     on;
29
30      #keepalive_timeout  0;
31      keepalive_timeout  65;
32
33      #gzip  on;
34
35      server {
36          listen       80;
37          server_name  127.0.0.1;
38
39          #charset koi8-r;
40
41          #access_log  logs/host.access.log  main;
42
43          location / {
44              root   C:\\Users\\Administrator\\Desktop\\ok-Python爬虫与反爬虫攻防从入门到精通\\mxd_web;
45              index  index.html;
46          }
47
48          #error_page  404              /404.html;
49
50          # redirect server error pages to the static page /50x.html
51          #
52          error_page   500 502 503 504  /50x.html;
53          location = /50x.html {
```

图 B-4　修改 nginx.conf 配置文件

如果出现如图 B-5 所示的内容，则表示在本地已经成功搭建了一个网页服务，读者可根据自身需求添加和更改对应的网页进行练习。

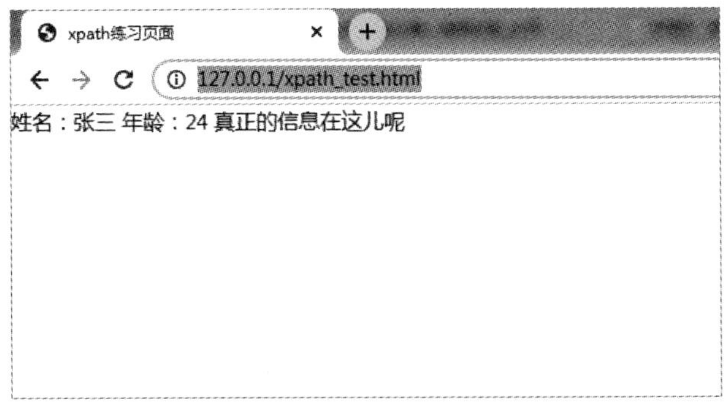

图 B-5　测试网页是否能访问

3. 配置反爬测试

在本书第 10 章和第 11 章的内容中，有部分反爬技术是利用 Nginx 配置实现的，读者可参考第 10 章的内容进行修改 Nginx 配置文件练习。

（1）User-Agent 校验配置如图 B-6 所示。

```
server {
  server_name www.liuyanlin.cn;

  location / {

        if ($http_user_agent ~* (Python|Curl)) {
          return 403;
        }
        root /home/work/qk_tjsq/;
        index index.html;
  }


}
```

图 B-6　User-Agent

（2）Cookie 校验配置如图 B-7 中的 cookie_test 部分所示。

```
server {
  server_name mxd.liuyanlin.cn;

  location / {
        root /home/work/mxd_web/;
        index index.html;
  }
  location /index3 {
        add_header Set-Cookie "tokenly=lyl23436";
        root /home/work/mxd_web/;
        index index3.html;
  }
  location /cookie_test {
        if ($http_cookie !~* "tokenly=lyl23436") {
           return 403;
        }
        root /home/work/mxd_web/;
        index cookie_test.html;
  }

}
```

图 B-7　Cookie 校验配置

（3）根据 IP 访问频率进行封禁 IP 配置，如图 B-8 所示。

```
location /ip_test {
        limit_req zone=onelimit burst=5 nodelay;
        limit_req_log_level warn;
        root /home/work/mxd_web/;
        index ip_test.html;
}
```

图 B-8　封禁 IP 配置

至此，本书所涉及到的自行搭建练习网站的流程已完结，需要注意的是，每次修改 nginx.conf 配置文件后，都需要重启 nginx.exe 才会生效。

附录 C　Python 常见面试题精选

1. 基础知识（7题）

题 01：Python 中的不可变数据类型和可变数据类型是什么意思？

题 02：请简述 Python 中 is 和 == 的区别。

题 03：请简述 function(*args, **kwargs) 中的 *args 和 **kwargs 分别是什么意思。

题 04：请简述面向对象中的 new 和 init 的区别。

题 05：Python 子类在继承自多个父类时，如多个父类有同名方法，子类将继承自哪个方法？

题 06：请简述在 Python 中如何避免死锁。

题 07：什么是排序算法的稳定性？常见的排序算法如冒泡排序、快速排序、归并排序、堆排序、Shell 排序、二叉树排序等，其时间、空间复杂度和稳定性如何？

2. 字符串与数字（7题）

题 08：s ＝“hfkfdlsahfgdiuanvzx”，试对 s 去重并按字母顺序排列输出“adfghiklnsuvxz”。

题 09：试判定给定的字符串 s 和 t，是否满足将 s 中的所有字符都可以替换为 t 中的所有字符。

题 10：使用 Lambda 表达式实现将 IPv4 的地址转换为 int 型整数。

题 11：罗马数字使用字母表示特定的数字，试编写函数 romanToInt()，输入罗马数字字符串，输出对应的阿拉伯数字。

题 12：试编写函数 isParenthesesValid()，确定输入的只包含字符“(”“)”“{”“}”“[”“]”的字符串是否有效。注意，括号必须以正确的顺序关闭。

题 13：编写函数输出 count-and-say 序列的第 n 项。

题 14：不使用 sqrt 函数，试编写 squareRoot() 函数，输入一个正数，输出它的平方根的整数部分。

3. 正则表达式（4题）

题 15：请写出匹配中国大陆手机号且结尾不是 4 和 7 的正则表达式。

题 16：请写出以下代码的运行结果。

```
import re
str = '<div class="nam">中国 </div>'
res = re.findall(r'<div class=".*">(.*?)</div>',str)
print(res)
```

题 17：请写出以下代码的运行结果。

```
import re
```

```
match = re.compile('www\...?').match("www.baidu.com")
if match:
print(match.group())
else:
print("NO MATCH")
```

题 18：请写出以下代码的运行结果。

```
import re

example = "<div>test1</div><div>test2</div>" Result =
re.compile("<div>.*").search(example) print("Result = %s" %
Result.group())
```

4. 列表、字典、元组、数组、矩阵（9题）

题 19：使用递推式将矩阵转换为一维向量。

题 20：写出以下代码的运行结果。

```
def testFun():
temp = [lambda x : i*x for i in range(5)] return temp
for everyLambda in testFun(): print (everyLambda(3))
```

题 21：编写 Python 程序，打印星号金字塔。

题 22：获取数组的支配点。

题 23：将函数按照执行效率高低排序。

题 24：螺旋式返回矩阵的元素。

题 25：生成一个新的矩阵，并且将原矩阵的所有元素以与原矩阵相同的行遍历顺序填充进去，将该矩阵重新整形为一个不同大小的矩阵，但保留其原始数据。

题 26：查找矩阵中的第 k 个最小元素。

题 27：试编写函数 largestRectangleArea()，求一幅柱状图中包含的最大矩形的面积。

5. 设计模式（3题）

题 28：使用 Python 语言实现单例模式。

题 29：使用 Python 语言实现工厂模式。

题 30：使用 Python 语言实现观察者模式。

6. 树、二叉树、图（5题）

题 31：使用 Python 编写实现二叉树前序遍历的函数 preorder(root, res=[ ])。

题 32：使用 Python 实现一个二分查找函数。

题 33：编写 Python 函数 maxDepth()，实现获取二叉树 root 最大深度。

题 34：输入两棵二叉树 Root1、Root2，判断 Root2 是否是 Root1 的子结构（子树）。

题 35：判断数组是否是某棵二叉搜索树后序遍历的结果。

7. 文件操作（3题）

题 36：计算 test.txt 中的大写字母数。注意，test.txt 为含有大写字母在内、内容任意的文本文件。

题 37：补全缺失的代码。

题 38：设计内存中的文件系统。

8. 网络编程（4题）

题 39：请至少说出 3 条 TCP 和 UDP 协议的区别。

题 40：请简述 Cookie 和 Session 的区别。

题 41：请简述向服务器端发送请求时 GET 方式与 POST 方式的区别。

题 42：使用 threading 组件编写支持多线程的 Socket 服务端。

9. 数据库编程（6题）

题 43：简述数据库的第一、第二、第三范式的内容。

题 44：根据以下数据表结构和数据，编写 SQL 语句，查询平均成绩大于 80 的所有学生的学号、姓名和平均成绩。

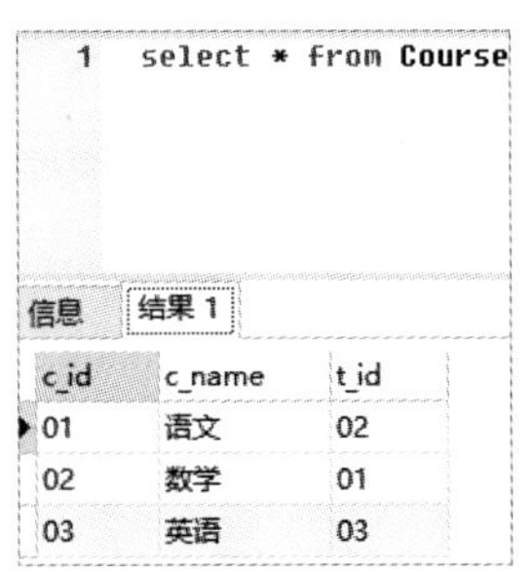

```
1 select * from Course
```

信息　结果 1

c_id	c_name	t_id
01	语文	02
02	数学	01
03	英语	03

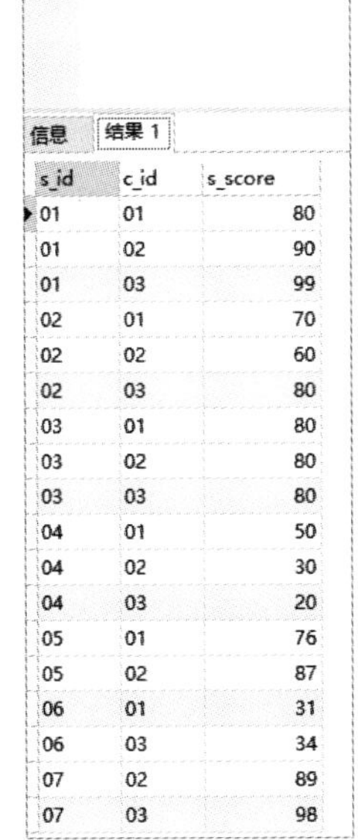

```
1 select * from Score
```

信息　结果 1

s_id	c_id	s_score
01	01	80
01	02	90
01	03	99
02	01	70
02	02	60
02	03	80
03	01	80
03	02	80
03	03	80
04	01	50
04	02	30
04	03	20
05	01	76
05	02	87
06	01	31
06	03	34
07	02	89
07	03	98

```
1 select * from Student
```

信息　结果 1

s_id	s_name	s_birth	s_sex
01	赵雷	1990-01-01	男
02	钱电	1990-12-21	男
03	孙风	1990-05-20	男
04	李云	1990-08-06	男
05	周梅	1991-12-01	女
06	吴兰	1992-03-01	女
07	郑竹	1989-07-01	女
08	王菊	1990-01-20	女

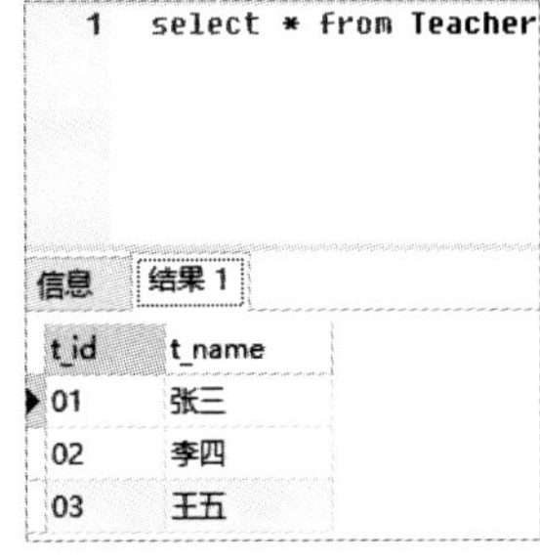

```
1 select * from Teacher
```

信息　结果 1

t_id	t_name
01	张三
02	李四
03	王五

题 45：按照第 44 题所给条件，编写 SQL 语句查询没有学全所有课程的学生信息。

题 46：按照第 44 题所给条件，编写 SQL 语句查询所有课程第 2 名和第 3 名的学生信息及该课程成绩。

题 47：按照第 44 题所给条件，编写 SQL 语句查询所教课程有 2 人及以上不及格的教师、课程、学生信息及该课程成绩。

题 48：按照第 44 题所给条件，编写 SQL 语句生成每门课程的一分段表（课程 ID、课程名称、分数、该课程的该分数人数、该课程累计人数）。

10. 图形图像与可视化（2题）

题 49：绘制一个二次函数的图形，同时画出使用梯形法求积分时的各个梯形。

题 50：对给定数据进行可视化并给出分析结论。